"十三五"国家重点出版物出版规划项目

面向可持续发展的土建类工程教育丛书

材料力学学习指导

主　编　张晓晴

副主编　张　红　杨　怡

参　编　陈　炎　赵　琛　段乐珍　容亮湾

郭馨艳　黄怀纬

机 械 工 业 出 版 社

本书是《材料力学》（由华南理工大学张晓晴主编）的配套学习指导，可帮助学生更好地理解和掌握材料力学的知识，并进一步扩展知识面，培养学生的分析、综合与创新能力。全书共13章，依次为材料力学绪论及基本概念、轴向拉压杆件的强度与变形计算、材料在拉伸和压缩时的力学性能、剪切与挤压、扭转杆件的强度与刚度计算、平面弯曲杆件的应力与强度计算、平面弯曲杆件的变形与刚度计算、应力状态分析与强度理论、组合变形、压杆稳定计算、能量法及其应用、动荷载、交变应力与构件疲劳强度分析，每章均包括重点内容提要、复习指导、概念题及解答、典型习题及解答。另外，书中附录列出了平面图形的几何性质和型钢表，供读者学习参考。

本书可作为高等学校土建类、机械类等工科专业材料力学课程的教学辅导教材和研究生入学考试的参考书，也可供高职高专与成人高校师生及有关工程技术人员参考。

图书在版编目（CIP）数据

材料力学学习指导/张晓晴主编. —北京：机械工业出版社，2021.5
（面向可持续发展的土建类工程教育丛书）
“十三五”国家重点出版物出版规划项目
ISBN 978-7-111-67890-8

Ⅰ.①材… Ⅱ.①张… Ⅲ.①材料力学-高等学校-教学参考资料
Ⅳ.①TB301

中国版本图书馆CIP数据核字（2021）第057967号

机械工业出版社（北京市百万庄大街22号 邮政编码100037）
策划编辑：李 帅 责任编辑：李 帅 李 乐
责任校对：肖 琳 封面设计：张 静
责任印制：张 博
涿州市京南印刷厂印刷
2021年7月第1版第1次印刷
184mm×260mm · 15.75印张 · 390千字
标准书号：ISBN 978-7-111-67890-8
定价：49.80元

电话服务
客服电话：010-88361066
010-88379833
010-68326294

网络服务
机 工 官 网：www.cmpbook.com
机 工 官 博：weibo.com/cmp1952
金 书 网：www.golden-book.com
机工教育服务网：www.cmpedu.com

前言

本书是“十三五”国家重点出版物出版规划项目《材料力学》(由华南理工大学张晓晴主编)的配套学习指导，根据《高等学校工科基础课程教学基本要求》和材料力学课程教学大纲编写而成，可满足高校多数工科专业材料力学课程的教学辅导需求。

材料力学是土木、机械、力学、航空航天等众多工科专业的一门重要的专业基础课。本书作为材料力学教材的配套学习指导，主要内容包括杆件在基本变形和组合变形下的内力、应力、变形、强度、刚度的分析，以及压杆稳定、材料的力学性能、动荷载、能量法等。每章内容包括重点内容提要、复习指导、概念题及解答、典型习题及解答。在重点内容提要部分逐条简要列出本章主要内容；在复习指导部分系统总结本章知识点、重点、难点和考点；概念题及解答部分对判断题和选择题给出考点、提示和答案；在典型习题及解答部分，除了给出考点、提示外，还给出解题思路和解题的全过程，希望能起到触类旁通、举一反三的作用。书中题目根据材料力学课程要求精选而成，题目多选自配套材料力学教材的习题或基础力学试题库的试题，形式多样，既有难度不同的计算题，也有判断题、选择题等，涵盖了材料力学课程的基本要求。

本书由华南理工大学“基础力学”教学团队编写，华南理工大学“基础力学”教学团队承担全校基础力学教学任务，多年来取得了显著成果，材料力学课程先后被评为国家精品课程、国家精品资源共享课和国家级线下一流本科课程。本书基于团队成员数十年的教学经验编写而成。本书主编为张晓晴教授，副主编为张红副教授、杨怡副教授，参加编写的老师有：张晓晴(第10、11章)、张红(第1、8章)、杨怡(第6章)、陈炎(第4、9章)、赵琛(第2、3章)、段乐珍(第7章)、容亮湾(第5章)、郭馨艳(第12、13章)、黄怀纬(附录A、B)。全书由张晓晴、张红、杨怡统稿。

本书的编写得到了华南理工大学教务处、华南理工大学土木与交通学院及工程力学系的大力支持，在此表示衷心的感谢！

鉴于编者水平有限，难免存在疏漏与不足之处，望广大教师与学生批评指正。

编　者

目 录

第 1 章　材料力学绪论及基本概念

1.1　重点内容提要

1.1.1　材料力学的研究对象与基本任务

1. 材料力学的研究对象

材料力学的研究对象为长度远大于横向尺寸的杆件（构件）。杆件根据轴线是否为直线和横截面是否改变又分为直杆或曲杆、等截面杆或变截面杆。

2. 构件的承载能力

构件的承载能力包括强度、刚度和稳定性。

（1）强度　是指构件抵抗破坏的能力。

（2）刚度　是指构件抵抗变形的能力。

（3）稳定性　是指受压构件保持其原有平衡形式不发生突然转变的能力。

3. 材料力学的基本任务

材料力学为构件设计满足强度、刚度和稳定性要求提供基本理论、计算方法和实验方法，从而实现既安全又经济的设计。

1.1.2　杆件的内力与截面法

1. 内力

内力是指由外力作用所引起的、物体内相邻部分之间产生的附加的相互作用力（附加内力）。一般杆件的内力采用截面法计算，对应基本变形，通常将内力分解为轴力 F_N、剪力 F_{Sy} 和 F_{Sz}、扭矩 T、弯矩 M_y 和 M_z 共六个分量。

2. 截面法

截面法是研究构件内力的基本方法。在杆件求其内力处，用一假想截面将杆件分成两部分，研究其中一部分分离体，按正方向假定杆件内力，列平衡方程计算所求截面上的内力，这种方法称为截面法。

1.1.3　应力的概念及计算

1. 应力的概念

应力是分布内力在截面上某一点处的集度。应力是对材料强度指标的精准定义，通常强度破坏或失效是从应力最大处开始的。应力的国际单位为 Pa，$1\mathrm{Pa}=1\mathrm{N/m^2}$，$1\mathrm{MPa}=10^6\mathrm{Pa}$，$1\mathrm{GPa}=10^9\mathrm{Pa}$。

2. 应力的计算

分离体 A 受力如图 1-1 所示，截面上的内力主矢 $\Delta\boldsymbol{F}_\mathrm{R}$ 可以分解为法向力 $\Delta\boldsymbol{F}_\mathrm{N}$ 和切向力 $\Delta\boldsymbol{F}_\mathrm{S}$，则截面上的总应力、正应力和切应力表达式分别为

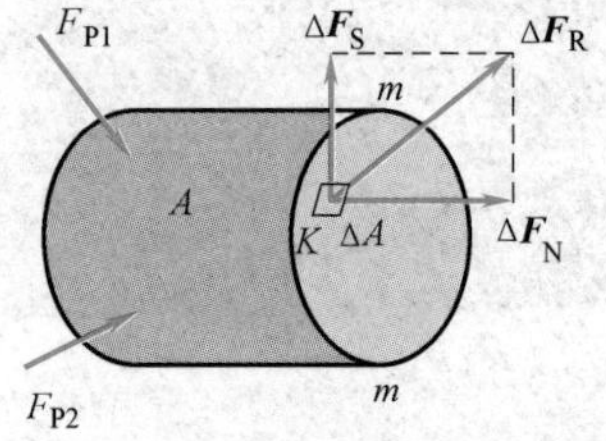

图 1-1 分离体 A 受力图
（m—m 为假想截面）

（1）总应力　总应力用符号 p 表示。其表达式为

$$p=\lim_{\Delta A\to 0}\frac{\Delta F_\mathrm{R}}{\Delta A}=\frac{\mathrm{d}F_\mathrm{R}}{\mathrm{d}A} \tag{1-1}$$

式中　ΔA——截面上一点 K 处的微元面积；

ΔF_R——截面微元面积 ΔA 上的内力的合力（N 或 kN）。

（2）正应力　垂直于截面的应力称为正应力，用符号 σ 表示。其正负号规定为拉应力为正，压应力为负。其表达式为

$$\sigma=\lim_{\Delta A\to 0}\frac{\Delta F_\mathrm{N}}{\Delta A}=\frac{\mathrm{d}F_\mathrm{N}}{\mathrm{d}A} \tag{1-2}$$

式中　ΔF_N——截面微元面积 ΔA 上的法向内力（N 或 kN）。

（3）切应力　沿截面切线方向的应力称为切应力，用符号 τ 表示。对作用部分有顺时针转动趋势的切应力为正，反之为负。其表达式为

$$\tau=\lim_{\Delta A\to 0}\frac{\Delta F_\mathrm{S}}{\Delta A}=\frac{\mathrm{d}F_\mathrm{S}}{\mathrm{d}A} \tag{1-3}$$

式中　ΔF_S——截面微元面积 ΔA 上的切向内力（N 或 kN）。

1.1.4 应变的概念及计算

1. 应变的概念

构件的尺寸改变和形状改变称为变形。一点处的变形程度用应变精准描述，分为线应变和切应变。描述物体的线应变或切应变时应明确发生在哪一点，沿哪一个方向或在哪一个平面上。通常用单元体的变形来研究应变，如图 1-2 所示。

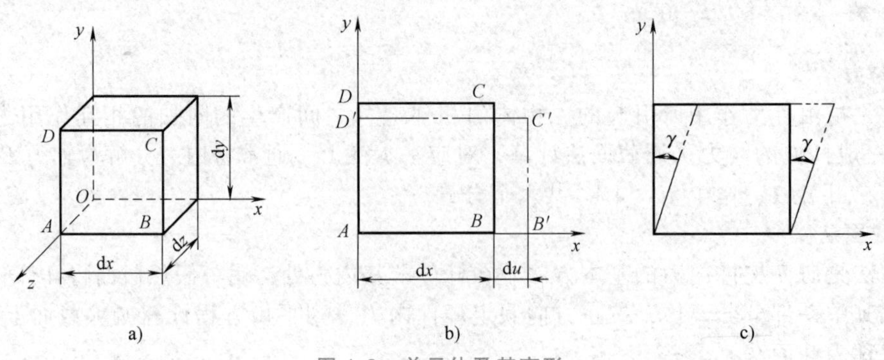

图 1-2 单元体及其变形
a）单元体　b）单元体线变形　c）单元体角应变

2. 应变的计算

（1）正应变（线应变）　描述弹性体各点处线变形程度的量称为线应变，用 ε 表示。量

纲为 1。拉应变为正，压应变为负。

如图 1-2b 所示，设单元体在 x 方向的棱边原长为 dx，变形后的长度为 dx+du，则该点处沿 x 方向的线应变为

$$\varepsilon_x = \frac{du}{dx} \tag{1-4}$$

式中　ε_x——单元体在 x 轴方向的线应变；

dx——单元体在 x 轴方向的棱长（mm）；

du——单元体在 x 轴方向的伸长量（mm）。

（2）切应变（角应变）　如图 1-2c 所示，单元体相邻棱边直角的改变量称为切应变或角应变。用 γ 表示，单位为 rad。直角变小为正，反之为负。

1.1.5　材料力学的基本假设

材料力学主要研究弹性杆件的变形，基于如下基本假设和小变形条件：

（1）连续性假设　物质密实地充满物体所在空间，毫无空隙。

（2）均匀性假设　物质均匀分布在物体内，且各处具有相同的力学性质。

（3）各向同性假设　材料在所有方向上均有相同的物理和力学性能的性质。

（4）小变形条件　材料力学所研究的构件在荷载作用下的变形与原始尺寸相比甚小，故对构件进行受力分析时可忽略其变形。

1.1.6　杆件变形的基本形式

杆件的基本变形分为轴向拉伸与压缩、剪切、扭转、弯曲。由两种或两种以上的基本变形组成的变形称为组合变形，通常有拉伸（或压缩）与弯曲组合变形（含偏心拉压）、弯扭组合变形、斜弯曲等组合变形。在材料线弹性且变形为小变形的条件下，组合变形杆件的内力、应力和变形采用叠加原理进行计算。

1.2　复习指导

本章知识点：材料力学的任务及研究对象；材料力学的概念及基本假设；内力与截面法；应力与应变的概念。

本章重点：材料力学的概念及基本假设、截面法、应力与应变的概念。

本章难点：材料力学基本假设、应力与应变的概念。

考点：材料力学的基本概念与基本假设。

1.3　概念题及解答

1.3.1　判断题

判断下列说法是否正确。

1. 应力是单位面积上的内力。

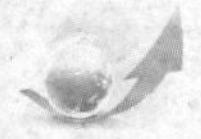

答：错。

考点：应力的概念。

提示：应力的定义。

2. 在杆件某一截面上，正应力方向一定相互平行。

答：对。

考点：正应力的概念。

提示：正应力方向沿截面法线方向。

3. 在杆件某一截面上，切应力方向一定相互平行。

答：错。

考点：切应力的概念。

提示：切应力方向与截面上切向内力方向一致。

4. 对轴向拉伸杆件而言，线应变就是杆件的伸长量，其单位为长度的单位。

答：错。

考点：线应变的概念。

提示：由定义，线应变量纲单位为 1。

5. 均匀性假设认为物质均匀分布在物体内，且各处具有相同的力学性质。

答：对。

考点：材料力学的基本假设。

提示：参见教材的均匀性假设。

6. 各向同性假设认为，材料内部各点的应变相同。

答：错。

考点：各向同性假设。

提示：参见教材各向同性假设。材料内部各点的应变一般不相同。

7. 小变形条件：材料力学所研究的构件在荷载作用下的变形与原始尺寸相比甚小，故对构件进行受力分析时可忽略其变形。

答：对。

考点：材料力学的小变形条件。

提示：小变形条件的限制使得对构件进行受力分析时可忽略其变形，简化计算，同时又满足工程精度要求。

8. 材料力学研究的是变形杆件，因此进行杆件内力计算一定要在变形以后的位置上进行受力分析。

答：错。

考点：小变形条件。

提示：小变形条件的限制使得对构件进行受力分析时可忽略其变形，即在变形前的位置上进行受力分析。

9. 若在构件上作用有两个大小相等、方向相反、相互平行的外力，则此构件一定产生剪切变形。

答：错。

考点：剪切变形。

提示：注意剪切变形的受力特点。

10. 构件在一种荷载作用下，不可能发生组合变形。

答：错。

考点：组合变形。

提示：注意组合变形的受力特点。

1.3.2　选择题

请将正确答案填入括号内。

1. 图 1-3 所示等截面轴向拉伸杆件，已知横截面面积为 A，$l_{AB}=l_{BC}=l$，材料的弹性模量为 E。当力 $\boldsymbol{F}$ 沿其作用线在杆 AC 上移动时，关于杆件的约束力和 C 端位移，如下说法正确的是（　　）。

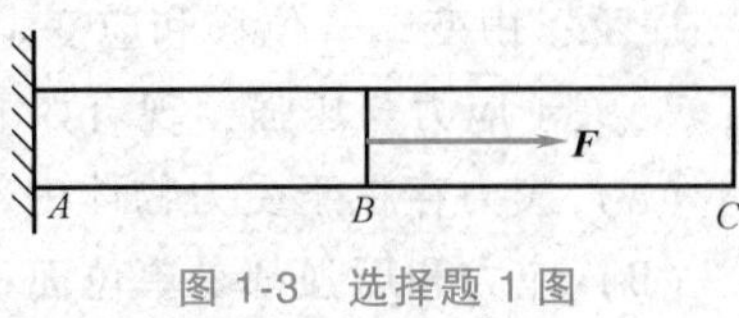

图 1-3　选择题 1 图

（A）约束力不变，C 端位移变化　　（B）约束力和 C 端位移都不变化

（C）约束力变化，C 端位移不变　　（D）约束力和 C 端位移都变化

答：正确答案是（A）。

考点：力的平衡和杆件变形。

提示：由力的平衡和变形、位移的概念可得。

2. 对空间问题应用截面法，对应杆件的基本变形，一般杆件的内力有（　　）个分量。

（A）3　　（B）4　　（C）5　　（D）6

答：正确答案是（D）。

考点：杆件的内力。

提示：有轴力、剪力、弯矩、扭矩共六个分量。

3. 关于应力与应变，现有如下四种说法，其中正确的是（　　）。

（A）应力与应变均为张量　　（B）应力与应变均为代数量

（C）应力是张量，应变为代数量　　（D）应力是代数量，应变为张量

答：正确答案是（A）。

考点：应力与应变的概念。

提示：由应力与应变定义可知。

4. 铸钢的连续性、均匀性和各向同性假设在（　　）范围内适用。

（A）宏观（远大于晶粒）尺度　　（B）细观（晶粒）尺度

（C）微观（原子）尺度　　（D）上述三个尺度

答：正确答案是（A）。

考点：材料力学基本假设。

提示：由三个基本假设可得，细、微观尺度明显不满足三个基本假设。

5. 两根材料不同、横截面面积不同的杆件，受相同的轴向压力作用，它们的内力和应力之间的关系有如下四种答案，其中正确的是（　　）。

（A）内力和应力均不相同　　（B）内力相同，应力不同

（C）内力不同，应力相同　　（D）内力和应力均相同

答：正确答案是（B）。

考点：内力与应力的概念及计算。

提示：内力由受力平衡计算，应力是内力的分布集度。

6. 关于构件的变形、位移和应变，如下说法正确的是（　　）。

（A）有位移一定有变形　　（B）有变形一定有位移

（C）有位移一定有应变　　（D）以上结论都不对

答：正确答案是（B）。

考点：变形、位移和应变的概念。

提示：由变形、位移和应变定义可知。

7. 关于应力与压强，现有如下四种说法，其中错误的是（　　）。

（A）应力存在于受力物体内部的任意一点，而压强一般作用于物体的表面

（B）应力和压强都是单位面积上的力

（C）应力一般不一定垂直于截面，而压强一般垂直于作用面

（D）应力和压强具有相同的量纲

答：正确答案是（B）。

考点：应力的概念。

提示：由应力和压强定义可知。

8. 图 1-4 中双点画线表示 A 点微元体变形后的形状，则 A 点的切应变为（　　）。

（A）88°　　（B）2°

（C）0.035rad　　（D）1.535rad

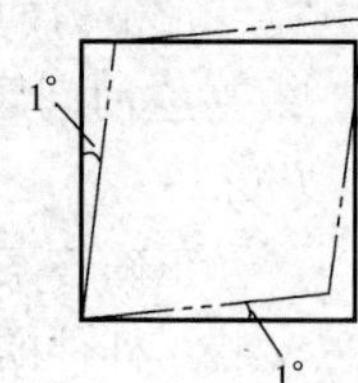

图 1-4　选择题 8 图

答：正确答案是（C）。

考点：切应变的概念及计算。

提示：由切应变定义可知，注意切应变单位为 rad。

9. 关于内力和应力的关系，如下结论正确的是（　　）。

（A）内力与应力无关　　（B）内力是应力的代数和

（C）应力是内力的平均值　　（D）应力是内力的分布集度

答：正确答案是（D）。

考点：应力的概念。

提示：由应力定义可得。

10. 均质等截面直杆受力如图 1-5 所示处于平衡状态，截面 A—A 在杆变形后的位置如

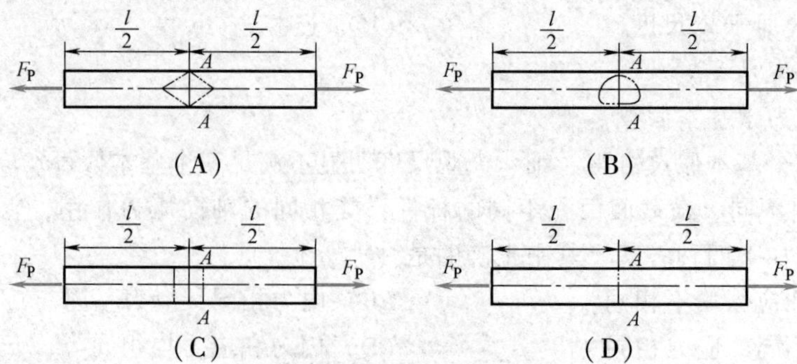

图 1-5　选择题 10 图

图中双点画线所示，共有四种，其中正确的是（　　）。

答：正确答案是（D）。

考点：应力的概念。

提示：由应力定义可得。

■1.4　典型习题及解答

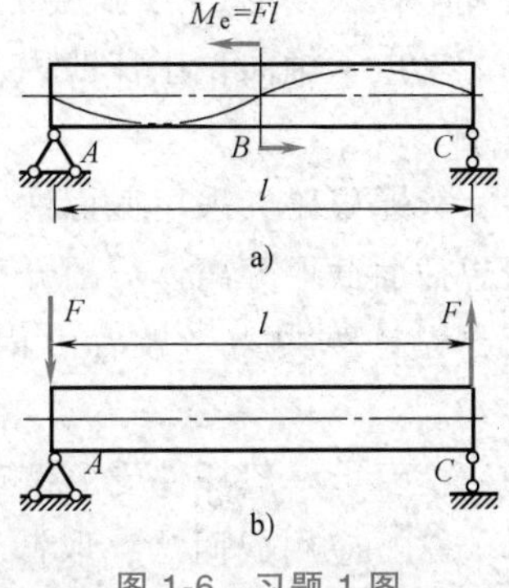

图 1-6　习题 1 图

1.（教材习题 1-1）　图 1-6a 所示梁的受力情况，是否等效于图 1-6b 所示的情况？为什么？

考点：梁的内力计算及内力与变形的关系。

解题思路：分别画出两个梁的受力图，根据平衡方程求解约束力。再计算梁的内力，根据内力判定梁的变形形式。

提示：梁的变形由内力和边界条件决定。

解：二者不等效。图 1-6a 所示梁受力后支座 A 处的约束力竖直向上，支座 C 处的约束力竖直向下，大小均为 F。AB 段和 BC 段梁的弯矩呈反对称，故梁发生反对称弯曲，而图 1-6b 所示梁受力后支座 A、B 处的约束力与图 1-6a 所示梁的支座约束力相同，AC 段梁的内力为零，故梁不变形。

2.（教材习题 1-2）　试求图 1-7a 所示结构 $m—m$、$n—n$ 两截面的内力，并指出 AB 和 BC 两杆的变形属于哪种基本变形。

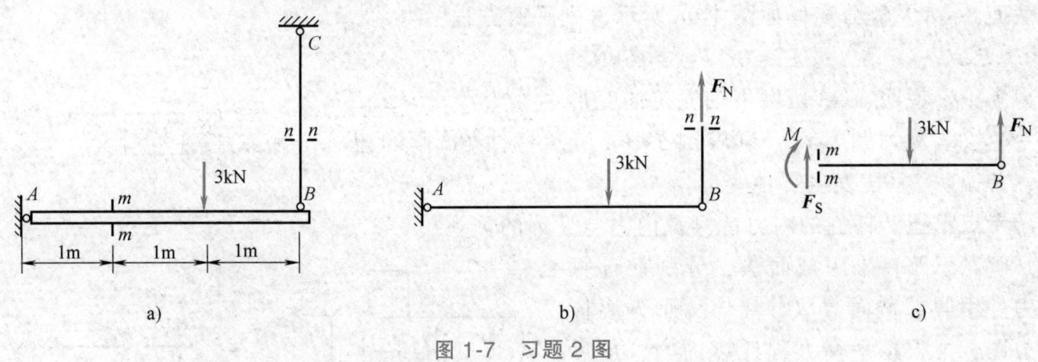

图 1-7　习题 2 图

考点：杆件的内力计算及内力与变形的关系。

解题思路：先分别画出图示分离体的受力图，根据平衡方程先求解 $n—n$ 截面内力；再计算梁的内力，根据内力判定杆件的变形形式。

提示：杆件的变形由内力和边界条件决定。

解：采用截面法。沿 $n—n$ 截面截取分离体受力如图 1-7b 所示。

$$\sum M_A(\boldsymbol{F})=0,\ F_N\times 3\mathrm{m}-3\mathrm{kN}\times 2\mathrm{m}=0$$

$$F_N=2\mathrm{kN}$$

杆 BC 拉伸变形。

将梁 AB 沿 $m—m$ 截开，受力如图 1-7c 所示。

$$\sum F_y=0,\ F_S=F_N-3\text{kN}=-1\text{kN}$$

$$\sum M_m(\boldsymbol{F})=0,\ M=F_N\times2\text{m}-3\text{kN}\times1\text{m}=1\text{kN}\cdot\text{m}$$

梁 AB 弯曲变形。

3.（教材习题 1-3） 试求图 1-8 所示杆件 1—1、2—2 及 3—3 截面上的轴力，并说明各段发生什么变形。

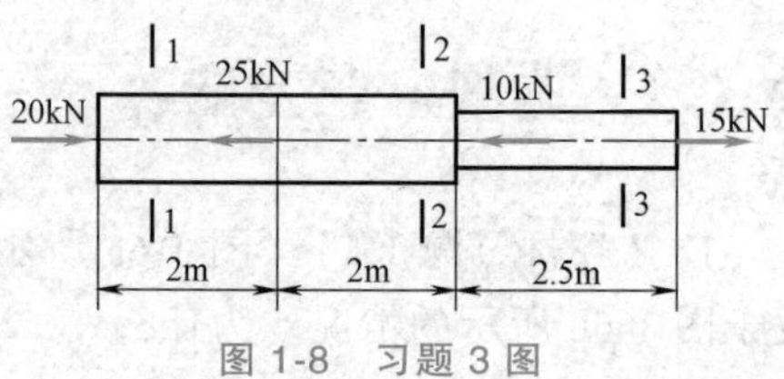

图 1-8 习题 3 图

考点：轴向拉压杆的内力计算及内力与变形的关系。

解题思路：采用截面法，分别在计算内力处用假想截面截取分离体，画分离体受力图，再根据平衡方程计算内力，最后由内力判定拉压杆的变形形式。

提示：一般杆件受力按正方向假定，杆件受拉轴力为正，杆件受压轴力为负。

解：应用截面法，取截面 1—1 左侧分离体如图 1-9a 所示，列平衡方程，得

$$\sum F_x=0,\ F_{N1}=-20\text{kN}$$

轴力为负，说明 1—1 段发生轴向压缩变形。

取截面 2—2 右侧分离体如图 1-9b 所示，列平衡方程，得

$$\sum F_x=0,\ F_{N2}=(-20+25)\text{kN}=5\text{kN}$$

轴力为正，说明 2—2 段发生轴向拉伸变形。

取截面 3—3 左侧分离体如图 1-9c 所示，列平衡方程，得

$$\sum F_x=0,\ F_{N3}=15\text{kN}$$

轴力为正，说明 3—3 段发生轴向拉伸变形。

图 1-9 习题 3 解图

4.（教材习题 1-4） 试求图 1-10a 所示杆件 BC 段的扭矩，并说明 BC 段发生哪种变形。

考点：扭转杆件的内力计算及内力与变形的关系。

解题思路：采用截面法，分别在计算内力处用假想截面截取分离体，画分离体受力图，再根据平衡方程计算内力，最后由内力判定扭转杆件的变形形式。

提示：一般杆件受力按正方向假定，采用右手法则，扭转杆件扭矩矢量指向计算截面外法向为正，反之为负。

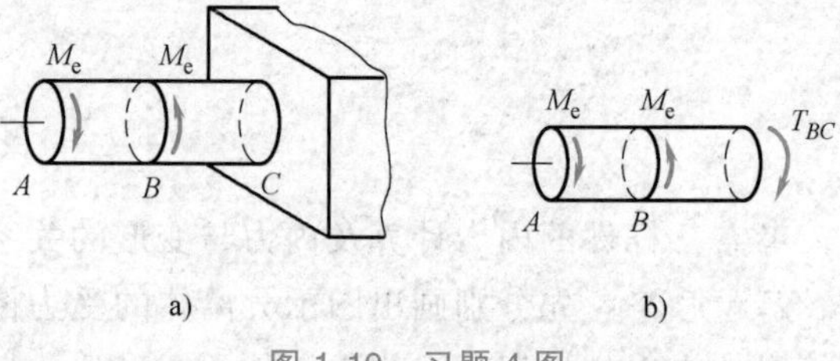

图 1-10 习题 4 图

解：应用截面法，取截面 C 左侧分离体如图 1-10b 所示，列平衡方程，得

$$\sum M=0,\ T_{BC}=0$$

扭矩为零，说明 BC 段不变形。

5.（教材习题 1-5） 试求图 1-11a 所示梁中截面 1—1、2—2 上的剪力和弯矩，这些截面无限接近截面 C 或截面 D。设 F_P、q、a 为已知。

考点：梁指定截面的内力计算。

解题思路：采用截面法，分别在计算内力处用假想截面截取分离体，画分离体受力图，

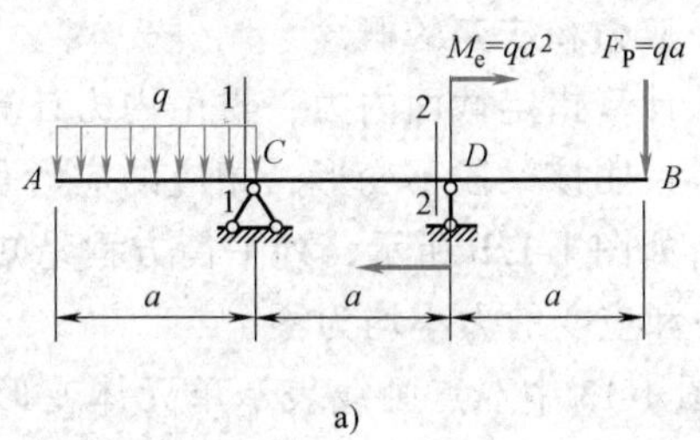

a)

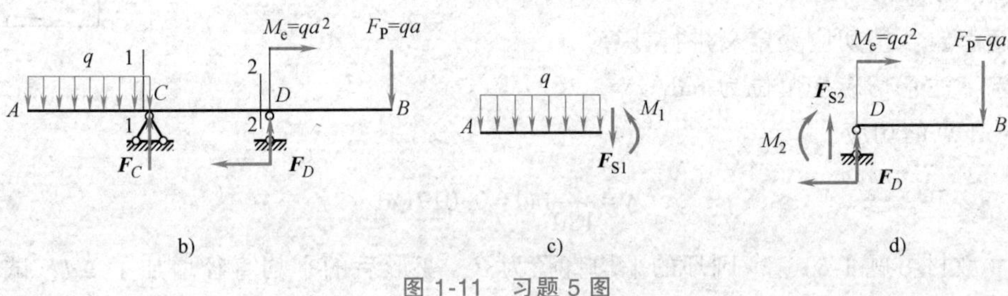

图 1-11　习题 5 图

再根据平衡方程计算内力。

提示：一般梁的内力包括剪力和弯矩。注意画分离体受力图时截面内力一般按正方向假定。

解：(1) 整体受力如图 1-11b 所示，列平衡方程，得

$$\sum M_C=0,\ \frac{qa^2}{2}-qa^2-2qa^2+F_D\cdot a=0$$

$$F_D=\frac{5qa}{2}(\text{方向向上})$$

(2) 取截面 1—1 左侧分离体如图 1-11c 所示，列平衡方程，得

$$\sum F_y=0,\ F_{S1}=-qa(\text{负号方向与图示相反})$$

$$\sum M_C=0,\ M_1=-\frac{qa^2}{2}(\text{负号方向与图示相反})$$

剪力、弯矩均不为零，说明 *AC* 段梁发生弯曲变形。

(3) 取截面 2—2 右侧分离体如图 1-11d 所示，列平衡方程，得

$$\sum F_y=0,\ F_{S2}=-\frac{3qa}{2}(\text{负号方向与图示相反})$$

$$\sum M_D=0,\ M_2+qa^2+qa^2=0$$

$M_2=-2qa^2$(负号方向与图示相反)

剪力、弯矩均不为零，说明 *CD* 段梁发生弯曲变形。

6. (教材习题 1-6)　杆件 *AB* 受力如图 1-12a 所示。端点 *B* 有铅垂位移 Δ_B。试计算 *B* 截面处的应力和应变的大小。

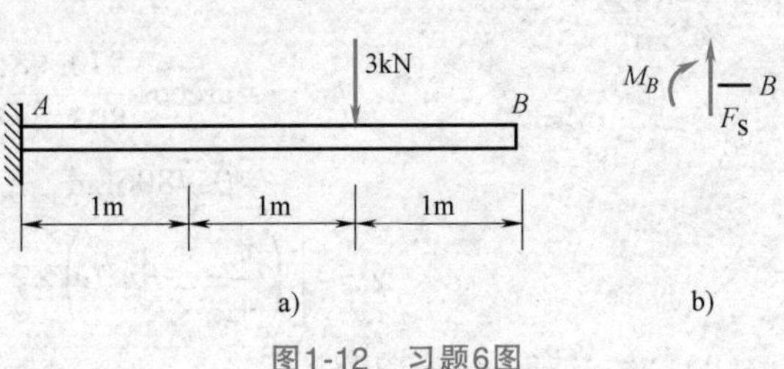

图1-12　习题6图

考点：弯曲内力计算、应力和应变的概念。

解题思路：先由截面法计算指定截面内力，再由内力计算应力，根据变形计算应变。

提示：某段梁内力为零说明该梁段不变形，相应的应力和应变均为零。

解：取分离体受力分析如图 1-12b 所示，列平衡方程易知 B 截面处内力为零，变形也为零，因此，B 截面处的应力和应变的大小均为零。

7.（教材习题 1-7） 图 1-13 中双点画线表示单元体变形后的形状，试计算 A 点的切应变。

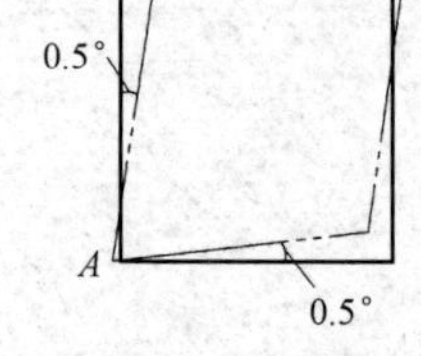

图 1-13 习题 7 图

考点：切应变计算。

解题思路：按切应变定义进行计算。

提示：注意切应变单位为 rad。

解：A 点的切应变

$$\gamma=\frac{\pi}{180}\text{rad}=0.017\text{rad}$$

8.（教材习题 1-8） 薄圆环的平均直径为 d，变形后的平均直径增加了 Δd，试求该圆环沿圆周方向的平均线应变 ε。

考点：平均线应变计算。

解题思路：按线应变定义进行计算。先计算圆环沿圆周方向的伸长量，再除以圆环的原周长即为所求。

提示：注意线应变的量纲为 1。

解：
$$\varepsilon=\frac{\pi(d+\Delta d)-\pi d}{\pi d}=\frac{\Delta d}{d}$$

9.（教材习题 1-9） 图 1-14 所示三角平板沿底边固定，顶角 A 水平位移为 5mm。试求：（1）A 点的切应变 γ_{xy}；（2）沿 x 轴的平均线应变 ε_x；（3）沿 x' 轴的平均线应变 $\varepsilon_{x'}$。

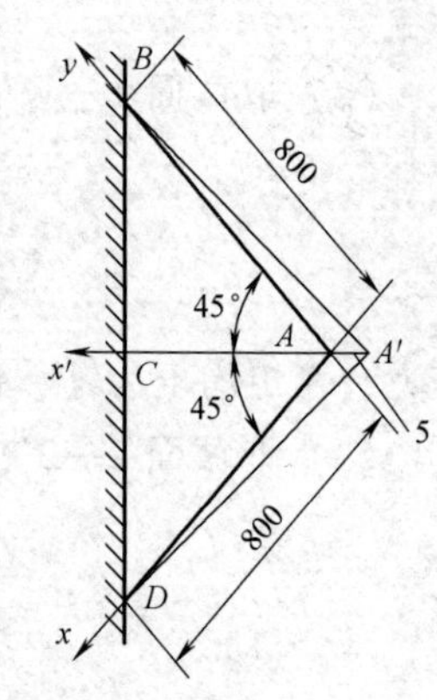

图 1-14 习题 9 图

考点：切应变和线应变计算。

解题思路：按切应变和线应变的定义进行计算。

提示：注意切应变单位为 rad，线应变的量纲为 1。

解：（1）由变形几何关系

$$AB=AD=800\text{mm},AC=BC=AB\cos45°=565.685\text{mm}$$

$$A'C=AC+5\text{mm}=570.685\text{mm}$$

$$A'B=A'D=\sqrt{(BC)^2+(A'C)^2}=\sqrt{565.685^2+570.685^2}\text{ mm}=803.543\text{mm}$$

$$\angle BA'C=\arccos\frac{A'C}{A'B}$$

$$=\arccos\frac{570.685}{803.543}$$

$$=0.7806\text{rad}$$

$$\gamma_{xy}=\left[\left(\frac{\pi}{4}-\angle BA'C\right)\times2\right]\text{rad}=8.80\times10^{-3}\text{rad}$$

（2）沿 x 轴的平均线应变

$$\varepsilon_x = \frac{A'D-AD}{AD} = \frac{803.543-800}{800} = 4.43\times10^{-3}$$

（3）沿 x' 轴的平均线应变

$$\varepsilon_{x'} = \frac{AA'}{AC} = \frac{5}{565.685} = 8.84\times10^{-3}$$

第 2 章　轴向拉压杆件的强度与变形计算

2.1　重点内容提要

2.1.1　轴向拉压杆的内力

对于受轴向力作用的杆件，横截面上的内力称为轴力，其数值可以用截面法由平衡方程求得。

2.1.2　轴向拉压杆的应力

杆在变形以前的横截面，在变形以后仍保持为平面且仍与杆轴线垂直。通常把这个假定叫作平面假设。

轴向拉压杆横截面上正应力 σ 的计算公式为

$$\sigma=\frac{F_N}{A} \tag{2-1}$$

斜截面上的正应力与切应力分别为

$$\sigma_\alpha=\sigma\cos^2\alpha \tag{2-2}$$

$$\tau_\alpha=\frac{\sigma}{2}\sin2\alpha \tag{2-3}$$

式中　σ_α——斜截面上的正应力（Pa）；

τ_α——斜截面上的切应力（Pa）；

σ——横截面上的正应力（Pa）；

α——斜截面外法线 On 与轴线的夹角。

2.1.3　轴向拉压杆的强度计算

构件在外荷载作用下引起的应力，称为工作应力。材料丧失正常工作能力（失效）时的应力，称为极限应力，用 σ_u 表示。材料的极限应力通过材料的力学性能试验测定。

对于由一定材料制成的具体构件，工作应力的最大容许值，称为许用应力，用 $[\sigma]$ 表示。许用应力与极限应力的关系为

$$[\sigma]=\frac{\sigma_u}{n} \tag{2-4}$$

n 为大于 1 的数，称为安全系数。

2.1.4 轴向拉压杆的变形计算

杆件沿轴线方向的变形称为轴向变形或纵向变形；垂直于轴线方向的变形称为横向变形。

实验证明：当杆内的应力不超过材料的某一极限值，即比例极限时，杆的轴向变形 Δl 与其所受轴向轴力 F_N、杆的原长 l 成正比，而与其横截面面积 A 成反比，即

$$\Delta l = \frac{F_N l}{EA} \tag{2-5}$$

式（2-5）称为胡克定律（Hook's law），式中的比例常数 E 称为弹性模量（modulus of elasticity）。乘积 EA 称为杆的拉压刚度。胡克定律的另一种表达形式为

$$\sigma = E\varepsilon \tag{2-6}$$

在比例极限内，横向线应变与轴向线应变成正比，比值的绝对值为一常数，称为泊松比（Poisson's ratio），一般用 ν 表示，即

$$\nu = \left|\frac{\varepsilon'}{\varepsilon}\right| = -\frac{\varepsilon'}{\varepsilon} \quad 或 \quad \varepsilon' = -\nu\varepsilon \tag{2-7}$$

2.1.5 拉压超静定问题

结构或杆件的未知力个数多于独立静平衡方程的个数，利用静力平衡方程不能求出所有未知力，就是超静定问题。超静定问题单靠静力平衡方程无法求得全部未知力，还必须研究结构的变形，列出变形协调方程，并借助力与变形（或位移）间的物理关系，建立补充方程，然后与平衡方程联立求解出全部未知力。

对于超静定杆或杆系（结构），杆件由于温度的变化引起的变形受到约束，杆内将产生应力。这种因温度变化在结构内引起的应力，称为温度应力或者热应力。

在超静定问题中，由于有多余的约束，杆件的尺寸误差将产生附加的内力。因而在结构尚未承受荷载作用时，各杆就已经有了应力，这种应力称为装配应力（或初应力）。计算装配应力的关键仍然是根据几何关系列出变形协调方程。

■ 2.2 复习指导

本章知识点：轴向拉压杆内力，横截面和斜截面的应力，拉压杆的正应力强度条件。轴向拉压杆的轴向变形和横向变形，胡克定律。简单拉压超静定问题的概念，以及超静定问题的解题方法。温度应力和装配应力的概念。

本章重点：轴向拉压杆内力的计算，应力计算和强度条件，变形和超静定问题的计算。

本章难点：轴向拉压杆超静定问题的计算。

考点：轴向拉压杆内力计算，轴向拉压杆的横截面和斜截面应力计算，应用强度条件进行校核和设计。应用胡克定律计算变形和节点位移等。简单拉压超静定问题的计算。

■ 2.3 概念题及解答

2.3.1 判断题

判断下列说法是否正确。

1. 两根材料不同，横截面面积不同的杆，受相同的轴向拉力时，它们的内力是不同的。

答：错。

考点：内力的概念和计算。

提示：内力和材料、横截面面积无关。

2. 两根材料不同，横截面面积不同的杆，受相同的轴向拉力时，它们的横截面应力是不同的。

答：对。

考点：应力的概念和计算。

提示：应力和横截面面积有关。

3. 长度和横截面面积均相同的两杆，一为钢杆，另一为铝杆，在相同的拉力作用下铝杆和钢杆的应力和变形相同。

答：错。

考点：应力和变形的概念和计算。

提示：应力相同，变形不同，变形和材料有关。

4. 绝对变形的大小只反映杆的总变形量，而无法说明杆的变形程度。

答：对。

考点：轴向拉压变形。

提示：变形大小与杆长有关。

5. 轴向拉压杆的任意横截面上都只有均匀分布的正应力。

答：错。

考点：圣维南原理。

提示：在外力作用点附近各截面上的应力是非均匀分布的。

6. 由于温度的变化，在静定结构中将引起应力。

答：错。

考点：超静定结构。

提示：超静定结构才有温度应力。

7. 应用拉压正应力公式 $\sigma=\dfrac{F_{\mathrm{N}}}{A}$ 的条件是应力小于比例极限。

答：错。

考点：正应力公式使用范围。

提示：不必在比例极限内。

8. 对于长度相等且受力相同的杆件，其拉伸（压缩）刚度越大则杆件的变形越大。

答：错。

考点：胡克定律。

提示：刚度大变形小。

9. 实验表明，当拉（压）杆内应力不超过某一限度时，横向线应变 ε' 与纵向线应变 ε 之比的绝对值为一常数。

答：对。

考点：横向变形。

提示：横向变形泊松比。

10. 轴向拉伸杆，切应力最大的截面是横截面。

答：错。

考点：斜截面切应力。

提示：最大切应力在与横截面成45°角的斜截面上。

2.3.2　选择题

请将正确答案填入括号内。

1. 应用拉压正应力公式 $\sigma=\dfrac{F_N}{A}$ 的条件是（　　）。

（A）应力小于比例极限　　（B）外力的合力沿杆轴线

（C）轴力沿杆轴为常数　　（D）杆必须是实心截面直杆

答：正确答案是（B）。

考点：正应力公式的适用条件。

提示：只要外力的作用线沿杆轴线，在离外力作用面稍远处，横截面上的应力分布可视为均匀。

2. 图2-1中，若将力 $\boldsymbol{P}$ 从 B 截面平移至 C 截面，则只有（　　）不改变。

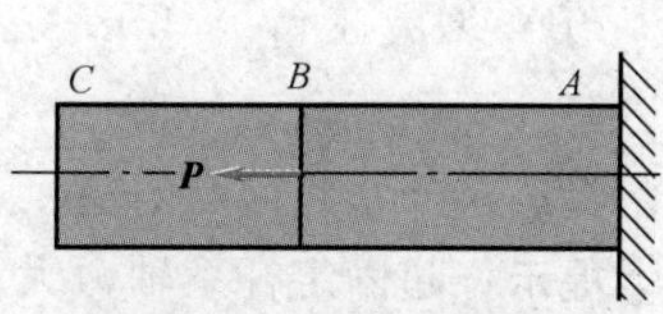

图2-1　选择题2图

（A）每个截面上的轴力

（B）每个截面上的应力

（C）杆的总变形

（D）杆左端的约束力

答：正确答案是（D）。

考点：轴力。

提示：轴力与外力位置有关。

3. 轴向拉伸杆，正应力最大的截面和切应力最大的截面（　　）。

（A）分别是横截面、45°斜截面　　（B）都是横截面

（C）分别是45°斜截面、横截面　　（D）都是45°斜截面

答：正确答案是（A）。

考点：斜截面应力。

提示：切应力最大在45°斜截面。

4. 若两等直杆的横截面面积 A，长度 L 相同，两端所受的轴向拉力 F 也相同，但材料不同，则两杆的应力 σ 和伸长量 ΔL 是否相同？（　　）

（A）σ 和 ΔL 均相同　　（B）σ 相同，ΔL 不同

（C）σ 和 ΔL 均不同　　（D）σ 不相同，ΔL 相同

答：正确答案是（B）。

考点：应力和变形公式。

提示：变形和材料有关，静定结构应力与材料无关。

5. 桁架如图 2-2 所示，荷载 F 可在横梁（刚性杆）DE 上自由移动。杆 1 和杆 2 的横截面面积均为 A，许用应力均为 $[\sigma]$（拉和压相同）。求荷载 F 的许用值。以下四种答案中哪一种是正确的？（　　）

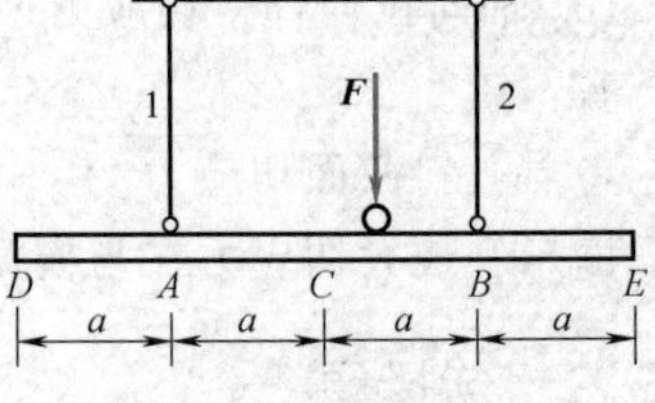

图 2-2　选择题 5 图

（A）$\dfrac{[\sigma]A}{2}$　　（B）$\dfrac{2[\sigma]A}{3}$

（C）$[\sigma]A$　　（D）$2[\sigma]A$

答：正确答案是（B）。

考点：轴向拉压强度。

提示：力 F 可以在 DE 范围内移动，力在 D 点时 1 杆轴力为 $\dfrac{3}{2}F$，此时杆件的许用荷载为 $\dfrac{2[\sigma]A}{3}$。

6. 三杆结构如图 2-3 所示。今欲使杆 3 的轴力减小，问应采取以下哪一种措施？（　　）

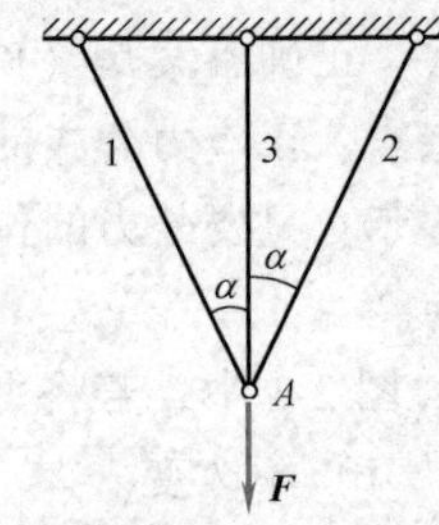

图 2-3　选择题 6 图

（A）加大杆 3 的横截面面积

（B）减小杆 3 的横截面面积

（C）三杆的横截面面积一起加大

（D）增大 α 角

答：正确答案是（B）。

考点：杆系超静定问题。

提示：超静定杆系轴力大小和刚度有关或刚度的比值有关，杆件内力是按刚度分配的。

7. 图 2-4 所示超静定结构中，梁 AB 为刚性梁。设 Δl_1 和 Δl_2 分别表示杆 1 的伸长量和杆 2 的缩短量，试问两斜杆间的变形协调条件的正确答案是下列四种答案中的哪一种？（　　）

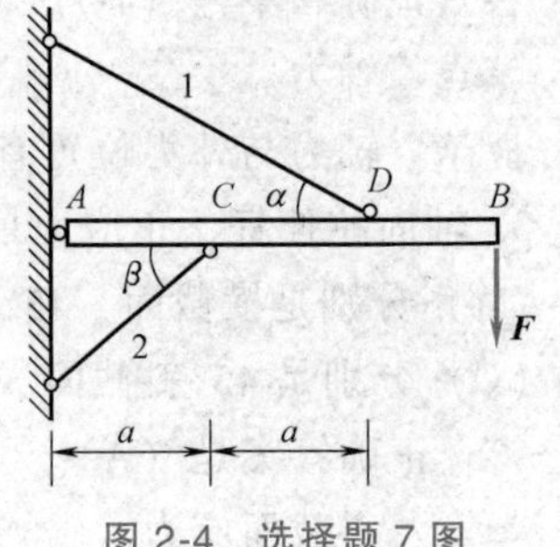

图 2-4　选择题 7 图

（A）$\Delta l_1 \sin\alpha = 2\Delta l_2 \sin\beta$

（B）$\Delta l_1 \cos\alpha = 2\Delta l_2 \cos\beta$

（C）$\Delta l_1 \sin\beta = 2\Delta l_2 \sin\alpha$

（D）$\Delta l_1 \cos\beta = 2\Delta l_2 \cos\alpha$

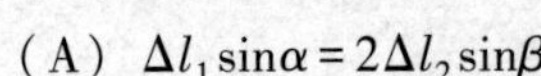

答：正确答案是（C）。

考点：杆系超静定问题。

提示：D 的位移为 $\dfrac{\Delta l_1}{\sin\alpha}$，$C$ 的位移为 $\dfrac{\Delta l_2}{\sin\beta}$，$D$ 的位移为 C 点的 2 倍，所以 $\Delta l_1 \sin\beta = 2\Delta l_2 \sin\alpha$。

8. 如图 2-5 所示结构，AC 为刚性杆，杆 1 和杆 2 的拉压刚度相等。当杆 1 的温度升高时，两杆的轴力变化可能有以下四种情况，问哪一种正确？(　　)

(A) 两杆轴力均减小

(B) 两杆轴力均增大

(C) 杆 1 轴力减小，杆 2 轴力增大

(D) 杆 1 轴力增大，杆 2 轴力减小

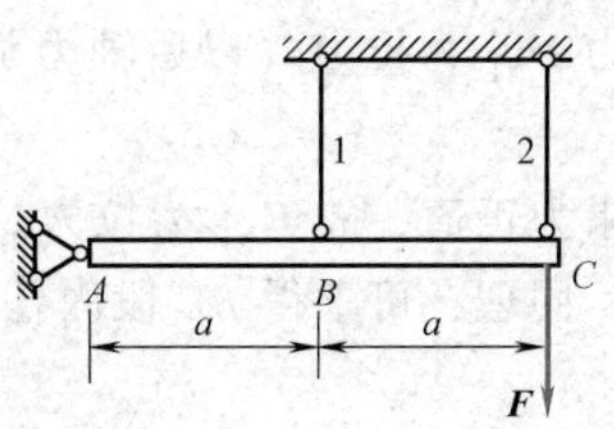

图 2-5　选择题 8 图

答：正确答案是 (C)。

考点：杆系超静定问题。

提示：①没有升温只有力 F 作用时，两根杆都受拉；②没有力 F 作用时，杆 1 升温，则杆 1 受压，杆 2 受拉；③先受力后升温，那么杆 2 内力会增大，杆 1 内力会减小。

9. 结构由于温度变化，则 (　　)。

(A) 静定结构中将引起应力，超静定结构中也将引起应力

(B) 静定结构中将引起变形，超静定结构中将引起应力和变形

(C) 无论静定结构或超静定结构，都将引起应力和变形

(D) 静定结构中将引起应力和变形，超静定结构中将引起应力

答：正确答案是 (B)。

考点：超静定问题。

提示：超静定结构才有温度应力。

10. 单位宽度的薄壁圆环受力如图 2-6 所示，p 为径向压强，其截面 n—n 上的内力 F_N 的四种答案中哪一种是正确的？(　　)

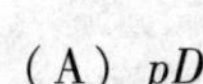

(A) pD　　(B) $\dfrac{pD}{2}$

(C) $\dfrac{pD}{4}$　　(D) $\dfrac{pD}{8}$

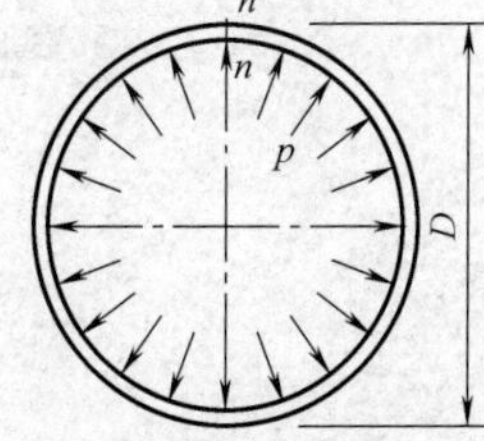

图 2-6　选择题 10 图

答：正确答案是 (B)。

考点：轴力。

提示：截取一半圆环列平衡方程，求轴力。

2.4　典型习题及解答

1. (教材习题 2-1)　一等直杆所受外力如图 2-7a 所示，试求各段截面上的轴力，并作杆的轴力图。

考点：轴力。

解题思路：求 AB 段轴力，用截面法在 AB 段范围内任一横截面处将杆截开，取左侧列平衡方程，算出 AB 段轴力，用同样的方法求 BC、CD、DE 各段轴力。计算出轴力后画轴力图。

提示：取分离体时可以取左侧部分也可以取右侧部分。

解：在 AB 段范围内任一横截面处将杆截开，取左侧部分为分离体（见图 2-7b），假定轴力 $\boldsymbol{F}_{N1}$ 为拉力（以后轴力都按拉力假设），由平衡方程

$$\sum F_x = 0,\ F_{N1} - 30\text{kN} = 0,\ F_{N1} = 30\text{kN}$$

结果为正值，故 $\boldsymbol{F}_{N1}$ 为拉力。

同理，可求得 BC 段内任一横截面上的轴力（见图 2-7c）为

$$F_{N2} = 30\text{kN} + 40\text{kN} = 70\text{kN}$$

在求 CD 段内的轴力时，将杆截开后取右段为分离体（见图 2-7d），因为右段杆上包含的外力较少。由平衡方程

$$\sum F_x = 0,\ -F_{N3} - 30\text{kN} + 20\text{kN} = 0,\quad F_{N3} = -30\text{kN} + 20\text{kN} = -10\text{kN}$$

结果为负值，说明 $\boldsymbol{F}_{N3}$ 为压力。

同理，可得 DE 段内任一横截面上的轴力 $\boldsymbol{F}_{N4}$ 的大小为

$$F_{N4} = 20\text{kN}$$

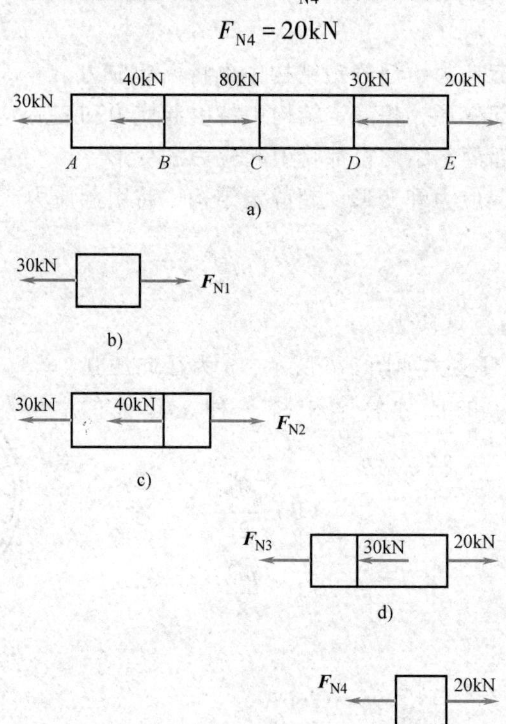

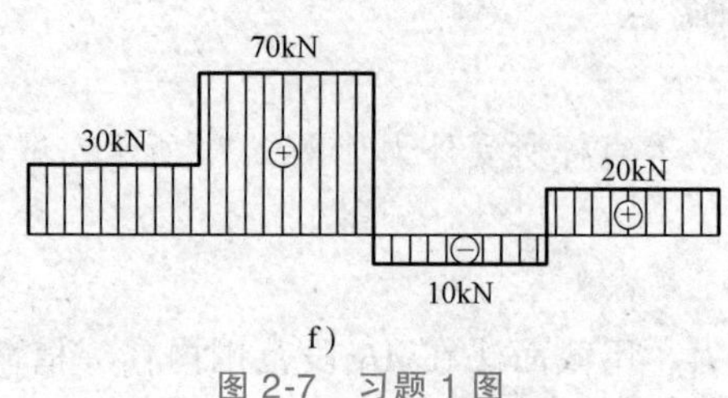

图 2-7　习题 1 图

2.（教材习题 2-4）　图 2-8a 所示两根截面为 100mm×100mm 的立柱，分别受到由三根横梁传来的外力作用。试计算两柱上、中、下三段的应力。

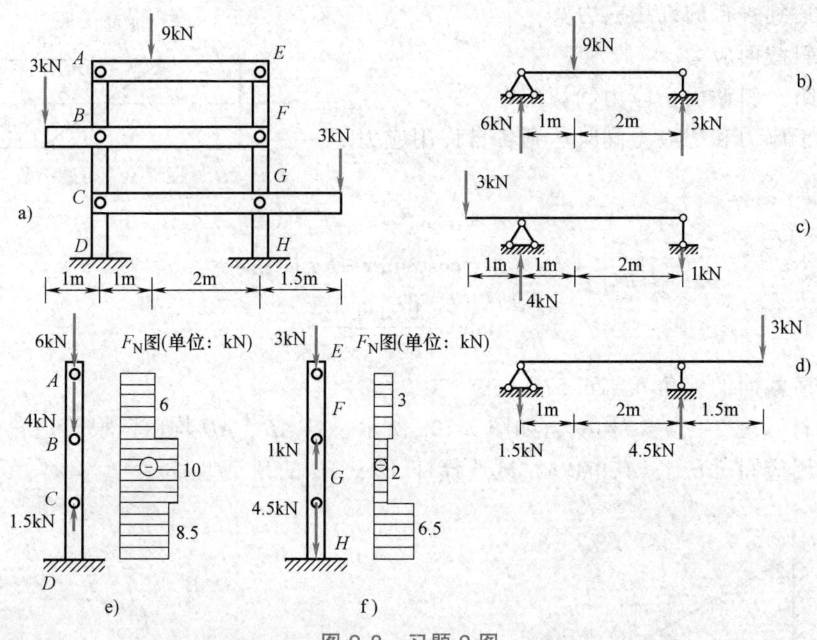

图 2-8　习题 2 图

考点：轴力和横截面应力。

解题思路：计算各点受力，然后计算杆件轴力和应力。

提示：梁与柱之间通过中间铰，可视中间铰为理想的光滑约束。将各梁视为简支梁或外伸梁，柱可视为悬臂杆。

解：(1) 受力如图 2-8 所示。列各梁、柱的平衡方程，可求中间铰对各梁、柱的约束力，计算结果如图 2-8b、c、d 所示。

(2) 作柱的轴力图，如图 2-8e、f 所示。

(3) 求柱各段的应力。

$$\text{左柱}:\begin{cases}\sigma_{AB}=\dfrac{F_{NAB}}{A}=\dfrac{-6\times10^3}{0.1\times0.1}\text{Pa}=-0.6\text{MPa}\\ \sigma_{BC}=\dfrac{F_{NBC}}{A}=\dfrac{-10\times10^3}{0.1\times0.1}\text{Pa}=-1\text{MPa}\\ \sigma_{CD}=\dfrac{F_{NCD}}{A}=\dfrac{-8.5\times10^3}{0.1\times0.1}\text{Pa}=-0.85\text{MPa}\end{cases}$$

$$\text{右柱}:\begin{cases}\sigma_{EF}=\dfrac{F_{NEF}}{A}=\dfrac{-3\times10^3}{0.1\times0.1}\text{Pa}=-0.3\text{MPa}\\ \sigma_{FG}=\dfrac{F_{NFG}}{A}=\dfrac{-2\times10^3}{0.1\times0.1}\text{Pa}=-0.2\text{MPa}\\ \sigma_{GH}=\dfrac{F_{NGH}}{A}=\dfrac{-6.5\times10^3}{0.1\times0.1}\text{Pa}=-0.65\text{MPa}\end{cases}$$

3. (教材习题 2-6)　胶合而成的等截面轴向拉杆如图 2-9 所示，杆的强度由胶缝控制，已知胶的许用切应力 $[\tau]$ 为许用正应力 $[\sigma]$ 的 1/2。问 α 为何值时，胶缝处的切应力和正应力同时达到各自的许用应力?

考点：斜截面应力。

解题思路：斜截面正应力和切应力。

提示：正应力和切应力同时达到各自许用应力。

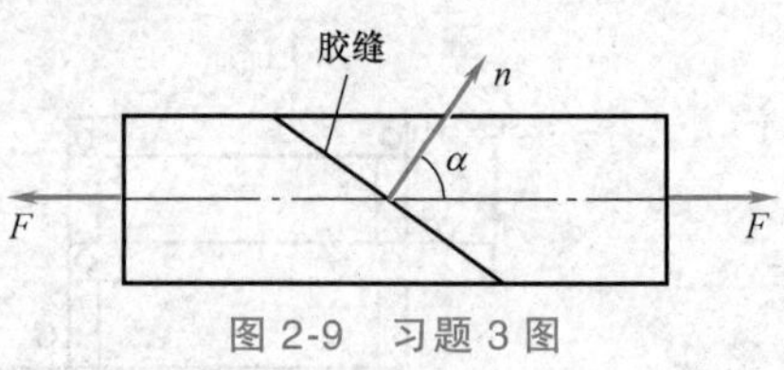

图 2-9　习题 3 图

解：

$$\sigma_\alpha = \sigma\cos^2\alpha \leqslant [\sigma]$$

$$\tau_\alpha = \sigma\cos\alpha\sin\alpha \leqslant [\tau]$$

$$\tan\alpha = \frac{[\tau]}{[\sigma]} = \frac{1}{2}$$

胶缝截面与横截面的夹角 $\alpha = 26.57°$。

4.（教材习题 2-9）　结构受力如图 2-10a 所示，杆 AB、AD 均由两根等边角钢组成，已知材料的许用应力 $[\sigma]=170\text{MPa}$，试选择杆 AB、AD 的角钢型号。

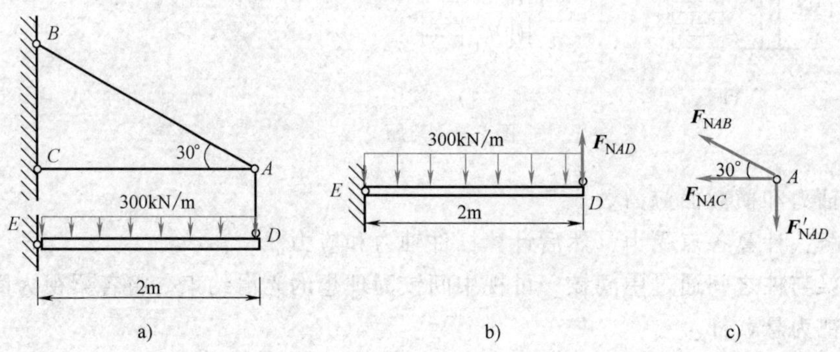

图 2-10　习题 4 图

考点：强度条件。

解题思路：①分析杆 ED 受力，求出杆 AD 轴力；②分析 A 铰的受力，求出杆 AB 的轴力；③根据强度条件求出杆 AD 和杆 AB 的许用面积，查型钢表选杆 AB、AD 的角钢型号。

提示：选择的角钢截面面积要比理论值大。

解：（1）如图 2-10b 所示，计算杆 AD 轴力 F_{NAD}，由平衡方程得

$$\sum M_E = 0,\ F_{NAD}\times 2\text{m} - 300\text{kN/m}\times 2\text{m}\times 1\text{m} = 0$$

得

$$F_{NAD} = 300\text{kN}$$

根据强度条件

$$\sigma_{AD} = \frac{F_{NAD}}{A_{AD}} \leqslant [\sigma]$$

杆 AD 的截面面积为

$$A_{AD} \geqslant \frac{F_{NAD}}{[\sigma]} = \frac{300\times10^3}{170\times10^6}\text{m}^2 = 1.765\times10^{-3}\text{m}^2 = 17.65\text{cm}^2$$

查表得 80mm×6mm 的等边角钢横截面面积为 9.397cm^2，两根的截面面积为 $A=(9.397\times2)\text{cm}^2=18.79\text{cm}^2$，所以杆 AD 可选两根 80mm×6mm 的等边角钢。

（2）计算杆 AB 内的应力，选择其型号。

如图 2-10c 所示，列平衡方程可得

$$\sum F_y = 0,\ F_{NAB}\cos60° - F_{AD} = 0(F'_{AD} = F_{AD})$$

$$F_{NAB} = \frac{300}{\cos60°}\text{kN} = 600\text{kN}$$

根据强度条件

$$\sigma_{AB} = \frac{F_{NAB}}{A_{AB}} \leqslant [\sigma]$$

可得杆 AB 所需的截面积

$$A_{AB} \geqslant \frac{F_{NAB}}{[\sigma]} = \frac{600\times10^3}{170\times10^6}\text{m}^2 = 3.529\times10^{-3}\text{m}^2 = 35.29\text{cm}^2$$

查表得 100mm×10mm 的等边角钢截面面积为 19.261cm^2，两根的截面面积为 $A = (19.261\times2)\text{cm}^2 = 38.52\text{cm}^2$，所以杆 AB 选用两根 100mm×10mm 的等边角钢。

5.（教材习题 2-10）　结构如图 2-11a 所示，AC 为刚性梁，BD 为斜撑杆，荷载 $\boldsymbol{F}$ 可沿梁 AC 水平移动。试问：为使斜杆的重量最轻，斜撑杆与梁之间的夹角 θ 应取何值？

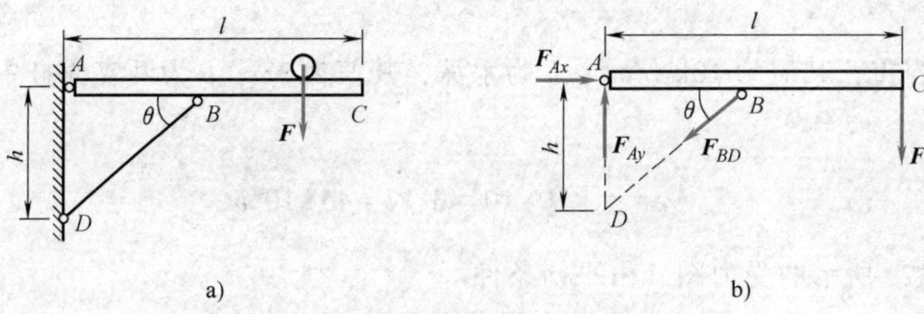

图 2-11　习题 5 图

考点：强度条件。

解题思路：先计算杆轴力再根据强度条件计算杆件面积。

提示：计算 BD 杆体积，取极值。

解：荷载 $\boldsymbol{F}$ 移至 C 处时，杆 BD 的受力最大，如图 2-11b 所示。

$$F_{BD} = \frac{Fl}{h\cos\theta}$$

$$A \geqslant \frac{F_{BD}}{[\sigma]} = \frac{Fl}{h\cos\theta[\sigma]}$$

杆 BD 的体积

$$V = A\frac{h}{\sin\theta} = \frac{2Fl}{[\sigma]\sin2\theta}$$

当 $\sin2\theta = 1$ 时，V 最小即重量最轻，故 $\theta = \frac{\pi}{4} = 45°$。

6.（教材习题 2-12）　防水闸门用一排支杆支撑着，如图 2-12a 所示，AB 为其中一根支撑杆。各杆为 $d = 100\text{mm}$ 的圆木，其许用应力 $[\sigma] = 10\text{MPa}$。试求支杆间的最大距离。

考点：强度条件。

解题思路：①画计算简图；②计算每根支撑杆所承受的总水压力；③根据强度条件计算杆的最大间距。

提示：防水闸门在水压作用下可以稍有转动，下端可近似地视为铰链约束。

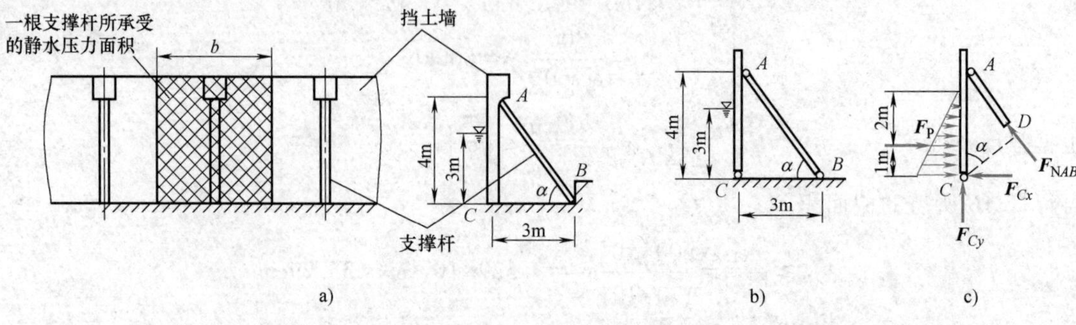

图 2-12　习题 6 图

解：AB 杆的计算简图如图 2-12b 所示。计算 AB 杆的内力。水压力通过防水闸门传递到 AB 杆上，如图 2-12a 中阴影部分所示，每根支撑杆所承受的总水压力为

$$F_P=\frac{1}{2}\gamma h^2 b$$

其中 γ 为水的容重，其值为 10kN/m^3；h 为水深，其值为 3m；b 为两支撑杆中心线之间的距离。于是有

$$F_P=\frac{1}{2}\times 10\times 10^3\times 3^2\times b=45\times 10^3 b$$

根据图 2-12c 所示的受力图，由平衡条件

$$\sum M_C=0,\ -F_P\times 1\text{m}+F_{NAB}\times CD=0$$

其中

$$CD=3\text{m}\times\sin\alpha=3\text{m}\times\frac{4}{\sqrt{3^2+4^2}}=2.4\text{m}$$

得

$$F_{NAB}=\frac{F_P}{2.4}=\frac{45\times 10^3 b}{2.4}=18.75\times 10^3 b$$

由强度条件

$$\sigma=\frac{F_{NAB}}{A}=\frac{4\times 18.75\times 10^3 b}{\pi\times d^2}\leqslant[\sigma]$$

得

$$b\leqslant\frac{[\sigma]\times\pi\times d^2}{4\times 18.75\times 10^3}=\frac{10\times 10^6\times 3.14\times 0.1^2}{4\times 18.75\times 10^3}\text{m}=4.19\text{m}$$

7.（教材习题 2-16）　如图 2-13 所示桁架，在节点 A 处承受荷载 $\boldsymbol{F}$ 作用。从试验中测得杆 1 与杆 2 的纵向正应变分别为 $\varepsilon_1=4.0\times 10^{-4}$ 与 $\varepsilon_2=2.0\times 10^{-4}$。已知杆 1 与杆 2 的横截面面积 $A_1=A_2=200\text{mm}^2$，弹性模量 $E_1=E_2=200\text{GPa}$。试确定荷载 F 及其方位角 θ 的值。

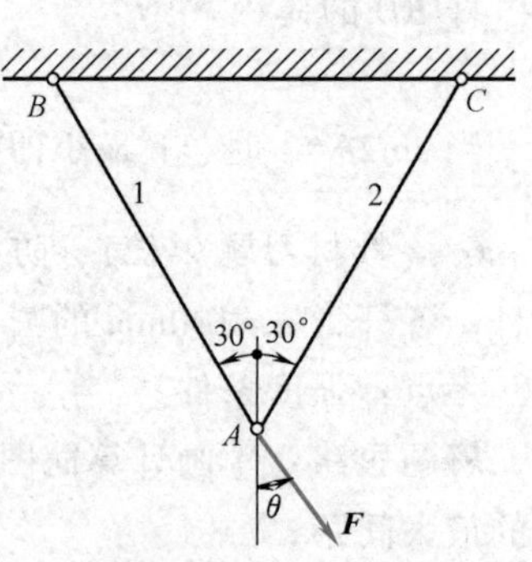

图 2-13　习题 7 图

考点：胡克定律。

解题思路：①用胡克定律 $\sigma=E\varepsilon$ 求应力；②根据 $F=$

σA 求 2 根杆轴力；③取 A 节点进行受力分析，列平衡方程，计算 F 和 θ。

提示：用胡克定律求两根杆应力。

解：（1）求各杆轴力

$$F_{N1}=E_1\varepsilon_1A_1=200\times10^9\times4.0\times10^{-4}\times200\times10^{-6}\text{N}=1.6\times10^4\text{N}=16\text{kN}$$

$$F_{N2}=E_2\varepsilon_2A_2=200\times10^9\times2.0\times10^{-4}\times200\times10^{-6}\text{N}=8\times10^3\text{N}=8\text{kN}$$

（2）确定 F 及 θ 的值

由节点 A 的平衡方程 $\sum F_x=0$ 和 $\sum F_y=0$ 得

$$F_{N2}\sin30°+F\sin\theta-F_{N1}\sin30°=0$$

$$F_{N1}\cos30°+F_{N2}\cos30°-F\cos\theta=0$$

化简后为

$$F_{N1}-F_{N2}=2F\sin\theta \tag{a}$$

$$\sqrt{3}(F_{N1}+F_{N2})=2F\cos\theta \tag{b}$$

联立求解式（a）与式（b），得

$$\tan\theta=\frac{F_{N1}-F_{N2}}{\sqrt{3}(F_{N1}+F_{N2})}=\frac{(16-8)\times10^3}{\sqrt{3}(16+8)\times10^3}=0.1925$$

由此得

$$\theta=10.89°\approx10.9°,\quad F=\frac{F_{N1}-F_{N2}}{2\sin\theta}=\frac{(16-8)\times10^3}{2\sin10.89°}\text{N}=2.12\times10^4\text{N}=21.2\text{kN}$$

8.（教材习题 2-20）　铜芯与铝壳组成的复合材料杆如图 2-14 所示，轴向拉伸荷载 F_P 通过两端的刚性板加在杆上。若已知 $d=25\text{mm}$，$D=60\text{mm}$；铜和铝的弹性模量分别为 $E_c=105\text{GPa}$ 和 $E_a=70\text{GPa}$，拉力 $F_P=171\text{kN}$。试求铜芯与铝壳横截面上的正应力。

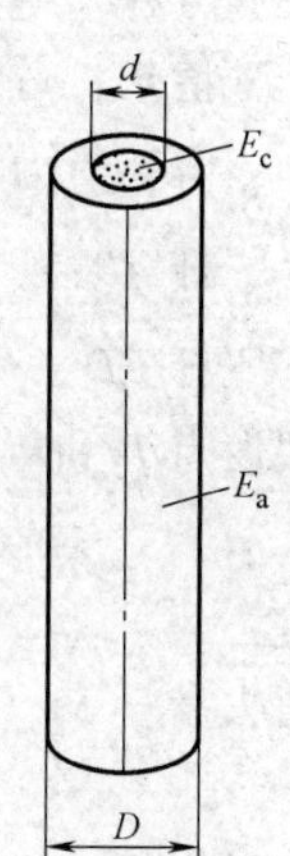

图 2-14　习题 8 图

考点：超静定问题。

解题思路：列平衡方程和变形协调方程，联立求解。

提示：铜芯和铝壳的变形相等。

解：（1）设铜芯和铝壳的轴力分别为 F_{Nc} 和 F_{Na}，列静平衡方程得

$$F_{Nc}+F_{Na}=F_P \tag{a}$$

（2）铜芯和铝壳的变形一样，由变形协调得到补充方程

$$\frac{F_{Nc}}{E_cA_c}=\frac{F_{Na}}{E_aA_a} \tag{b}$$

（3）联立式（a）和式（b）解得

$$F_{Nc}=\frac{E_cA_c}{E_cA_c+E_aA_a}F_P$$

$$F_{Na}=\frac{E_aA_a}{E_cA_c+E_aA_a}F_P$$

（4）计算铜芯和铝壳的应力分别为

$$\sigma_c=\frac{F_{Nc}}{A_c}=\frac{E_cF_P}{E_cA_c+E_aA_a}=\frac{E_cF_P}{E_c\cdot\frac{\pi d^2}{4}+E_a\cdot\frac{\pi}{4}(D^2-d^2)}=83.5\text{MPa}$$

$$\sigma_a=\frac{F_{Na}}{A_a}=\frac{E_aF_P}{E_c\frac{\pi d^2}{4}+E_a\frac{\pi(D^2-d^2)}{4}}=55.6\text{MPa}$$

9. （教材习题 2-23） 杆系结构如图 2-15a 所示，AB、CD 为刚性杆，杆 1、2、3 的拉压刚度为 EA，荷载 F 作用在 C 处，垂直向下，不考虑杆失稳，试求杆 1、2、3 的内力。

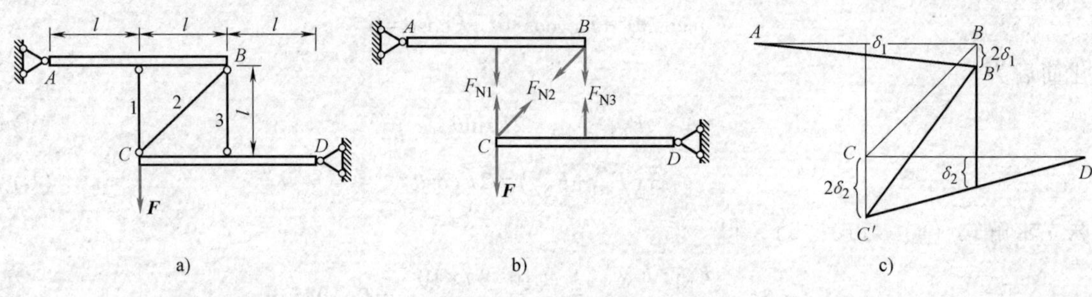

图 2-15　习题 9 图

考点：超静定问题。

解题思路：①以杆 AB、CD 为对象进行受力分析，画受力图，列平衡方程；②判断超静定次数；③分析点 B、C 的位移和杆变形的关系，列变形协调方程；④把物理方程代入变形协调方程，得到补充方程；⑤平衡方程和补充方程联立求解，得到轴力。

提示：点 B 和点 C 的位移向下。

解：受力图如图 2-15b 所示，列平衡方程可得

杆 AB：　$\Sigma M_A=0, F_{N1}l+2F_{N3}l+\sqrt{2}F_{N2}l=0$　(a)

杆 CD：　$\Sigma M_D=0,\ 2F_{N1}l+F_{N3}l+\sqrt{2}F_{N2}l=2F_l$　(b)

假设点 B 和点 C 的位移分别为 $2\delta_1$ 和 $2\delta_2$，由图 2-15c 可见，三杆的伸长量

$$\Delta l_1=2\delta_2-\delta_1,\quad \Delta l_3=\delta_2-2\delta_1$$

$$\Delta l_2=(2\delta_2-2\delta_1)\cos45°$$

消去参量 δ_1、δ_2，便得变形协调条件

$$\Delta l_2=\frac{\sqrt{2}}{3}(\Delta l_1+\Delta l_3)$$

即

$$\frac{F_{N2}\sqrt{2}l}{EA}=\frac{\sqrt{2}}{3}\left(\frac{F_{N1}l}{EA}+\frac{F_{N3}l}{EA}\right)$$

由此得

$$F_{N2}=\frac{F_{N1}+F_{N3}}{3}\quad\text{(c)}$$

联立求解式（a）~式（c），得

$$F_{N1}=\frac{12+2\sqrt{2}}{9+2\sqrt{2}}F,\quad F_{N2}=\frac{2}{9+2\sqrt{2}}F,\quad F_{N3}=-\frac{6+2\sqrt{2}}{9+2\sqrt{2}}F$$

10. （教材习题 2-26）　钢丝 a 如图 2-16 所示，悬挂荷载 $F=20\text{kN}$，因强度不够另加截面相等的钢丝相助。已知长度 $l_a=3\text{m}$，$l_b=3.0015\text{m}$，横截面面积 $A_a=A_b=0.5\text{cm}^2$，钢丝 a、b 的材料相同，其强度极限 $\sigma_b=1000\text{MPa}$，弹性模量 $E=200\text{GPa}$，在断裂前服从胡克定律。试求：

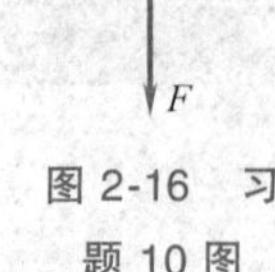

图 2-16　习题 10 图

（1）两根钢丝内的正应力各为多少？

（2）若力 F 增大，l_b 超过何值时，即使加了钢丝 b 也无用？

考点：超静定问题。

解题思路：列平衡方程和变形协调方程，联立求解。

提示：钢丝 a 断裂时的长度比 l_b 小，那么加了钢丝 b 也没有用。

解：（1）平衡条件　$F_{\text{N}a}+F_{\text{N}b}=F$

变形条件
$$\frac{F_{\text{N}a}l_a}{EA}-\frac{F_{\text{N}b}l_b}{EA}\approx\frac{F_{\text{N}a}l}{EA}-\frac{F_{\text{N}b}l}{EA}=l_b-l_a$$

解得
$$\sigma_a=\frac{F_a}{A}=250\text{MPa},\sigma_b=150\text{MPa}$$

（2）当 $\sigma_a\geqslant1000\text{MPa}$ 时加 b 也无用，此时
$$\Delta l_a=\frac{\sigma_a l_a}{E}=1.5\text{cm}$$
$$l_b>l_a+\Delta l_a=301.5\text{cm}$$

第 3 章　材料在拉伸和压缩时的力学性能

3.1　重点内容提要

3.1.1　材料在拉伸时的力学性能

将试样装在符合国家标准的试验机上，在室温（常温）下，缓慢施加轴向荷载，并记录试样所受的荷载及标距相应的变形，直到试样被拉断，得到 $F\text{-}\Delta l$ 曲线，这种曲线称为拉伸图。为了消除试样尺寸的影响，将拉伸图中的 F 值除以试样横截面的原面积，得到名义正应力 $\sigma=F/A$；将 Δl 除以试样工作段的原长 l，得到工作段内的名义应变 $\varepsilon=\Delta l/l$。这样，所得 $\sigma\text{-}\varepsilon$ 曲线与试样的尺寸无关，称为应力-应变曲线或应力-应变图，可以代表材料的力学性质。

低碳钢应力-应变曲线如图 3-1 所示，由图可见，低碳钢在整个拉伸试验过程中大致可分为 4 个阶段。

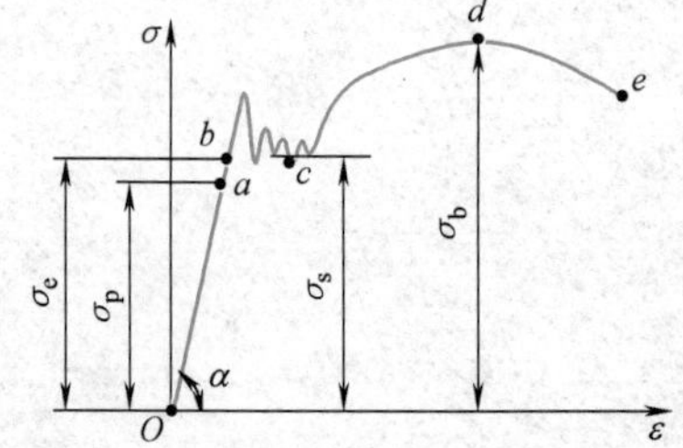

图 3-1　低碳钢拉伸 σ-ε 曲线

1. 弹性阶段

成正比关系的最高点 a 所对应的应力值 σ_p，称为比例极限，Oa 段称为线弹性阶段。

2. 屈服阶段

在应力超过弹性极限后，$\sigma\text{-}\varepsilon$ 曲线出现应力波动的平台，即应变不断增加，而应力却在很小的范围内波动，这种现象称为屈服，这一阶段则称为屈服阶段。将此阶段的最低点 c 所对应的应力定为屈服极限（屈服强度），以 σ_s 表示。

3. 强化阶段

强化阶段的最高点 d 所对应的应力，称为材料的强度极限（拉伸强度），并用 σ_b 表示。

4. 局部颈缩阶段

在常温、静载条件下，材料常分为塑性材料和脆性材料两大类。为了衡量材料的塑性性能，通常用延伸率 δ 来表示，延伸率 δ 为试样拉断后的标距段长度 l_1 与其原长 l 之差除以 l 的比值（表示成百分数）

$$\delta=\frac{l_1-l}{l}\times100\% \tag{3-1}$$

工程上一般认为 $\delta \geqslant 5\%$ 的材料为塑性材料，$\delta < 5\%$ 的材料为脆性材料。衡量材料塑性的另一个指标为截面收缩率，用 ψ 表示，其定义为原横截面面积 A 与拉断后最小横截面面积 A_1 之差除以 A 的比值（表示成百分数）

$$\psi = \frac{A - A_1}{A} \times 100\% \tag{3-2}$$

材料经过二次加载，其比例极限将得到提高，而拉断时的塑性变形减小，即塑性降低了，这种现象称为冷作硬化。

对于不存在明显屈服阶段的塑性材料，工程中通常以卸载后产生数值为 0.2% 的塑性应变的应力作为屈服应力，称为名义屈服极限，并用 $\sigma_{0.2}$ 表示。

灰口铸铁拉断时试样的变形都非常小，且没有屈服阶段、强化阶段和局部变形阶段，特征点只有拉断时的强度极限 σ_b。

3.1.2　材料在压缩时的力学性能

低碳钢压缩时，在屈服之前，拉伸与压缩的应力-应变曲线基本重合，这表明压缩与拉伸时的比例极限、屈服极限与弹性模量大致相同。但过了屈服极限后，曲线逐渐上升，这是因为在试验过程中，试样被越压越扁，横截面面积不断增大，抗压能力也不断提高，所以也得不到抗压强度极限。

与塑性材料不同，脆性材料在拉伸和压缩时的力学性能有较大的区别。灰口铸铁压缩时，应力-应变曲线没有明显的直线阶段，压缩强度极限远高于拉伸强度极限（约为 3~4 倍）。

3.1.3　许用应力

在选定材料的极限应力后，应除以一个大于 1 的安全系数 n 作为构件工作应力的最大容许值，即许用应力 $[\sigma] = \sigma_u / n$。

3.1.4　应力集中

由杆件截面突变而引起的局部应力显著增大的现象，称为应力集中。杆件外形改变越突然，应力集中的程度越严重。不同材料对应力集中的敏感程度是不同的。

3.2　复习指导

本章知识点：低碳钢拉伸应力-应变曲线、比例极限、弹性极限、屈服极限、强度极限、冷作硬化、延伸率、许用应力、应力集中、塑性材料、脆性材料。

本章重点：低碳钢拉伸应力-应变曲线、屈服极限、强度极限。

本章难点：应力集中。

考点：低碳钢拉伸应力-应变曲线、延伸率、截面收缩率、塑性材料、脆性材料。

3.3　概念题及解答

3.3.1　判断题

判断下列说法是否正确。

1. 已知低碳钢的 $\sigma_p=200\text{MPa}$，$E=200\text{GPa}$，现测得试样上的应变 $\varepsilon=0.002$，则其应力能用胡克定律计算为 $\sigma=E\varepsilon=(200\times10^3\times0.002)\ \text{MPa}=400\text{MPa}$。

答：错。

考点：胡克定律。

提示：应力超过比例极限不能用胡克定律。

2. 在选定材料的极限应力后，除以一个小于 1 的系数 n，所得结果称为许用应力。

答：错。

考点：许用应力。

提示：许用应力小于极限应力。

3. 如果最大工作应力 σ_{max} 超过了许用应力 $[\sigma]$，但只要不超过许用应力的 5%，在工程计算中仍然是允许的。

答：对。

考点：强度条件。

提示：强度条件。

4. 对于拉伸曲线上没有屈服平台的合金塑性材料，工程上规定 $\sigma_{0.2}$ 作为名义屈服极限，此时相对应的应变量为 0.2%。

答：错。

考点：名义屈服极限。

提示：工程上规定 $\sigma_{0.2}$ 作为名义屈服极限，此时相对应的塑性应变为 0.2%。

5. 塑性材料的极限应力为屈服极限。

答：对。

考点：塑性材料。

提示：屈服极限。

6. 灰口铸铁轴向压缩时破坏面为横截面。

答：错。

考点：铸铁受压。

提示：切应力使破坏面在斜截面。

7. 材料的力学性能不仅取决于材料本身的成分、组织以及冶炼、加工、热处理等过程，而且决定于加载方式、应力状态和温度。

答：对。

考点：力学实验方法。

提示：力学实验方法。

8. 灰口铸铁的抗压能力最好，抗拉能力次之，抗剪能力最差。

答：错。

考点：脆性材料强度。

提示：对灰口铸铁来说，抗压能力最好，抗剪能力次之，抗拉能力最差。

9. 低碳钢由于冷作硬化，会使屈服极限提高，而使塑性降低。

答：错。

考点：冷作硬化。

提示：冷作硬化会使比例极限提高。

10. 灰口铸铁试样的压缩破坏和切应力有关。

答：对。

考点：灰口铸铁压缩试验。

提示：灰口铸铁破坏面与轴线成45°~55°，因剪切错动而破坏。

3.3.2 选择题

请将正确答案填入括号内。

1. 脆性材料与塑性材料相比，其拉伸力学性能的最大特点是（ ）。

（A）强度低，对应力集中不敏感

（B）相同拉力作用下变形小

（C）断裂前几乎没有塑性变形

（D）应力-应变关系严格遵循胡克定律

答：正确答案是（C）。

考点：灰口铸铁拉伸试验。

提示：灰口铸铁拉伸试验。

2. 在图3-2所示四种材料的应力-应变曲线中，刚度最大的是材料（ ）。

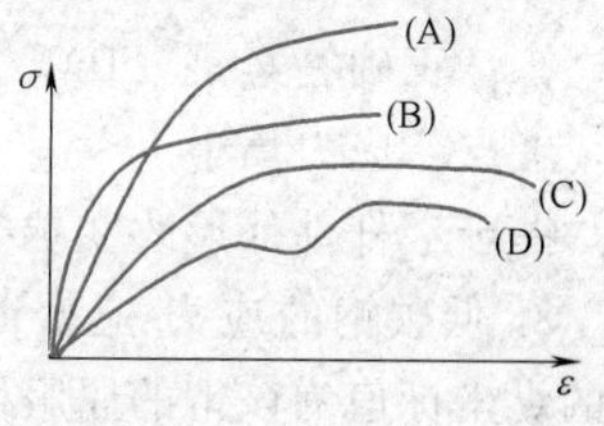

图3-2 选择题2图

答：正确答案是（B）。

考点：刚度。

提示：弹性模量大的材料刚度也大。

3. 在图3-2所示四种材料的应力-应变曲线中，塑性最好的是材料（ ）。

答：正确答案是（C）。

考点：塑性。

提示：塑性和变形有关，强化阶段变形越大的塑性越好。

4. 轴向拉伸细长杆件如图3-3所示，则正确答案是（ ）。

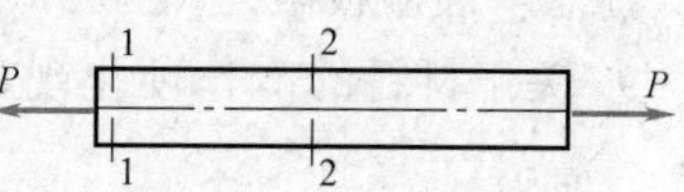

图3-3 选择题4图

（A）1—1、2—2面上应力皆均匀分布

（B）1—1面上应力非均匀分布，2—2面上应力均匀分布

（C）1—1面上应力均匀分布，2—2面上应力非均匀分布

（D）1—1、2—2面上应力皆非均匀分布

答：正确答案是（B）。

考点：圣维南原理。

提示：在外力作用点附近各截面上的应力是非均匀分布的。

5. 对于低碳钢，当单向拉伸应力不大于（ ）时，胡克定律 $\sigma=E\varepsilon$ 成立。

（A）屈服极限 σ_s （B）弹性极限 σ_e （C）比例极限 σ_p （D）强度极限 σ_b

答：正确答案是（C）。

考点：低碳钢拉伸试验。

提示：低碳钢拉伸试验弹性阶段。

6. 低碳钢的许用应力 $[\sigma]=$(　　)。

(A) σ_p/n　　(B) σ_e/n　　(C) σ_s/n　　(D) σ_b/n

答：正确答案是(C)。

考点：许用应力。

提示：塑性材料的极限应力为屈服极限。

7. 在图 3-4 所示有缺陷的脆性材料拉杆中，应力集中最严重的是杆(　　)。

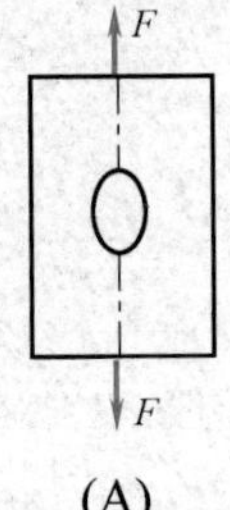

(A)

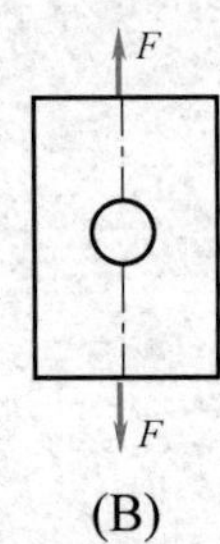

(B)

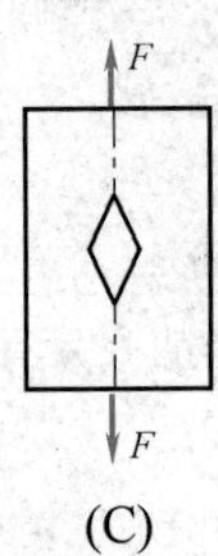

(C)

(D)

图 3-4　选择题 7 图

答：正确答案是(D)。

考点：应力集中。

提示：杆件外形改变越突然，应力集中的程度越严重。

8. 低碳钢的应力-应变曲线如图 3-5 所示，其上(　　)点的纵坐标值为该钢的屈服极限。

(A) e　　(B) f

(C) g　　(D) h

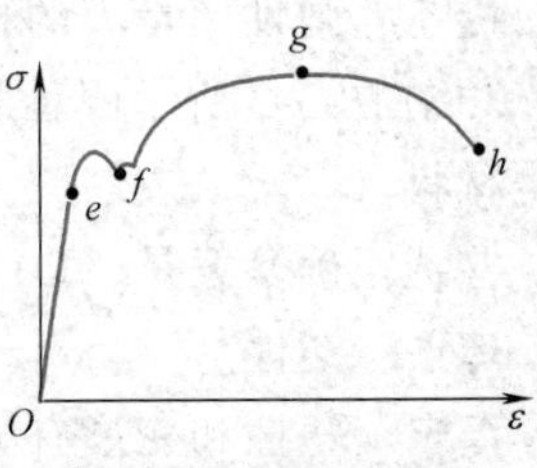

图 3-5　选择题 8 图

答：正确答案是(B)。

考点：低碳钢的应力-应变曲线。

提示：屈服极限。

9. 关于材料的冷作硬化现象有以下四种结论，正确的是(　　)。

(A) 经过塑性变形，其比例极限提高，塑性降低

(B) 经过塑性变形，其弹性模量提高，泊松比减小

(C) 由于温度降低，其比例极限提高，塑性降低

(D) 由于温度降低，其弹性模量提高，泊松比减小

答：正确答案是(A)。

考点：冷作硬化。

提示：冷作硬化后变形减小。

10. 低碳钢拉伸试验时 45°斜面出现滑移现象，其原因是(　　)。

(A) 低碳钢的延伸率过大

(B) 低碳钢的截面收缩率过大

（C）试样的轴向伸长量过大

（D）45°斜面上的切应力过大

答：正确答案是（D）。

考点：滑移线。

提示：滑移是因为材料沿最大切应力面发生错动。

■3.4　典型习题及解答

1.（教材习题 3-1）　用低碳钢试样做拉伸试验，试样如图 3-6 所示。当拉力达到 20kN 时，试样中间部分 A、B 两点间的距离由 50mm 变为 50.01mm。试求该试样的相对伸长、在试样中产生的最大正应力。已知低碳钢的 $E=210\text{GPa}$。

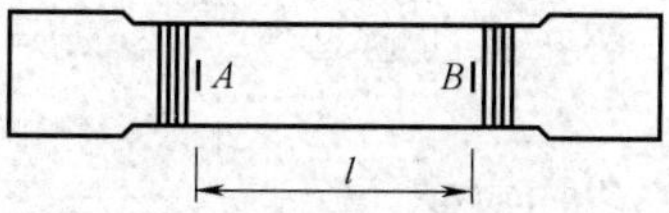

图 3-6　习题 1 图

考点：轴向拉压变形和应力。

解题思路：先算变形再算应力。

提示：根据胡克定律计算应力。

解：试样上 A、B 两点间一段的绝对伸长量为

$$\Delta l=50.01\text{mm}-50\text{mm}=0.01\text{mm}$$

应变为

$$\varepsilon=\frac{\Delta l}{l}=\frac{0.01\text{mm}}{50\text{mm}}=0.0002$$

轴向拉伸时，最大正应力发生在试样的横截面上，将 E 和 ε 代入公式 $\sigma=E\varepsilon$ 可得

$$\sigma_{\max}=E\varepsilon=2.1\times10^{5}\text{MPa}\times0.0002=42\text{MPa}$$

2.（教材习题 3-2）　某材料的应力-应变曲线如图 3-7 所示，已知 A（0.3，200），B（0.8，350），试求：

（1）材料的比例极限 σ_{p}、弹性模量 E 和 $\sigma_{0.2}$；

（2）当变形至 B 点时，产生弹性应变 ε_{e} 和塑性应变 ε_{p} 为多少。

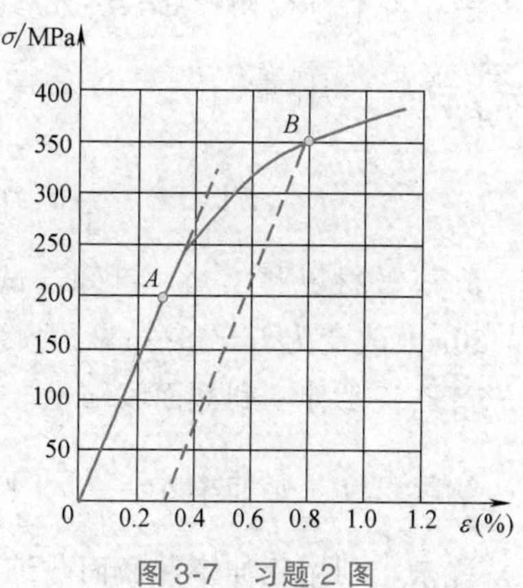

图 3-7　习题 2 图

考点：低碳钢拉伸试验。

解题思路：先确定比例极限，然后根据 A 点的应力和应变值计算弹性模量。

提示：$\sigma_{0.2}$ 是塑性应变为 0.2%时对应的应力值。

解：（1）从图中可以看出应力-应变曲线中直线段的最高点所对应的应力值为 240MPa，即 $\sigma_{\text{p}}=240\text{MPa}$。$A$ 点的应力不超过比例极限，根据 A 点的应力、应变和应力值计算弹性模量为

$$E=\frac{\sigma}{\varepsilon}=\frac{200\times10^{6}\text{Pa}}{0.003}=66.7\times10^{9}\text{Pa}=66.7\text{GPa}$$

$$\sigma_{0.2}\approx330\text{MPa}$$

（2）当变形至 B 点时，应力为 350MPa，超过弹性阶段，弹性应变为

$$\varepsilon_e=\frac{\sigma_B}{E}=\frac{350\times10^6\text{Pa}}{66.7\times10^9\text{Pa}}=0.00525$$

塑性应变为 $$\varepsilon_p=\varepsilon-\varepsilon_e=0.008-0.00525=0.00275$$

3. (教材习题 3-3) 一圆截面钢杆，直径 $d=10\text{mm}$，泊松比 $\nu=0.25$。在轴向拉力 F 作用下处于线弹性阶段，弹性模量 $E=200\text{GPa}$，直径减少了 0.0025mm，试求拉力 F。

考点：横向应变和胡克定律。

解题思路：①根据变形计算横向应变；②由横向应变和泊松比计算纵向应变；③根据胡克定律计算应力，$F=\sigma A$。

提示：运用泊松比和胡克定律分别计算纵向应变和应力。

解：横向应变 $$\varepsilon'=\varepsilon_d=\frac{\Delta d}{d}=\frac{-0.0025\text{mm}}{10\text{mm}}=-2.5\times10^{-4}$$

纵向应变 $$\varepsilon=\frac{-\varepsilon'}{\nu}=\frac{2.5\times10^{-4}}{0.25}=0.001$$

$$F=\sigma A=E\varepsilon A=200\times10^9\text{Pa}\times0.001\times\frac{\pi}{4}\times0.01^2\text{m}^2=15.7\text{kN}$$

4. (教材习题 3-5) 图 3-8 所示的电子秤传感器是一个空心圆筒，承受轴向拉伸或压缩。已知圆筒外径 $D=80\text{mm}$，壁厚 $\delta=9\text{mm}$，材料的弹性模量 $E=210\text{GPa}$。在称某重物时，测得筒壁的轴向应变 $\varepsilon=-476\times10^{-6}$，试问该物重多少？

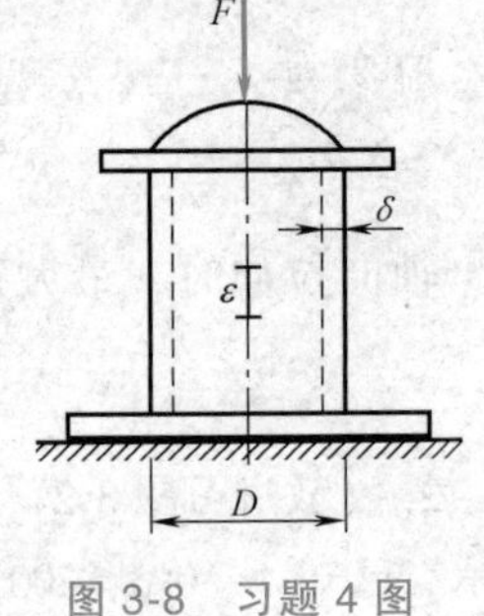

图 3-8 习题 4 图

考点：胡克定律。

解题思路：$F=\sigma A=\varepsilon EA$。

提示：利用胡克定律。

解：空心圆筒内径 $d=D-2\delta=62\text{mm}$，圆筒横截面上的正应力

$\sigma=\dfrac{F}{A}=\varepsilon E$，物体重

$$F=\varepsilon EA=\varepsilon E\cdot\frac{1}{4}\pi(D^2-d^2)=200.57\text{kN}$$

5. (教材习题 3-7) 已知一试样，直径 $d=10\text{mm}$，$l=50\text{mm}$，拉伸试验时试样断裂后，l 从 50mm 改变为 $l_1=58.3\text{mm}$，颈缩处直径 $d_1=6.2\text{mm}$。求材料的延伸率和截面收缩率。

考点：延伸率和截面收缩率。

解题思路：延伸率 $\delta=\dfrac{l_1-l}{l}\times100\%$，截面收缩率 $\psi=\dfrac{A-A_1}{A}\times100\%$。

提示：利用延伸率和截面收缩率的定义。

解：延伸率 $$\delta=\frac{l_1-l}{l}\times100\%=\frac{58.3-50}{50}\times100\%=16.6\%$$

截面收缩率 $$\psi=\frac{A-A_1}{A}\times100\%=61.6\%$$

第 4 章　剪切与挤压

4.1　重点内容提要

4.1.1　基本概念

1. 剪切变形

当构件受到一对等值、反向且作用线很接近的横向力（即垂直于杆件轴线的力）作用时，该两力间杆件的截面沿力的作用线方向发生相对错动的变形现象。

2. 挤压变形

连接件和被连接件在其相互接触的表面上发生承压，并在承压部分的圆柱表面呈现被“挤扁”的近似于半椭圆形压痕的变形现象，称为挤压变形。

3. 剪切工程实用计算法

由于剪切变形时，一对反向作用力之间的距离很小，剪切面可以假设为平面，剪切面只受剪力作用且剪力在剪切面上均匀分布。

4. 计算挤压面

计算挤压面是指挤压接触面在垂直于挤压力方向上的投影面。

5. 挤压工程实用计算法

假设挤压力均匀地分布在计算挤压面的面积上，这种应力称为计算（或名义）挤压应力。

4.1.2　剪切强度计算

1. 剪切应力（τ 也称为名义切应力）

$$\tau=\frac{F_S}{A_S} \tag{4-1}$$

式中　A_S——m—m 截面的截面面积（m^2）；

F_S——m—m 截面上的剪力（N）。

2. 极限切应力

$$\tau_b=\frac{F_{Sb}}{A_S} \tag{4-2}$$

式中　F_{Sb}——剪切破坏试验时剪断面上的极限剪力（N）。

3. 许用切应力

$$[\tau]=\frac{\tau_b}{n_b} \tag{4-3}$$

式中　τ_b——剪切破坏时的极限切应力（N/m^2）；

n_b——安全系数。

4. 剪切工程实用计算法的强度条件

$$\tau=\frac{F_S}{A_S}\leqslant[\tau] \tag{4-4}$$

4.1.3　挤压强度计算

1. 名义挤压应力（σ_{bs}）

$$\sigma_{bs}=\frac{F_{Pc}}{A_{bs}} \tag{4-5}$$

式中　F_{Pc}——接触面上的总挤压力（N），可通过连接件的平衡条件求得；

A_{bs}——计算挤压面的面积（m^2）。

2. 极限名义挤压应力

$$\sigma_{bsb}=\frac{F_{Pcb}}{A_{bs}} \tag{4-6}$$

式中　F_{Pcb}——挤压破坏时的极限挤压力（N）。

3. 许用名义挤压应力

$$[\sigma_{bs}]=\frac{\sigma_{bsb}}{n_{bs}} \tag{4-7}$$

式中　σ_{bsb}——极限名义挤压应力（N/m^2）；

n_{bs}——安全系数。

4. 挤压工程实用计算法的强度条件

$$\sigma_{bs}=\frac{F_{Pc}}{A_{bs}}\leqslant[\sigma_{bs}] \tag{4-8}$$

4.1.4　连接件的强度计算

由于连接结构所连接的杆件通常还受到轴力作用，会发生拉压变形，所以，连接件的强度计算需包括剪切强度、挤压强度和拉压强度，才能保证整个连接结构的安全。

4.2　复习指导

本章知识点：剪切变形、挤压变形、剪切面、计算挤压面、剪力、挤压力、工程实用计算法、名义剪切应力、名义挤压应力、剪切强度条件、挤压强度条件、连接件的强度计算。

本章重点：剪切面、计算挤压面、剪力、挤压力、名义剪切应力、名义挤压应力、剪切

强度条件、挤压强度条件、连接件的强度计算。

本章难点：剪切面、计算挤压面、剪力、挤压力、名义剪切应力、名义挤压应力。

考点：剪切面、计算挤压面、剪力、挤压力、名义剪切应力、名义挤压应力、剪切强度条件、挤压强度条件、连接件的强度计算。

4.3　概念题及解答

4.3.1　判断题

判断下列说法是否正确。

1. 构件接头处的强度设计，同时满足剪切与挤压强度条件即是安全的。

答：错。

考点：构件接头处的强度条件。

提示：连接结构所连接的杆件一般存在剪切、挤压和拉压等三种变形，所以必须同时满足这三种变形的强度条件。

2. 在连接件的剪切强度实用计算中，剪切许用应力［τ］是根据剪切破坏试验所得的极限剪力并按照名义切应力概念计算得到的。

答：对。

考点：工程实用计算法、名义剪切应力、剪切强度条件。

提示：工程实用计算法要求名义剪切应力、极限名义剪切应力具有可比性，应按相同方法进行计算，但极限剪力需通过剪切试验得到。

3. 剪切变形的实际内力只有剪力。

答：错。

考点：剪切面、剪力、截面法。

提示：根据截面法，剪切变形的实际内力还包括弯矩，由于其值很小，所以在工程实用计算法中忽略不计。

4. 挤压变形的内力只有挤压力。

答：错。

考点：挤压面、挤压力、分离体平衡。

提示：通过分离体平衡条件，可知挤压变形的内力还包括弯矩、剪力，由于它们的值很小，所以在工程实用计算法中忽略不计。

5. 剪切、挤压强度的工程实用计算法假设只是为了简化计算。

答：错。

考点：工程实用计算法、名义剪切应力、名义挤压应力。

提示：工程实用计算法的名义剪切应力和名义挤压应力与实际最大切应力和实际最大挤压应力具有较强的正相关性，是实际最大应力的一种有效的表示。

6. 挤压强度的工程实用计算法认为挤压力在挤压面上均匀分布。

答：错。

考点：工程实用计算法、计算挤压面、名义挤压应力。

提示：工程实用计算法认为挤压力在计算挤压面上均匀分布。

7. 根据名义剪切应力公式 $\tau=\dfrac{F_S}{A_S}$，剪切变形剪切面上的实际剪切应力是均匀分布的。

答：错。

考点：工程实用计算法、剪切应力公式。

提示：工程实用计算法假设剪切面上的剪切应力均匀分布，但实际剪切应力非常复杂，是非均匀分布的。

8. 挤压变形和压缩变形是两种不同的基本变形。

答：对。

考点：挤压变形、压缩变形。

提示：挤压是两杆件表面在小范围内的压痕，压痕大小、范围和深浅非常复杂；压缩是杆在轴线方向受压力而产生的缩短变形，在圣维南原理条件下，压缩变形杆横截面各点变形相同，变形相对简单。

9. 在连接件上，剪切面和挤压面分别平行于外力方向。

答：错。

考点：剪切面、挤压面。

提示：根据连接件的受力特点，剪切面和挤压面定义，可知剪切错动与受力平行，挤压面垂直于挤压力。

10. 连接件的剪切实用计算是以假设切应力不超过材料的剪切极限应力为基础的。(　　)

答：对。

考点：剪切比例极限、剪切极限应力。

提示：剪切许用切应力由剪切极限应力确定，而不是由剪切比例极限确定。

4.3.2 选择题

请将正确答案填入括号内。

1. 连接件强度计算时，(　　)。

(A) 必须同时满足剪切强度条件、挤压强度条件和拉压强度条件

(B) 只需同时满足剪切强度条件和挤压强度条件

(C) 只需同时满足剪切强度条件拉压强度条件

(D) 只需同时满足挤压强度条件和拉压强度条件

答：正确答案是 (A)。

考点：构件接头处的强度条件。

提示：连接结构所连接的杆件一般存在剪切、挤压和拉压等三种变形，所以必须同时满足这三种变形的强度条件。

2. 在连接件剪切强度的实用计算中，许用切应力 $[\tau]$ 是由 (　　)。

(A) 精确计算得到的

(B) 拉伸试验得到的

(C) 剪切试验得到极限剪力，考虑安全系数并按照名义切应力方法计算得到的

（D）扭转试验得到的

答：正确答案是（C）。

考点：剪切比例极限、极限切应力、许用切应力、连接件强度的许用切应力的确定方法。

提示：为了保证工程实用计算法中工作应力与许用应力的可比性，许用切应力应由剪切试验确定并按名义切应力方法计算得到。

3. 在连接件上，计算挤压面与外力方向（　　）。

（A）互相垂直　　（B）互相平行　　（C）成45°角　　（D）关系无规律

答：正确答案是（A）。

考点：挤压面。

提示：工程实用计算法假设计算挤压面与外力方向垂直。

4. 在连接件上，剪切面与外力方向（　　）。

（A）互相垂直　　（B）互相平行　　（C）成45°角　　（D）关系无规律

答：正确答案是（B）。

考点：剪切面。

提示：工程实用计算法假设剪切面与外力方向平行。

5. 图4-1所示两木杆（Ⅰ和Ⅱ）连接接头承受轴向拉力作用，下面选项中错误的是（　　）。

（A）1—1截面偏心受拉

（B）2—2为受剪面

（C）3—3为挤压面

（D）4—4为拉压面

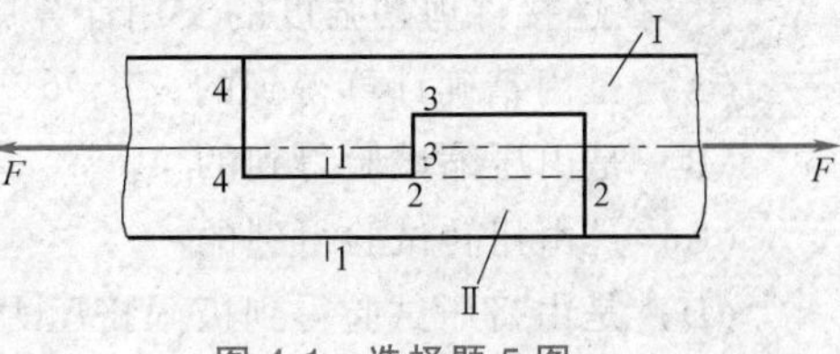

图4-1　选择题5图

答：正确答案是（D）。

考点：拉压面、剪切面、挤压面。

提示：4—4面不是轴向拉压面。

6. 在连接件上，剪切面的实际内力（　　）。

（A）既有剪力也有弯矩　　（B）只有剪力

（C）只有弯矩　　（D）只有拉力

答：正确答案是（A）。

考点：剪切面、剪力。

提示：工程实用计算法假设：由截面法可知剪切面既有剪力也有弯矩。

7. 工程实用计算法的假设（　　）。

（A）只是为了简化计算

（B）只是为了确定实际最大应力

（C）考虑了名义应力与实际最大应力的正相关性，也简化了计算

（D）确定了实际最大应力，也简化了计算

答：正确答案是（C）。

考点：工程实用计算法假设。

提示：弹性力学、有限元法、工程实践表明名义应力与实际最大应力具有正相关性，名

义应力也方便计算。

8. 挤压变形（　　）。

（A）与压缩变形相同　　（B）与压缩变形不同

（C）与拉伸变形相同　　（D）计算挤压面上有压力和弯矩

答：正确答案是（B）。

考点：挤压变形、压缩变形、挤压面、计算挤压面。

提示：挤压变形是接触面上的承压现象；压缩变形是杆沿轴线方向的缩短现象。

9. 连接件切应力的实用计算是以（　　）。

（A）切应力不超过材料的剪切比例极限为基础的

（B）剪切面为圆形或方形为基础的

（C）剪切面积大于挤压面积为基础的

（D）切应力在剪切面上均匀分布为基础的

答：正确答案是（D）。

考点：工程实用计算法假设、剪切面、名义切应力。

提示：工程实用计算法是根据“名义应力与实际最大应力具有正相关性”为基础进行的，而名义切应力就是“切应力在剪切面上均匀分布”。

10. 在连接件剪切强度的实用计算中，许用挤压应力（　　）。

（A）是由精确计算得到的

（B）是由压缩试验得到的

（C）是由扭转试验得到的

（D）是由挤压试验得到极限挤压力，考虑安全系数并采用名义挤压应力的方式计算得到的

答：正确答案是（D）。

考点：许用挤压应力、工程实用计算法、名义挤压应力。

提示：为了进行强度比较：工作挤压应力和许用挤压应力需使用相同的方法计算。

■ 4.4　典型习题及解答

1.（教材习题 4-1）　拉伸试样的夹头如图 4-2 所示，求该夹头的剪切面面积和挤压面面积。

考点：剪切面、挤压面。

解题思路：根据杆件受力特点确定剪切面和挤压面，根据剪切面和挤压面的几何特征求出其面积。

提示：①注意杆件的接触特征：圆环面挤压，h 高度圆柱面受剪；②注意杆件的受力特征。

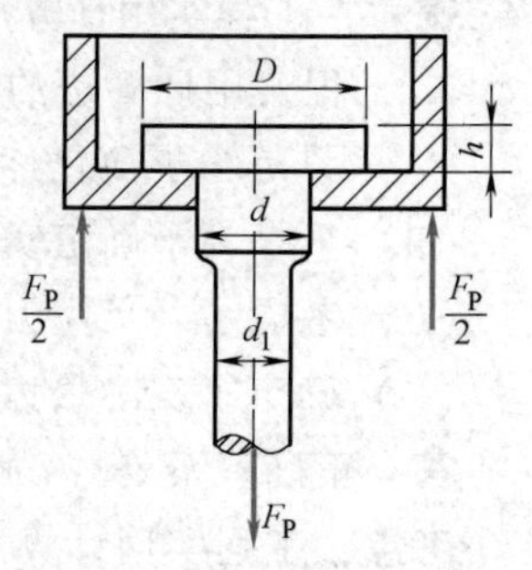

图 4-2　习题 1 图

解：剪切面是直径为 d、高度为 h 的圆柱面，所以剪切面面积为

$$A_S = \pi dh$$

挤压面是内外径分别为 d 和 D 的圆环面，所以挤压面面积为

$$A_{bs}=\frac{1}{4}\pi(D^2-d^2)$$

2.（教材习题 4-2）　指出图 4-3 所示木榫接头的剪切面和挤压面，并计算剪切面面积和挤压面面积。

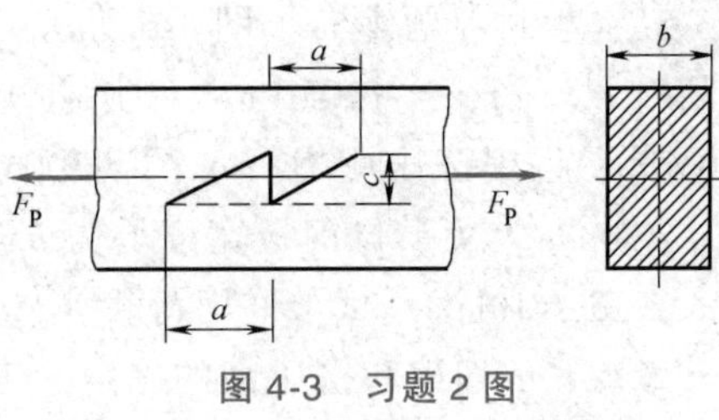

图 4-3　习题 2 图

考点：剪切面、挤压面。

解题思路：根据杆件受力特点确定剪切面和挤压面，根据剪切面和挤压面的几何特征求出其面积。

提示：①杆件的接触特征：木榫接头中间铅垂面挤压，水平面受剪；②杆件的受力特征。

解：剪切面是长为 a、宽为 b 的矩形面，所以剪切面面积为

$$A_S=ab$$

挤压面是高为 c、宽为 b 的矩形面，所以挤压面面积为

$$A_{bs}=bc$$

3.（教材习题 4-3）　图 4-4 所示厚度为 δ 的基础上有一正方柱，柱受轴向压力 F_P 作用，则基础的剪切面面积和挤压面面积分别是多少？

考点：剪切面、挤压面。

解题思路：根据杆件受力特点确定剪切面和挤压面，根据剪切面和挤压面的几何特征求出其面积。

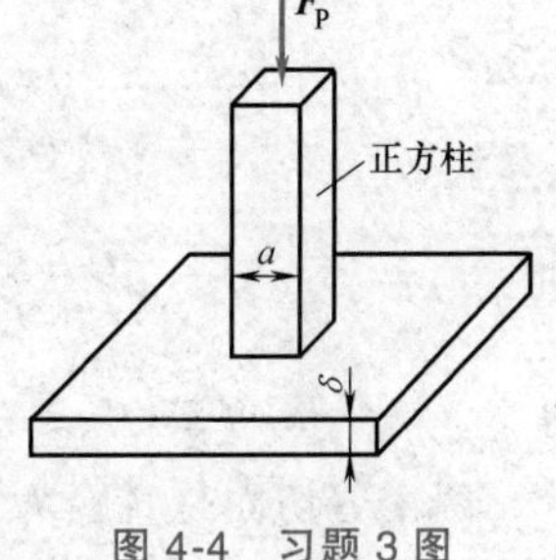

图 4-4　习题 3 图

提示：①地面有均匀支撑力，等于外力除以基础水平面积；②剪切面是正方柱面，高度为基础厚度，剪力与外力和地面分布支撑力平衡。

解：剪切面是边长为 a、高为 δ 的方形柱面，所以剪切面面积为

$$A_S=4a\delta$$

挤压面是边长为 a 的正方形面，所以挤压面面积为

$$A_{bs}=a^2$$

4.（教材习题 4-4）　图 4-5 所示木接头，水平杆与斜杆成 α 角，则其挤压面积为多少？

考点：根据杆件受力特点确定剪切面和挤压面。

解题思路：根据杆件受力特点确定剪切面和挤压面，根据剪切面和挤压面的几何特征求出其面积。

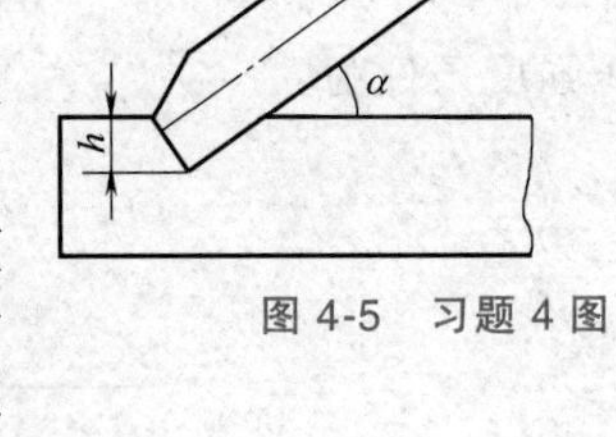

图 4-5　习题 4 图

提示：①杆件的接触特征，挤压面有两个，根据题设条件只考虑铅垂挤压面，不考虑水平挤压面；剪切面有三个，根据题设条件，只考虑水平剪切面，不考虑铅垂剪切面。②杆件的受力特征。

解：挤压面是高为 $h/\cos\alpha$，宽为 b 的矩形面，所以挤压面面积为

$$A_{bs}=\frac{bh}{\cos\alpha}$$

5.（教材习题4-5） 图4-6所示一销钉连接，已知钢板、销钉与叉头的材料均相同，许用切应力 $[\tau]=120\text{MPa}$，许用拉应力 $[\sigma]=160\text{MPa}$，许用挤压应力 $[\sigma_{bs}]=300\text{MPa}$，销钉直径 $d=30\text{mm}$，叉头与钢板宽度均为 $b=80\text{mm}$，$\delta_1=22\text{mm}$，$\delta_2=10\text{mm}$。试求许用荷载 $[F_P]$。

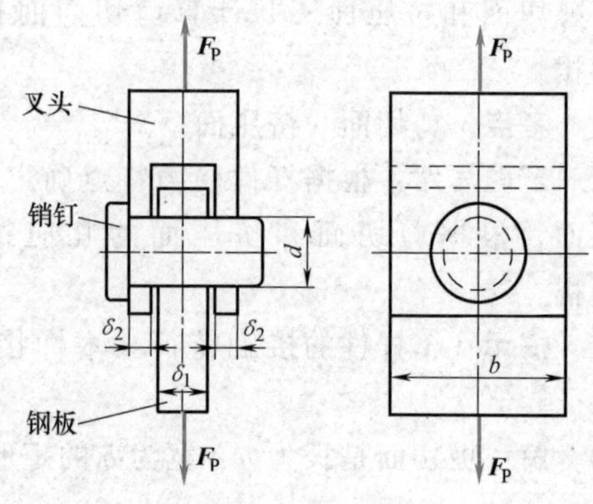

图4-6 习题5图

考点：剪切面和挤压面的确定，工程实用计算法，连接件的强度条件。

解题思路：①根据杆件受力特点确定剪切面和挤压面；②根据平衡条件和截面法确定挤压力和剪力；③根据工程实用计算法和连接件的强度条件确定许可荷载。

提示：①注意单剪或双剪情况的判定；②注意挤压面和挤压力的特点，有三个挤压面，危险挤压面为高 δ_2 对应的半圆柱面，计算挤压面积为 $\delta_2 d$；③注意平衡条件的正确使用；④注意连接件强度计算包括三个条件。

解：钢板、叉头受拉，危险面是叉头上厚度为 $2\delta_2$、宽度为 $b-d$ 的空心矩形截面，轴力 $F_N=F_P$，拉伸强度为

$$\sigma_N=\frac{F_N}{2\delta_2(b-d)}\leqslant[\sigma]$$

即

$$\frac{F_N}{[2\times10\times(80-30)\times10^{-6}]\text{m}^2}\leqslant160\times10^6\text{Pa}$$

得

$$F_N=F_P\leqslant160\times10^6\text{Pa}\times[2\times10\times(80-30)\times10^{-6}]\text{m}^2=160.0\times10^3\text{ N}$$

两个剪切面是直径为 d 的圆截面，剪力 $F_S=F_P/2$，剪切强度条件为

$$\tau_S=\frac{4F_P}{2\pi d^2}\leqslant[\tau]$$

即

$$\frac{2F_P}{(\pi\times30^2\times10^{-6})\text{m}^2}\leqslant120\times10^6\text{Pa}$$

得

$$F_P\leqslant\frac{120\times10^6\text{Pa}\times(\pi\times30^2\times10^{-6})\text{m}^2}{2}=169.65\times10^3\text{N}$$

三个挤压面，计算挤压面积（危险挤压面）是宽为 δ_2、长为 d 的矩形面，挤压力 $F_{Pc}=F_P/2$，挤压强度条件为

$$\sigma_{bs}=\frac{F_P}{2\delta_2 d}\leqslant[\sigma_{bs}]$$

即

$$\frac{F_P}{(2\times10\times30\times10^{-6})\text{m}^2}=300\times10^6\text{Pa}$$

得

$$F_P=300\times10^6\text{Pa}\times(2\times10\times30\times10^{-6})\text{m}^2=180\times10^3\text{N}$$

因此

$$[F_P]=160.0\times10^3\text{N}=160\text{kN}$$

6.（教材习题4-6） 图4-7所示两根矩形截面木材用两块钢板连接在一起，受轴向荷载 $F_P=45\text{kN}$ 作用。已知截面宽度 $b=250\text{mm}$，木材许用拉应力 $[\sigma_t]=6\text{MPa}$，许用挤压应力 $[\sigma_{bs}]=10\text{MPa}$，沿木材的顺纹方向许用切应力 $[\tau]=1\text{MPa}$。试确定接头的尺寸 δ、l、h。

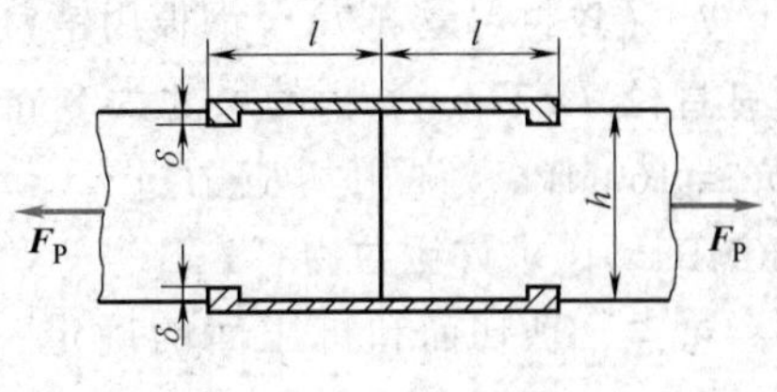

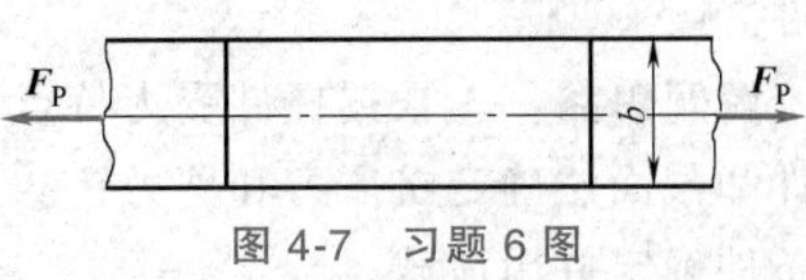

图4-7 习题6图

考点：剪切面和挤压面的确定，工程实用计算法，剪切和挤压强度条件。

解题思路：①根据杆件受力特点确定剪切面和挤压面；②根据平衡条件和截面法确定挤压力和剪力；③根据工程实用计算法、剪切和挤压强度条件确定接头尺寸。

提示：①注意单剪或双剪情况的判定；②注意挤压面和挤压力的特点，每一根木材有两个挤压面，是宽为 b、高为 δ 的铅垂矩形面；③注意剪切面的特点，每一根木材有两个剪切面，是宽为 b、长为 l 的水平面；④平衡条件的正确使用；⑤注意连接件强度计算包括三个条件。

解：木杆受拉，危险截面是高度为 $h-2\delta$、宽度为 b 的矩形截面，轴力 $F_N=F_P$，拉伸强度为

$$\sigma_N=\frac{F_P}{b(h-2\delta)}\leqslant[\sigma_t]$$

即

$$\frac{45\times10^3\text{N}}{[250\times(h-2\delta)\times10^{-3}]\text{m}^2}\leqslant6\times10^6\text{Pa} \tag{a}$$

两个剪切面是宽为 b、长为 l 的矩形面，剪力 $F_S=F_P/2$，剪切强度条件为

$$\tau_S=\frac{F_P}{2bl}\leqslant[\tau]$$

即

$$\frac{45\times10^3\text{N}}{(2\times250\times l\times10^{-3})\text{m}^2}\leqslant1\times10^6\text{Pa}$$

得

$$l\geqslant\frac{45\times10^3\text{N}}{1\times10^6\text{Pa}\times(2\times250\times10^{-3})\text{m}}=0.09\text{m}=90\text{mm}$$

两个挤压面是宽 b、高为 δ 的矩形面，挤压力 $F_{Pc}=F_P/2$，挤压强度条件为

$$\sigma_{bs}=\frac{F_P}{2\delta b}\leqslant[\sigma_{bs}]$$

即

$$\frac{45\times10^3\text{N}}{(2\times\delta\times250\times10^{-3})\text{m}^2}\leqslant10\times10^6\text{Pa}$$

得

$$\delta\geqslant\frac{45\times10^3\text{N}}{10\times10^6\text{Pa}\times(2\times250\times10^{-3})\text{m}}=0.009\text{m}=9\text{mm}$$

把 δ 代入式（a），得

$$h\geqslant\frac{45\times10^3\text{N}}{6\times10^6\text{Pa}\times250\times10^{-3}\text{m}}+2\times0.009\text{m}=0.048\text{m}=48\text{mm}$$

因此

$$\delta=9\text{mm},\quad l=90\text{mm},\quad h=48\text{mm}$$

7.（教材习题 4-7） 钢板用销钉固连于墙上，且受拉力 F_P 作用，如图 4-8 所示。已知销钉直径 $d=22\text{mm}$，板的尺寸为 8mm×100mm，板和销钉的许用拉应力 $[\sigma]=160\text{MPa}$，许用切应力 $[\tau]=100\text{MPa}$，许用挤压应力 $[\sigma_{bs}]=280\text{MPa}$。试求许用拉力 $[F_P]$。

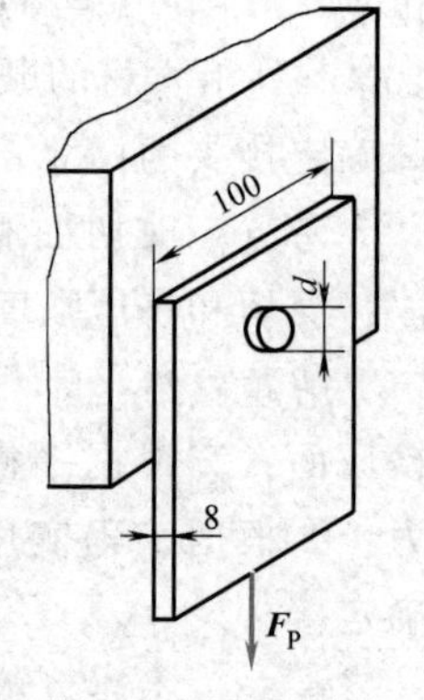

图 4-8 习题 7 图

考点：剪切面和挤压面的确定，工程实用计算法，连接件的强度条件。

解题思路：①根据杆件受力特点确定剪切面和挤压面；②根据平衡条件和截面法确定挤压力和剪力；③根据工程实用计算法和连接件的强度条件确定许用荷载。

提示：①注意单剪或双剪情况的判定；②注意挤压面和挤压力的特点，只有一个挤压面，正确使用平衡条件；③注意连接件强度计算包括三个条件；④注意拉压杆的判断、危险面的判断，这里拉压杆是薄钢板，危险面是开孔处截面。

解：钢板受拉，危险截面是厚度为 $\delta=8\text{mm}$，宽度为 $b=(100-d)\text{mm}$ 的空心矩形截面，轴力 $F_N=F_P$，拉伸强度条件为

$$\sigma_N=\frac{F_P}{\delta b}\leqslant[\sigma]$$

所以

$$\frac{F_P}{[8\times(100-22)\times10^{-6}]\text{m}^2}\leqslant160\times10^6\text{Pa}$$

故

$$F_P\leqslant160\times10^6\text{Pa}\times[8\times(100-22)\times10^{-6}]\text{m}^2=99.84\times10^3\text{N}=99.84\text{kN}$$

一个剪切面是直径为 d 的圆截面，剪力 $F_S=F_P$，剪切强度条件为

$$\tau_S=\frac{4F_P}{\pi d^2}\leqslant[\tau]$$

所以

$$\frac{4F_P}{(\pi\times22^2\times10^{-6})\text{m}^2}\leqslant100\times10^6\text{Pa}$$

故

$$F_P\leqslant100\times10^6\text{Pa}\times\left(\frac{\pi\times22^2\times10^{-6}}{4}\right)\text{m}^2=38.01\times10^3\text{N}=38.01\text{kN}$$

一个挤压面，计算挤压面积是宽为 $\delta=8\text{mm}$，长为 $d=22\text{mm}$ 的矩形面，挤压力 $F_{Pc}=F_P$，挤压强度条件为

$$\sigma_{bs}=\frac{F_P}{\delta d}\leqslant[\sigma_{bs}]$$

所以

$$\frac{F_P}{(8\times22\times10^{-6})\text{m}^2}\leqslant280\times10^6\text{Pa}$$

故

$$F_P\leqslant280\times10^6\text{Pa}\times(8\times22\times10^{-6})\text{m}^2=49.28\times10^3\text{N}=49.28\text{kN}$$

所以

$$[F_P]=38.01\text{kN}$$

8. （教材习题 4-8） 为使压力机在超过最大压力 $F_P=160\text{kN}$ 作用时，重要机件不发生破坏，在压力机冲头内装有保险器（压塌块），如图 4-9 所示。设极限切应力 $\tau_b=360\text{MPa}$，已知保险器（压塌块）中的尺寸：$d_1=50\text{mm}$，$d_2=51\text{mm}$，$D=82\text{mm}$。试求保险器（压塌块）中的尺寸 δ 值。

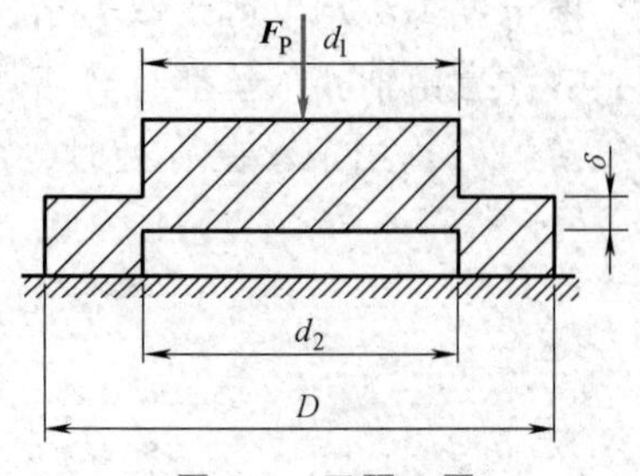

图 4-9 习题 8 图

考点：剪切面和剪切破坏的判据。

解题思路：①根据杆件受力特点确定剪切面；②根据平衡条件和截面法确定剪力；③根据工程实用计算法和连接件的破坏判据确定尺寸。

提示：①注意单剪或双剪情况的判定，这里剪切面是直径为 d_2、高为 δ 的圆柱面；②注意分离体的选取，平衡条件的正确使用；③注意连接件破坏判据的建立。

解：压塌块的剪切面是直径为 d_2，高为 δ 的圆柱面，剪力 $F_S=F_P$，压塌块剪断时，

$$\tau_S=\frac{F_P}{\pi d_2\delta}=\tau_b$$

所以

$$\frac{160\times10^3\text{N}}{(\pi\times51\times\delta\times10^{-3})\text{m}^2}=360\times10^6\text{Pa}$$

故

$$\delta=\frac{160\times10^3\text{N}}{360\times10^6\text{Pa}\times(\pi\times51\times10^{-3})\text{m}}=2.77\times10^{-3}\text{m}=2.77\text{mm}$$

9. （教材习题 4-9） 剪刀受力和尺寸如图 4-10a 所示，销钉 B 的直径 $d=3\text{mm}$。若销钉 B 与被剪的钢丝材料相同，其剪切强度极限 $\tau_b=200\text{MPa}$，销钉的安全系数 $n=4.5$。试问：在 C 处能剪断多大直径的钢丝？如将钢丝放在 D 处，则又能剪断多大直径的钢丝？

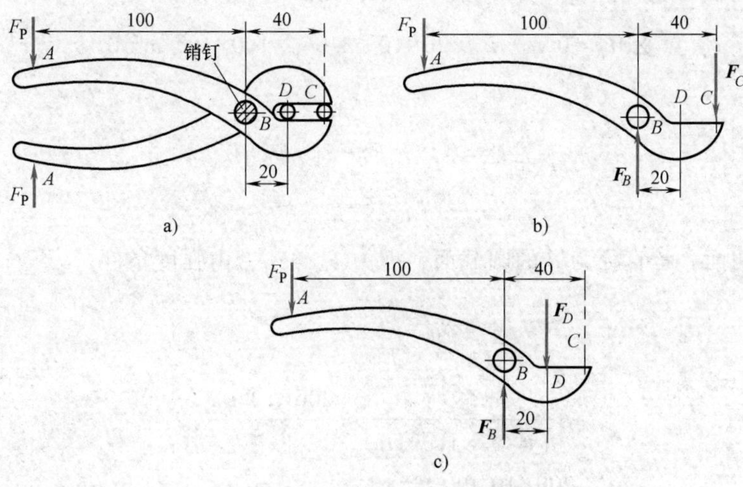

图 4-10 习题 9 图

考点：剪切面的确定，工程实用计算法，剪切强度条件。

解题思路：①根据杆件受力特点确定剪切面；②根据平衡条件和截面法确定剪力；③根据工程实用计算法和剪切强度条件确定许用外力和设计钢丝直径。

提示：①注意单剪或双剪情况的判定；②注意分离体的正确选择、平衡条件的正确使用；③注意销轴和钢丝都有剪切强度问题，需先由销轴的强度条件确定许用外力。

解：(1) 当钢丝在 C 处时，以一个刀片为对象，如图 4-10b 所示，列平衡方程得

$$\sum M_B=0,\quad -F_C\times40\times10^{-3}\,\mathrm{m}+F_\mathrm{P}\times100\times10^{-3}\,\mathrm{m}=0$$

$$F_C=2.5F_\mathrm{P}$$

$$\sum F_y=0,\quad -F_C-F_\mathrm{P}+F_B=0$$

$$F_B=3.5F_\mathrm{P}$$

销 B 有一个剪切面，是直径为 d 的圆截面，剪力 $F_\mathrm{S}=F_B$，由强度条件

$$\tau_{\mathrm{S}B}=\frac{4F_B}{\pi d^2}\leqslant\frac{\tau_\mathrm{b}}{n}$$

得
$$\frac{4\times3.5F_\mathrm{P}}{(\pi\times3^2\times10^{-6})\,\mathrm{m}^2}\leqslant\frac{200\times10^6\,\mathrm{Pa}}{4.5}$$

故
$$F_\mathrm{P}\leqslant\frac{200\times10^6\,\mathrm{Pa}}{4.5}\times\frac{(\pi\times3^2\times10^{-6})\,\mathrm{m}^2}{4\times3.5}=89.76\mathrm{N}$$

钢丝有一个剪切面，是直径为 d_C 的圆截面，剪力 $F_\mathrm{S}=F_C$，钢丝剪断时，

$$\tau_{\mathrm{S}C}=\frac{4F_C}{\pi d_C^2}=\tau_\mathrm{b}$$

所以
$$\frac{4\times2.5F_\mathrm{P}}{(\pi\times d_C^2)\,\mathrm{m}^2}=200\times10^6\,\mathrm{Pa}$$

所以
$$d_C=\sqrt{\frac{4\times2.5\times89.76\mathrm{N}}{\pi}\frac{1}{200\times10^6\,\mathrm{Pa}}}=1.20\times10^{-3}\,\mathrm{m}=1.20\mathrm{mm}$$

(2) 当钢丝在 D 处时，以一个刀片为对象，如图 4-10c 所示，列平衡方程得

$$\sum M_B=0,\quad -F_D\times20\times10^{-3}\,\mathrm{m}+F_\mathrm{P}\times100\times10^{-3}\,\mathrm{m}=0$$

$$F_D=5F_\mathrm{P}$$

$$\sum F_y=0,\quad -F_D-F_\mathrm{P}+F_B=0$$

$$F_B=6F_\mathrm{P}$$

销 B 有一个剪切面，是直径为 d 的圆截面，剪力 $F_\mathrm{S}=F_B$，由强度条件

$$\tau_{\mathrm{S}B}=\frac{4F_B}{\pi d^2}\leqslant\frac{\tau_\mathrm{b}}{n}$$

得
$$\frac{4\times6F_\mathrm{P}}{(\pi\times3^2\times10^{-6})\,\mathrm{m}^2}\leqslant\frac{200\times10^6\,\mathrm{Pa}}{4.5}$$

故
$$F_\mathrm{P}=\frac{200\times10^6\,\mathrm{Pa}}{4.5}\times\frac{(\pi\times3^2\times10^{-6})\,\mathrm{m}^2}{4\times6}=52.36\mathrm{N}$$

钢丝有一个剪切面，是直径为 d_D 的圆截面，剪力 $F_\mathrm{S}=F_D$，钢丝剪断时，

$$\tau_{SD}=\frac{4F_D}{\pi d_D^2}=\tau_b$$

所以
$$\frac{4\times5F_P}{(\pi\times d_D^2)\text{m}^2}=200\times10^6\text{Pa}$$

故
$$d_D=\sqrt{\frac{4\times5\times52.36\text{N}}{\pi}\frac{1}{200\times10^6\text{Pa}}}=1.29\times10^{-3}\text{m}=1.29\text{mm}$$

10.（教材习题 4-10）　图 4-11 所示键的长度 $l=30\text{mm}$，键许用切应力 $[\tau]=110\text{MPa}$，许用挤压应力 $[\sigma_{bs}]=200\text{MPa}$，试求许用荷载 $[F_P]$。

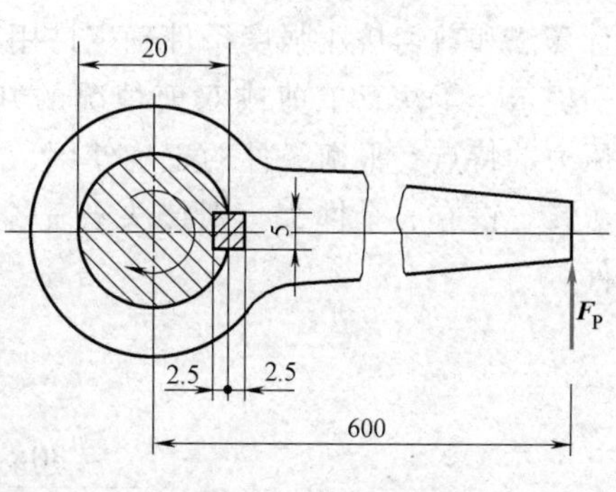

图 4-11　习题 10 图

考点：剪切面和挤压面的确定，工程实用计算法，剪切和挤压的强度条件。

解题思路：①根据杆件受力特点确定键的剪切面和挤压面；②根据平衡条件和截面法确定挤压力和剪力；③根据工程实用计算法和键的剪切挤压强度条件确定许用荷载。

提示：①注意单剪或双剪情况的判定；②注意挤压面和挤压力的特点，平衡条件的正确使用；③注意键连接的强度计算特点。

解：以手柄为对象，设键槽挤压力为 F_{Pc}，则有

$$\sum M=0,\quad -F_{Pc}\times10\times10^{-3}\text{m}+F_P\times600\times10^{-3}\text{m}=0$$

$$F_{Pc}=60F_P$$

键有一个剪切面，是宽为 $b=5\text{mm}$、长为 $l=30\text{mm}$ 的矩形截面，剪力 $F_S=F_{Pc}=60F_P$，由剪切强度条件

$$\tau_S=\frac{F_S}{bl}\leqslant[\tau]$$

得
$$\frac{60F_P}{(5\times30\times10^{-6})\text{m}^2}\leqslant110\times10^6\text{Pa}$$

所以
$$F_P\leqslant110\times10^6\text{Pa}\times\frac{(5\times30\times10^{-6})\text{m}^2}{60}=275\text{N}$$

键有一个挤压面，计算挤压面积是高为 $h=2.5\text{mm}$、长为 $l=30\text{mm}$ 的矩形截面，挤压力 $F_{Pc}=60F_P$，由挤压强度条件

$$\sigma_{bs}=\frac{F_P}{hl}\leqslant[\sigma_{bs}]$$

得
$$\frac{60F_P}{(2.5\times30\times10^{-6})\text{m}^2}\leqslant200\times10^6\text{Pa}$$

所以
$$F_P=\frac{200\times10^6\text{Pa}\times(2.5\times30\times10^{-6})\text{m}^2}{60}=250\text{N}$$

故
$$[F_P]=250\text{N}$$

11.（教材习题 4-11） 图 4-12 所示木榫接头：已知 $a=100\text{mm}$，$c=25\text{mm}$，杆宽 $b=150\text{mm}$，轴向拉力 $F_P=30\text{kN}$，榫接头许用切应力 $[\tau]=0.8\text{MPa}$，许用挤压应力 $[\sigma_{bs}]=4\text{MPa}$。试求每个杆上需要几个榫头。

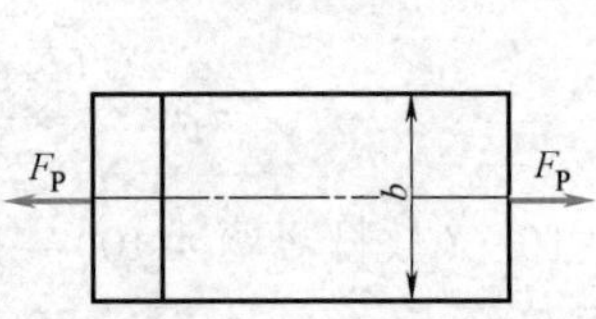

图 4-12 习题 11 图

考点：剪切面和挤压面的确定，工程实用计算法，剪切和挤压强度条件。

解题思路：①根据木榫头受力特点确定剪切面和挤压面；②根据平衡条件和截面法确定挤压力和剪力；③根据工程实用计算法和剪切挤压强度条件确定许用荷载。

提示：①注意单剪或双剪情况的判定；②注意挤压面和挤压力的特点，平衡条件的正确使用；③注意剪切和挤压强度计算。

解：设有 n 个榫头，则接头有 n 个长为 a、宽为 b 的剪切面，$F_S=F_P/n$，由剪切强度条件

$$\tau_S=\frac{F_S}{nab}\leqslant[\tau]$$

得

$$\frac{30\times10^3\text{N}}{n\times(100\times150\times10^{-6})\text{m}^2}\leqslant0.8\times10^6\text{Pa}$$

所以

$$n\geqslant\frac{30\times10^3\text{N}}{0.8\times10^6\text{Pa}\times(100\times150\times10^{-6})\text{m}^2}=2.5$$

接头还有 n 个挤压面，每个计算挤压面积是高为 $c=25\text{mm}$、长为 $b=150\text{mm}$ 的矩形截面，挤压力 $F_{Pc}=F_P/n$，由挤压强度条件

$$\sigma_{bs}=\frac{F_{Pc}}{nbc}\leqslant[\sigma_{bs}]$$

得

$$\frac{30\times10^3\text{N}}{n\times(25\times150\times10^{-6})\text{m}^2}\leqslant4\times10^6\text{Pa}$$

故

$$n\geqslant\frac{30\times10^3\text{N}}{4\times10^6\text{Pa}\times(25\times150\times10^{-6})\text{m}^2}=2$$

所以

$$[n]=3$$

12.（教材习题 4-12） 斜杆安置在松木横梁上，结构如图 4-13 所示。已知：$\alpha=30°$，$F_P=50\text{kN}$，松木顺着杆向纹路的许用切应力 $[\tau]_{顺}=1\text{MPa}$，许用挤压应力 $[\sigma_{bs}]=8\text{MPa}$。试设计横梁端头的尺寸 l 和 h。

考点：剪切面和挤压面的确定，工程实用计算法，剪切和挤压强度条件。

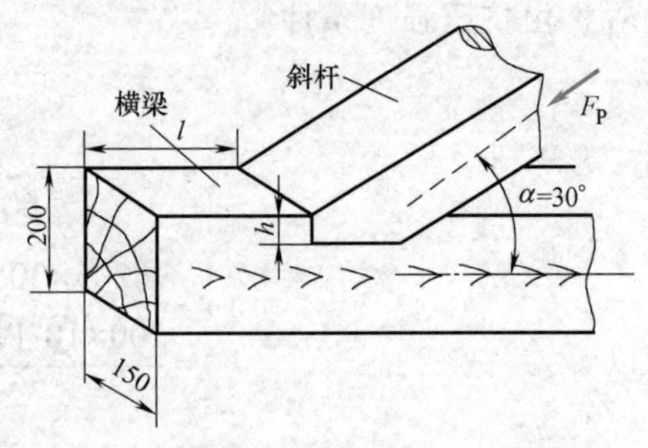

图 4-13 习题 12 图

解题思路：①根据杆件受力特点确定剪切面和挤压面；②根据斜杆平衡条件确定挤压力，截面法确定剪力；③根据工程实用计算法和剪切挤压强度条件设计尺寸。

提示：①注意单剪或双剪情况的判定，本题铅垂剪切面和水平挤压面不予考虑；②注意挤压面和

挤压力的特点，平衡条件的正确使用；③注意剪切强度、挤压强度应用。

解：松木横梁有一个剪切面，是宽为 $b=150\text{mm}$、长为 l 的水平矩形截面，剪力 $F_S=F_P\cos30°$，由剪切强度条件

$$\tau_S=\frac{F_S}{bl}\leqslant[\tau]$$

得
$$\frac{(50\times10^3\cos30°)\text{N}}{(150\times l\times10^{-3})\text{m}^2}\leqslant1\times10^6\text{Pa}$$

故
$$l\geqslant\frac{(50\times10^3\cos30°)\text{N}}{1\times10^6\text{Pa}\times(150\times10^{-3})\text{m}}=289\times10^{-3}\ \text{m}=289\text{mm}$$

松木横梁还有一个挤压面，是宽为 $b=150\text{mm}$、高为 h 的铅垂矩形截面，挤压力 $F_{Pc}=F_P\cos30°$，由挤压强度条件

$$\sigma_{bs}=\frac{F_{Pc}}{bh}\leqslant[\sigma_{bs}]$$

得
$$\frac{(50\times10^3\cos30°)\text{N}}{(h\times150\times10^{-3})\text{m}^2}\leqslant8\times10^6\text{Pa}$$

故
$$h\geqslant\frac{(50\times10^3\cos30°)\text{N}}{8\times10^6\text{Pa}\times(150\times10^{-3})\text{m}}=36\times10^{-3}\text{m}=36\text{mm}$$

13.（教材习题 4-13） 图 4-14 所示为一联轴器，由两个靠背轮和连接靠背轮的四个销钉组成：外力偶矩 M_e 通过销钉从一个靠背轮传给另一个靠背轮。已知 $M_e=2.5\text{kN}\cdot\text{m}$，$D=150\text{mm}$，$d=12\text{mm}$，销钉的许用切应力 $[\tau]=80\text{MPa}$。试校核销钉的强度。

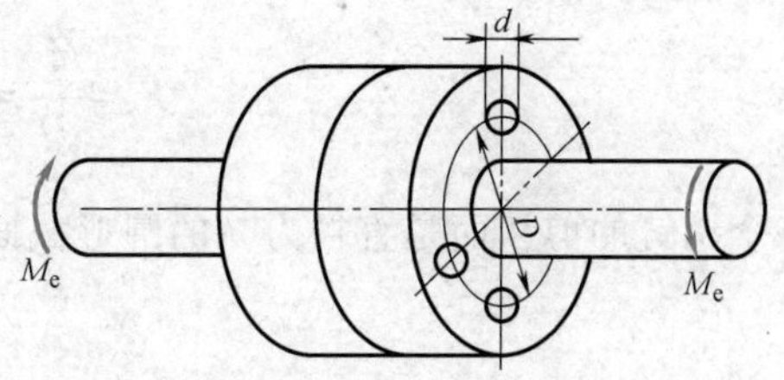

图 4-14 习题 13 图

考点：剪切面的确定，工程实用计算法，剪切强度条件。

解题思路：①根据联轴器的结构特点和受力特点确定剪切面；②根据平衡条件和截面法确定剪力；③根据工程实用计算法和剪切强度条件校核销轴的强度。

提示：①注意机构特征分析、单剪或双剪情况的判定；②注意分离体和平衡条件的正确使用；③根据题设条件确定强度计算只包括销轴的剪切强度。

解：以靠背轮为对象，设每个销钉的剪力为 F_S，列平衡方程可得

$$\sum M=0,\quad 4F_S\times\frac{D}{2}-M_e=0$$

$$F_S=\frac{M_e}{2D}=\frac{2.5\times10^3}{2\times150\times10^{-3}}\text{N}=8333\text{N}$$

每个销钉有一个剪切面，是直径为 $d=12\text{mm}$ 的圆形截面，根据剪切强度条件

$$\tau_S=\frac{4F_S}{\pi d^2}=\frac{4\times8333}{\pi\times12^2\times10^{-6}}\text{Pa}=73.68\text{MPa}\leqslant80\text{MPa}=[\tau]$$

可知安全。

14.（教材习题 4-14） 销钉式安全联轴器如图 4-15 所示，$D=30\text{mm}$。若允许传递的最大扭转力矩 $M_e=300\text{N}\cdot\text{m}$，销钉材料的许用切应力 $[\tau]=140\text{MPa}$，试设计销钉的直径 d。

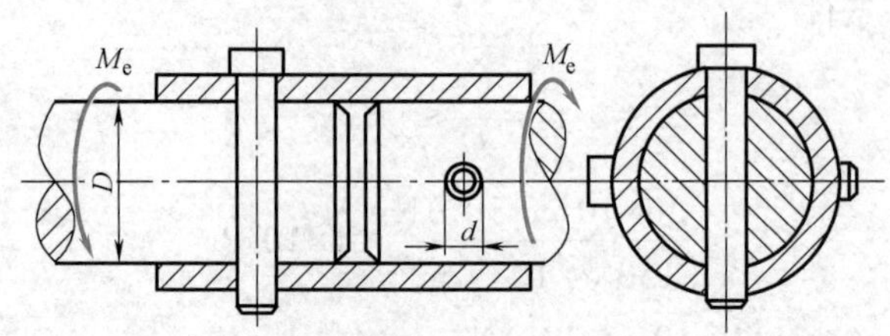

图 4-15 习题 14 图

考点：剪切面的确定，工程实用计算法，剪切强度条件。

解题思路：①根据联轴器的机构特点和受力特点确定剪切面；②根据平衡条件和截面法确定剪力；③根据工程实用计算法和剪切强度条件校核销轴的强度。

提示：①注意机构特征分析、单剪或双剪情况的判定；②注意分离体和平衡条件的正确使用；③根据题设条件确定强度计算只包括销轴的剪切强度。

解：以一个联轴器为研究对象，销钉有两个剪切面，设其剪力为 F_S，列平衡方程得

$$\sum M_x=0,\quad 2F_S\cdot\frac{D}{2}-M_e=0$$

故

$$F_S=\frac{M_e}{D}=\frac{300\text{N}\cdot\text{m}}{30\times10^{-3}\text{m}}=10000\text{N}$$

每个销钉的剪切面是直径为 d 的圆形截面，由剪切强度条件

$$\tau_S=\frac{4F_S}{\pi d^2}\leqslant[\tau]$$

得

$$\frac{4\times10000\text{N}}{\pi\times d^2}\leqslant140\times10^6\text{Pa}$$

故

$$d\geqslant\sqrt{\frac{4\times10000\text{N}}{\pi\times140\times10^6\text{Pa}}}=9.54\times10^{-3}\text{m}=9.54\text{mm}$$

取 $d=10\text{mm}$。

15.（教材习题 4-15） 图 4-16 所示铆钉连接，已知：板厚 $\delta_1=6\text{mm}$，$\delta_2=10\text{mm}$，轴向拉力 $F_P=300\text{kN}$，铆钉直径 $d=20\text{mm}$，铆钉的许用切应力 $[\tau]=140\text{MPa}$，许用挤压应力 $[\sigma_{bs}]=240\text{MPa}$。试校核铆钉的强度。

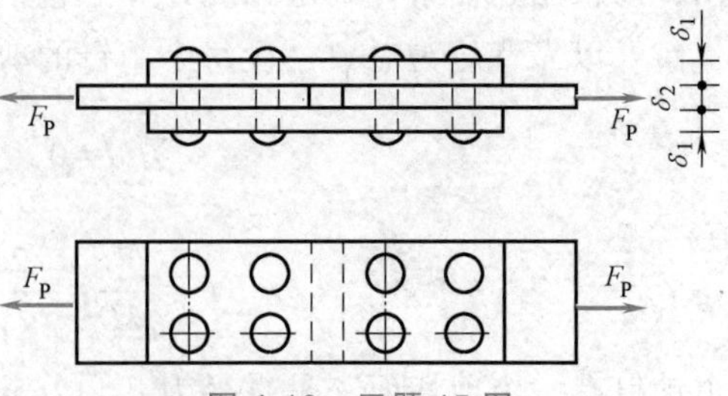

图 4-16 习题 15 图

考点：剪切面和挤压面的确定，工程实用计算法，连接件的强度条件。

解题思路：①根据连接件的结构特点和受力特点确定剪切面和挤压面；②根据平衡条件和截面法确定挤压力和剪力；③根据工程实用计算法和连接件的强度条件校核铆钉的强度。

提示：①注意单剪或双剪情况的判定；②注意挤压面和挤压力的特点，中层每个板有 4 个挤压面，上下层板的每个挤压面受力与中层板每个挤压面受力大小不同；③平衡条件的正确使用；④根据题设条件仅考虑连接件中铆钉的剪切和挤压强度。

解：铆钉的剪力和挤压力分别为

$$F_{\mathrm{S}}=\frac{F_{\mathrm{P}}}{8},\ F_{\mathrm{Pc1}}=\frac{F_{\mathrm{P}}}{8},\ F_{\mathrm{Pc2}}=\frac{F_{\mathrm{P}}}{4}$$

根据剪切强度条件，有

$$\tau_{\mathrm{S}}=\frac{F_{\mathrm{S}}}{A_{\mathrm{S}}}=\frac{4F_{\mathrm{P}}}{8\pi d^2}=\frac{300\times10^3\mathrm{N}}{2(\pi\times20^2\times10^{-6})\mathrm{m}^2}=119.37\times10^6\mathrm{Pa}\leqslant[\tau]=140\times10^6\mathrm{Pa}$$

可知安全。

根据挤压强度条件，有

$$\sigma_{\mathrm{bs1}}=\frac{F_{\mathrm{Pc1}}}{\delta_1 d}=\frac{F_{\mathrm{P}}}{8\delta_1 d}=\frac{300\times10^3\mathrm{N}}{8\times(6\times20\times10^{-6})\mathrm{m}^2}=312.5\times10^6\mathrm{Pa}=312.5\mathrm{MPa}\geqslant[\sigma_{\mathrm{bs}}]=240\mathrm{MPa}$$

可知不安全。

根据挤压强度条件，有

$$\sigma_{\mathrm{bs2}}=\frac{F_{\mathrm{Pc2}}}{\delta_2 d}=\frac{F_{\mathrm{P}}}{4\delta_2 d}=\frac{300\times10^3\mathrm{N}}{4\times(10\times20\times10^{-6})\mathrm{m}^2}=375\times10^6\mathrm{Pa}=375\mathrm{MPa}\geqslant[\sigma_{\mathrm{bs}}]=240\mathrm{MPa}$$

可知不安全。

综上所述，整个结构不安全。

16.（教材习题 4-16） 铆钉连接如图 4-17 所示。已知铆钉的直径 $d=25\mathrm{mm}$，铆钉材料的许用切应力 $[\tau]=100\mathrm{MPa}$，许用挤压应力 $[\sigma_{\mathrm{bs}}]=280\mathrm{MPa}$，板的拉伸许用应力 $[\sigma]=140\mathrm{MPa}$。试求拉力的许用值 $[F_{\mathrm{P}}]$。

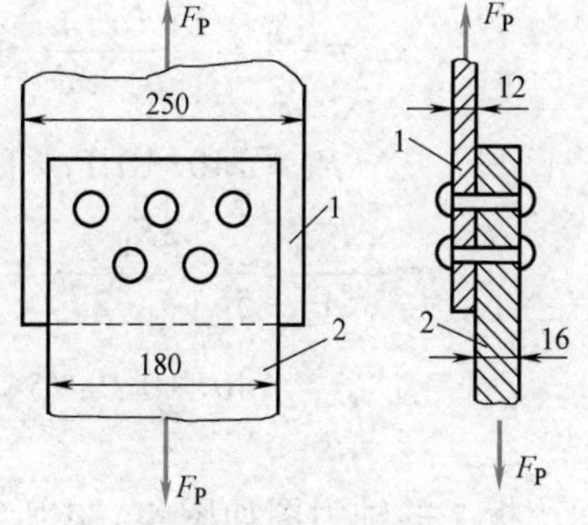

图 4-17 习题 16 图

考点：剪切面和挤压面的确定，拉压杆危险面的分析，工程实用计算法，连接件强度条件。

解题思路：①根据连接件的结构特点和受力特点确定剪切面、挤压面和可能的拉压危险面；②根据平衡条件和截面法确定挤压力、剪力和轴力；③根据工程实用计算法和连接件强度条件确定许用荷载。

提示：①注意机构特征分析、单剪或双剪情况的判定；②注意分离体和平衡条件的正确使用；③注意挤压面有两种，即厚板和薄板与铆钉的接触面，最危险的挤压面是薄板中的挤压面；④注意两个板拉压危险面的确定，需进行比较计算；⑤本题连接件的强度计算包括剪切、挤压和拉压三种强度。

解：以板 1 为研究对象，如图 4-18c 所示，列平衡方程可得

$$\sum F_y=0,\ F_{\mathrm{P}}-5F_{\mathrm{S}}=0,\ F_{\mathrm{S}}=\frac{F_{\mathrm{P}}}{5}$$

铆钉的剪力和挤压力都为 $F_{\mathrm{P}}/5$，剪切面是直径为 d 的圆截面，如图 4-18e 所示，所以

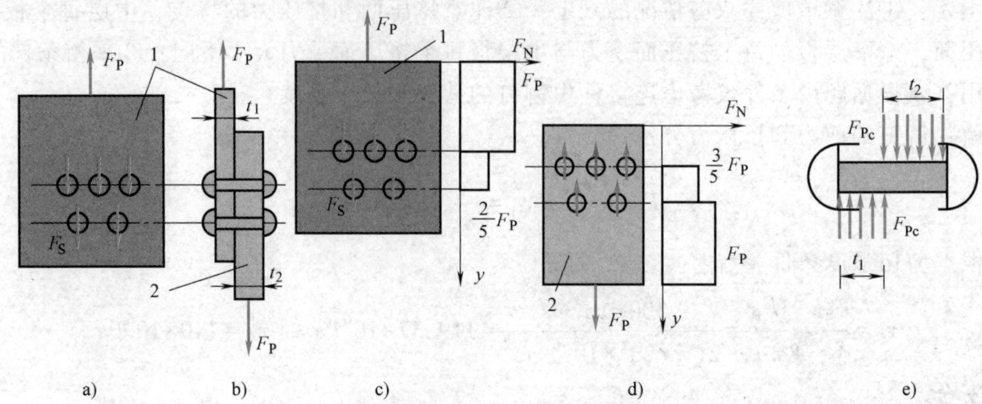

图 4-18　习题 16 受力及内力图

$$\tau_{max}=\frac{F_S}{A_S}=\frac{4F_P}{5\pi d^2}\leqslant[\tau],\quad \frac{4\times F_P}{5(\pi\times25^2\times10^{-6})\,m^2}\leqslant100\times10^6\,Pa$$

$$F_P\leqslant\frac{100\times10^6\,Pa\times5(\pi\times25^2\times10^{-6})\,m^2}{4}=245.44\times10^3\,N=245.44kN$$

最大挤压应力在与板 1 的接触圆柱面上，计算的挤压面是长为 t_1、宽为 d 的矩形面，如图 4-18e 所示，所以

$$\sigma_{bs}=\frac{F_{bs}}{A_{bs}}=\frac{F_P}{5t_1d}\leqslant[\sigma_{bs}],\quad \frac{F_P}{5\times(12\times25\times10^{-6})\,m^2}\leqslant280\times10^6\,Pa$$

$$F_P\leqslant280\times10^6\,Pa\times5\times(12\times25\times10^{-6})\,m^2=420\times10^3\,N=420kN$$

板 1 的轴力图如图 4-18c 所示，拉伸强度为

$$\sigma_3=\frac{F_{N3}}{A_3}=\frac{F_P}{t_1(b_1-3d)}\leqslant[\sigma],\quad \frac{F_P}{[12\times(250-3\times25)\times10^{-6}]\,m^2}\leqslant140\times10^6\,Pa$$

$$F_P\leqslant140\times10^6\,Pa\times[12\times(250-3\times25)\times10^{-6}]\,m^2=294\times10^3\,N=294kN$$

$$\sigma_2=\frac{F_{N2}}{A_2}=\frac{2F_P}{5t_1(b_1-2d)}\leqslant[\sigma],\quad \frac{2F_P}{5\times[12\times(250-2\times25)\times10^{-6}]\,m^2}\leqslant140\times10^6\,Pa$$

$$F_P\leqslant\frac{140\times10^6\,Pa\times5\times[12\times(250-2\times25)\times10^{-6}]\,m^2}{2}=840\times10^3\,N=840kN$$

板 2 的轴力图如图 4-18d 所示，拉伸强度为

$$\sigma_3=\frac{F_{N3}}{A_3}=\frac{3F_P}{5t_2(b_2-3d)}\leqslant[\sigma],\quad \frac{3F_P}{5\times[16\times(180-3\times25)\times10^{-6}]\,m^2}\leqslant140\times10^6\,Pa$$

$$F_P\leqslant\frac{140\times10^6\,Pa\times5\times[16\times(180-3\times25)\times10^{-6}]\,m^2}{3}=392\times10^3\,N=392kN$$

$$\sigma_2=\frac{F_{N2}}{A_2}=\frac{F_P}{t_2(b_2-2d)}\leqslant[\sigma],\quad \frac{F_P}{[16\times(180-2\times25)\times10^{-6}]\,m^2}\leqslant140\times10^6\,Pa$$

$$F_P\leqslant140\times10^6\,Pa\times[16\times(180-2\times25)\times10^{-6}]\,m^2=291.2\times10^3\,N=291.2kN$$

综上所述，　　$[F_P]=245.44kN$

17. （教材习题 4-17）　由薄板卷成薄壁圆筒后，用一排铆钉固定，已知圆筒壁厚为 $\delta=10\text{mm}$，平均直径为 $D=1000\text{mm}$，长为 $l=3\text{m}$，铆钉许用切应力为 $[\tau]=70\text{MPa}$，横截面面积为 A。当此圆筒受图 4-19 所示扭转力偶矩 $M_e=2.5\text{kN}\cdot\text{m}$ 作用时，试写出确定铆钉个数 n 的公式。

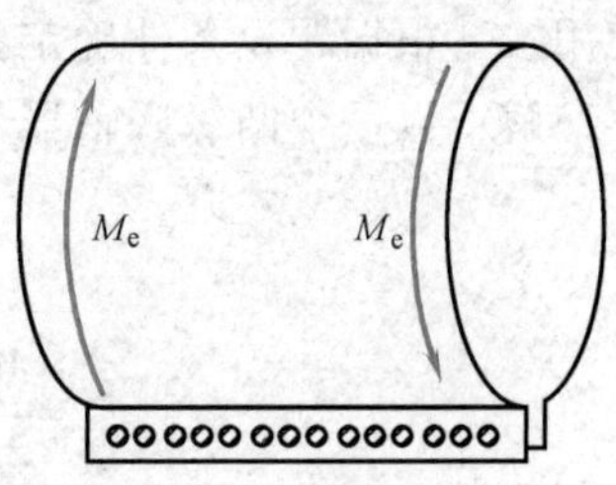

图 4-19　习题 17 图

考点：扭转轴应力和切应力互等定理，剪切面的确定，工程实用计算法，剪切强度条件。

解题思路：①圆轴扭转理论确定横截面切应力；②根据切应力互等定理确定圆筒母线与圆筒半径线所在平面的切应力；③根据平衡条件和截面法确定每个铆钉的剪力；④根据工程实用计算法和剪切强度条件确定铆钉的个数。

提示：①注意机构特征分析、扭转切应力与铆钉受力的关系；②注意分离体和平衡条件的正确使用。

解：(1) 扭矩　$T=M_e$

(2) 横截面最大周向切应力　$\tau_{\max}=\dfrac{T}{W_p}=\dfrac{2T}{\pi D^2\delta}$

圆筒母线与半径线所在平面上的水平切应力

$$\tau'=\tau_{\max}=\frac{2T}{\pi D^2\delta}$$

总剪力　$F_S=\tau'\delta l=\dfrac{2Tl}{\pi D^2}$

(3) 每个铆钉能承受的剪力为　$[F_S]=[\tau]A$

故需要的铆钉个数为　$n\geqslant\dfrac{F_S}{[F_S]}=\dfrac{2Tl}{\pi D^2[\tau]A}$

18. （教材习题 4-18）　如图 4-20 所示，两轴用凸缘联轴器连接，在凸缘上沿着直径为 150mm 的圆周上对称地排列着四个螺栓，螺栓的直径 $d=12\text{mm}$。此联轴器传递的力矩为 $M_e=2.5\text{kN}\cdot\text{m}$，螺栓材料的许用切应力为 $[\tau]=80\text{MPa}$。试校核螺栓的剪切强度。

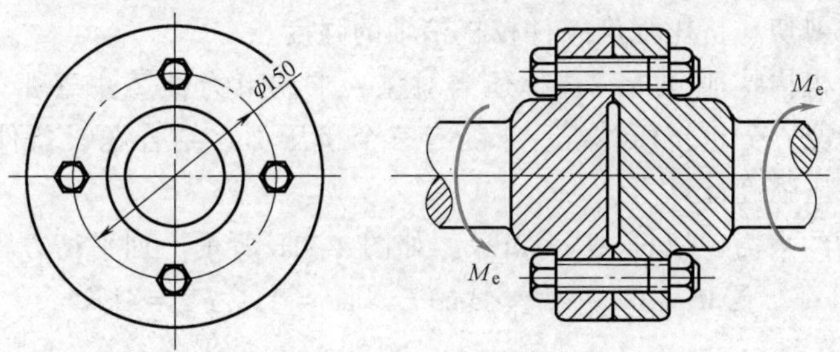

图 4-20　习题 18 图

考点：剪切面的确定，工程实用计算法，剪切强度条件。

解题思路：①根据联轴器的机构特点和受力特点确定剪切面；②根据平衡条件和截面法确定剪力；③根据工程实用计算法和剪切强度条件校核销轴的强度。

提示：①注意机构特征分析、单剪或双剪情况的判定；②注意分离体和平衡条件的正确使用；③根据题设条件确定强度计算只包括销轴的剪切强度。

解：以一个凸缘联轴器为对象，4 个剪力与外力偶平衡，列平衡方程可得

$$\sum M_x=0,\quad 4F_S\times\frac{D}{2}-M_e=0$$

$$F_S=\frac{M_e}{2D}=\frac{2.5\times10^3\text{N}\cdot\text{m}}{2\times(150\times10^{-3})\text{m}}=8.33\times10^3\text{N}=8.33\text{kN}$$

螺栓的强度为

$$\tau_S=\frac{4F_S}{\pi d^2}=\frac{4\times8.33\times10^3\text{N}}{(\pi\times12^2\times10^{-6})\text{m}^2}=73.7\times10^6\text{Pa}=73.7\text{MPa}\leqslant[\tau]=80\text{MPa}$$

故安全。

19.（教材习题 4-19） 图 4-21a 所示结构中，杆件 AB 由销钉与固定支座 A 相连，若销钉直径为 $d=10$mm，销钉材料的许用切应力 $[\tau]=100$MPa，许用挤压应力 $[\sigma_{bs}]=200$MPa，$t=4$mm。试校核结构承受力 $F_P=12$kN 的情况下，支座 A 处销钉的强度。

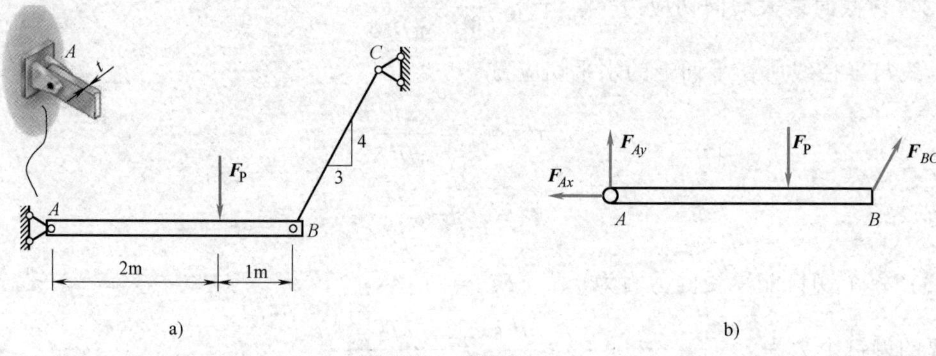

图 4-21 习题 19 图

考点：平面力系平衡方程，剪切面和挤压面的确定，工程实用计算法，剪切强度条件。

解题思路：①根据 AB 杆的平衡求销轴的约束力；②根据销轴和 AB 杆的接触特点确定销轴的受力；③确定销轴的剪切面和挤压面，确定挤压力；④根据截面法确定剪力；⑤根据工程实用计算法和剪切、挤压强度条件校核销轴的强度。

提示：①注意机构特征分析，选择适当对象，求约束力；②注意 A 处的约束特征。判断单剪或双剪的情况，分析挤压情况。A 处有三个挤压面，结合题设条件，选择销轴与 AB 杆的接触面进行挤压强度计算。

解：支座 A 的约束力，以杆 AB 为对象，如图 4-21b 所示，列平衡方程可得

$$\sum M_B=0,\quad -F_{Ay}\times3\text{m}+F_P\times1\text{m}=0,\quad F_{Ay}=4\text{kN}$$

$$\sum F_y=0,\quad F_{Ay}+\frac{4}{5}F_{BC}-F_P=0,\quad F_{BC}=10\text{kN}$$

$$\sum F_x=0,\quad -F_{Ax}+\frac{3}{5}F_{BC}=0,\quad F_{Ax}=6\text{kN}$$

$$F_A=\sqrt{F_{Ax}^2+F_{Ay}^2}=\sqrt{52}\,\text{kN}=2\sqrt{13}\,\text{kN}$$

铆钉的剪力和挤压力分别为

$$F_S=\frac{F_A}{2}=\sqrt{13}\,\text{kN},\quad F_{Pc}=F_A=2\sqrt{13}\,\text{kN}$$

剪切面是直径为 d 的圆截面，剪切强度为

$$\tau=\frac{F_S}{A_S}=\frac{4\times\sqrt{13}\times10^3\text{N}}{(\pi\times10^2\times10^{-6})\text{m}^2}=45.91\times10^6\text{Pa}=45.91\text{MPa}<[\tau]=100\text{MPa}\quad 安全$$

计算挤压面是宽为 t、高为 d 的矩形面，挤压强度为

$$\sigma_{bs}=\frac{F_{Pc}}{A_{bs}}=\frac{2\sqrt{13}\times10^3\text{N}}{(4\times10\times10^{-6})\text{m}^2}=180.28\times10^6\text{Pa}=180.28\text{MPa}<[\sigma_{bs}]=200\text{MPa}\quad 安全$$

20.（教材习题 4-20）　图 4-22 所示杠杆机构中 B 处为螺栓连接，若螺栓材料的许用切应力 $[\tau]=98\text{MPa}$，且不考虑螺栓的挤压应力，试确定螺栓的直径。

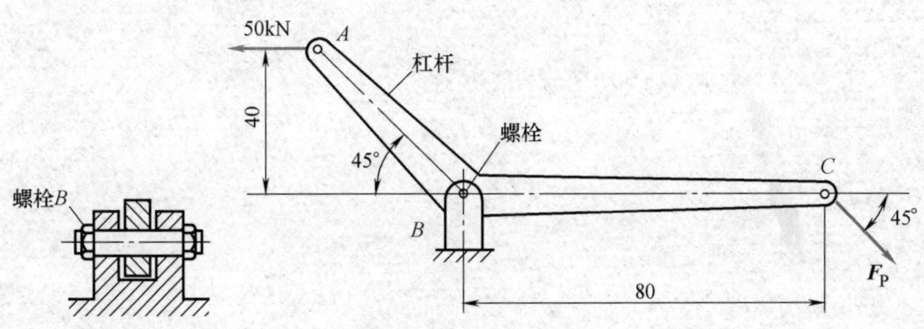

图 4-22　习题 20 图

考点：剪切面的确定，工程实用计算法，剪切强度条件。

解题思路：①根据 ABC 杆的平衡求销轴的约束力；②根据销轴和 ABC 杆的接触特点确定销轴的受力；③确定销轴的剪切面；④根据截面法确定剪力；⑤根据工程实用计算法和剪切强度条件设计销轴的直径。

提示：①注意机构特征分析，选择适当对象，求约束力；②注意 A 处的约束特征，判断单剪或双剪的情况；③题目只要求按剪切强度条件进行计算。

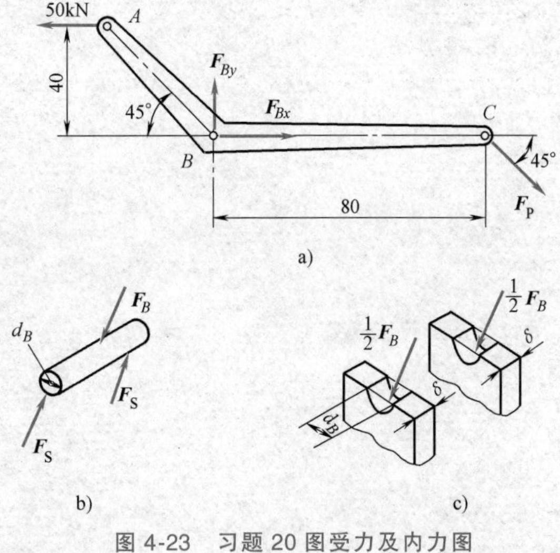

图 4-23　习题 20 图受力及内力图

解：以 ABC 杆为对象，如图 4-23a 所示，列平衡方程可得

$$\sum M_B=0,\quad 50\times10^3\text{N}\times40\times10^{-3}\text{m}-F_P\sin45°\times(80\times10^{-3})\text{m}=0$$

$$F_P=35.36\times10^3\text{N}$$

$$\sum F_x=0,\quad F_{Bx}+F_P\cos45°-50\times10^3\text{N}=0,\quad F_{Bx}=25\times10^3\text{N}$$

$$\sum F_y=0,\quad F_{By}-F_P\sin45°=0,\quad F_{By}=25\times10^3\text{N}$$

$$F_B=\sqrt{F_{Bx}^2+F_{By}^2}=35.36\times10^3\mathrm{N}$$

螺栓的剪力如图 4-23b 所示，$F_S=F_B/2=17.68\times10^3\mathrm{N}$，由螺栓的切应力强度条件

$$\tau=\frac{F_S}{A_S}\leqslant[\tau]$$

得
$$\frac{4F_S}{\pi d^2}=\frac{4\times17.68\times10^3\mathrm{N}}{\pi\times d^2}\leqslant98\times10^6\mathrm{Pa}$$

故
$$d\geqslant\sqrt{\frac{4\times17.68\times10^3\mathrm{N}}{\pi\times98\times10^6\mathrm{Pa}}}=15.2\times10^{-3}\mathrm{m}=15.2\mathrm{mm}$$

因此，取
$$d=16\mathrm{mm}$$

第 5 章　扭转杆件的强度与刚度计算

5.1　重点内容提要

5.1.1　扭转特点

（1）受力特点　承受外力偶作用，外力偶的作用面垂直于杆件轴线。

（2）变形特点　杆件各横截面绕杆件轴线发生相对转动。

5.1.2　外力偶矩与功率、转速之间的换算关系

$$M_e = 9549\frac{P}{n} \tag{5-1}$$

式中　M_e——外力偶矩（N·m）；

P——功率（kW）；

n——转速（r/min）。

5.1.3　扭矩与扭矩图

（1）扭矩　杆件受扭时横截面上的内力偶矩，其作用面即为所在横截面。扭矩记作 T。

（2）扭矩符号规定　按右手螺旋法则四指握向表示扭矩转向，若大拇指指向与横截面的外法线方向一致时，扭矩为正，反之为负。

（3）扭矩图　表示扭矩随横截面位置变化规律的图线。

5.1.4　切应力互等定理

在单元体相互垂直的两个平面上，切应力必然成对出现，其大小相等，方向均垂直于两个作用平面的交线，且共同指向或共同背离该交线。

5.1.5　剪切胡克定律

当切应力不超过材料的剪切比例极限时，切应力 τ 和切应变 γ 呈线性关系，即

$$\tau = G\gamma \tag{5-2}$$

式中　G——切变模量，单位为 GPa。

对于各向同性的线弹性材料，三个材料常数（弹性模量 E、泊松比 ν 和切变模量 G）存在如下的关系式：

$$G=\frac{E}{2(1+\nu)} \tag{5-3}$$

5.1.6 圆轴扭转时的应力和强度计算

1. 薄壁圆管扭转时横截面上的切应力

$$\tau=\frac{T}{2\pi R_0^2\delta} \tag{5-4}$$

式中 R_0——薄壁圆管横截面的平均半径；

δ——壁厚。

式（5-4）为近似公式，当 $\delta/R_0<1/10$ 时，其误差<5%，满足工程要求。

2. 圆轴扭转时，横截面上的切应力方向垂直于半径，并沿半径线性分布，距圆心为 ρ 处的切应力为

$$\tau_\rho=\frac{T}{I_p}\rho \tag{5-5}$$

式中 T——横截面的扭矩；

I_p——横截面的极惯性矩。

3. 圆轴扭转时横截面上的最大切应力发生在外表面处，其大小为

$$\tau_{max}=\frac{T}{W_p} \tag{5-6}$$

式中 $W_p=I_p/R$——圆截面的扭转截面系数。

4. 圆截面极惯性矩和扭转截面系数

（1）实心圆截面

$$I_p=\frac{\pi D^4}{32} \tag{5-7}$$

$$W_p=\frac{\pi D^3}{16} \tag{5-8}$$

（2）空心圆截面

$$I_p=\frac{\pi D^4}{32}(1-\alpha^4) \tag{5-9}$$

$$W_p=\frac{\pi D^3}{16}(1-\alpha^4) \tag{5-10}$$

式中 $\alpha=d/D$，内、外直径之比。

5. 圆轴扭转时的强度条件为

$$\tau_{max}=\left(\frac{|T|}{W_p}\right)_{max}\leqslant[\tau] \tag{5-11}$$

式中 $[\tau]$——材料的许用扭转切应力。

5.1.7 圆轴扭转时的变形和刚度计算

1. 常扭矩等截面圆轴扭转时两横截面间的相对扭转角

$$\varphi=\frac{Tl}{GI_{\mathrm{p}}} \tag{5-12}$$

式中　l——两横截面间的距离；

GI_{p}——扭转刚度；

φ——扭转角（rad）。

当两截面间的扭矩或 GI_{p} 为变量时，则应通过积分或分段计算各段的扭转角，并求其代数和得到全轴的扭转角，即

$$\varphi=\sum\frac{T_i l_i}{GI_{\mathrm{p}i}} \tag{5-13}$$

或

$$\varphi=\sum\int_{l_i}\frac{T}{GI_{\mathrm{p}}}\mathrm{d}x \tag{5-14}$$

2. 圆轴扭转时的单位长度扭转角

$$\theta=\frac{\mathrm{d}\varphi}{\mathrm{d}x}=\frac{T}{GI_{\mathrm{p}}} \tag{5-15}$$

3. 圆轴扭转时的刚度条件

$$\theta_{\max}=\left(\frac{|T|}{GI_{\mathrm{p}}}\right)_{\max}\leqslant[\theta]\,(\mathrm{rad/m}) \tag{5-16}$$

或者

$$\theta_{\max}=\left(\frac{|T|}{GI_{\mathrm{p}}}\right)_{\max}\times\frac{180^{\circ}}{\pi}\leqslant[\theta]\,(^{\circ}/\mathrm{m}) \tag{5-17}$$

5.1.8 矩形截面杆自由扭转时的主要结论

1. 最大扭转切应力发生在截面长边的中点，计算公式为

$$\tau_{\max}=\frac{T}{\alpha hb^2} \tag{5-18}$$

式中　h——长边的长度；

b——短边的长度；

α——与比值 h/b 有关的常数，对于狭长矩形，有 $\alpha\approx\frac{1}{3}$。

2. 截面短边上的最大切应力 τ_1 发生在短边中点，计算公式为

$$\tau_1=\mu\tau_{\max} \tag{5-19}$$

式中　μ——与比值 h/b 有关的常数。

3. 两横截面间的相对扭转角

$$\varphi=\frac{Tl}{G\beta hb^3} \tag{5-20}$$

式中　β——与比值 h/b 有关的常数，对于狭长矩形，有 $\beta \approx \frac{1}{3}$。

5.1.9　圆轴扭转超静定问题

圆轴扭转超静定问题与拉压超静定问题相似，都必须考虑静力平衡条件、变形几何关系及物理关系三个方面，将物理关系代入变形几何关系，得出补充方程。将此补充方程同静力平衡方程联立，从而解出各内力。需要强调的是，扭转中超静定轴的变形几何关系，往往是同轴的扭转角相关的，一般为某一截面的扭转角（或相对扭转角）等于零（或某一值）。

5.2　复习指导

本章知识点：扭矩及扭矩图，圆轴扭转时的切应力计算，切变模量，极惯性矩及扭转截面系数，纯剪切，切应力互等定理，剪切胡克定律，各向同性材料 E、G、μ 的关系，圆轴扭转时的变形计算，扭转刚度，扭转轴的强度条件及刚度条件，圆轴扭转超静定问题计算。

本章重点：圆轴扭转时的切应力和变形计算，扭转轴的强度条件及刚度条件。

本章难点：圆轴扭转时各个截面的切应力分析，圆轴扭转超静定问题的计算。

考点：扭转时的内力及变形特征，切应力及切应变的概念，圆轴受扭时的切应力分布规律，极惯性矩，扭转截面系数，剪切胡克定律，圆轴扭转时的破坏现象及原因分析，切应力互等定理及其应用，等直圆轴或阶梯轴的应力、变形计算，也可以是由已知应力（或应变）计算外力偶矩，扭转超静定问题，矩形截面杆扭转时的特点。

5.3　概念题及解答

5.3.1　判断题

判断下列说法是否正确。

1. 圆轴受扭时，轴内各点均处于纯剪切应力状态。

答：错。

考点：纯剪切应力状态，圆轴受扭时的切应力分布规律。

提示：圆轴受扭时，轴心处切应力为零，不属于纯剪切应力状态。

2. 非圆截面杆不能应用圆杆扭转切应力公式，是因为非圆截面杆扭转时“平面假设”不成立。

答：对。

考点：扭转变形的平面假设。

提示：非圆截面杆扭转时，横截面不再保持平面而发生翘曲。

3. 切应力互等定理只适用于受扭杆件。

答：错。

考点：切应力互等定理的适用条件。

提示：切应力互等定理不仅对纯剪切应力状态成立，而且对非纯剪切应力状态同样

成立。

4. 由不同材料制成的两实心圆轴，若长 l、轴径 d 及作用的扭转力偶均相同，则其相对扭转角必相同。

答：错。

考点：圆轴受扭时的相对扭转角计算公式。

提示：圆轴受扭时，其相对扭转角与材料的切变模量 G 相关。材料不同，则切变模量 G 不同。

5. 圆杆扭转时，根据切应力互等定理，其纵截面上也存在切应力。

答：对。

考点：切应力互等定理。

提示：由切应力互等定理可知，在单元体相互垂直的平面上，切应力必然成对存在。

6. 当切应力超过材料的剪切比例极限时，切应力互等定理不再成立。

答：错。

考点：切应力互等定理适用条件。

提示：切应力互等定理与切应力是否超过材料的剪切比例极限无关。

7. 杆件受扭时，横截面上的最大切应力发生在距截面形心最远处。

答：错。

考点：杆件受扭时横截面上的切应力分布规律。

提示：当截面为圆形时，横截面上的最大切应力发生在距截面形心最远处。矩形截面在距离截面形心最远处的四个角点处的切应力为零。

8. 一点处两个相交面上的切应力大小相等，方向指向（或背离）这两个面的交线。

答：错。

考点：切应力互等定理。

提示：切应力互等定理要求一点处的两个相交平面相互垂直。

9. 杆件扭转时，横截面的凸角点处的切应力必为零。

答：对。

考点：杆件扭转时的切应力分布规律、切应力互等定理。

提示：杆件扭转时，横截面上边缘各点的切应力都与横截面边界相切，又根据切应力互等定理，可知横截面上凸角点处的切应力应为零。

10. 受扭杆件的扭矩仅与杆件所受的外力偶矩有关，而与杆件的材料、横截面的大小以及横截面的形状无关。

答：对。

考点：受扭杆件的内力扭矩计算。

提示：横截面上的内力只与外荷载有关，与材料、横截面大小、截面形状无关。

5.3.2　选择题

请将正确答案填入括号内。

1. 两根长度相等，内、外径不等的圆轴承受相同的扭转外力偶矩作用后，轴表面上母线转过相同的角度。设外径大的轴和外径小的轴的横截面上的最大切应力分别为 $\tau_{1\max}$ 和

$\tau_{2\max}$，材料的切变模量分别为 G_1 和 G_2。关于 $\tau_{1\max}$ 和 $\tau_{2\max}$ 的大小，有下列四种结论，其中（　）是正确的。

（A）$\tau_{1\max}>\tau_{2\max}$　　（B）$\tau_{1\max}<\tau_{2\max}$

（C）若 $G_1>G_2$，则有 $\tau_{1\max}>\tau_{2\max}$　　（D）若 $G_1<G_2$，则有 $\tau_{1\max}<\tau_{2\max}$

答：正确答案是（C）。

考点：圆轴受扭时的扭转角和最大切应力计算公式。

提示：两轴扭转角相同，则有

$$\frac{Tl}{G_1 I_{p1}}=\frac{Tl}{G_2 I_{p2}}$$

因为 $G_1 I_{p1}=G_2 I_{p2}$，所以当 $G_1>G_2$ 时，　$I_{p1}<I_{p2}$

又有 $W_{p1}=\dfrac{I_{p1}}{r_1}$，$W_{p2}=\dfrac{I_{p2}}{r_2}$，$r_1>r_2$，所以

$$W_{p1}<W_{p2}$$

故有

$$\tau_{1\max}=\frac{T_{\max}}{W_{p1}}>\frac{T_{\max}}{W_{p2}}=\tau_{2\max}$$

2. 由两种不同材料组成的圆轴，里层和外层材料的切变模量分别为 G_1 和 G_2，且 $G_1=2G_2$。圆轴尺寸如图 5-1 所示。圆轴受扭时，里、外层之间无相对滑动。关于横截面上的切应力分布，有下列四种结论，其中（　）是正确的。

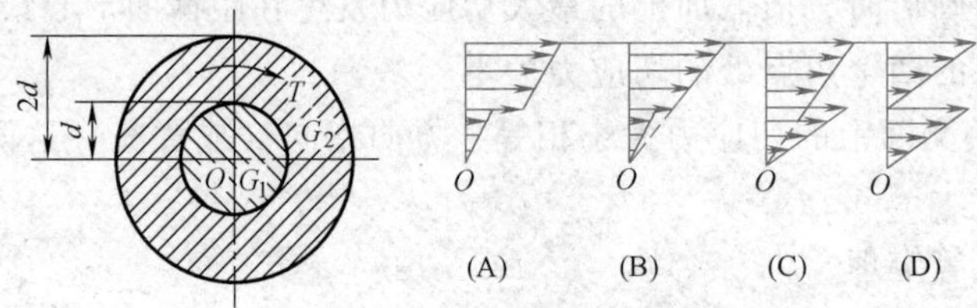

图 5-1　选择题 2 图

答：正确答案是（C）。

考点：圆轴受扭时的扭转角公式。

提示：因为里外层无相对滑动，所以有 $\varphi_1=\varphi_2$，由圆轴扭转角公式得

$$G_1 I_{p1}=G_2 I_{p2}$$

又因为 $G_1=2G_2$，所以有　$2I_{p1}=I_{p2}$

又因为 $W_{p1}=\dfrac{I_{p1}}{r_1}=\dfrac{\frac{1}{2}I_{p2}}{\frac{1}{2}r_2}=W_{p2}$，所以有

$$2\tau_{1\max}=\tau_{2\max}$$

则排除（A）和（B）。又对于空心轴而言，切应力为零点仍是圆心位置，故选（C）。

3. 材料的三个弹性常数之间的关系成立的条件有下面四种说法，其中（　）是正确的。

（A）各向同性材料，应力不大于比例极限

（B）各向同性材料，应力大小无限制

（C）任意材料，应力不大于比例极限

（D）任意材料，应力大小无限制

答：正确答案是（A）。

考点：三个材料常数之间的关系。

提示：前提假设为各向同性材料，因为是由广义胡克定律推导得出的，同时要求应力-应变关系是线性的，所以要使应力不大于比例极限。

4. 普通碳素钢制圆轴受扭后，单位长度相对扭转角超过许用数值（即 $\theta_{max}>[\theta]$），现需采取措施使其满足刚度要求（即 $\theta_{max}\leqslant[\theta]$），则下列四种措施中（　）是正确的。

（A）减小轴的长度

（B）用铝合金代替碳素钢

（C）用高强合金代替碳素钢

（D）在用料不变的条件下，将实心轴改为空心轴

答：正确答案是（D）。

考点：圆轴扭转的刚度条件。

提示：应根据圆轴的扭转刚度条件式 $\theta_{max}=\dfrac{|T|_{max}}{GI_p}\leqslant[\theta]$ 来判断。

5. 图 5-2 所示一梁由钢和铜两种材料焊接而成，其受一外力偶作用，则铜质部分和钢质部分相同的是（　　）。

（A）扭转角　　（B）单位长度扭转角

（C）扭转切应力　　（D）扭转切应变

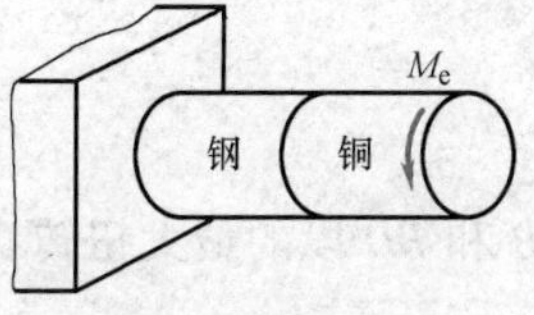

图 5-2　选择题 5 图

答：正确答案是（C）。

考点：圆轴扭转切应力公式。

提示：根据圆轴扭转切应力公式 $\tau=\dfrac{T}{I_p}\rho$，扭转切应力跟材料无关。

6. 一直径为 d_1 的实心轴，另一内径为 d_2、外径为 D_2、内外径之比为 $\alpha=d_2/D_2$ 的空心轴，若两轴横截面上的扭矩和最大切应力均分别相等，则两轴的横截面面积之比 A_1/A_2 为（　）。

（A）$1-\alpha^2$　　（B）$\sqrt[3]{(1-\alpha^4)^2}$

（C）$\sqrt[3]{[(1-\alpha^2)(1-\alpha^4)]^2}$　　（D）$\dfrac{\sqrt[3]{(1-\alpha^4)^2}}{1-\alpha^2}$

答：正确答案是（D）。

考点：扭转截面系数公式。

提示：根据题意，由公式 $\tau_{max}=\dfrac{T}{W_p}$ 和 $\tau_{max1}=\tau_{max2}$，可得 $W_{p1}=W_{p2}=\dfrac{\pi d_1^3}{16}=\dfrac{\pi D_2^3}{16}(1-\alpha^4)$，即 $\dfrac{d_1}{D_2}=\sqrt[3]{(1-\alpha^4)}$，所以有 $\dfrac{A_1}{A_2}=\dfrac{\pi d_1^2/4}{\pi D_2^2(1-\alpha^2)/4}=\dfrac{\sqrt[3]{(1-\alpha^4)^2}}{1-\alpha^2}$。

7. 矩形截面杆受扭时，横截面上边缘各点的切应力必平行于截面周边，且在截面角点处切应力为零。导出上述结论的根据是（　）。

（A）平面假设　　　　　　　　（B）变形协调条件

（C）剪切胡克定律　　　　　　（D）切应力互等定理

答：正确答案是（D）。

考点：非圆截面杆扭转的切应力和切应力互等定理的应用。

提示：选项（A）一般用于确定变形规律；选项（B）一般用于确定几何关系；选项（C）一般用于确定物理关系。

8. 实心阶梯形圆轴，受荷载如图 5-3 所示，其危险点的位置为（　　）。

图 5-3　选择题 8 图

（A）AB 段外圆周点

（B）BC 段外圆周点

（C）AB 段和 BC 段外圆周点

（D）无法确定

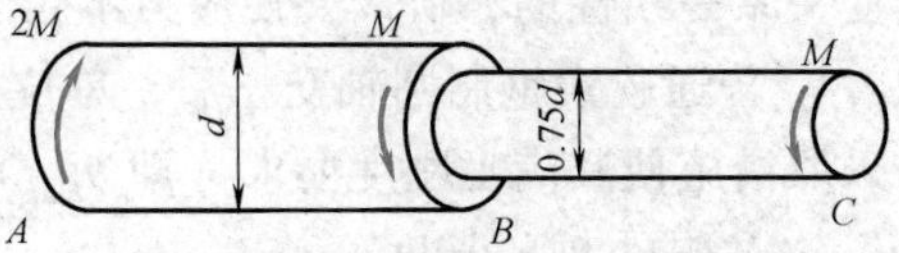

答：正确答案是（B）。

考点：圆轴的最大扭转切应力公式。

提示：根据截面法，可确定 AB 和 BC 轴段内的扭矩分别为

$$T_{AB}=2M,\ T_{BC}=M$$

AB 和 BC 段的扭转截面系数分别为

$$W_{pAB}=\frac{\pi d^3}{16},\ W_{pBC}=\frac{\pi\left(\frac{3d}{4}\right)^3}{16}=\frac{27\pi d^3}{1024}$$

AB 和 BC 段的最大扭转切应力分别为

$$\tau_{\max AB}=\frac{T_{AB}}{W_{pAB}}=\frac{32M}{\pi d^3},\ \tau_{\max BC}=\frac{T_{BC}}{W_{pBC}}=\frac{1024M}{27\pi d^3}$$

可见，$\tau_{\max BC}>\tau_{\max AB}$，故选（B）。

9. 实心圆轴受扭，若将轴的直径减小一半，其他条件不变，则圆轴两端截面的相对扭转角是原来的（　　）倍。

（A）2　　　　（B）4　　　　（C）8　　　　（D）16

答：正确答案是（D）。

考点：圆轴的相对扭转角公式。

提示：圆轴扭转角与扭转刚度成反比，而且 $I_p=\frac{\pi d^4}{32}$，故有

$$\frac{\varphi_2}{\varphi_1}=\frac{Tl/GI_{p2}}{Tl/GI_{p1}}=\frac{I_{p1}}{I_{p2}}=\frac{\pi d^4/32}{\pi(d/2)^4/32}=16$$

10. 圆轴扭转时满足平衡条件，但切应力超过比例极限，有下述四种结论，其中正确的是（　　）。

（A）切应力互等定理成立，剪切胡克定律不成立

（B）切应力互等定理不成立，剪切胡克定律成立

（C）切应力互等定理不成立，剪切胡克定律不成立

（D）切应力互等定理成立，剪切胡克定律成立

答：正确答案是（A）。

考点：切应力互等定理和剪切胡克定律的成立条件。

提示：切应力互等定理普遍适用，剪切胡克定律适用于线弹性。

■ 5.4　典型习题及解答

1.（教材习题 5-1）　如图 5-4a 所示传动轴，转速 $n=300\text{r/min}$，轮 1 为主动轮，输入功率 $P_1=50\text{kW}$，轮 2、3、4 为从动轮，输出功率分别为 $P_2=10\text{kW}$，$P_3=P_4=20\text{kW}$。（1）画出该传动轴的扭矩图；（2）若将轮 1 与轮 3 的位置对调，试分析对轴的受力是否有利。

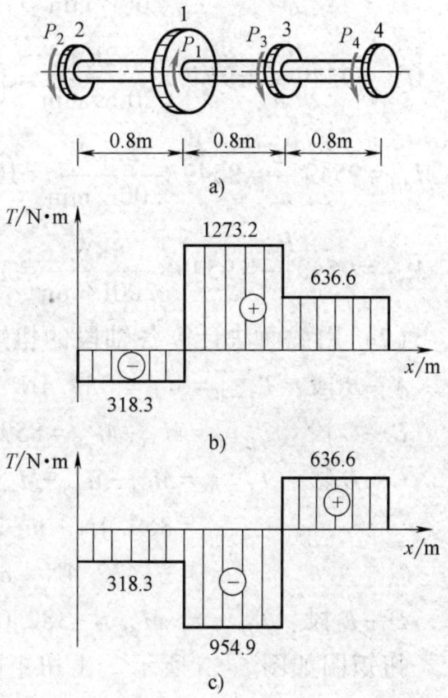

考点：扭转内力计算和扭矩图绘制。

解题思路：先由输入功率/输出功率和转速算出作用在轴上的外力偶矩，再用截面法求轴上各段的内力扭矩。

提示：外力偶计算公式 $M_e=9549\dfrac{P}{n}$，并注意各个变量的单位。

图 5-4　习题 1 图

a）传动轴　b）扭矩图　c）对调后扭矩图

解：（1）求外力偶矩

$$M_{e1}=9549\frac{P_1}{n}=9549\times\frac{50\text{kW}}{300\text{r/min}}=1591.5\text{N}\cdot\text{m}$$

$$M_{e2}=9549\frac{P_2}{n}=9549\times\frac{10\text{kW}}{300\text{r/min}}=318.3\text{N}\cdot\text{m}$$

$$M_{e3}=M_{e4}=9549\frac{P_3}{n}=9549\times\frac{20\text{kW}}{300\text{r/min}}=636.6\text{N}\cdot\text{m}$$

用截面法计算各轴段的扭矩为

1—2 段：　$$T_{1-2}=-M_{e2}=-318.3\text{N}\cdot\text{m}$$

1—3 段：　$$T_{1-3}=M_{e1}-M_{e2}=1591.5\text{N}\cdot\text{m}-318.3\text{N}\cdot\text{m}=1273.2\text{N}\cdot\text{m}$$

3—4 段：　$$T_{3-4}=M_{e4}=636.6\text{N}\cdot\text{m}$$

扭矩图如图 5-4b 所示。

（2）若将轮 1 与轮 3 对调，同理计算各段的扭矩，绘出扭矩图（见图 5-4c）。可见，沿轴最大扭矩减小，故轮 1 与轮 3 对调对轴受力有利。

2.（教材习题 5-2）　图 5-5 所示传动轴，已知其转速为 $n=200\text{r/min}$，轴上共装有 5 个轮子，主动轮 B 输入的功率为 $P_B=60\text{kW}$，从动轮 A、C、D、E 的输出功率依次为 $P_A=18\text{kW}$、$P_C=12\text{kW}$、$P_D=22\text{kW}$、$P_E=8\text{kW}$。试作出该轴的扭矩图，并确定最大扭矩。

考点：扭转内力计算和扭矩图绘制。

解题思路：先由输入/输出功率和转速算出作用在轴上的外力偶矩，再用截面法求轴上各段的内力扭矩。

提示：外力偶矩计算公式 $M_e = 9549\dfrac{P}{n}$，并注意各个变量的单位。

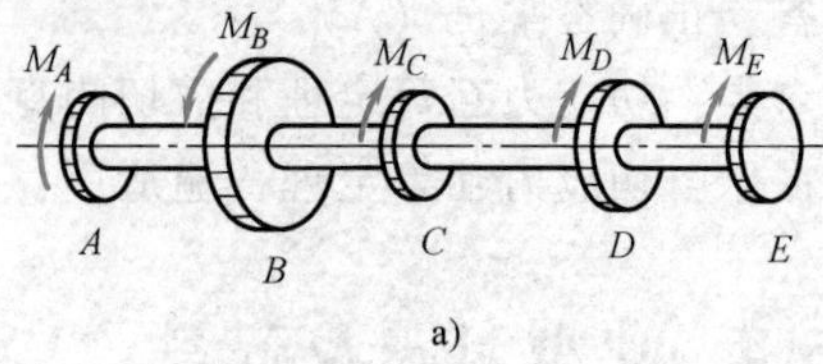

a)

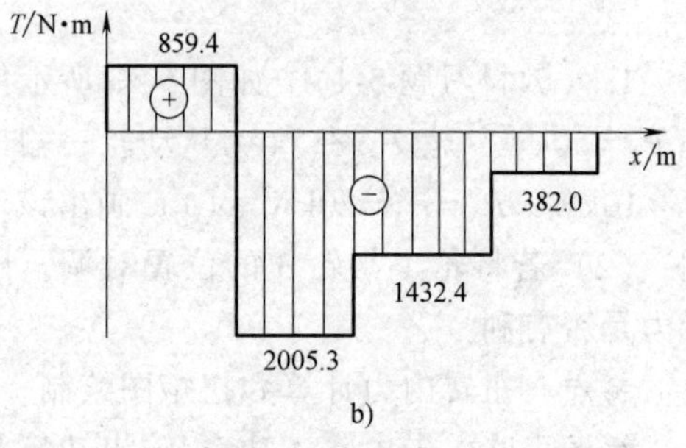

b)

图 5-5　习题 2 图

a）传动轴　b）扭矩图

解：（1）求外力偶矩

$$M_{eA} = 9549\frac{P_A}{n} = 9549\times\frac{18\text{kW}}{200\text{r/min}} = 859.4\text{N}\cdot\text{m}$$

$$M_{eB} = 9549\frac{P_B}{n} = 9549\times\frac{60\text{kW}}{200\text{r/min}} = 2864.7\text{N}\cdot\text{m}$$

$$M_{eC} = 9549\frac{P_C}{n} = 9549\times\frac{12\text{kW}}{200\text{r/min}} = 572.9\text{N}\cdot\text{m}$$

$$M_{eD} = 9549\frac{P_D}{n} = 9549\times\frac{22\text{kW}}{200\text{r/min}} = 1050.4\text{N}\cdot\text{m}$$

$$M_{eE} = 9549\frac{P_E}{n} = 9549\times\frac{8\text{kW}}{200\text{r/min}} = 382.0\text{N}\cdot\text{m}$$

（2）用截面法计算各轴段的扭矩

A—B 段：$T_{A-B} = M_{eA} = 859.4\text{N}\cdot\text{m}$

B—C 段：$T_{B-C} = M_{eA} - M_{eB} = 859.4\text{N}\cdot\text{m} - 2864.7\text{N}\cdot\text{m} = -2005.3\text{N}\cdot\text{m}$

C—D 段：

$$\begin{aligned}T_{C-D} &= M_{eA} - M_{eB} + M_{eC}\\ &= 859.4\text{N}\cdot\text{m} - 2864.7\text{N}\cdot\text{m} + 572.9\text{N}\cdot\text{m}\\ &= -1432.4\text{N}\cdot\text{m}\end{aligned}$$

D—E 段：$T_{D-E} = -M_{eE} = -382.0\text{N}\cdot\text{m}$

扭矩图如图 5-5b 所示。由扭矩图可见，最大扭矩为

$$|T|_{\max} = |T_{B-C}| = 2005.3\text{N}\cdot\text{m}$$

3.（教材习题 5-3）　图 5-6 所示圆轴，承受矩为 M 的集中力偶和集度为 m 的分布阻抗力偶作用。设阻抗力偶矩集度 m 沿轴线呈线性变化（见图 5-6b），最大集度为 m_0，试推导沿轴线的扭矩方程并画出轴的扭矩图。

考点：扭转内力计算和扭矩图绘制。

解题思路：题目只是已知阻抗力偶矩集度 m 沿轴线呈线性变化，但并没有给出具体的线性变化函数表达式，这时需要沿着轴向取微段做受力分析，通过静力平衡方程来计算获得扭转外力偶矩对轴线位置 x 的函数关系式，再计算内力扭矩和绘制扭矩图。

提示：外荷载阻抗力偶矩为分布力偶，需要选取微段来分析问题。

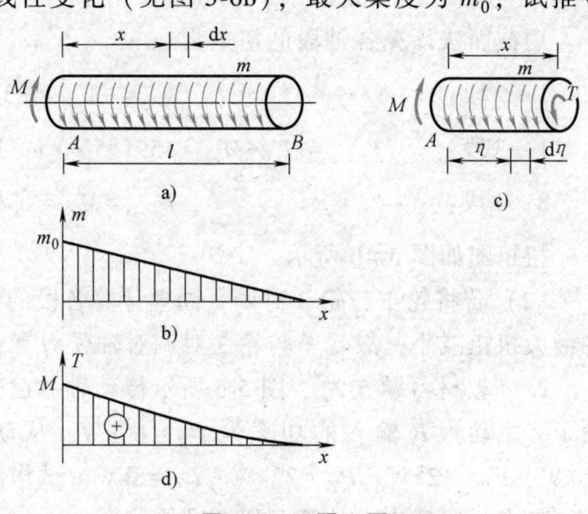

图 5-6　习题 3 图

a）圆轴　b）阻抗力偶矩集度变化　c）选取的研究对象　d）扭矩图

解：（1）外力偶矩分析。

由几何关系，可知沿轴线位置 x 处横截面上的外力偶集度为

$$m(x)=m_0\left(1-\frac{x}{l}\right) \tag{a}$$

作用在微段上的扭转外力偶矩为 $m(x)\mathrm{d}x$，故可列出轴的静力平衡方程为

$$\sum M_x=0,\ \int_0^l m(x)\mathrm{d}x-M=0 \tag{b}$$

将式（a）代入式（b），可得

$$m_0=\frac{2M}{l}$$

因此有

$$m(x)=\frac{2M}{l}\left(1-\frac{x}{l}\right)$$

（2）扭矩分析。

选择研究对象（见图 5-6c），并建立辅助坐标 η，则横截面 x 上的扭矩为

$$T=M-\int_0^x m(\eta)\mathrm{d}\eta=M-\frac{2M}{l}\int_0^x\left(1-\frac{\eta}{l}\right)\mathrm{d}\eta$$

计算积分可得

$$T=M\left[1-\frac{2x}{l}+\left(\frac{x}{l}\right)^2\right]$$

根据上述方程，画出扭矩图（见图 5-6d），最大扭矩为

$$|T|_{\max}=M$$

4.（教材习题 5-4）　图 5-7a 所示实心圆轴，直径为 $d=100\text{mm}$，长为 $l=1\text{m}$，两端受扭转外力偶矩 $M_e=14\text{kN}\cdot\text{m}$ 作用。已知材料的切变模量 $G=80\text{GPa}$，试确定：（1）轴内最大切应力 $\tau_{\max}$ 以及两端截面间的相对扭转角；（2）图示横截面上 A、B、C 三点处切应力的数值及方向；（3）C 点处的切应变。

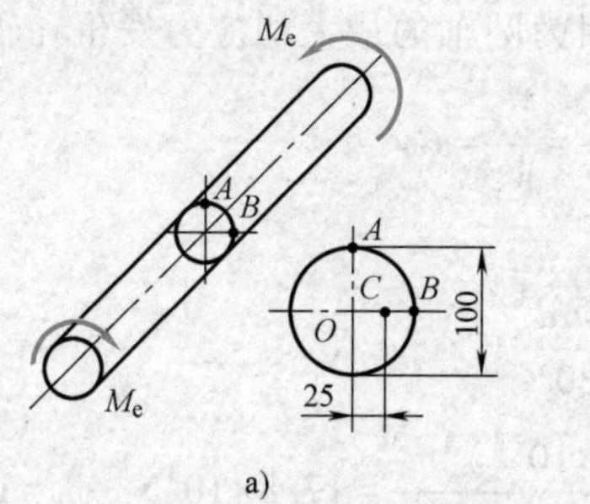

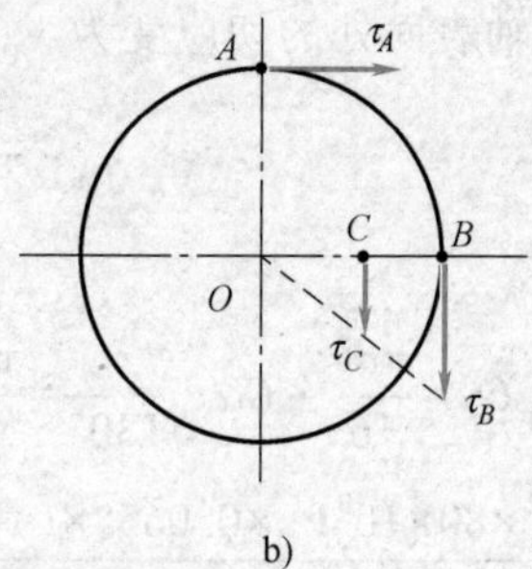

图 5-7　习题 4 图

a）实心圆轴　b）切应力方向

考点：圆轴扭转最大切应力公式、圆轴相对扭转角公式以及圆轴扭转切应变计算。

解题思路：直接代入公式可求得圆轴的最大切应力和两端截面间的相对扭转角。应用圆轴扭转切应力公式可计算出 A、B、C 三点处的切应力。

提示：计算切应变时应用剪切胡克定律。

解：（1）轴内最大切应力为

$$\tau_{\max}=\frac{|T|}{W_p}=\frac{16M_e}{\pi d^3}=\frac{16\times14\times10^3\text{N}\cdot\text{m}}{\pi\times(100\times10^{-3})^3\text{m}^3}=71.3\times10^6\text{Pa}=71.3\text{MPa}$$

两端截面间的相对扭转角为

$$\varphi=\frac{Tl}{GI_p}\times\frac{180^\circ}{\pi}=\frac{32Tl}{\pi Gd^4}\times\frac{180^\circ}{\pi}=\frac{32\times14\times10^3\text{N}\cdot\text{m}\times1\text{m}}{\pi\times80\times10^9\text{Pa}\times(100\times10^{-3})^4\text{m}^4}\times\frac{180^\circ}{\pi}=1.02^\circ$$

（2）A、B、C 三点处切应力的数值分别为

$$\tau_A=\tau_B=\tau_{\max}=71.3\text{MPa}$$

$$\tau_C=\frac{T}{I_p}\rho=\frac{T}{I_p}\cdot\frac{d}{4}=\frac{T}{W_p}\cdot\frac{1}{2}=\frac{1}{2}\tau_{\max}=\frac{1}{2}\times71.3\text{MPa}=35.65\text{MPa}$$

方向如图 5-7b 所示。

（3）C 点处的切应变为

$$\gamma_C=\frac{\tau_C}{G}=\frac{35.65\times10^6\text{Pa}}{80\times10^9\text{Pa}}=4.5\times10^{-4}$$

5.（教材习题 5-5） 图 5-8 所示实心圆轴，直径为 $d=100\text{mm}$，材料的切变模量 $G=80\text{GPa}$，其表面上的纵向线在扭转力偶作用下倾斜了一个角 $\alpha=0.065^\circ$，试求：（1）外力偶矩 M_e 的值；（2）若 $[\tau]=70\text{MPa}$，校核其强度。

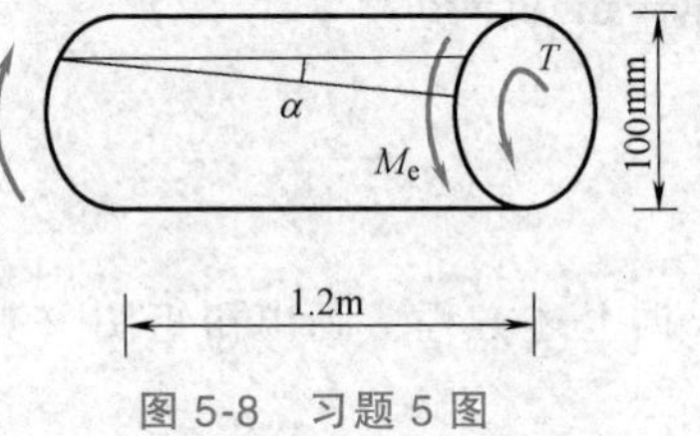

图 5-8 习题 5 图

考点：圆轴扭转最大切应力公式、剪切胡克定律以及圆轴扭转的强度条件。

解题思路：先通过截面法和静力平衡方程关联外力偶矩与内力扭矩，再通过圆轴扭转最大切应力公式关联内力扭矩和最大扭转切应力，然后通过剪切胡克定律关联最大扭转切应力与切应变，而题目给出的倾斜角相当于给定了切应变，从而通过上面分析的层层关系最终可以求得外力偶矩。

提示：通过多个公式建立起外力偶矩与题目已知的倾斜角或切应变之间的关系。

解：（1）设圆轴表面处的切应变为 γ。因为圆轴的最大切应力发生在轴表面上，大小为

$$\tau_{\max}=\frac{T}{W_p}=\frac{M_e}{W_p}=G\gamma$$

所以，有

$$M_e=W_pG\gamma=\frac{\pi d^3}{16}\cdot G\alpha\cdot\frac{\pi}{180^\circ}=\frac{\pi^2G\alpha d^3}{2880^\circ}$$

$$=\frac{\pi^2\times80\times10^9\text{Pa}\times0.065^\circ\times(100\times10^{-3})^3\text{m}^3}{2880^\circ}=17.8\times10^3\text{N}\cdot\text{m}=17.8\text{kN}\cdot\text{m}$$

（2）校核圆轴的强度

$$\tau_{\max}=G\gamma=\frac{G\alpha\pi}{180^\circ}=\frac{80\times10^9\text{Pa}\times0.065^\circ\times\pi}{180^\circ}=90.76\times10^6\text{Pa}=90.76\text{MPa}>[\tau]$$

故圆轴的强度不足。

6.（教材习题 5-6） 图 5-9 所示实心阶梯形圆轴，已知圆轴直径 $d_2=2d_1$，若使两段内单位长度的扭转角 θ 相等，则外力偶矩的比值 M_{e2}/M_{e1} 为多少？

考点：圆轴扭转变形计算。

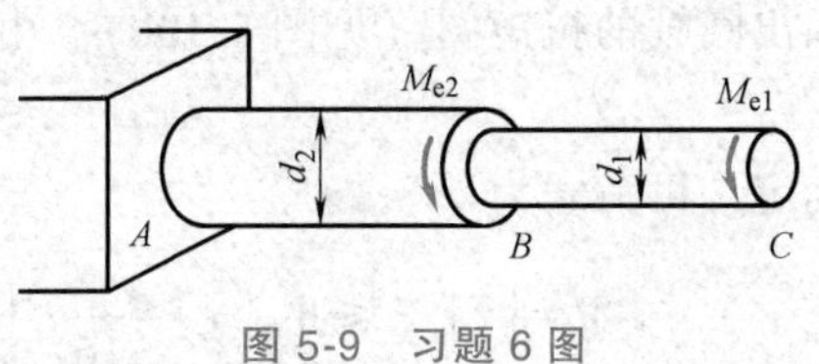

图 5-9　习题 6 图

解题思路：先用截面法求解阶梯圆轴两段横截面上的内力扭矩，再利用题目给定的两段单位长度扭转角相等的条件，可列出等式，从而计算出两外力偶矩的比值。

提示：列出圆轴扭转时的扭转角公式以及利用好题目给定的两段单位长度扭转角相等的条件。

解：将圆轴直径 d_1、d_2 对应的轴段分别标识为 1、2。由截面法，可快速算出这两轴段的内力扭矩分别为

$$T_1 = M_{e1}$$
$$T_2 = M_{e1} + M_{e2}$$

根据题意，两轴段的单位长度扭转角相等，即

$$\theta_1 = \theta_2$$

于是，有

$$\frac{T_1}{GI_{p1}} = \frac{T_2}{GI_{p2}}$$

即

$$\frac{32M_{e1}}{G\pi d_1^4} = \frac{32(M_{e1} + M_{e2})}{G\pi d_2^4}$$

代入两直径关系式 $d_2 = 2d_1$，可解得

$$\frac{M_{e2}}{M_{e1}} = 15$$

7.（教材习题 5-7）　如图 5-10a 所示，将一钻头简化成直径为 $d = 20\text{mm}$ 的实心圆轴，在头部受均布阻抗外力偶矩 t 的作用，许用切应力为 $[\tau] = 70\text{MPa}$，材料的切变模量 $G = 80\text{GPa}$。试求：(1) 钻头上端部作用的许可外力偶矩 M；(2) 钻头上、下两端的相对扭转角。

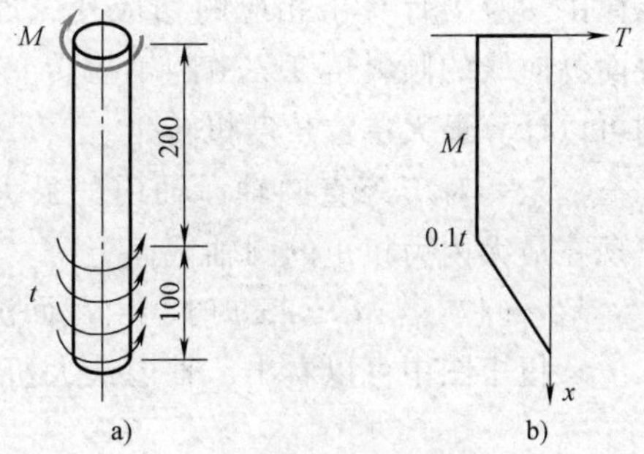

图 5-10　习题 7 图

a）实心圆轴　b）扭矩图

考点：静力平衡方程、圆轴扭转的刚度条件及圆轴扭转变形计算。

解题思路：先利用静力平衡条件，建立外力偶矩 M 与均布阻抗外力偶矩 t 之间的关系，然后再利用圆轴扭转的刚度条件确定许用荷载，最后利用圆轴扭转变形公式计算轴两端的相对扭转角。

提示：先建立外力偶矩 M 与均布阻抗外力偶矩 t 之间的关系，并画出扭矩图以确定钻头的最大扭矩。

解：(1) 由静力平衡条件，容易得到外力偶矩 M 与均布阻抗外力偶矩 t 之间的关系，即

$$M = 100 \times 10^{-3} t = 0.1t$$

画出圆轴的扭矩图（见图 5-10b）。由扭矩图可知，钻头的最大扭矩为

$$|T|_{\max}=M=0.1t$$

确定许可荷载为

$$M=|T|_{\max}\leqslant W_{p}[\tau]=\frac{\pi}{16}d^{3}[\tau]=\frac{\pi}{16}\times(20\times10^{-3})^{3}\mathrm{m}^{3}\times70\times10^{6}\mathrm{Pa}=110\mathrm{N}\cdot\mathrm{m}$$

（2）上、下两端的相对扭转角为

$$\theta=\int_{0}^{0.2}\frac{M}{GI_{p}}\mathrm{d}x+\int_{0}^{0.1}\frac{tx}{GI_{p}}\mathrm{d}x=\frac{0.2M}{GI_{p}}+\frac{(10M)\times(0.1^{2}/2)}{GI_{p}}=\frac{0.25M}{GI_{p}}=\frac{8M}{G\pi d^{4}}$$

上式代入具体数值，可解得

$$\theta=0.022\mathrm{rad}=1.26^{\circ}$$

8.（教材习题 5-8） 图 5-11a 所示圆轴 AC，其直径为 d，切变模量为 G，BC 段受均匀分布的力偶矩，其集度为 m，C 端受集中力偶 M_C 作用。若 $M_C=2ma$，试求：（1）圆轴的最大切应力；（2）A 端轴表面上纵向线 1—1 倾斜的角度；（3）最大单位长度扭转角；（4）若 M_C 的大小可以调整，为使 B 截面相对于 A 截面的扭转角为 0，M_C 应为多少？

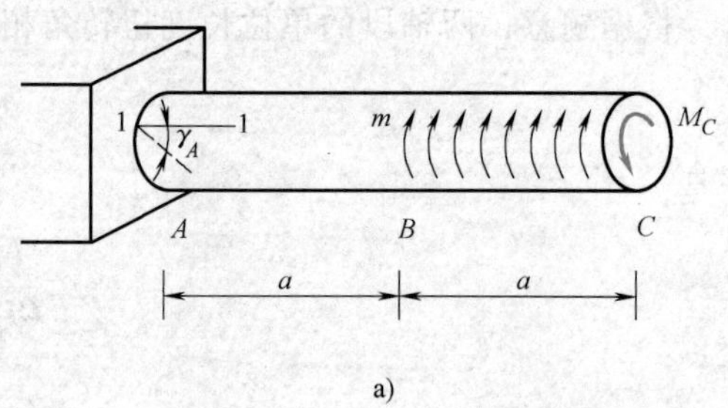

a）

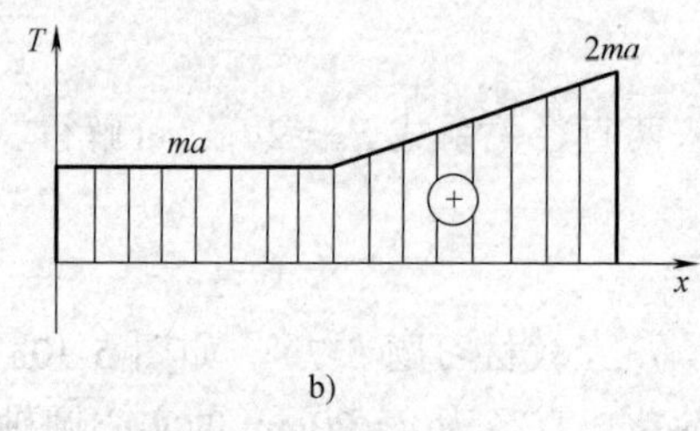

b）

图 5-11 习题 8 图

a）圆轴 b）扭矩图

考点：圆轴扭转的切应力计算和变形计算。

解题思路：先用截面法计算整段圆轴的扭矩，画出扭矩图，确定轴内最大扭矩的截面位置，进而计算出最大切应力，再利用剪切胡克定律由切应力计算出相应的切应变，即为圆轴表面纵向线的倾斜角度。由圆轴扭转变形公式，则可以计算最大单位长度扭转角。

提示：对于等直圆轴，轴内的最大切应力出现在最大内力扭矩的圆轴截面上。

解：（1）若 $M_C=2ma$ 时，由截面法可以画出圆轴的扭矩图（见图 5-11b）。

从扭矩图中可以看出，轴内最大扭矩出现在 C 截面，其值为

$$T_{\max}=2ma$$

于是，最大切应力为

$$\tau_{\max}=\frac{T_{\max}}{W_{p}}=\frac{32ma}{\pi d^{3}}$$

又 A 端轴表面处的切应力大小为

$$\tau_{A}=\frac{T_{A}}{W_{p}}=\frac{16ma}{\pi d^{3}}$$

于是，A 端轴表面上纵向线 1—1 倾斜的角度

$$\gamma_{A}=\frac{\tau_{A}}{G}=\frac{16ma}{G\pi d^{3}}$$

圆轴的最大单位长度扭转角为

$$\theta_{\max}=\frac{T_{\max}}{GI_{\mathrm{p}}}=\frac{64ma}{G\pi d^4}$$

（2）若 M_C 的大小可以调整，使 B 截面相对于 A 截面的扭转角为零的条件为

$$\varphi_{AB}=\frac{T_{AB}a}{GI_{\mathrm{p}}}=0$$

所以有

$$T_{AB}=M_C-ma=0$$

即 $M_C=ma$。

9. （教材习题 5-9）　已知空心圆轴的外径 $D=76\mathrm{mm}$，壁厚 $\delta=2.47\mathrm{mm}$，承受外力偶矩 $M_{\mathrm{e}}=2\mathrm{kN\cdot m}$ 作用，材料的许用切应力 $[\tau]=100\mathrm{MPa}$，切变模量 $G=80\mathrm{GPa}$，许用单位长度扭转角 $[\theta]=2(°)/\mathrm{m}$。试校核该轴的强度和刚度。

考点：圆轴扭转的强度条件和刚度条件。

解题思路：由已知条件，先计算出圆轴的内外径之比、圆轴截面的极惯性矩和扭转截面系数，再利用截面法计算圆轴的内力扭矩，进而利用圆轴的强度和刚度条件进行校核。

提示：此轴为空心圆轴，先计算内外径比值。

解：根据题意可知，圆轴承受内力扭矩为

$$T=M_{\mathrm{e}}=2\mathrm{kN\cdot m}$$

圆轴的内外径之比为

$$\alpha=\frac{d}{D}=\frac{D-2\delta}{D}=\frac{76\mathrm{mm}-2\times2.47\mathrm{mm}}{76\mathrm{mm}}=0.935$$

圆轴截面的极惯性矩 I_{p} 和扭转截面系数 W_{p} 分别为

$$I_{\mathrm{p}}=\frac{\pi D^4}{32}(1-\alpha^4)=\frac{\pi\times(76\times10^{-3})^4\mathrm{m}^4}{32}\times(1-0.935^4)=7.71\times10^{-7}\mathrm{m}^4$$

$$W_{\mathrm{p}}=\frac{I_{\mathrm{p}}}{D/2}=\frac{7.71\times10^{-7}\mathrm{m}^4}{(76\times10^{-3})\mathrm{m}/2}=2.03\times10^{-5}\mathrm{m}^3$$

进行强度校核。由圆轴的强度条件可知

$$\tau_{\max}=\frac{T}{W_{\mathrm{p}}}=\frac{2\times10^3\mathrm{N\cdot m}}{2.03\times10^{-5}\mathrm{m}^3}=98.5\times10^6\mathrm{Pa}=98.5\mathrm{MPa}<[\tau]$$

故圆轴满足强度要求。

再进行刚度校核。由圆轴的刚度条件可知

$$\theta=\frac{T}{GI_{\mathrm{p}}}\times\frac{180°}{\pi}=\frac{2\times10^3\mathrm{N\cdot m}}{80\times10^9\mathrm{Pa}\times7.71\times10^{-7}\mathrm{m}^4}\times\frac{180°}{\pi}=1.86(°)/\mathrm{m}<[\theta]$$

故圆轴满足刚度要求。综上所述，该圆轴满足强度和刚度要求。

10. （教材习题 5-10）　图 5-12 所示一组合圆轴由变截面空心铜轴和实心钢轴组成，两轴间无相对滑动。已知组合轴承受扭矩 M_{e} 作用，钢轴两端截面的直径分别为 d_1 和 d_2，铜轴外直径为 d_3。铜和钢的切变模量分别为 G_{c} 和 G_{s}。试推导该组合轴横截面上的扭转切应力公式。

考点：扭转超静定问题。

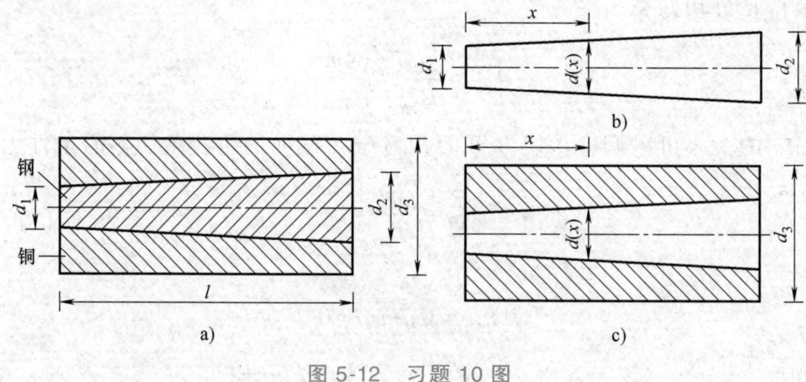

图 5-12　习题 10 图

a）组合圆轴　b）实心钢轴　c）空心铜轴

解题思路：铜、钢两轴为非等直圆轴，需先计算这两轴横截面的极惯性矩，应为轴线位置的函数。再分别列出静力平衡方程、物理关系、变形协调方程，联立这些方程解出两轴横截面上的内力扭矩，进而计算组合轴横截面上的扭转切应力。

提示：由两轴无相对滑动可知，变形几何条件为两轴的单位长度相对扭转角相等。

解：该题求变截面组合圆轴的扭转切应力，为扭转超静定问题，应综合考虑静力平衡条件、变形几何关系和物理关系来求解。

设组合轴轴心所在直线为 x 轴，水平向右为正，则钢轴在沿轴线 x 截面处的直径为

$$d(x)=d_1+\frac{x}{l}(d_2-d_1)$$

钢轴沿轴线 x 截面的极惯性矩为

$$I_{ps}(x)=\frac{\pi}{32}\left[d_1+\frac{x}{l}(d_2-d_1)\right]^4$$

铜轴沿轴线 x 截面的极惯性矩为

$$I_{pc}(x)=\frac{\pi}{32}d_3^4-\frac{\pi}{32}\left[d_1+\frac{x}{l}(d_2-d_1)\right]^4$$

因为已知两轴无相对滑动，所以两轴的单位长度相对扭转角相等，也就有如下的变形几何条件

$$\theta_s=\theta_c \tag{a}$$

设两轴在 x 截面处的扭矩分别为 $M_{es}(x)$ 和 $M_{ec}(x)$，则由平衡条件得

$$M_{es}(x)+M_{ec}(x)=M_e \tag{b}$$

物理条件为

$$\theta_s=\frac{M_{es}(x)}{G_sI_{ps}(x)},\quad \theta_c=\frac{M_{ec}(x)}{G_cI_{pc}(x)} \tag{c}$$

联立式（a）~式（c），可解得

$$M_{es}(x)=\frac{G_sI_{ps}(x)}{G_sI_{ps}(x)+G_cI_{pc}(x)}M_e$$

$$M_{ec}(x)=\frac{G_cI_{pc}(x)}{G_sI_{ps}(x)+G_cI_{pc}(x)}M_e$$

于是，组合圆轴在 x 截面处的扭转切应力公式为

在钢轴中，　$\tau_s(x)=\dfrac{M_{es}(x)}{I_{ps}(x)}\cdot\rho=\dfrac{G_sM_e\rho}{G_sI_{ps}(x)+G_cI_{pc}(x)}\quad\left(0\leqslant\rho\leqslant\dfrac{d(x)}{2}\right)$

在铜管中，　$\tau_c(x)=\dfrac{M_{ec}(x)}{I_{pc}(x)}\cdot\rho=\dfrac{G_cM_e\rho}{G_sI_{ps}(x)+G_cI_{pc}(x)}\quad\left(\dfrac{d(x)}{2}\leqslant\rho\leqslant d_3/2\right)$

11.（教材习题 5-11）　图 5-13a 所示两端固定的阶梯实心圆轴在 AC 段作用有均布力偶矩，其集度为 t。已知 AC 和 BC 两段长度均为 L，直径分别为 D_1 和 D_2，材料的切变模量为 G。求 AC 和 BC 两段横截面上最大的扭转切应力。

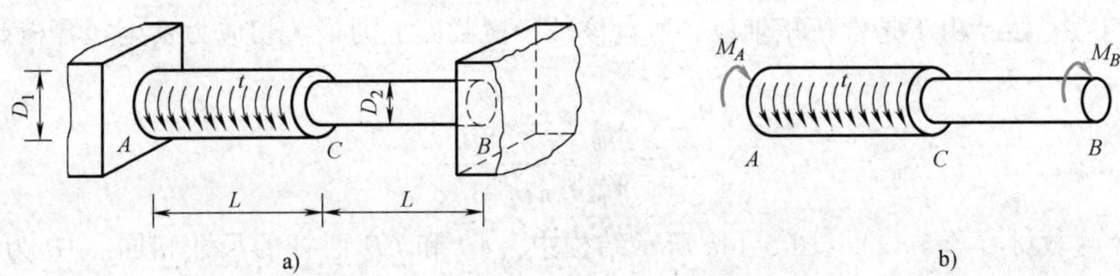

图 5-13　习题 11 图

a）阶梯实心圆轴　b）受力分析

考点：圆轴扭转超静定问题。

解题思路：先做受力分析，确定超静定次数，再分别列出静力平衡方程、物理关系、变形协调方程，联立这些方程解出左、右两端的支反力偶矩，然后分别判定两轴段上最大切应力发生的截面位置，进而求出最大切应力。

提示：本题为一次超静定问题。变形协调关系为整根轴两端的相对扭转角为零。

解：这是扭转一次超静定问题。解除约束，作出阶梯圆轴的受力图（见图 5-13b）。设左、右两端的支反力偶矩分别为 M_A 和 M_B，且转向相同。列出平衡方程为

$$M_A+M_B=tL \tag{a}$$

对于 AC 段，以 A 为原点，沿轴向右为 x 轴正向，由截面法可得该轴段的内力扭矩方程为

$$T_{AC}=M_A-tx$$

同理，BC 段的内力扭矩为

$$T_{BC}=-M_B$$

则可得物理方程，即 AC 和 BC 段两端的相对扭转角分别为

$$\varphi_{AC}=\int_0^L\frac{M_A-tx}{GI_{p1}}dx=\frac{L}{GI_{p1}}\left(M_A-\frac{1}{2}tL\right) \tag{b}$$

$$\varphi_{BC}=-\frac{M_BL}{GI_{p2}} \tag{c}$$

其中，I_{p1} 和 I_{p2} 分别为 AC 和 BC 两轴段横截面的极惯性矩，有 $I_{p1}=\dfrac{\pi D_1^4}{32}$和 $I_{p2}=\dfrac{\pi D_2^4}{32}$。又由于 A、B 两固定端的相对扭转角为 0，故有变形协调方程

$$\varphi_{AB}=\varphi_{AC}+\varphi_{BC}=0 \tag{d}$$

联立式（a）~式（d），可解得

$$M_A=\frac{tL(1+2\alpha^4)}{2(1+\alpha^4)},\quad M_B=\frac{tL}{2(1+\alpha^4)}$$

其中，$\alpha=D_1/D_2$，为两轴段的直径之比。

在 AC 段，A 截面具有最大扭矩 M_A，所以 AC 轴段横截面上的最大切应力发生在 A 截面的外表面，大小为

$$\tau_{\max AC}=\frac{M_A}{W_{p1}}=\frac{8tL(1+2\alpha^4)}{\pi D_1^3(1+\alpha^4)}$$

对于 BC 段，由于是常扭矩轴段，所以该轴段横截面上的最大切应力发生在各横截面的外边缘，大小为

$$\tau_{\max BC}=\frac{M_B}{W_{p2}}=\frac{8tL}{\pi D_2^3(1+\alpha^4)}$$

12.（教材习题 5-12） 图 5-14a 所示结构中，AB 和 CD 两杆的尺寸相同。AB 为钢杆，CD 为铝杆，两种材料的切变模量之比为 $G_{AB}:G_{CD}=3:1$。若不计 BE 和 ED 两杆的变形，试问集中荷载 P 将以怎样的比例分配于 AB 和 CD 杆上？

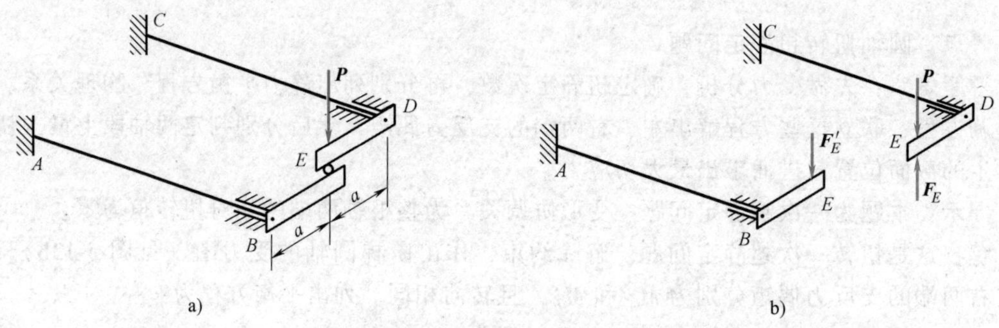

图 5-14　习题 12 图

a）双杆结构　b）受力分析

考点：扭转超静定问题。

解题思路：先解除 E 处约束，进行受力分析，确定超静定次数。再分别列出静力平衡方程、物理关系、变形协调方程，联立这些方程解出 E 处约束力，即可得外荷载分配到两杆上的受力。

提示：根据圆轴的相对扭转角公式即可列出物理关系，变形协调关系为 BE 和 DE 两杆在 E 处的位移相等。

解：（1）解除 E 处的约束，进行受力分析如图 5-14b 所示。可见，本题为扭转一次超静定问题。AB 和 CD 两杆的扭矩分别为

$$T_{AB}=aF'_E$$

$$T_{CD}=a(P-F_E)$$

（2）计算 AB 和 CD 两杆的相对扭转角

$$\varphi_{AB}=\frac{T_{AB}L_{AB}}{G_{AB}I_p}=\frac{aF'_EL_{AB}}{G_{AB}I_p}$$

$$\varphi_{CD}=\frac{T_{CD}L_{CD}}{G_{CD}I_p}=\frac{a(P-F_E)L_{CD}}{G_{CD}I_p}$$

（3）变形协调关系为

$$\varphi_{AB}a=\varphi_{CD}a$$

考虑到 $L_{AB}=L_{CD}$，$G_{AB}=3G_{CD}$，$F_E=F'_E$。解得

$$F_E=\frac{3}{4}P$$

（4）分配到 AB 和 CD 两杆上的受力分别为$\frac{3}{4}P$ 和$\frac{1}{4}P$。

13.（教材习题 5-13） 图 5-15 所示的三根杆受相同的扭转外力偶 $M_e=300\text{N}\cdot\text{m}$ 作用，现要求最大切应力不能超过 60MPa。（1）确定各杆的横截面尺寸；（2）若三根杆的长度相等，试比较三者的重量。

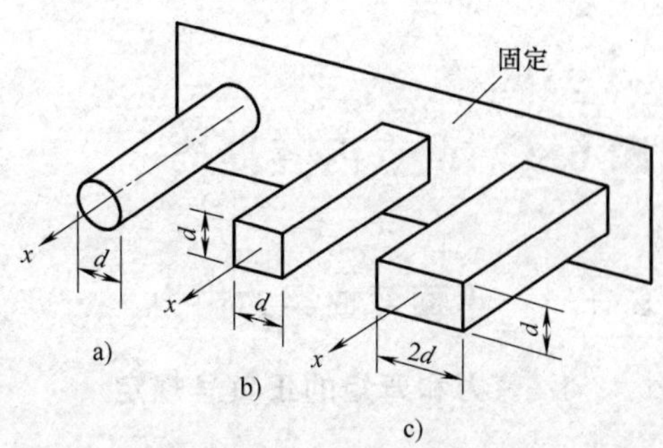

图 5-15 习题 13 图

a）圆形截面 b）正方形 c）矩形截面

考点：圆截面杆和非圆截面杆扭转的强度计算。

解题思路：先建立圆截面杆和非圆截面杆的强度条件式，再对条件式变形得到截面尺寸满足的不等式，进而确定各杆的横截面尺寸。

提示：a 杆为实心圆轴，b 杆和 c 杆可看作矩形截面杆。

解：（1）a 杆是圆截面杆，根据圆轴扭转时的强度条件

$$\tau_{\max1}=\frac{T}{W_p}=\frac{16T}{\pi d_1^2}<[\tau]$$

可得 a 杆的截面尺寸为

$$d_1\geqslant\sqrt[3]{\frac{16T}{\pi[\tau]}}=\sqrt[3]{\frac{16\times300\text{N}\cdot\text{m}}{\pi\times60\times10^6\text{Pa}}}=29.42\times10^{-3}\text{m}=29.42\text{mm}$$

b 杆和 c 杆可看作矩形截面杆，根据矩形截面杆扭转时的强度条件

$$\tau_{\max2}=\frac{T}{\alpha_2h_2b_2^3}=\frac{T}{\alpha_2d_2^3}\leqslant[\tau]$$

$$\tau_{\max3}=\frac{T}{\alpha_3h_3b_3^2}=\frac{T}{\alpha_3\cdot2d_3\cdot d_3^2}=\frac{T}{2\alpha_3d_3^3}\leqslant[\tau]$$

查表可得系数 $\alpha_2=0.208$ 和 $\alpha_3=0.246$，故 b、c 杆的截面尺寸可分别确定为

$$d_2\geqslant\sqrt[3]{\frac{T}{\alpha_2[\tau]}}=\sqrt[3]{\frac{300\text{N}\cdot\text{m}}{0.208\times60\times10^6\text{Pa}}}=28.86\times10^{-3}\text{m}=28.86\text{mm}$$

$$d_3\geqslant\sqrt[3]{\frac{T}{2\alpha_3[\tau]}}=\sqrt[3]{\frac{300\text{N}\cdot\text{m}}{2\times0.246\times60\times10^6\text{Pa}}}=21.66\times10^{-3}\text{m}=21.66\text{mm}$$

（2）比较三者的重量

$$G_1:G_2:G_3=A_1:A_2:A_3=\frac{\pi d_1^2}{4}:d_2^2:2d_3^2=1:1.23:1.38$$

第 6 章　平面弯曲杆件的应力与强度计算

6.1　重点内容提要

6.1.1　平面弯曲梁的内力

1. 剪力和弯矩的正负号规定

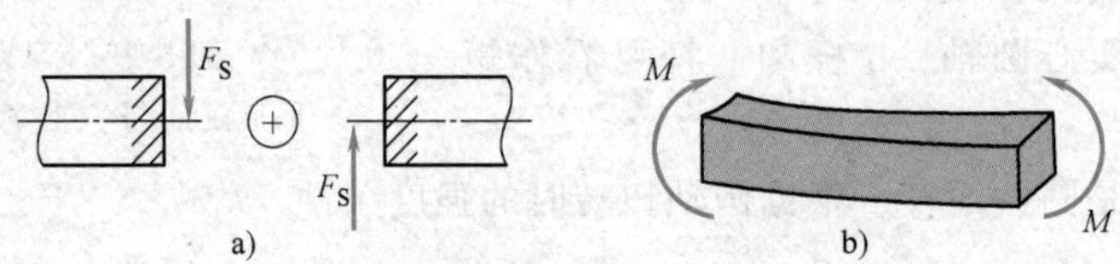

图 6-1　剪力和弯矩的正负号规定
a) 剪力　b) 弯矩

剪力：当截面上的剪力使所考虑的梁段有顺时针转动趋势者为正，反之为负；

弯矩：当截面上的弯矩使所考虑的梁段在截面处产生向下凸的弯曲变形（即下侧受拉、上侧受压）者为正，反之为负。

2. 利用内力方程作梁的内力图

把正剪力画在基线上方，在剪力图上标出正负号；把弯曲画在受拉侧，即正弯矩画在基线的上方，负弯矩画在基线的下方，弯矩图上不需要标出正负号。

3. 弯矩、剪力与荷载集度之间的微分关系

$$\frac{\mathrm{d}F_S(x)}{\mathrm{d}x} = q(x) \Rightarrow F_{S2} - F_{S1} = \int_1^2 q(x)\,\mathrm{d}x \tag{6-1}$$

即两个截面之间的剪力之差，等于这两个截面间分布荷载与 x 轴组成图形的面积；

$$\frac{\mathrm{d}F_S(x)}{\mathrm{d}x} = q(x) \Rightarrow M_2 - M_1 = \int_1^2 F_S\,\mathrm{d}x \tag{6-2}$$

即两截面之间的弯矩之差，等于这两个截面间剪力图与 x 轴组成图形的面积。

4. 简易法作梁的内力图

根据梁上荷载将梁分成若干段，再由各段内的荷载作用情况，初步判断剪力图和弯矩图的形状，然后求出控制截面上的内力值，从而画出整根梁的内力图。

5. 叠加法作梁的内力图

当梁承受几个荷载共同作用时，只要梁处于线弹性范围和小变形条件下，梁的某一截面上的弯矩和剪力，就等于各个荷载单独作用下该截面的弯矩之和与剪力之和。

6.1.2　纯弯曲时梁横截面上的正应力

1. 纯弯曲梁的变形特征

在杆的表面沿轴向和横向画线组成网格线。当施加弯矩时，杆发生对称弯曲变形，此时水平线变成了曲线，铅垂线依然与之相垂直，并保持为直线，只是转过了一个角度。为满足对称性和连续性的要求，提出梁弯曲的平面假设：变形前原为平面的横截面在变形后仍保持为平面，且仍垂直于变形后的轴线。梁变形后，靠近梁凸出一侧的材料纵向伸长了，而靠近梁凹入一侧的材料纵向缩短了；沿截面高度，从材料的纵向伸长区到缩短区是连续变化的，中性层材料的长度不变。

2. 纯弯曲梁的变形关系、物理关系和内力关系

$$\varepsilon=\frac{y}{\rho} \tag{6-3}$$

即纵向材料的线应变 ε 与其到中性层的距离 y 成正比；

$$\sigma=E\frac{y}{\rho} \tag{6-4}$$

即纵向材料的正应力与其到中性层的距离 y 成正比；

$$\int_A \sigma \mathrm{d}A=0\,,\quad \int_A z\sigma \mathrm{d}A=0\,,\quad \int_A y\sigma \mathrm{d}A=M \tag{6-5}$$

即横截面上轴力、对 y 轴力矩为零，对 z 轴力矩等于 M。

3. 纯弯曲梁横截面上的正应力计算公式

$$\sigma=\frac{My}{I_z} \tag{6-6}$$

式中　σ——到中性轴距离 y 处的正应力（Pa）；

M——截面弯矩（N·m）；

y——到中性轴的距离（m）；

I_z——横截面对中性轴 z 的惯性矩（m^4）。

正应力沿横截面高度按线性规律变化，在中性轴处的正应力等于零，距中性轴越远处的正应力数值越大，在截面的上、下边缘处达到拉应力或压应力的最大值。

6.1.3　横力弯曲时梁横截面上的应力

1. 弯曲截面系数

$$W_z=\frac{I_z}{y_{\max}} \tag{6-7}$$

弯曲截面系数与截面的几何形状和尺寸有关，其单位是 m^3 或 mm^3。

矩形截面的弯曲截面系数为

$$W_z=\frac{bh^3}{12}\bigg/\frac{h}{2}=\frac{bh^2}{6} \tag{6-8}$$

圆（空心圆）形截面的弯曲截面系数分别为

$$W_z=\frac{\pi D^3}{32}(1-\alpha^4) \tag{6-9}$$

2. 弯曲梁的最大正应力计算公式

$$\sigma_{\max}=\frac{|M|_{\max}}{W_z} \tag{6-10}$$

式中 $\sigma_{\max}$——等直梁的最大弯曲正应力（Pa）；

$|M|_{\max}$——梁的最大弯矩绝对值（N·m）；

W_z——弯曲截面系数（m^3）。

3. 横力弯曲时梁横截面上的切应力计算公式

$$\tau=\frac{F_S S_z^*}{bI_z} \tag{6-11}$$

式中 τ——与中性轴相距 y' 处的切应力（Pa）；

F_S——截面的剪力（N），可利用截面法求解；

S_z^*——距中性轴为 y' 的横线一侧的部分截面对中性轴的静矩（m^3）；

I_z——横截面面积对中性轴的惯性矩（m^4）；

b——横截面上所求切应力点所在的宽度（m）。

4. 不同截面的最大切应力计算公式

$$\tau_{\max}=\frac{F_S S_{z\max}^*}{bI_z}=\kappa\frac{F_S}{A} \tag{6-12}$$

式中 $\tau_{\max}$——横截面上的最大切应力（Pa）；

$S_{z\max}^*$——中性轴一侧的横截面对中性轴 z 的静矩（m^3）；

κ——截面系数，矩形截面：$\kappa=3/2$，圆形截面：$\kappa=4/3$，工字形截面：$\kappa=1$，薄壁环形截面：$\kappa=2$；

A——横截面面积（m^2），对于工字形截面则为腹板面积。

5. 弯曲梁的最大正应力与最大切应力对比

当梁的跨度 l 远大于截面高度 h 时，梁的最大弯曲正应力远大于最大弯曲切应力，此时弯曲正应力是主要的。

6.1.4 梁的强度计算

1. 弯曲正应力强度条件

第一类危险点：

$$\sigma_{t\max}\leqslant[\sigma_t],\quad \sigma_{c\max}\leqslant[\sigma_c] \tag{6-13}$$

2. 弯曲切应力强度条件

第二类危险点：

$$\tau_{\max}=\frac{|F_S|_{\max}S_{z\max}^*}{bI_z}\leqslant[\tau] \tag{6-14}$$

3. 第三类危险点的强度条件

第三类危险点：

$$\sqrt{\sigma^2+4\tau^2}\leqslant[\sigma] \tag{6-15a}$$

$$\sqrt{\sigma^2+3\tau^2}\leqslant[\sigma] \tag{6-15b}$$

4. 梁的弯曲强度计算

梁的强度计算，也包括强度校核、截面设计和承载力计算等问题。对于实心截面细长梁，通常只需要按弯曲正应力强度条件进行分析。但对于弯矩较小而剪力较大的梁（如短而粗的梁、集中荷载作用在支座附近的梁等）及薄壁截面梁，则不仅要考虑弯曲正应力强度，还应考虑第二类和第三类危险点的强度。

6.1.5　梁的合理强度设计

1. 合理配置梁的荷载和支座

集中荷载不能作用在跨中，应尽量将荷载分散化，合理布置支座。

2. 合理选择梁的截面形状

从强度观点看，梁横截面的形状以工字形的为最好，矩形的次之，圆形的最差，空心圆截面要强于实心圆截面。对于用塑性材料制成的梁，宜采用对称于中性轴的截面，如工字形、矩形、圆环形等截面；对于用脆性材料制成的梁（如铸铁梁），宜选择中性轴偏于受拉一侧的截面形状，如T字形、槽形等截面。

3. 合理设计梁的外形

等强度梁：梁上所有横截面上的最大弯曲正应力均相同，并等于许用应力 $[\sigma]$，即各横截面具有相同的强度。

6.1.6　弯曲中心的概念

1. 弯曲中心

弯曲中心：当荷载沿横截面竖向作用于弯曲中心，梁会只产生弯曲而不产生扭转，又称剪力中心。

2. 弯曲中心的计算

$$e=\frac{F_{\mathrm{f}}d}{F_{\mathrm{S}}} \tag{6-16}$$

式中　e——O 点到槽腹板中点 A 的距离（m）；

F_{f}——一块翼板承受的剪力（N）；

d——上下翼板中心的距离（m）；

F_{S}——截面的剪力（N）。

6.2　复习指导

本章知识点：梁的计算简图，平面弯曲梁的剪力和弯矩，弯矩方程和剪力方程，剪力图和弯矩图。弯矩、剪力与分布荷载集度间的关系及其应用，简易法作梁的内力图。纯弯曲情况下的正应力公式推导。横力弯曲时梁横截面上的正应力，弯曲截面系数；横力弯曲时梁横截面上的切应力，矩形、圆形及工字形截面梁的最大切应力。弯曲正应力强度条件，弯曲切应力强度条件，第三类危险点强度条件。梁的合理强度设计，等强度梁的概念，弯曲中心的概念。

本章重点：弯矩、剪力与分布荷载集度间的关系及其应用，简易法作梁的内力图。横力弯曲时梁横截面上的正应力，弯曲截面系数；横力弯曲时梁横截面上的切应力，矩形、圆形及工字形截面梁的最大切应力。弯曲正应力强度条件。梁的合理强度设计。

本章难点：简易法作梁的内力图。横力弯曲时梁横截面上的正应力，弯曲截面系数。弯曲正应力强度条件。

考点：简易法作梁的内力图；横力弯曲时梁横截面上的正应力与切应力对比；相同横截面面积下，不同形状截面的抗弯性能对比；弯曲正应力强度计算；梁的合理强度设计。

6.3 概念题及解答

6.3.1 判断题

判断下列说法是否正确。

1. 外伸梁靠近外伸端的支座约束力可能引起剪力突变。

答：对。

考点：弯曲剪力图。

提示：支座约束力是一集中力，在集中力作用下梁的剪力图会发生突变，突变大小等于集中力的大小。

2. 对于变截面梁，其横截面上的弯矩将随截面大小而变化。

答：错。

考点：弯曲内力。

提示：梁的弯曲内力与荷载有关，与截面无关。

3. 工字形截面直梁截面上的最大切应力等于截面上的剪力除以面积。

答：错。

考点：各种形状截面的最大切应力。

提示：工字梁横截面最大切应力等于截面上的剪力除以腹板面积。

4. 等直梁横力弯曲时，若梁截面的中性轴是截面的对称轴，则梁的最大正应力一定发生在最大弯矩的截面上。

答：对。

考点：横力弯曲时梁的最大弯曲正应力。

提示：当中性轴是截面的对称轴时，对称轴到截面上下边缘的距离相等，则最大正应力一定发生在最大弯矩截面的上下边缘处。

5. 对于任意梁，梁内的最大弯曲正应力远大于最大弯曲切应力，所以通常只需进行第一类危险点的强度计算，便可保证梁的强度。

答：错。

考点：梁的强度计算。

提示：对于实心截面细长梁，通常只需要按弯曲正应力强度条件进行分析。但对于弯矩较小而剪力较大的梁（如短而粗的梁、集中荷载作用在支座附近的梁等）及薄壁截面梁，则不仅要考虑弯曲正应力强度，还应考虑第二类和第三类危险点的强度。

6. 按照应力状态理论和第四强度理论，梁的第三类危险点的强度条件可以表示为 $\sqrt{\sigma^2+3\tau^2} \leqslant [\sigma]$。

答：对。

考点：梁的第三类危险点的强度条件。

提示：σ、τ 分别是第三类危险点处的正应力和切应力。

7. 直梁的危险面一定发生在弯矩最大的截面上。

答：错。

考点：梁的最大弯曲正应力。

提示：对于脆性材料，若中性轴不是截面的对称轴，则要分别计算梁的最大拉应力和最大压应力及其位置。

8. 等直梁的最大切应力一定发生在最大剪力所在截面的中性轴处。

答：对。

考点：横力弯曲时梁截面的切应力。

提示：对于等直梁，根据 $\tau_{\max}=\dfrac{F_S S_{z\max}^*}{bI_z}=\kappa\dfrac{F_S}{A}$ 可知，最大切应力发生在最大剪力所在截面的中性轴处。

9. 对于抗拉强度低于抗压强度的材料，合理的梁截面是：截面的中性轴偏于受压一侧。

答：错。

考点：梁的合理强度设计。

提示：因为脆性材料的抗拉强度低于抗压强度，应使中性轴到受拉侧边缘的距离较小，即中性轴偏于受拉一侧。

10. 等强度梁的设计原理是：使梁上每个截面的最大正应力均相同且等于许用正应力。

答：对。

考点：合理设计梁的外形。

提示：等强度梁的定义。

6.3.2 选择题

请将正确答案填入括号内。

1. 悬臂梁受局部均布荷载作用，如图 6-2 所示，则在 BC 梁段内，(　　)。

(A) 剪力和弯矩均为 0

(B) 剪力为 0，弯矩不为 0

(C) 剪力不为 0，弯矩为 0

(D) 剪力和弯矩均不为 0

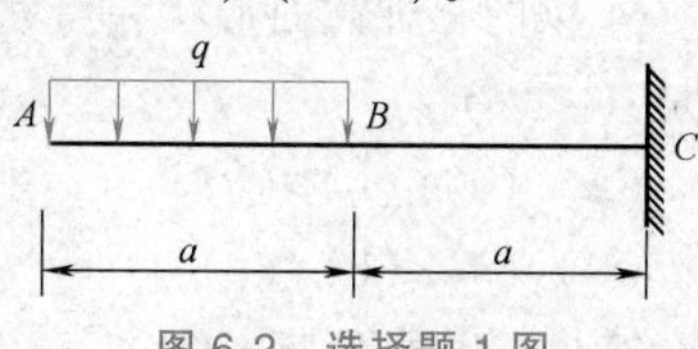

图 6-2　选择题 1 图

答：正确答案是（D）。

考点：梁的弯曲内力。

提示：列出内力方程，或作内力图进行分析。

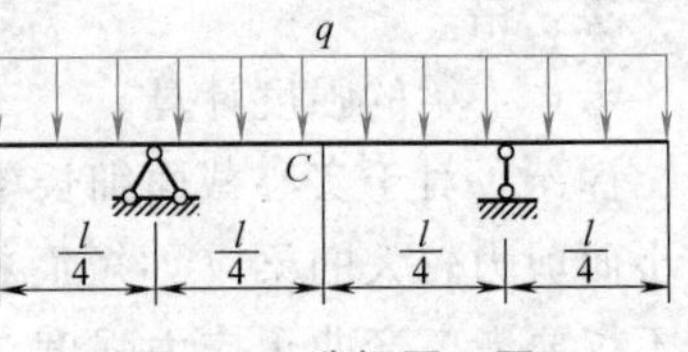

图 6-3 选择题 2 图

2. 图 6-3 所示外伸梁承受均布荷载，其中央截面 C 的剪力为（　　）。

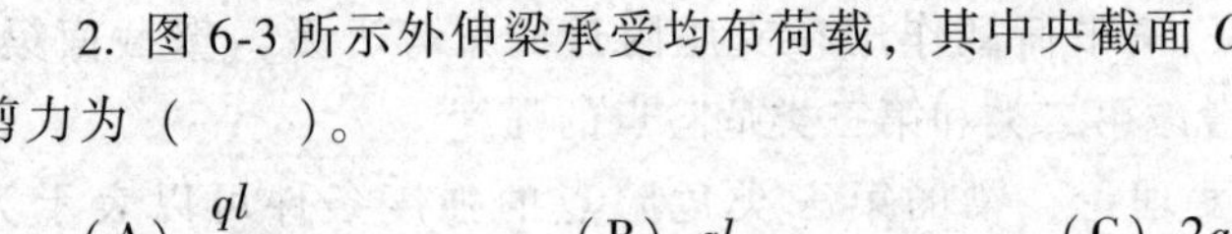
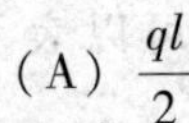

（A）$\frac{ql}{2}$　（B）ql　（C）$2ql$　（D）0

答：正确答案是（D）。

考点：梁的弯曲内力。

提示：由结构、荷载的对称性，推出内力的对称性。

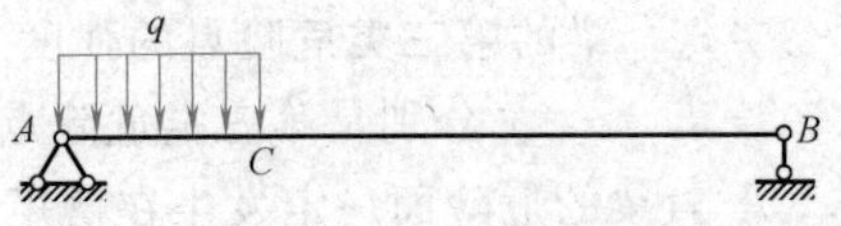

图 6-4 选择题 3 图

3. 图 6-4 所示简支梁上左段受均布荷载作用，则该梁 BC 段的弯矩沿轴线将呈现（　　）形式。

（A）均匀分布　（B）三角形分布　（C）梯形分布　（D）曲线分布

答：正确答案是（B）。

考点：梁的弯曲内力图。

提示：BC 段无荷载作用，则弯矩图为一斜直线。

4. 下列说法中，正确的是（　　）。

（A）梁弯曲时，截面高度方向的中间位置所对应的材料层称为中性层

（B）梁弯曲时，截面高度方向的对称轴与梁轴线所构成的材料层称为中性层

（C）梁弯曲时，梁中沿着轴线方向既不伸长也不缩短的材料层称为中性层

（D）梁弯曲时，梁的中间位置截面所对应的材料层称为中性层

答：正确答案是（C）。

考点：弯曲梁的变形特征。

提示：考查中性层的定义。

5. 直梁受横力作用弯曲时，当梁截面的中性轴是截面的对称轴时，梁的最大正应力（　　）。

（A）一定发生在最大弯矩的截面上

（B）等于最大弯矩除以弯曲截面系数

（C）等于最大弯矩除以截面的惯性矩

（D）要综合考虑弯矩分布和截面形状对正应力的影响，才能确定

答：正确答案是（D）。

考点：梁的弯曲正应力公式。

提示：最大正应力应为弯矩与弯曲截面系数比值的最大值。

6. 梁的三种截面形状和尺寸如图 6-5 所示，$b=B/2$，$h=H/2$，它们的弯曲截面系数的排序是（　　）。

（A）(a)>(b)>(c)　（B）(b)>(a)>(c)

（C）(a)<(b)<(c)　（D）(b)<(a)<(c)

答：正确答案是（C）。

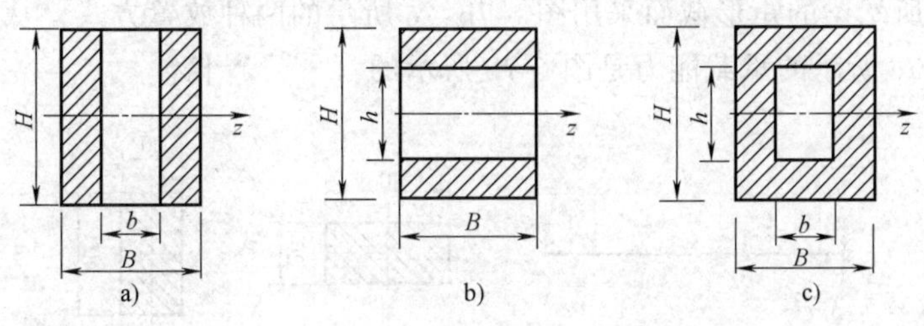

图 6-5　选择题 6 图

考点：梁的弯曲截面系数。

提示：按弯曲截面系数的定义进行计算。

7. 实心圆形截面悬臂梁受分布力作用，截面外直径为 d，梁的跨度为 l，则其最大弯曲正应力与最大切应力的比值为（　　）。

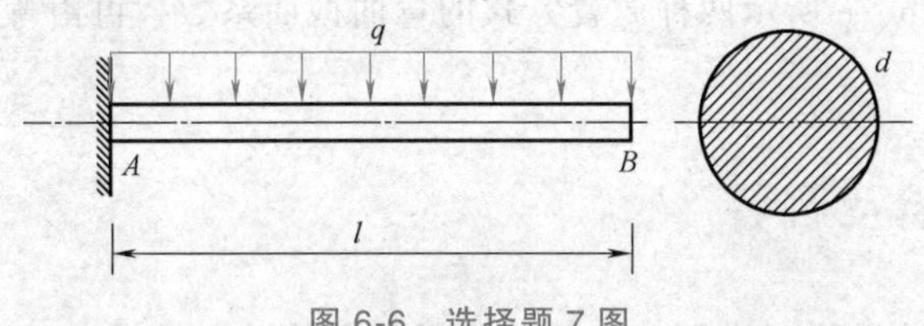

图 6-6　选择题 7 图

（A）$\frac{3l}{d}$　　（B）$\frac{6l}{d}$　　（C）$\frac{8l}{\pi d}$　　（D）$\frac{4l}{\pi d}$

答：正确答案是（A）。

考点：横力弯曲梁的横截面应力。

提示：作内力图找到危险截面，由弯曲正应力公式和弯曲切应力公式分别计算最大正应力和最大切应力。

8. 对于粗短梁、集中力接近支座的梁以及薄壁截面的梁，梁的最大弯曲切应力会比较大，甚至接近或超过弯曲正应力，为了保证梁的强度，（　　）。

（A）通常只需进行第一类危险点的强度计算

（B）不仅要考虑弯曲正应力强度，还应考虑第二类和第三类危险点的强度

（C）通常只需考虑第二类危险点的强度

（D）通常只需考虑第三类危险点的强度

答：正确答案是（B）。

考点：梁的强度计算。

提示：对于细长梁，一般只进行弯曲正应力强度计算，而对于粗短梁、集中力接近支座的梁以及薄壁截面的梁，要进行弯曲切应力强度计算。

9. 一铸铁梁，截面最大弯矩为负，其合理截面应为（　　）。

（A）工字形　　（B）T 字形　　（C）倒 T 字形　　（D）L 字形

答：正确答案是（B）。

考点：梁的合理强度设计。

提示：对铸铁梁，应使截面中性轴偏向受拉侧。

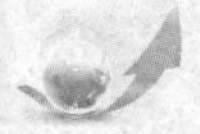

10. 图 6-7a 所示梁的矩形截面采用图 6-7b、c 所示的两种放置方式，从弯曲正应力强度条件考虑，图 6-7c 所示的承载能力是图 6-7b 所示的（　　）倍。

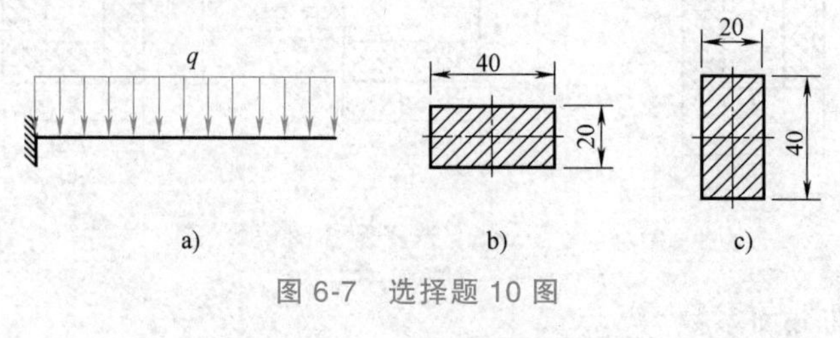

图 6-7　选择题 10 图

（A）2　　（B）4　　（C）6　　（D）8

答：正确答案是（A）。

考点：梁的合理强度设计。

提示：计算图 6-7b、c 所示两种放置方式的弯曲截面系数，再由弯曲正应力强度条件计算各自的承载力。

6.4　典型习题及解答

1.（教材习题 6-2）　试列出图 6-8 所示各梁的剪力方程和弯矩方程。作剪力图和弯矩图，并确定 $|F_S|_{max}$ 及 $|M|_{max}$ 的值。

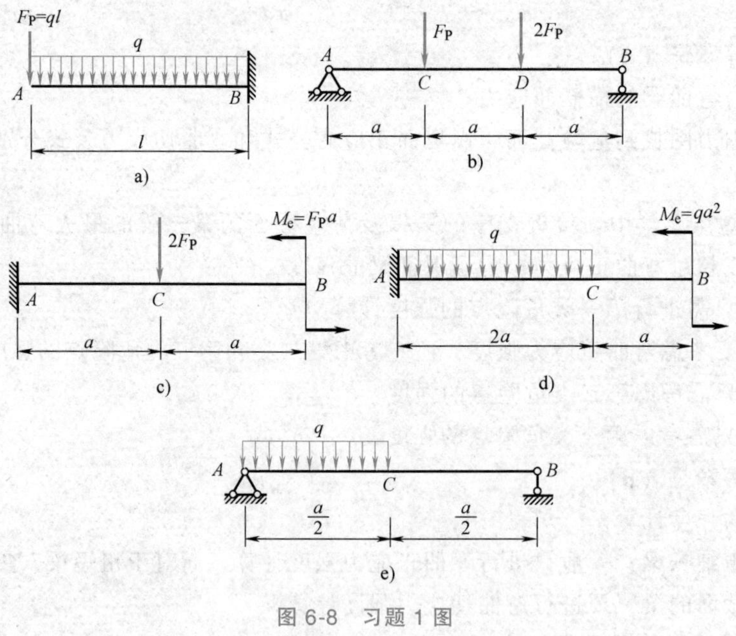

图 6-8　习题 1 图

考点：根据剪力方程和弯矩方程作梁的剪力图和弯矩图。

解题思路：利用截面法求分段写出梁的剪力方程和弯矩方程，再根据方程画剪力图和弯矩图。

提示：①剪力和弯矩的正负号规定，②弯矩画在梁的受拉侧。

解：(a) 剪力方程　$F_S(x)=-ql-qx \quad (0\leqslant x<l)$

弯矩方程　$M(x)=-qlx-\dfrac{1}{2}qx^2 \quad (0\leqslant x<l)$

梁的剪力图和弯矩图如图 6-9a 所示。

梁的最大剪力和弯矩分别为　$|F_S|_{max}=2ql$，$|M|_{max}=\dfrac{3}{2}ql^2$

(b) 剪力方程 AC 段

$$F_S(x)=\frac{4}{3}F_P \quad (0<x<a)$$

CD 段

$$F_S(x)=\frac{1}{3}F_P \quad (a<x<2a)$$

DB 段

$$F_S(x)=-\frac{5}{3}F_P \quad (2a<x<3a)$$

弯矩方程 AC 段

$$M(x)=\frac{4}{3}F_Px \quad (0\leqslant x\leqslant a)$$

CD 段

$$M(x)=\frac{4}{3}F_Px-F_P(x-a)=\frac{1}{3}F_Px+F_Pa \quad (a\leqslant x\leqslant 2a)$$

DB 段

$$M(x)=\frac{5}{3}(3a-x) \quad (2a\leqslant x_2\leqslant 3a)$$

梁的剪力图和弯矩图如图 6-9b 所示。

梁的最大剪力和弯矩分别为

$$|F_S|_{max}=\frac{5}{3}F_P,\quad |M|_{max}=\frac{5}{3}F_Pa$$

(c) 剪力方程 AC 段

$$F_S(x)=2F_P \quad (0<x<a)$$

CB 段

$$F_S(x)=0 \quad (a<x\leqslant 2a)$$

弯矩方程 AC 段

$$M(x)=F_Pa-2F_P(a-x)=-F_Pa+2F_Px \quad (0<x\leqslant a)$$

CB 段

$$M(x)=F_Pa \quad (a\leqslant x\leqslant 2a)$$

梁的剪力图和弯矩图如图 6-9c 所示。

梁的最大剪力和弯矩分别为

$$|F_S|_{max}=2F_P,\quad |M|_{max}=F_Pa$$

(d) 剪力方程 AC 段

$$F_S(x)=q(2a-x) \quad (0<x\leqslant 2a)$$

CB 段

$$F_S(x)=0 \quad (2a\leqslant x\leqslant 3a)$$

弯矩方程 AC 段

$$M(x)=qa^2-\frac{1}{2}q(2a-x_1)^2 \quad (0<x\leqslant 2a)$$

CB 段

$$M(x)=qa^2 \quad (2a\leqslant x\leqslant 3a)$$

梁的剪力图和弯矩图如图 6-9d 所示。
梁的最大剪力和弯矩分别为

$$|F_S|_{max}=2qa, \quad |M|_{max}=qa^2$$

(e) 剪力方程 AC 段

$$F_S(x)=\frac{3}{8}qa-qx \quad \left(0<x\leqslant\frac{a}{2}\right)$$

CB 段

$$F_S(x)=-\frac{1}{8}qa \quad \left(\frac{a}{2}\leqslant x\leqslant a\right)$$

弯矩方程 AC 段

$$M(x)=\frac{3}{8}qax-\frac{1}{2}qx^2 \quad \left(0\leqslant x\leqslant\frac{a}{2}\right)$$

CB 段

$$M(x)=\frac{1}{8}qa(a-x) \quad \left(\frac{a}{2}\leqslant x<a\right)$$

剪力图和弯矩图如图 6-9e 所示。
梁的最大剪力和弯矩分别为

$$|F_S|_{max}=\frac{3}{8}qa, \quad |M|_{max}=\frac{9}{128}qa^2$$

2. (教材习题 6-3) 试用简易法作图 6-10 所示各梁的剪力图和弯矩图，确定 $|F_S|_{max}$ 及 $|M|_{max}$ 值，并用微分关系对图形进行校核。

考点：用简易法作梁的剪力图和弯矩图。

解题思路：①正确计算控制截面的剪力值和弯矩值；②根据荷载、剪力和弯矩之间的关系画图。

提示：①剪力和弯矩的正负号规定；②集中力和集中力偶作用处剪力图和弯矩图的变化。

解：(a) 该梁的剪力图和弯矩图如图 6-11a 所示。

(b) 该梁的剪力图和弯矩图如图 6-11b 所示。

(c) 该梁的剪力图和弯矩图如图 6-11c 所示。

(d) 该梁的剪力图和弯矩图如图 6-11d 所示。

(e) 该梁的剪力图和弯矩图如图 6-11e 所示。

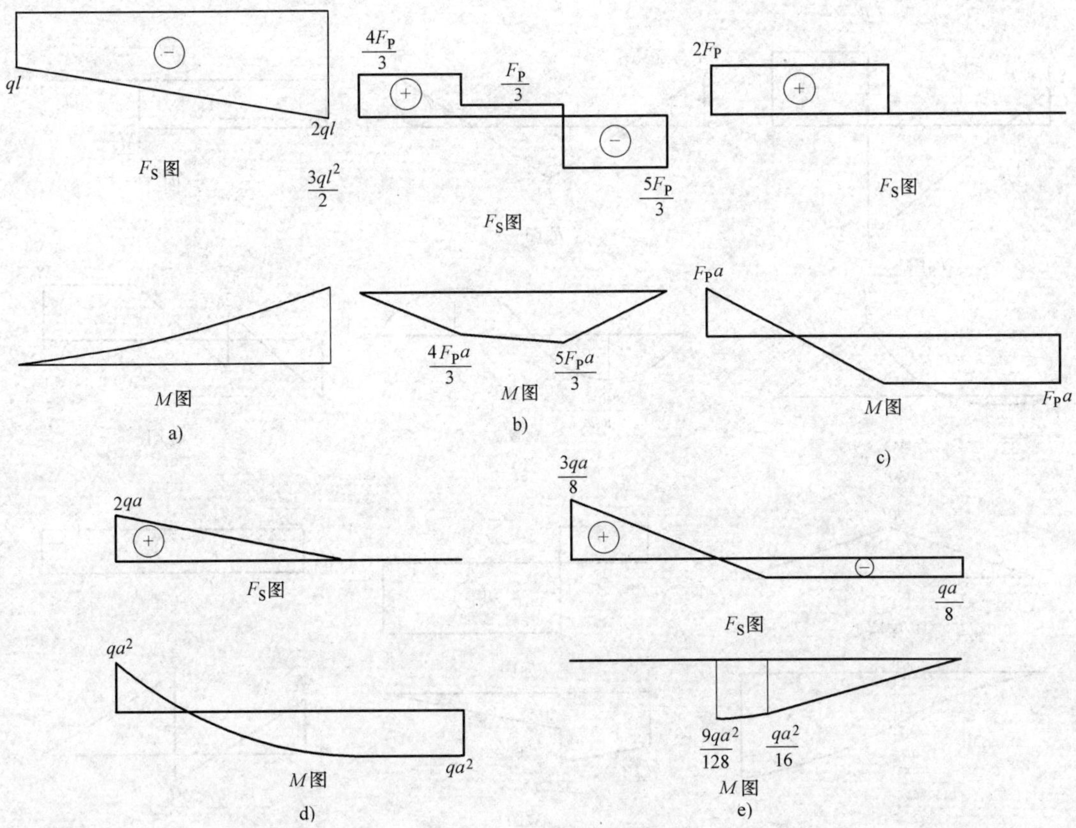

图 6-9　习题 1 内力图

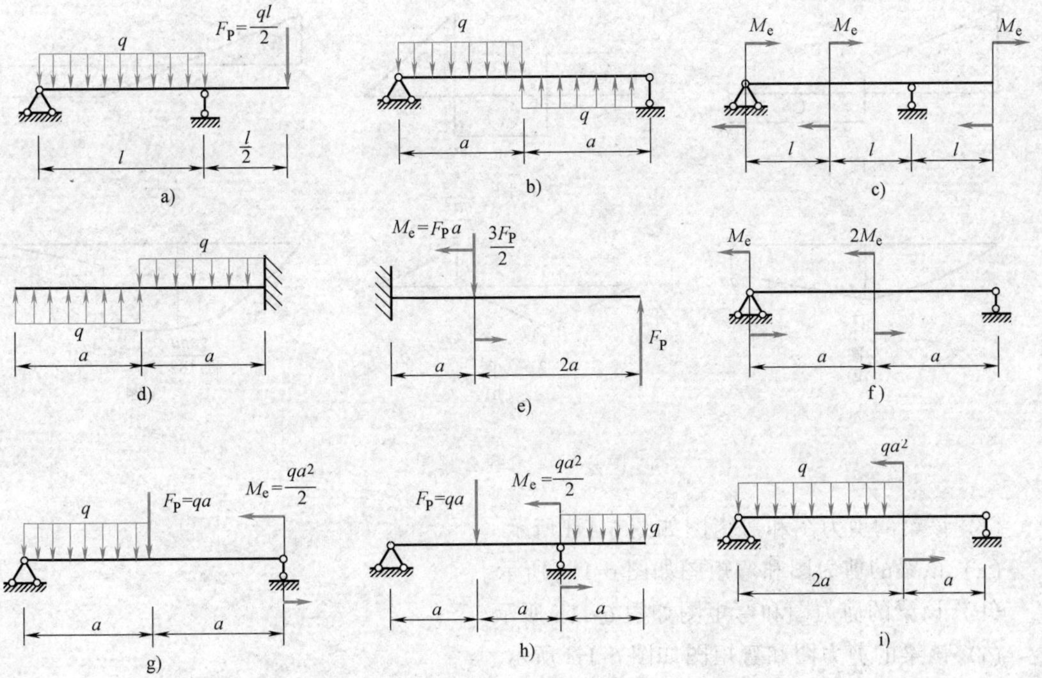

图 6-10　习题 2 图

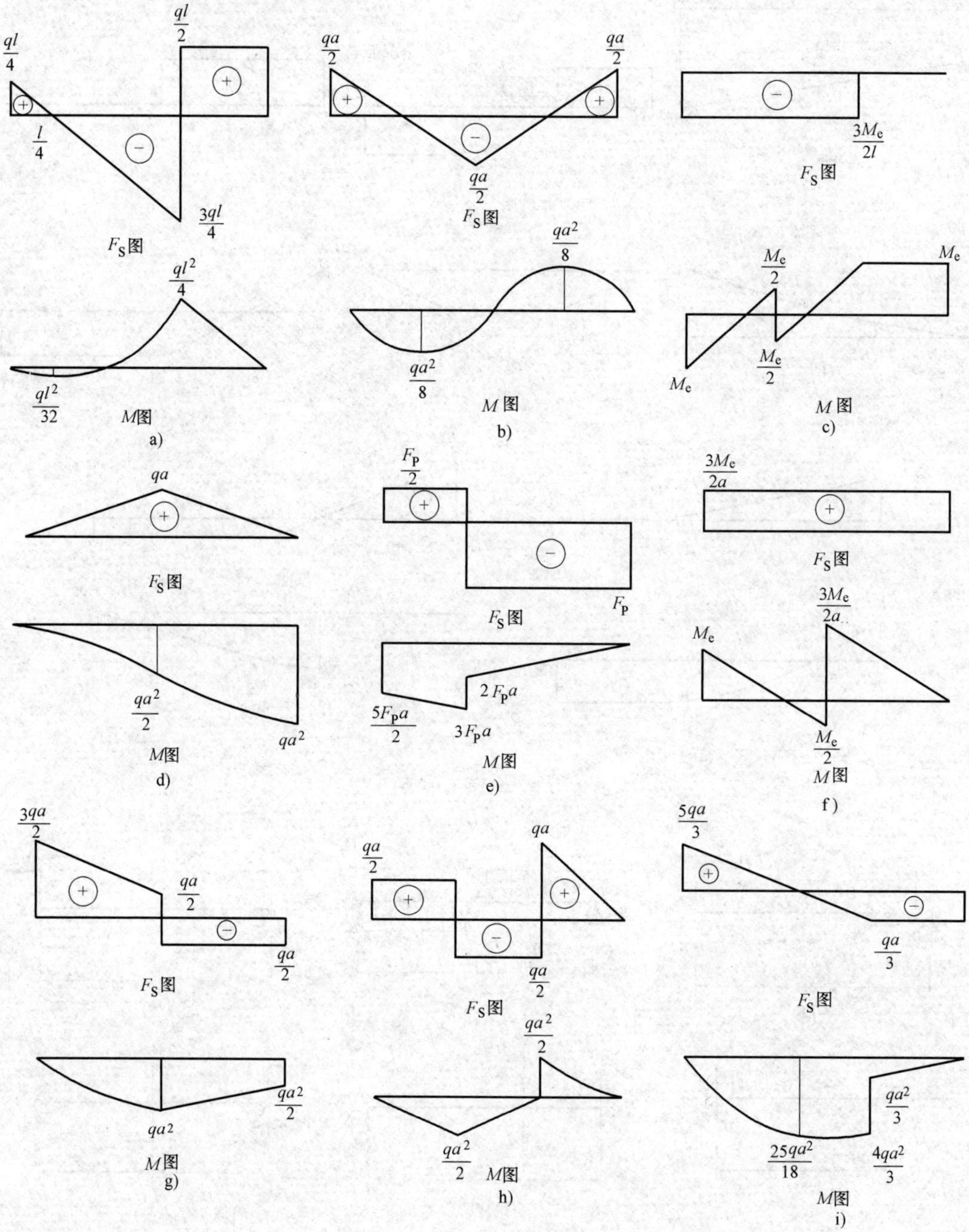

图 6-11　习题 2 解图

(f) 该梁的剪力图和弯矩图如图 6-11f 所示。

(g) 该梁的剪力图和弯矩图如图 6-11g 所示。

(h) 该梁的剪力图和弯矩图如图 6-11h 所示。

(i) 该梁的剪力图和弯矩图如图 6-11i 所示。

3. (教材习题 6-11)　图 6-12 所示矩形截面悬臂梁，已知：$l = 4\text{m}$，$b/h = 2/3$，$q =$

10kN/m，许用应力 $[\sigma]=10\text{MN/m}^2$。试确定此梁截面的尺寸。

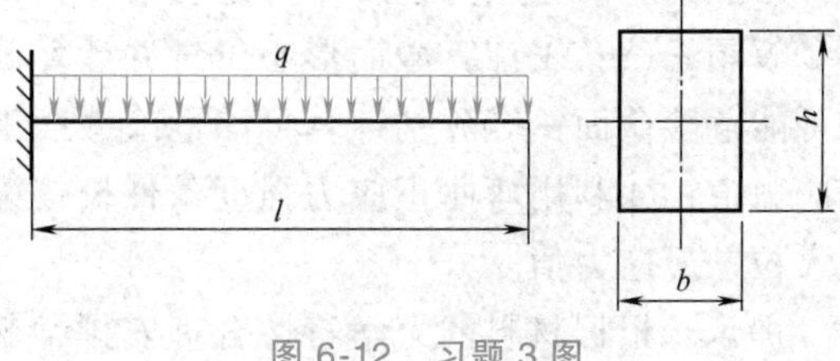

图 6-12　习题 3 图

考点：弯曲正应力强度条件确定截面尺寸。

解题思路：①计算最大弯矩值；②写出矩形截面的弯曲截面系数的表达式；③由弯曲正应力强度条件确定梁横截面的尺寸。

提示：梁最大正应力发生的位置。

解：悬臂梁的弯矩图如图 6-13 所示。

最大弯矩发生在左边固定端，且 $M_{\max}=80\text{kN}\cdot\text{m}$

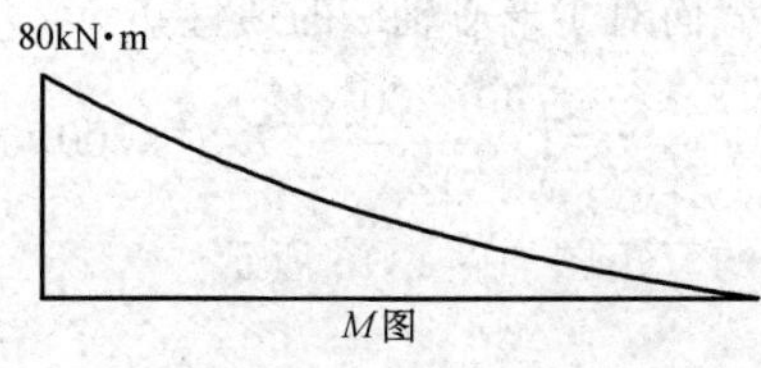
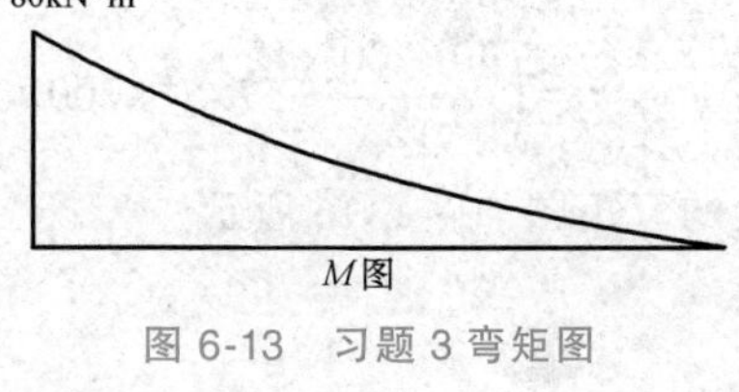

图 6-13　习题 3 弯矩图

梁内的最大正应力发生在固定端截面的上下边缘处，最大应力为

$$\sigma_{\max}=\frac{M_{\max}}{W_z}=\frac{80}{bh^2/6}$$

根据强度条件 $\sigma_{\max}\leqslant[\sigma]$，且 $b/h=2/3$，可得出

$$h\geqslant 416\text{mm},b\geqslant 277\text{mm}$$

4.（教材习题 6-13）　图 6-14 所示金属丝，环绕在轮缘上。已知金属丝直径为 d、弹性模量为 E，圆轮直径为 D。试求金属丝内的最大弯曲正应变、最大弯曲正应力与弯矩。

考点：梁弯曲时的应变和正应力分布特点。

解题思路：①确定金属丝的曲率半径；②计算最大弯曲正应变；③计算最大弯曲正应力；④由最大正应力计算弯矩。

提示：金属丝弯曲的最大挠度。

解：金属丝的曲率半径为

$$\rho=\frac{D+d}{2}$$

所以，金属丝的最大弯曲正应变为

$$\varepsilon_{\max}=\frac{y_{\max}}{\rho}=\frac{d}{2}\frac{2}{D+d}=\frac{d}{D+d}$$

图 6-14　习题 4 图

最大弯曲正应力为

$$\sigma_{\max}=E\varepsilon_{\max}=\frac{Ed}{D+d}$$

而弯矩则为

$$M=W_z\sigma_{\max}=\frac{\pi d^3}{32}\frac{Ed}{D+d}=\frac{E\pi d^4}{32(D+d)}$$

5.（教材习题 6-16）　图 6-15 所示铸铁梁，已知：许用拉应力 $[\sigma_t]=40\text{MPa}$，许用压应力 $[\sigma_c]=160\text{MPa}$。试按正应力强度条件校核梁的强度。若荷载不变，但将截面倒置，问是否合理？何故？

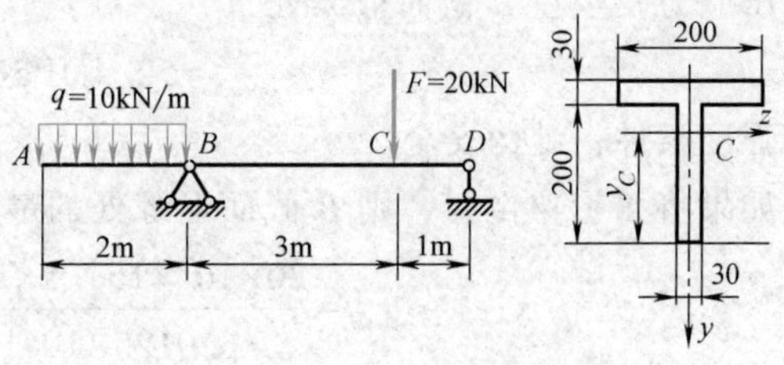

图 6-15　习题 5 图

考点：弯曲正应力强度条件进行强度校核，并合理安排梁截面放置。

解题思路：①计算截面形心位置并计算截面对形心轴 z 的惯性矩；②作梁的弯矩图，确定可能危险截面；③分别计算可能危险截面上的最大拉、压应力，并确定全梁上的最大拉、压应力值；④利用弯曲正应力强度条件校核梁的强度；⑤将截面倒置后，分析计算全梁上的最大拉、压应力值。

提示：根据材料的力学特性合理安排梁截面放置。

解：T 形梁截面形心位置

$$y_C=\frac{200\times30\times100+215\times200\times30}{200\times30+200\times30}\text{mm}=157.5\text{mm}$$

梁截面对于形心轴 z 的惯性矩

$$I_z=\left(\frac{30\times200^3}{12}+57.5^2\times200\times30+\frac{200\times30^3}{12}+57.5^2\times200\times30\right)\text{mm}^4=6.0125\times10^{-5}\text{m}^4$$

梁的弯矩图如图 6-16 所示。

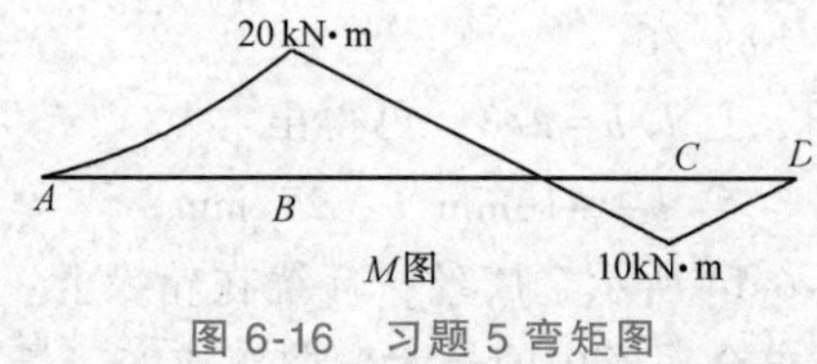

图 6-16　习题 5 弯矩图

危险截面为 B、C 截面，下面分别计算两截面上下边缘的拉应力和压应力。

B 截面：

$$\sigma_{tB}=\frac{20\times10^3\times72.5\times10^{-3}}{6.0125\times10^{-5}}=24.1\text{MPa}$$

$$\sigma_{cB}=\frac{20\times10^3\times157.5\times10^{-3}}{6.0125\times10^{-5}}=52.4\text{MPa}$$

C 截面：

$$\sigma_{tC}=\frac{10\times10^3\times157.5\times10^{-3}}{6.0125\times10^{-5}}=26.2\text{MPa}$$

$$\sigma_{cC}=\frac{10\times10^3\times72.5\times10^{-3}}{6.0125\times10^{-5}}=12.06\text{MPa}$$

最大拉应力发生在 C 截面下缘处，则有

$$\sigma_{\text{tmax}}=26.2\text{MPa}<[\sigma_t]=40\text{MPa}$$

最大压应力发生在 B 截面上缘处，

$$\sigma_{\text{cmax}}=52.4\text{MPa}<[\sigma_c]=160\text{MPa}$$

满足强度条件，结构安全。

如果将 T 形梁倒置，则 B 截面上缘处的最大拉应力值为

$$\sigma_{tB}=\frac{20\times10^3\times157.5\times10^{-3}}{6.0125\times10^{-5}}=52.4\text{MPa}>[\sigma_t]$$

结构破坏，故截面倒置不合理。

6.（教材习题6-19）　如图6-17所示No. 20a工字钢梁，已知材料的许用应力$[\sigma]=160\text{MPa}$。试求许用荷载$[F]$。

考点：利用弯曲正应力强度条件确定许用荷载。

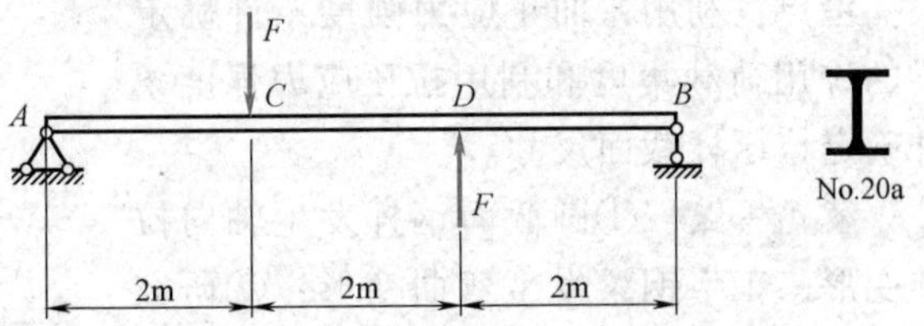

解题思路：①作梁的弯矩图，确定危险截面及危险截面上的弯矩；②由型钢表查No. 20a工字钢的弯曲截面系数；③由强度条件确定许用荷载。

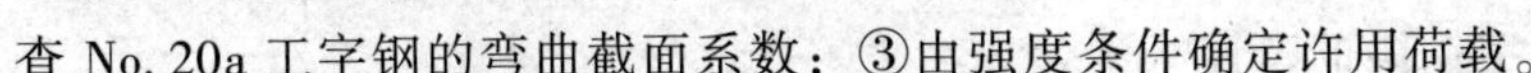

图6-17　习题6图

提示：正确使用型钢表查弯曲截面系数。

解：此梁的弯矩图如图6-18所示。

最大弯矩为

$$M_{\max}=\frac{2F}{3}$$

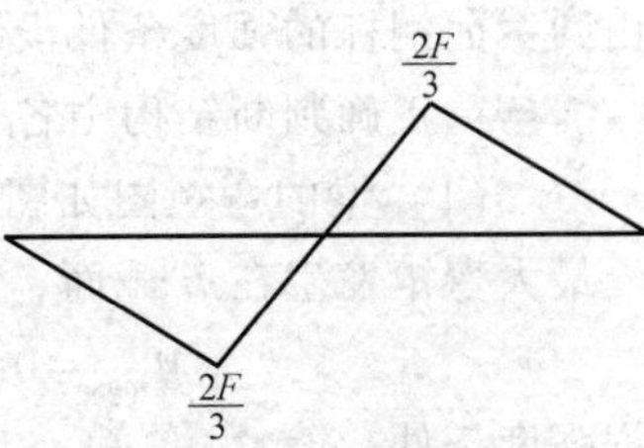

图6-18　习题6弯矩图

查型钢表可知No. 20a工字钢弯曲截面系数$W_z=237\text{cm}^3$，从而最大弯曲应力为

$$\sigma_{\max}=\frac{M_{\max}}{W_z}=\frac{2F/3}{W_z}\leqslant[\sigma]=160\text{MPa}$$

则许用荷载

$$[F]\leqslant 56.88\text{kN}$$

7.（教材习题6-21）　图6-19所示外伸梁，承受集中荷载F_P作用。已知：$F_P=20\text{kN}$，许用应力$[\sigma]=160\text{MPa}$。试选择工字钢的型号。

考点：利用弯曲正应力强度条件确定截面尺寸并合理选择工字钢型号。

解题思路：①作梁的弯矩图，确定危险截面及危险截面上的弯矩；②应用强度条件计算弯曲截面系数；③查型钢表选择工字钢的型号。

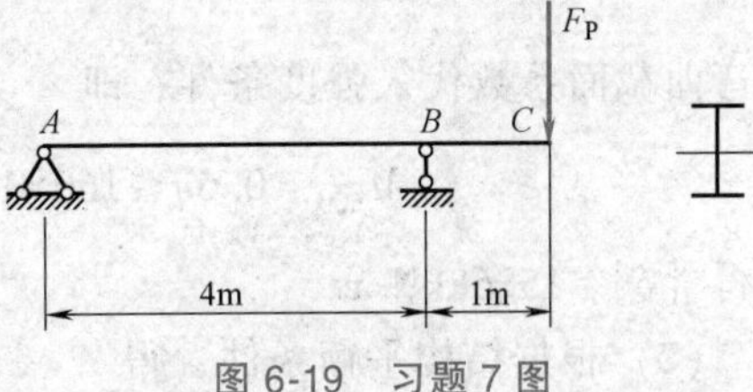

图6-19　习题7图

提示：选取工字钢型号时要选择实际弯曲截面系数大于理论值。

解：梁的弯矩图如图6-20所示。

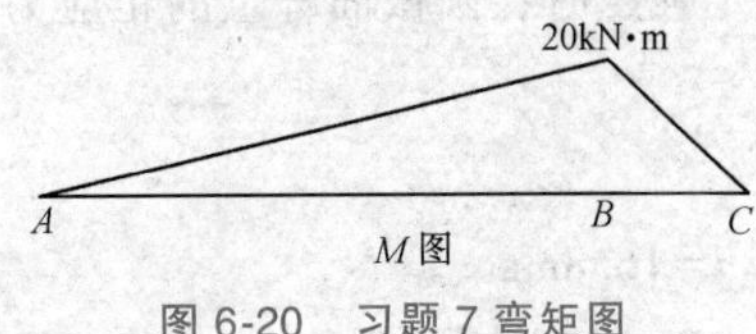

图6-20　习题7弯矩图

最大弯矩发生在B截面，且

$$M_{\max}=20\text{kN}\cdot\text{m}$$

若要满足强度条件，即

$$\sigma_{\max}=\frac{M_{\max}}{W_z}\leqslant[\sigma]=160\text{MPa}$$

则

$$W_z\geqslant 125\text{cm}^3$$

查表满足强度条件应选用No. 16a工字钢，其弯曲截面系数$W=141\text{cm}^3>W_z$。

8.（教材习题6-22）　在图6-21所示结构中，ABC为No. 10普通热轧工字钢梁，钢梁在A处为固定铰链支承，B处用圆截面钢杆悬吊。已知梁与杆的许用应力均为$[\sigma]=160\text{MPa}$。试求：(1) 许用分布荷载集度$[q]$；(2) 圆杆BD的直径d。

考点：利用弯曲正应力强度条件确定梁的许用荷载集度和利用拉压应力强度条件确定拉压杆截面尺寸。

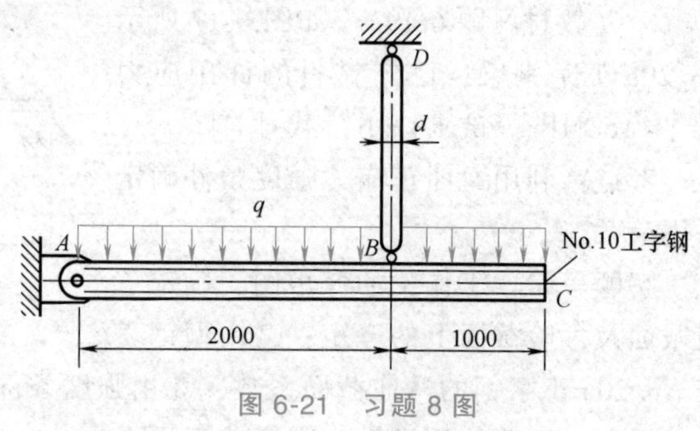

图 6-21 习题 8 图

解题思路：①圆截面钢杆发生轴向拉伸变形，工字钢梁发生弯曲变形；②研究工字钢梁，由平衡方程求圆截面钢杆所受的轴力；③由型钢表查 No.10 普通热轧工字钢的弯曲截面系数；由工字钢梁的弯曲正应力强度条件确定许用分布荷载集度；④由圆截面钢杆的强度条件设计圆杆直径 d。

提示：正确判断结构中各个杆件的变形。

解：(1) 梁的弯矩图如图 6-22 所示。

最大弯矩发生在 B 截面，且

$$M_{\max}=0.5q$$

根据强度条件

$$\sigma_{\max}=\frac{M_{\max}}{W_z}\leqslant[\sigma]=160\text{MPa}$$

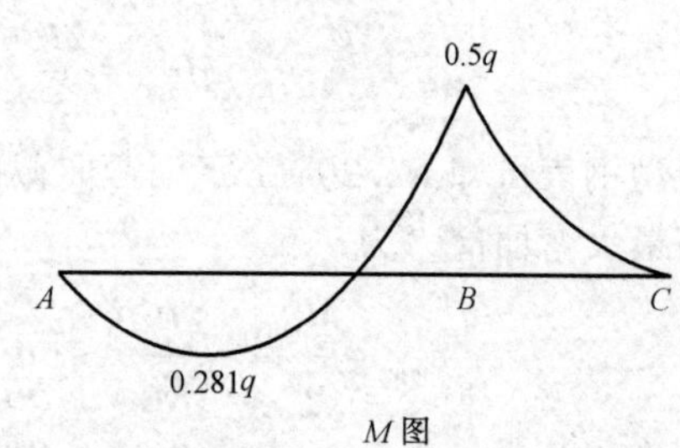

图 6-22 习题 8 弯矩图

查普通热轧工字钢表可知，No.10 普通热轧工字钢的弯曲截面系数为

$$W_z=49\text{cm}^3$$

将弯曲截面系数代入强度条件，即

$$M_{\max}=0.5q\leqslant160\times10^6\text{Pa}\times49\times10^{-6}\text{m}^3=7.84\times10^3\text{kN}\cdot\text{m}$$

可得 $[q]=15.68\text{kN/m}$

(2) 根据结构平衡条件，得

$$\sum M_A=0,\ F_B\times2\text{m}=q\times3\text{m}\times1.5\text{m}$$

可得 $F_B=35.28\text{kN}$

满足强度时，圆截面杆上的正应力为

$$\sigma=\frac{4F_B}{\pi d^2}=160\text{MPa}$$

则 $d=16.8\text{mm}$。

9. (教材习题 6-25) 图 6-23 所示矩形截面阶梯梁，承受均布荷载 q 作用。已知：截面宽度为 b，许用应力为 $[\sigma]$。为使梁的重量最轻，试确定长度 l_1、截面高度 h_1 与 h_2。

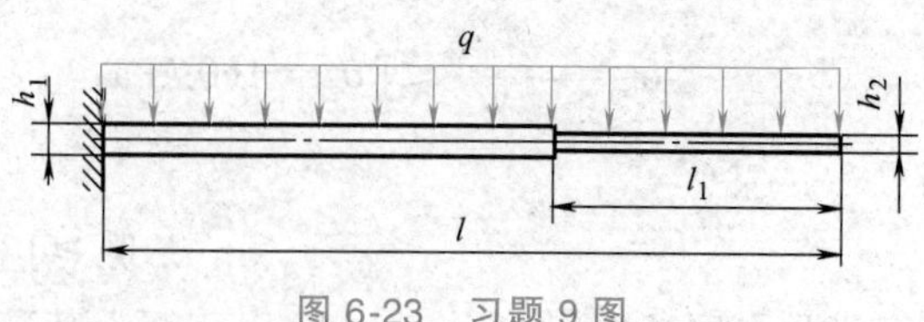

图 6-23 习题 9 图

考点：利用弯曲正应力强度条件进行梁的截面高度设计。

解题思路：①分两段确定梁的最大弯矩；②根据弯曲正应力强度条件确定截面高度；③由体积计算公式确定其取极值时的 l_1 长度。

提示：不同截面的梁段要分别计算其最大弯矩。

解：(1) 求最大弯矩。

左段梁最大弯矩的绝对值为

$$|M_1|_{\max}=\frac{ql^2}{2}$$

右段梁最大弯矩的绝对值为

$$|M_2|_{\max}=\frac{ql_1^2}{2}$$

(2) 求截面高度 h_1 和 h_2。

由根部截面弯曲正应力强度要求

$$\sigma_{1\max}=\frac{|M_1|_{\max}}{W_{z1}}=\frac{6ql^2}{2bh_1^2}\leqslant[\sigma]$$

得

$$h_1\geqslant\sqrt{\frac{3ql^2}{b[\sigma]}}=l\sqrt{\frac{3q}{b[\sigma]}} \tag{a}$$

由右段梁危险截面的弯曲正应力强度要求

$$\sigma_{2\max}=\frac{|M_2|_{\max}}{W_{z2}}=\frac{6ql_1^2}{2bh_2^2}\leqslant[\sigma]$$

得

$$h_2\geqslant l_1\sqrt{\frac{3q}{b[\sigma]}} \tag{b}$$

(3) 确定 l_1。

梁的总体积为

$$V=V_1+V_2=bh_1(l-l_1)+bh_2l_1=b\sqrt{\frac{3q}{b[\sigma]}}[l(l-l_1)+l_1^2]$$

由

$$\frac{\mathrm{d}V}{\mathrm{d}l_1}=0,\quad 2l_1-l=0$$

得

$$l_1=\frac{l}{2} \tag{c}$$

最后，将式 (c) 代入式 (b)，得

$$h_2\geqslant\frac{l}{2}\sqrt{\frac{3q}{b[\sigma]}}$$

为使该梁重量最轻（也就是 V 最小），最后取

$$l_1=\frac{l}{2},\quad h_1=2h_2=l\sqrt{\frac{3q}{b[\sigma]}}$$

10. (教材习题6-29)　图 6-24 所示为由三根木条胶合而成的悬臂梁，已知：跨度 $l=$

1m，木材的 $[\sigma]=10\text{MPa}$，$[\tau]=1\text{MPa}$，胶合面上的 $[\tau']_g=0.34\text{MPa}$。试求许用荷载 $[F_P]$ 值。

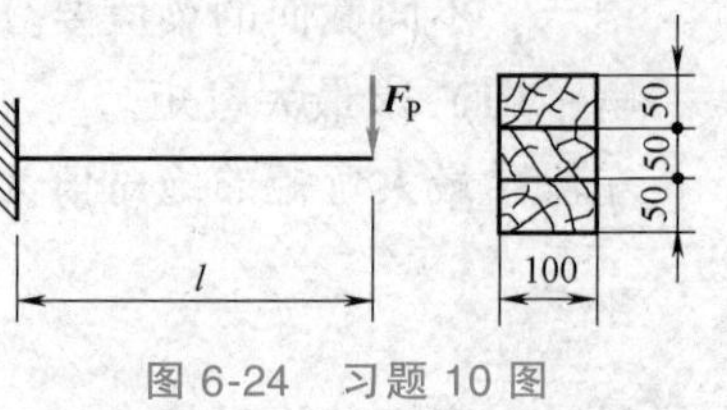

图 6-24　习题 10 图

考点：利用弯曲正应力强度条件、弯曲切应力强度条件和胶合面的剪切强度条件确定梁的许用荷载。

解题思路：①悬臂梁需满足弯曲正应力强度条件、弯曲切应力强度条件和胶合面上的剪切强度条件；②计算最大弯矩值、最大剪力值；③在最大弯矩值的截面上，由弯曲正应力强度条件求许用荷载；④在最大剪力值的截面上，由弯曲切应力强度条件求许用荷载；⑤在最大剪力值的截面上，计算横截面上距离中性轴为 25mm 处的切应力大小，即胶合面上的切应力值，利用胶合面的剪切强度条件确定许用荷载；⑥从三个许用荷载挑选最小值确定梁的许用荷载。

提示：三个强度条件的应用。

解：梁的最大弯矩发生在左端截面，且

$$M_{\max}=F_P l$$

(1) 按木条弯曲正应力强度要求确定许用荷载

$$\sigma_{\max}=\frac{M_{\max}}{W_z}=\frac{F_P\times 1\text{m}}{0.1\text{m}\times 0.15^2\text{m}^2/6}\leqslant[\sigma]=10\times10^6\text{Pa}$$

解得
$$F_P\leqslant 3750\text{N}$$

(2) 按木条切应力强度要求确定许用荷载

$$\tau=\frac{3}{2}\times\frac{F_S}{A}=\frac{3}{2}\times\frac{F_P}{0.1\text{m}\times 0.15\text{m}}\leqslant[\tau]=1\times10^6\text{Pa}$$

解得
$$F_P\leqslant 10000\text{N}$$

(3) 按胶合面的切应力强度要求确定许用荷载

$$\tau'=\frac{F_S S_z^*}{bI_z}=\frac{F_P(0.05\text{m}\times 0.1\text{m}\times 0.05\text{m})}{0.1\text{m}\times 0.15^2\text{m}^2\times 0.1\text{m}/12}\leqslant[\tau']=0.34\times10^6\text{Pa}$$

解得
$$F_P\leqslant 3825\text{N}$$

从三个许用荷载中，选取最小值得

$$[F_P]=3750\text{N}$$

11. (教材习题 6-32)　图 6-25 所示起重机下的梁，由两根工字钢组成，起重机可放置在梁上的任意位置。已知；起重机自重 $G=50\text{kN}$，起重量 $F_P=10\text{kN}$，许用应力 $[\sigma]=160\text{MPa}$，$[\tau]=100\text{MPa}$。若不考虑梁的自重，试选择工字钢型号。

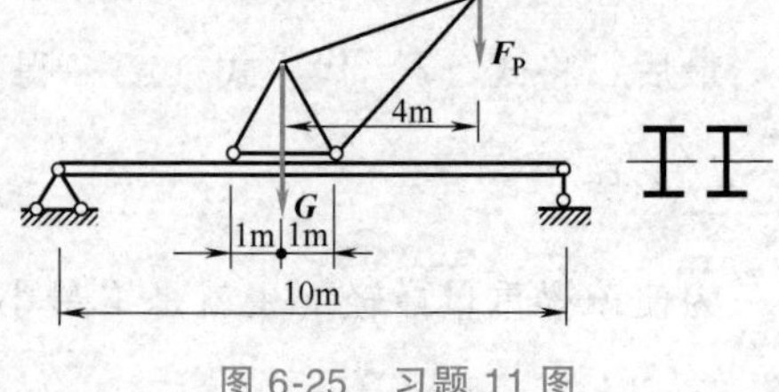

图 6-25　习题 11 图

考点：利用弯曲正应力强度条件进行截面设计。

解题思路：①计算起重机支点的约束力；②列出梁的剪力方程和弯矩方程；③计算弯矩取极值时起重机的位置及对应的弯矩最大值；④按弯曲正应力强度条件计算弯曲截面系数，选择对应的工字钢型号；⑤对弯曲正应力和切应力进行强度校核。

提示：列出弯矩方程，求弯矩取极值的位置。

解：(1) 求最大弯矩。

设左、右轮对梁的压力分别为 F_1 和 F_2，不难求得

$$F_1 = 10\text{kN},\quad F_2 = 50\text{kN}$$

由图 6-26a 所示梁的受力图及坐标，得

$$F_{Ay} = \frac{1}{l}[F_1(l-x)+F_2(l-x-2)] = 50-6x \quad (0<x<8)$$

$$F_{By} = \frac{1}{l}[F_1x+F_2(x+2)] = 6x+10 \quad (0<x<8)$$

该梁的剪力图、弯矩图如图 6-26b、c 所示。图中，

$$M_C = F_{Ay}x = (50-6x)x \quad (0\leqslant x\leqslant 8)$$

$$M_D = F_{By}(l-x-2) = (6x+10)(8-x) \quad (0\leqslant x\leqslant 8)$$

由

$$\frac{dM_C}{dx}=0,\quad \frac{dM_D}{dx}=0$$

得极值位置依次为

$$x=\frac{25}{6}\text{m},\quad x=\frac{19}{6}\text{m}$$

a)

b)

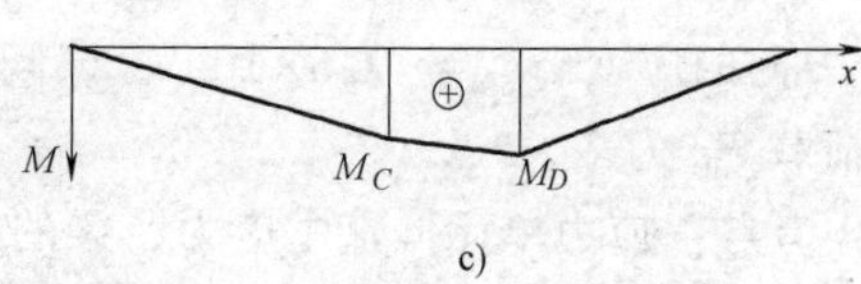

c)

图 6-26　习题 11 内力图

两个弯矩极值依次为

$$M_{C\max} = \left[(50-25)\times\frac{25}{6}\right]\text{kN}\cdot\text{m} = 104.2\text{kN}\cdot\text{m}$$

$$M_{D\max} = (19+10)\left(8-\frac{19}{6}\right)\text{kN}\cdot\text{m} = 140.2\text{kN}\cdot\text{m}$$

比较可知，单梁的最大弯矩值为

$$M_{\max} = \frac{1}{2}M_{D\max} = 70.1\text{kN}\cdot\text{m}$$

(2) 初选工字钢型号。

先不计梁的自重，由弯曲正应力强度要求，得

$$W_z \geqslant \frac{M_{\max}}{[\sigma]} = \frac{70.1\times10^3}{160\times10^6}\text{m}^3 = 4.38\times10^{-4}\text{m}^3 = 438\text{cm}^3$$

查型钢表初选 No. 28a 工字钢，有关数据为

$$W_z = 508\text{cm}^3,\quad q=43.492\text{kg/m},\quad \delta=8.5\text{mm},\quad I_z/S_z = 24.6\text{cm}$$

(3) 强度校核。

考虑梁自重的影响，检查弯曲正应力是否满足强度要求。

由于自重，梁跨中截面的弯矩增量为

$$\Delta M_{\max} = \frac{ql^2}{8} = \frac{43.492\times9.81\times10^2}{8}\text{N}\cdot\text{m} = 5.33\times10^3\text{N}\cdot\text{m}$$

上面分析的最大弯矩作用面在跨中以右 0.167m 处，因二者相距很近，检查正应力强度

时可将二者加在一起计算（计算的 σ_{max} 比真实的略大一点，偏于安全），即

$$\sigma_{max}=\frac{M_{max}+\Delta M_{max}}{W_z}=\frac{(70.1\times10^3+5.33\times10^3)\mathrm{N}}{508\times10^{-6}\mathrm{m}^2}$$

$$=(1.380\times10^8+1.049\times10^7)\mathrm{Pa}=148.5\mathrm{MPa}<[\sigma]$$

最后，再检查弯曲切应力是否满足强度要求。则有

$$F_{Smax}=\left[\frac{1}{2}(6\times8+10)+\frac{1}{2}\times43.492\times9.81\times10^{-3}\times10\right]\mathrm{kN}=31.13\mathrm{kN}$$

$$\tau_{max}=\frac{F_{Smax}}{\dfrac{I_z}{S_z}\delta}=\frac{31.13\times10^3\mathrm{N}}{24.6\times10^{-2}\times8.5\times10^{-3}\mathrm{m}^2}=1.489\times10^7\mathrm{Pa}=14.89\mathrm{MPa}<[\tau]$$

结论：检查的结果表明，进一步考虑梁自重影响后，弯曲正应力和切应力强度均能满足要求，故无须修改设计，最后选择的工字钢型号为 No. 28a。

12.（教材习题 6-34） 某 No. 28a 工字钢梁受力如图 6-27 所示，已知：钢材 $E=200\mathrm{GPa}$，$\nu=0.3$。现测得中性层上 K 点处与轴线成 45°方向的应变 $\varepsilon_{45°}=-2.6\times10^{-4}$，试问此时梁承受的荷载 F_P 为多大？

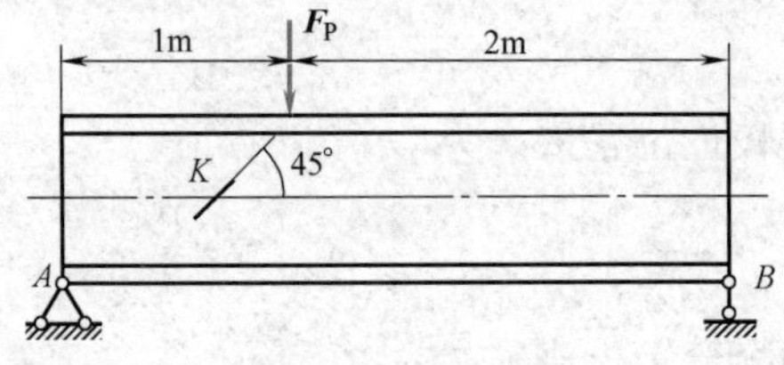

图 6-27　习题 12 图

考点：应力单元体求主应力，梁的切应力计算，广义胡克定律。

解题思路：①K 点处于中性层上，处于纯剪切应力状态；②确定 K 点所在截面的剪力；③画出表示 K 点纯剪切应力状态的单元体，正确表示切应力方向和正应力的方位；④计算该纯剪切应力状态的切应力，并计算三个主应力；⑤利用所测得的应变值，由广义胡克定律解出此时梁承受的荷载。

提示：正确画点的应力单元体图，主应力的排序，45°方向的应变对应的第三主应变。

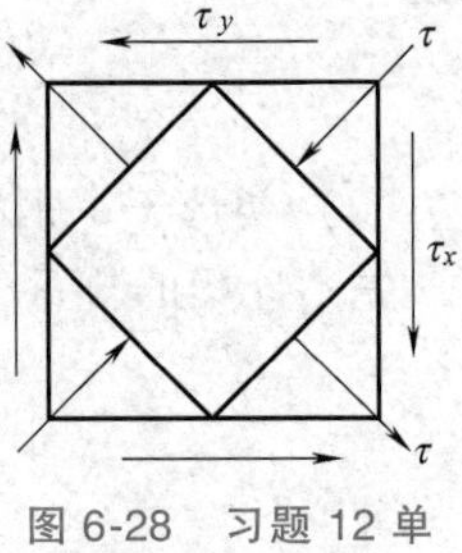

解：查表可知 No. 28a 工字钢截面参数：腹板厚度 $d=8.5\times10^{-3}\mathrm{m}$，$I_z/S_z=24.62\mathrm{cm}$。$K$ 点处于中性层，为纯剪切应力状态，于是有

$$\tau=\frac{F_P S_z^*}{dI_z} \tag{a}$$

图 6-28　习题 12 单元体应力图

其单元体图如图 6-28 所示。

根据应力单元体图求三个主应力

$$\sigma_1=\frac{\sigma_x+\sigma_y}{2}+\sqrt{\frac{(\sigma_x-\sigma_y)^2}{2}+\tau^2}=\tau,\ \sigma_2=0,\ \sigma_3=\frac{\sigma_x+\sigma_y}{2}-\sqrt{\frac{(\sigma_x-\sigma_y)^2}{2}+\tau^2}=-\tau$$

根据广义胡克定律可得 45°方向的应变

$$\varepsilon_3=\frac{1}{E}[\sigma_3-\nu(\sigma_2+\sigma_1)]=-\frac{\tau}{E}(1+\nu)=-2.6\times10^{-4} \tag{b}$$

联立式（a）、式（b），解得

$$F_P = 125.6\text{kN}$$

13.（教材习题 6-35）　No. 25b 工字钢简支梁受力如图 6-29 所示，已知：$[\sigma] = 160\text{MPa}$，$[\tau] = 100\text{MPa}$。No. 25b 工字钢的 $W_z = 422.72\text{cm}^3$，$I_z = 5283.96\text{cm}^4$，$I_z : S_z = 21.27\text{cm}$，腹板厚度 $b = 10\text{mm}$。试全面校核梁的强度。

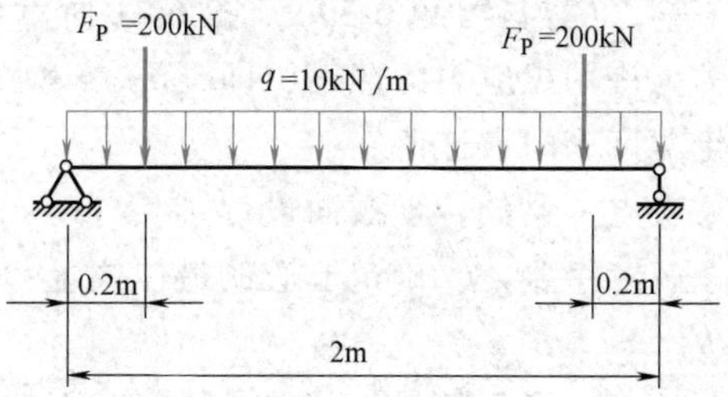

图 6-29　习题 13 图

考点：弯曲梁三类危险点的强度校核。

解题思路：①作梁的剪力图和弯矩图，确定剪力最大、弯矩最大以及剪力和弯矩都较大的截面；②由型钢表查 No. 25b 工字钢的弯曲截面系数 W_z 和 $I_z : S_z$；③应用弯曲正应力强度条件校核梁的正应力强度；④应用弯曲切应力强度条件校核梁的切应力强度；⑤计算剪力和弯矩都较大的截面上第三类危险点的正应力和切应力，应用第四强度理论校核其强度。

提示：正确判断三类危险点的位置并利用强度条件进行校核。

解：梁的剪力图和弯矩图如图 6-30 所示。

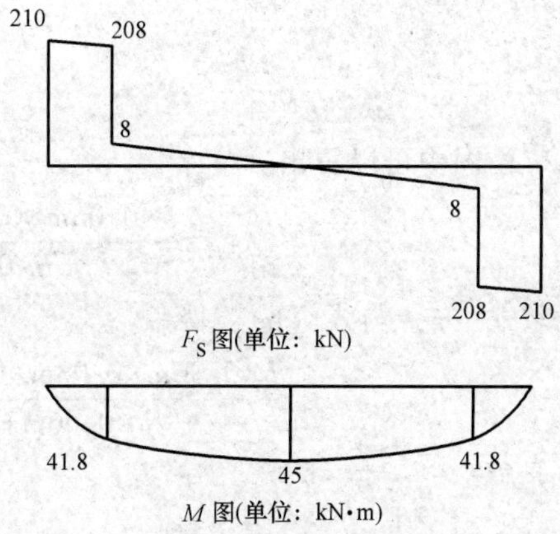

图 6-30　习题 13 内力图

最大弯矩发生在跨中位置

$$M_{\max} = 45\text{kN} \cdot \text{m}$$

最大剪力发生在左右支座处

$$F_{S\max} = 210\text{kN}$$

于是有

最大正应力　$\sigma_{\max} = \dfrac{M_{\max}}{W_z} = 106.4\text{MPa} < [\sigma]$

最大切应力　$\tau = \dfrac{|F_S|_{\max}}{b(I_z/S_z)} = 98.7\text{MPa} < [\tau]$

第三类危险点位于剪力和弯矩都较大的截面上（集中力作用处），翼缘与腹板交界处的正应力和切应力分别为

$$\sigma = \frac{My}{I_z} = \frac{41.8\times10^3\times\left(\dfrac{250}{2}-13\right)\times10^{-3}}{5283.96\times10^{-8}}\text{Pa} = 88.6\text{MPa}$$

$$\tau = \frac{FS^*}{bI_z} = \frac{208\times10^3\times\left(\dfrac{250}{2}-13\right)\times118\times13\times10^{-9}}{10\times10^{-3}\times5283.96\times10^{-8}}\text{Pa} = 71.56\text{MPa}$$

应用第四强度理论

$$\sigma_{r4} = \sqrt{\sigma^2+3\tau^2} = \sqrt{88.6^2+3\times71.56^2}\ \text{MPa} = 152.36\text{MPa} < [\sigma]$$

该梁满足强度要求。

14.（教材习题 6-39） 图 6-31 所示截面铸铁梁，已知许用压应力为许用拉应力的四倍，即 $[\sigma_c]=4[\sigma_t]$，试从强度方面考虑，确定宽度 b 的最佳值。

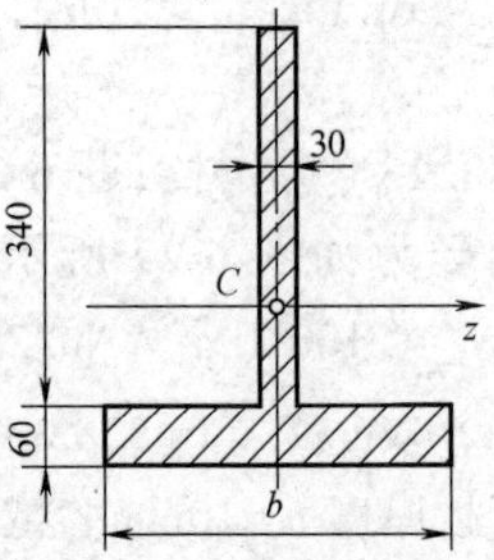

图 6-31 习题 14 图

考点：梁的合理截面设计。

解题思路：①确定形心的最佳位置；②由形心计算公式求解宽度 b。

提示：形心的最佳位置是使得截面上下边缘的应力分别等于许用压应力和许用拉应力。

解：从强度方面考虑，形心的最佳位置应使

$$\frac{0.400\text{m}-y_C}{y_C}=\frac{[\sigma_c]}{[\sigma_t]}=4$$

即

$$y_C=0.080\text{m} \tag{a}$$

由图中可以看出

$$y_C=\frac{b\times0.06\text{m}\times0.03\text{m}+0.03\text{m}\times0.340\text{m}\times0.230\text{m}}{b\times0.06\text{m}+0.03\text{m}\times0.340\text{m}} \tag{b}$$

比较式（a）与式（b），得

$$\frac{b\times0.06\text{m}\times0.03\text{m}+0.03\text{m}\times0.340\text{m}\times0.230\text{m}}{b\times0.06\text{m}+0.03\text{m}\times0.340\text{m}}=0.080\text{m}$$

于是得

$$b=0.510\text{m}$$

第 7 章　平面弯曲杆件的变形与刚度计算

7.1　重点内容提要

7.1.1　挠曲线、挠度与转角

1）梁变形后的梁轴曲线称为挠曲线，它是一条光滑连续的曲线。

2）梁的变形通过两个位移量来描述：一个是挠度（线位移），另一个是转角（角位移）。横截面的形心在垂直于梁轴方向的位移称为挠度，用 w 表示，规定向下为正，横截面绕中性轴转过的角度称为转角，用 θ 表示，规定顺时针转向为正。

3）若以变形前的梁轴建立坐标轴 x，则挠曲线方程为

$$w=w(x) \tag{7-1}$$

转角方程为

$$\theta\approx\tan\theta=\frac{\mathrm{d}w}{\mathrm{d}x} \tag{7-2}$$

7.1.2　挠曲线近似微分方程

当弯矩以使梁段有向下凸变形为正，坐标系采用 w 向下、x 向右为正时，挠曲线近似微分方程为

$$\frac{\mathrm{d}^2w}{\mathrm{d}x^2}=-\frac{M(x)}{EI} \tag{7-3}$$

当弯矩方程需要分段建立，或弯曲刚度 EI 沿梁轴变化时，则挠曲线近似微分方程也要分段建立。

7.1.3　积分法求梁的变形及梁的边界条件

1）将挠曲线近似微分方程相继积分两次，依次可得

$$\theta=\frac{\mathrm{d}w}{\mathrm{d}x}=-\int\frac{M(x)}{EI}\mathrm{d}x+C \tag{7-4}$$

$$w = -\iint \frac{M(x)}{EI}\mathrm{d}x\mathrm{d}x + Cx + D \tag{7-5}$$

其中，C、D 为积分常数，当挠曲线近似微分方程分段建立时，若分段数为 n 的静定梁，求解时将包含 $2n$ 个积分常数。

2）梁的边界条件是指梁支座处的位移约束。如铰支座处的挠度等于零，固定端处的挠度和转角均等于零。

梁的连续条件是相邻梁段交界处截面应具有相同的转角和挠度。常常把梁的边界条件和连续条件统称为边界条件。

积分法求梁的变形时，需利用边界条件确定积分常数。

7.1.4 叠加法求梁的变形

1. 荷载叠加法

当梁上同时作用几个荷载时，任一横截面的位移，等于各荷载单独作用时在该截面引起的位移的代数和。

2. 逐段刚化（叠加）法

它也是计算梁位移的叠加法。首先将梁分成若干梁段，在研究前一梁段变形时，暂将后各梁段视为刚体，研究后一梁段的变形时，将已变形的前梁段的挠曲线刚化，然后再将后段梁的变形叠加在前段梁所提供的刚体位移上，从而得到后段梁的总位移。

荷载叠加法和逐段刚化（叠加）法统称叠加法。

7.1.5 梁的刚度条件与合理刚度设计

1. 梁的刚度条件

$$\frac{|w|_{\max}}{l} \leqslant \left[\frac{w}{l}\right] \tag{7-6}$$

$$|\theta|_{\max} \leqslant [\theta] \tag{7-7}$$

2. 梁的合理刚度设计

由挠曲线近似微分方程及其积分可以看出，挠度和转角与弯矩 $M(x)$、弯曲刚度 EI、跨度长短及支座情况有关。所以刚度设计应考虑：

1）合理安排梁的约束与加载方式；

2）合理选取梁的跨度；

3）合理选择截面形状以及合理选择材料。不过，对于钢材而言，因各种钢材的弹性模量基本相同，采取强度高的钢材，对提高梁的刚度作用不大。

7.1.6 变形比较法解简单超静定梁

（1）超静定梁　约束力（包括约束力偶）数目超过独立平衡方程数的梁称为超静定梁。在超静定梁中，凡是多余维持平衡所必需的约束称为多余约束，与其相应的力或力偶，统称为多余约束力。

（2）静定基　求解超静定梁时，首先解除多余约束，并以相应多余约束力替代，得到

与原超静定梁的相当系统或静定基。静定基可以有多种选择，解答则相同。

（3）求解步骤如下：

1）判定梁的超静定次数；

2）选择并解除多余约束，并以相应多余约束力代替其作用，建立静定基（或相当系统）；

3）计算静定基在多余约束处的位移，并根据相应变形协调条件建立补充方程，求出多余约束力；

4）通过静定基（或相当系统）计算原超静定梁的内力、应力与位移。

■7.2　复习指导

本章知识点：

挠度和转角、梁的挠曲线及其近似微分方程，变形与位移概念之间的联系和区别；积分法求梁的挠度和转角，确定积分常数的边界条件和连续条件；叠加法求梁的变形；梁的刚度条件与合理刚度设计；变形比较法解一次超静定梁，静定基（或相当系统）概念。

本章重点：

根据梁的变形表，应用叠加法求梁的挠度和转角；应用刚度条件对梁进行刚度计算（包括刚度校核、截面选择和许可荷载问题）；应用变形比较法解一次超静定梁。

本章难点：变形比较法解超静定梁，静定基（或相当系统）的选择。

考点：挠曲线、挠度与转角的概念、变形与位移两者的区别与联系、挠曲线近似微分方程、梁的边界条件、积分法求梁的位移、叠加法求梁的位移、梁的刚度计算、提高梁的刚度措施、变形比较法解简单超静定梁、静定基。

■7.3　概念题及解答

7.3.1　判断题

判断下列说法是否正确。

1. 材料、长度、截面形状和尺寸完全相同的两根梁，当受力相同时，其变形和位移也相同。

答：错。

考点：变形与位移两者之间的区别与联系。

提示：受力相同时，挠曲线近似微分方程相同，说明梁变形后的挠曲线形状相同，但若两根梁的支承条件不同，挠曲线方程就不同，各相应截面的挠度和转角也互不相同。

2. 积分法求解梁的挠度时，必须正确分段列出挠曲线近似微分方程，分段的原则是：仅在弯矩方程需要分段处分段。

答：错。

考点：挠曲线近似微分方程分段的原则。

提示：分段的原则是，在弯矩方程需要分段处和弯曲刚度 EI 沿梁轴变化需分段处。

3. 梁由于受到支座约束，其挠度和转角在约束处必须满足的条件，称为边界条件。

答：对。

考点：梁的边界条件。

提示：梁的边界条件。

4. 简支梁承受集中荷载，则最大挠度必发生在集中荷载作用处。

答：错。

考点：简支梁承受集中荷载，最大挠度发生在跨度中点附近的截面。

提示：对于简支梁，只要其挠曲线上无拐点，可以用跨度中点截面的挠度代替梁的最大挠度。

5. 矩形截面简支梁承受均布荷载 q，若梁的长度增加一倍，其最大挠度是原梁的 16 倍。

答：对。

考点：梁的变形与梁跨长度之间的关系。

提示：$w_{\max}=\dfrac{5ql^4}{384EI}$。

6. 梁的最大弯矩处就是最大挠度处。

答：错。

考点：梁的最大挠度位置判断。

提示：梁受力后的挠曲线既与弯矩有关，也与边界条件有关，所以最大挠度处不一定是最大弯矩处。

7. 梁截面形心在垂直于梁的初始轴线方向的位移，称为梁在该截面处的挠度。

答：对。

考点：挠度的概念。

提示：挠度定义。

8. 当某截面处弯矩为零时，该截面的转角是梁中各截面转角的极值。

答：对。

考点：转角的极值。

提示：$\theta'=w''=-\dfrac{M(x)}{EI}=0$ 处，转角有极值。

9. 用高强度优质碳钢代替低碳钢，既可以提高梁的强度，又可以提高梁的刚度。

答：错。

考点：合理选择弹性模量高的材料可以提高梁的刚度。

提示：不同钢材，弹性模量 E 基本相同。

10. 相邻梁段交界处应具有相等的转角和挠度，称为连续条件。

答：对。

考点：梁的连续条件。

提示：挠曲线是一条光滑连续曲线。

7.3.2 选择题

请将正确答案填入括号内。

1. 等截面直梁在弯曲变形时，挠曲线的曲率最大发生在（　　）处。

（A）挠度最大　　（B）转角最大　　（C）剪力最大　　（D）弯矩最大

答：正确答案是（D）。

考点：挠曲线的曲率与弯矩之间的关系。

提示：$\dfrac{1}{\rho}=\dfrac{M(x)}{EI}$。

2. 应用叠加原理求梁横截面的挠度、转角时，需要满足的条件是（　　）。

（A）梁必须是等截面的　　（B）梁必须是静定的

（C）变形必须是小变形　　（D）梁的弯曲必须是平面弯曲

答：正确答案是（C）。

考点：应用叠加原理求位移的前提条件。

提示：应用叠加原理求位移的前提条件是：变形很小，且材料服从胡克定律。

3. 图7-1所示材料相同的两根悬臂梁，其中图7-1b所示梁由两根高为0.5h、宽度仍为b的矩形截面梁叠合而成，且相互间摩擦不计，则有（　　）。

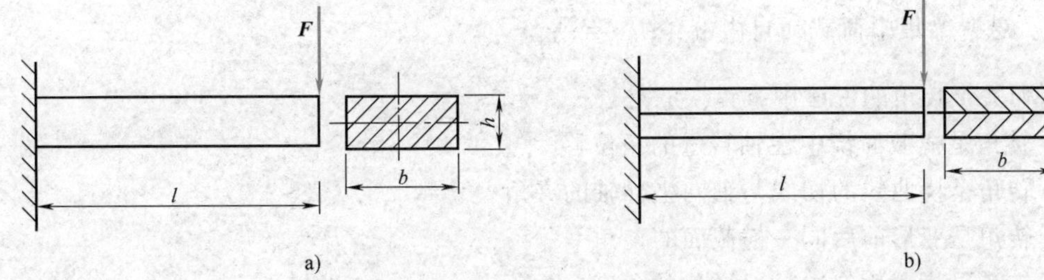

图7-1　选择题3图

a）矩形截面梁　b）矩形截面叠合梁

（A）强度相同，刚度不同　　（B）强度不同，刚度相同

（C）强度和刚度均相同　　（D）强度和刚度均不相同

答：正确答案是（D）。

考点：弯曲强度和弯曲刚度的计算。

提示：图7-1b所示叠合梁弯曲时横截面不再保持平面，不满足平面假设，而是两梁独自平面弯曲，各横截面的弯矩为总弯矩的一半。

4. 图7-2所示的两根简支梁，一根为钢、一根为铜。已知它们的弯曲刚度相同，在相同的$\boldsymbol{F}$力作用下，二者的（　　）不同。

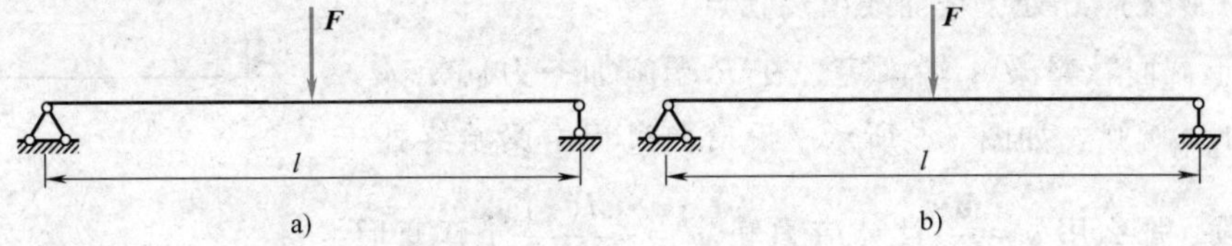

图7-2　选择题4图

a）钢制梁　b）铜制梁

(A) 支座约束力　　　　　　(B) 最大正应力

(C) 最大挠度　　　　　　　(D) 最大转角

答：正确答案是 (B)。

考点：梁的最大弯曲正应力、最大挠度计算。

提示：简支梁集中荷载作用在跨中位置：$\sigma_{max}=\dfrac{Fl/4}{W_z}$，$w_{max}=\dfrac{Fl^3}{48EI}$。

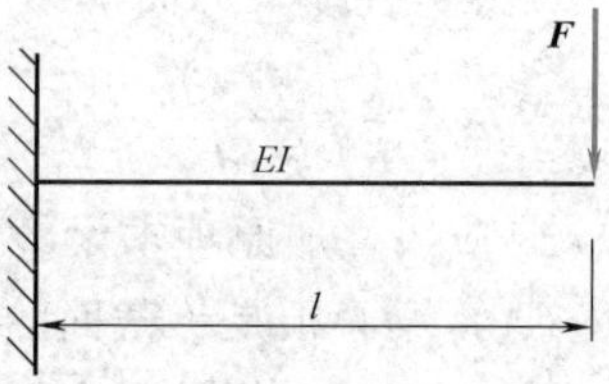

图 7-3　选择题 5 图

5. 图 7-3 所示的悬臂梁，为减少最大挠度，则下列方案中最佳的是 (　　)。

(A) 梁长改为 $l/2$，惯性矩改为 $I/8$　　(B) 梁长改为 $3l/4$，惯性矩改为 $I/2$

(C) 梁长改为 $5l/4$，惯性矩改为 $3I/2$　　(D) 梁长改为 $3l/2$，惯性矩改为 $I/4$

答：正确答案是 (B)。

考点：提高梁的弯曲刚度措施。

提示：悬臂梁集中荷载在自由端：$w_{max}=\dfrac{Fl^3}{3EI}$。

6. 下列关于转角的说法中，错误的是 (　　)。

(A) 转角是横截面绕中性轴转过的角位移

(B) 转角是挠曲线的切线与轴向坐标轴的夹角

(C) 转角是变形前后同一横截面的夹角

(D) 转角是横截面绕梁轴线转过的角度

答：正确答案是 (D)。

考点：转角。

提示：转角定义。

7. 已知梁的弯曲刚度 EI 为常数，今欲使梁的挠曲线在 $x=l/3$ 处出现一拐点（见图 7-4），则比值 M_{e1}/M_{e2} 为 (　　)。

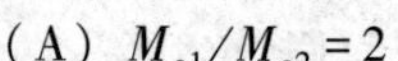

(A) $M_{e1}/M_{e2}=2$　　(B) $M_{e1}/M_{e2}=3$

(C) $M_{e1}/M_{e2}=1/3$　　(D) $M_{e1}/M_{e2}=1/2$

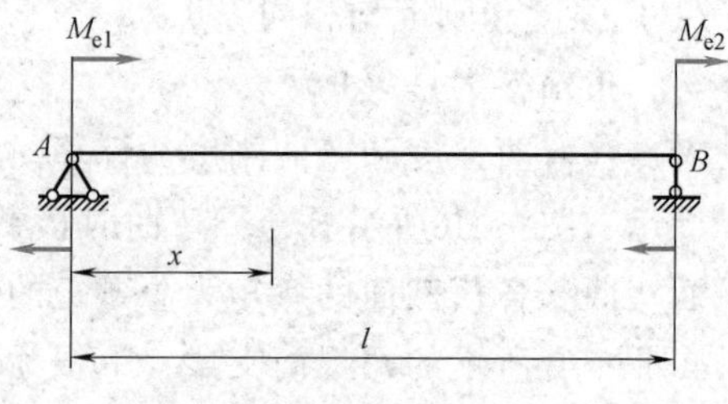

图 7-4　选择题 7 图

答：正确答案是 (D)。

考点：挠曲线形状。

提示：$M(x)=0$ 处，挠曲线出现拐点。

8. 矩形截面悬臂梁 A 端固定，在 B 端施加一力偶矩 M_e，梁弯曲成 1/4 圆弧，如图 7-5 所示。设弯曲过程中梁始终处于线弹性阶段，那么用 $\sigma=\dfrac{My}{I_z}$ 计算应力和 $w''=-\dfrac{M(x)}{EI}$ 计算变形，以下哪一种说法正确？(　　)

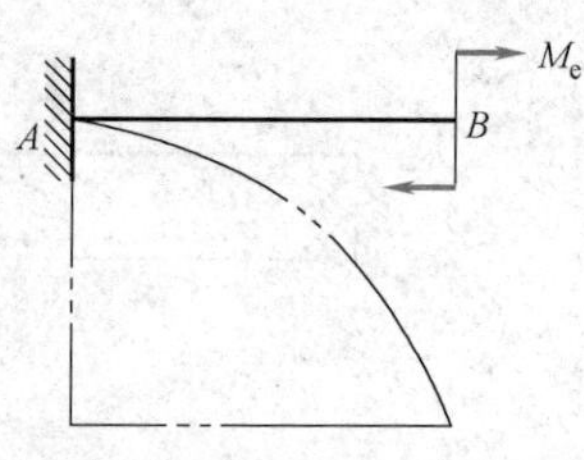

图 7-5　选择题 8 图

（A）应力正确、变形错误　　　　　　（B）应力错误、变形正确

（C）应力和变形都正确　　　　　　　（D）应力和变形都错误

答：正确答案是（A）。

考点：弯曲正应力公式、挠曲线近似微分方程适用条件。

提示：线弹性阶段，弯曲正应力公式适用，小变形，挠曲线近似微分方程适用。

9. 外伸梁受荷载如图 7-6 所示，其挠曲线的大致形状有以下四种情况，正确的是（　　）。

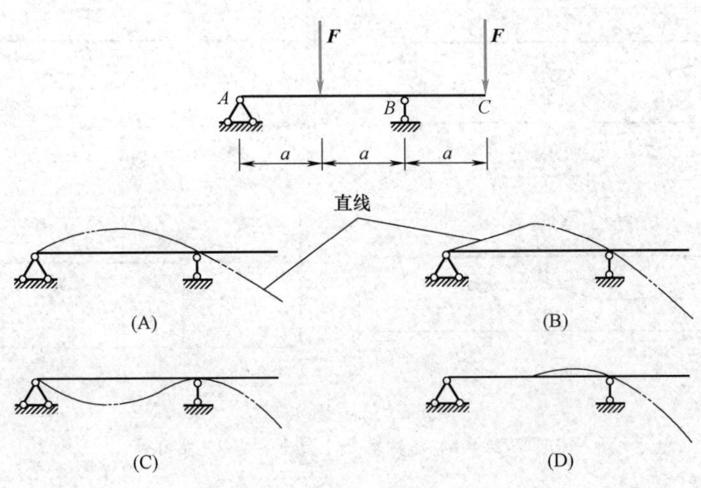

图 7-6　选择题 9 图

答：正确答案是（B）。

考点：挠曲线形状。

提示：先根据梁的弯矩图判断梁的变形，再根据其边界条件，确定挠曲线形状。

10. 简支梁受荷载并取坐标系如图 7-7 所示，则弯矩 M、剪力 F_S 与分布荷载 q 之间的关系以及挠曲线近似微分方程为（　　）。

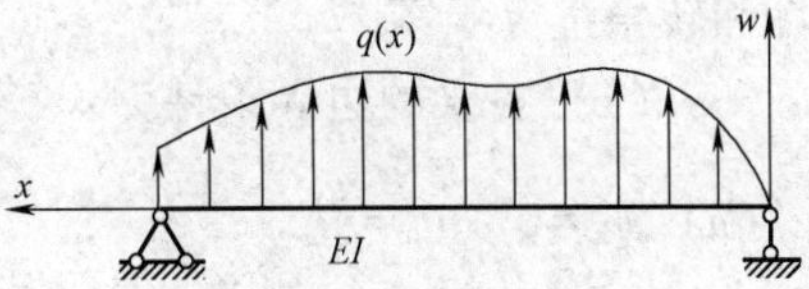

图 7-7　选择题 10 图

（A）$\frac{dM}{dx}=F_S$，　$\frac{dF_S}{dx}=q$，　$\frac{d^2w}{dx^2}=\frac{M(x)}{EI}$

（B）$\frac{dM}{dx}=-F_S$，$\frac{dF_S}{dx}=q$，$\frac{d^2w}{dx^2}=-\frac{M}{EI}$

（C）$\frac{dM}{dx}=-F_S$，　$\frac{dF_S}{dx}=-q$，　$\frac{d^2w}{dx^2}=\frac{M(x)}{EI}$

（D）$\frac{dM}{dx}=F_S$，　$\frac{dF_S}{dx}=-q$，　$\frac{d^2w}{dx^2}=-\frac{M(x)}{EI}$

答：正确答案是（C）。

考点：弯矩、剪力与荷载集度间的微分关系（梁的平衡微分方程）、挠曲线近似微分方程。

提示：当规定坐标轴 x 以向右为正，荷载集度 q 向上为正，则梁的平衡微分方程中的正负号为正号；当规定坐标轴 w 以向下为正，则挠曲线近似微分方程中的正负号为负号。

7.4 典型习题及解答

1.（教材习题 7-1） 写出图 7-8 所示各梁的边界条件，并画出其挠曲线的大致形状。已知图 7-8a 中支座 B 的弹簧刚度为 k(N/m)。

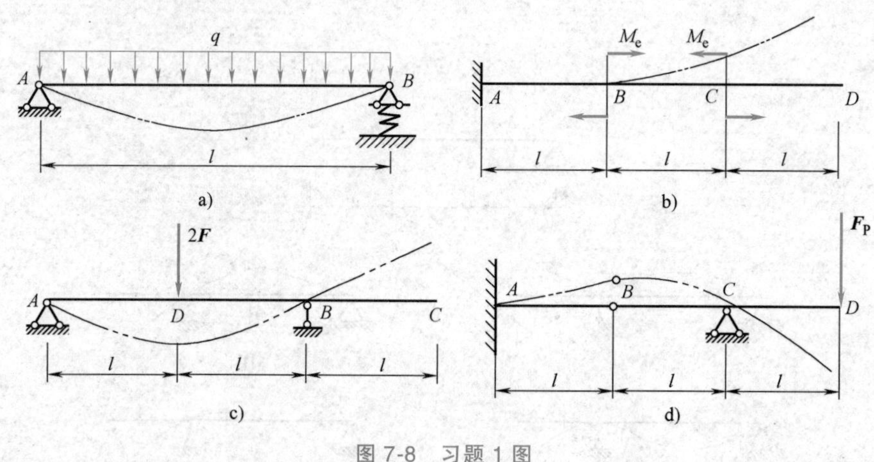

图 7-8 习题 1 图

a）简支梁 b）悬臂梁 c）外伸梁 d）组合梁

考点：梁的边界条件、挠曲线近似形状。

解题思路：首先根据梁的弯矩图，判断梁的变形。弯矩为正，挠曲线下凸；弯矩为负，挠曲线上凸；弯矩为零的梁段，挠曲线为直线；然后根据边界条件，就可近似画出各梁的挠曲线。

提示：铰支座约束的边界条件是挠度等于零，转角不等于零；固定端约束的边界条件是挠度和转角都等于零。

解：(1) 各梁的边界条件为：

(a) $w_A=0$，$w_B=\dfrac{ql}{2k}$　　(b) $w_A=0$，$\theta_A=0$

(c) $w_A=0$，$w_B=0$　　(d) $w_A=0$，$\theta_A=0$，$w_{B^-}=w_{B^+}$，$w_C=0$

(2) 各梁的挠曲线大致形状如图 7-8 所示。

2.（教材习题 7-2） 等截面悬臂梁弯曲刚度 EI 为已知，梁下有一曲面，方程为 $w=Ax^3$。欲使梁变形后与该曲面密合（曲面不受力），试求梁的自由端处应施加的荷载。

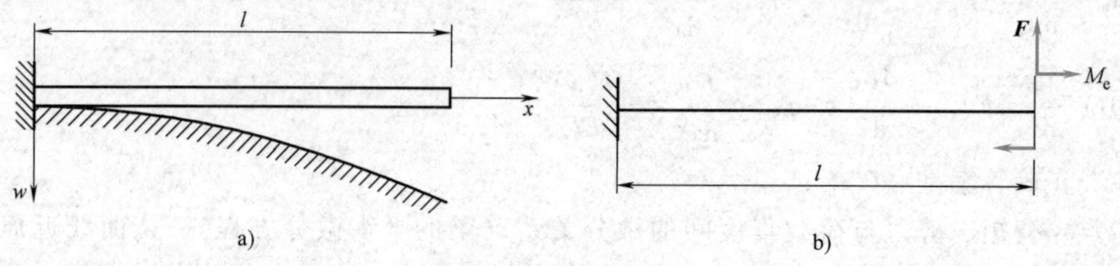

图 7-9 习题 2 图

a）变形图 b）荷载图

考点：$w''(x)=-\frac{M(x)}{EI}$，$F_S(x)=\frac{dM(x)}{dx}$，$q(x)=\frac{dF_S(x)}{dx}$。

解题思路：首先根据挠曲线近似微分方程，弯矩和剪力之间的关系，可得剪力方程。然后根据剪力与荷载集度之间的关系，可得梁的自由端处应施加的荷载。

提示：悬臂梁在自由端处，若弯矩有突变时，说明该处有集中力偶作用；若剪力有突变时，说明该处有集中力作用。

解：根据梁的挠曲线近似微分方程，可得

$$M(x)=-EIw''=-6EIAx$$

$$F_S(x)=\frac{dM(x)}{dx}=-6EIA$$

当 $x=l$ 时，$M=-6EIAl$，$F_S=-6EIA$。根据弯矩、剪力与荷载之间关系，可得梁自由端处施加的荷载为

$$M_e=6EIAl,\qquad F=6EIA(\uparrow)$$

3.（教材习题 7-3）　用积分法求图 7-10 所示梁 C 截面的挠度和 D 截面的转角。已知 EI 为常量。

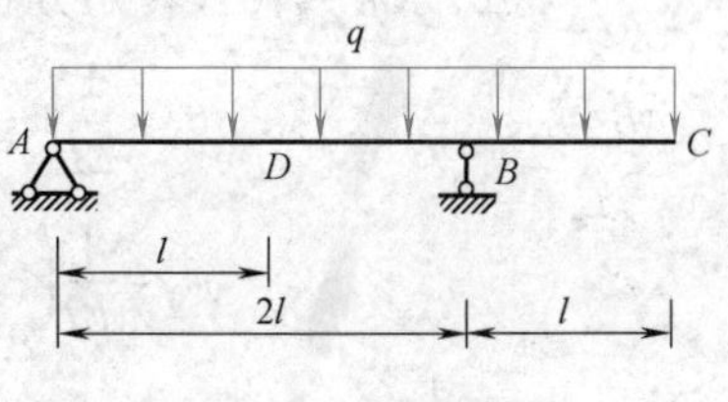

图 7-10　习题 3 图

考点：积分法求梁的变形。

解题思路：首先求出支座处的约束力；然后分段写出弯矩方程、挠曲线近似微分方程；再经过两次积分，写出各段的转角方程和挠曲线方程。最后根据梁的边界条件和连续条件，可得积分常数，代入积分常数得到转角方程和挠曲线方程，根据相应方程即可求出截面转角和挠度。

提示：梁上有集中力、集中力偶或分布力间断处需分段列弯矩方程、挠曲线近似微分方程。

解：（1）由静力平衡方程，可得

$$F_A=\frac{3}{4}ql(\uparrow),\quad F_B=\frac{9}{4}ql(\uparrow)$$

（2）分段写出弯矩方程、挠曲线近似微分方程

AB 段：
$$M_1(x)=\frac{3}{4}qlx-\frac{1}{2}qx^2\quad(0\leqslant x\leqslant 2l)$$

BC 段：
$$M_2(x)=\frac{3}{4}qlx-\frac{1}{2}qx^2+\frac{9}{4}ql(x-2l)\quad(2l\leqslant x\leqslant 3l)$$

AB 段：
$$EIw_1''=-M_1(x)=-\frac{3}{4}qlx+\frac{1}{2}qx^2\quad(0\leqslant x\leqslant 2l)$$

BC 段：
$$EIw_2''=-M_2(x)=-\frac{3}{4}qlx+\frac{1}{2}qx^2-\frac{9}{4}ql(x-2l)\quad(2l\leqslant x\leqslant 3l)$$

（3）积分一次，得转角方程

AB 段：
$$EI\theta_1=EIw_1'=-\frac{3}{8}qlx^2+\frac{1}{6}qx^3+C_1\quad(0\leqslant x\leqslant 2l)$$

BC 段：
$$EI\theta_2=EIw_2'=-\frac{3}{8}qlx^2+\frac{1}{6}qx^3-\frac{9}{8}ql(x-2l)^2+C_2\quad(2l\leqslant x\leqslant 3l)$$

再积分，得挠曲线方程

AB 段：
$$EIw_1=-\frac{1}{8}qlx^3+\frac{1}{24}qx^4+C_1x+D_1 \quad (0\leqslant x\leqslant 2l)$$

BC 段：
$$EIw_2=-\frac{1}{8}qlx^3+\frac{1}{24}qx^4-\frac{3}{8}ql(x-2l)^3+C_2x+D_2 \quad (2l\leqslant x\leqslant 3l)$$

（4）根据边界条件和连续条件，可求得积分常数

当 $x=0$ 时，$w_A=D_1=0$，$D_1=0$

当 $x=2l^-$ 时，$w_B=\frac{1}{EI}\left[-\frac{1}{8}ql(2l)^3+\frac{1}{24}q(2l)^4+C_1(2l)\right]=0$，　$C_1=\frac{1}{6}ql^3$

当 $x=2l$ 时，$\theta_{B^-}=\theta_{B^+}=\frac{1}{EI}\left[-\frac{1}{8}ql(2l)^2+\frac{1}{6}q(2l)^3+C_2\right]=0$，　$C_2=\frac{1}{6}ql^3$

当 $x=2l^+$ 时，$w_B=\frac{1}{EI}\left[-\frac{1}{8}ql(2l)^3+\frac{1}{24}q(2l)^4+C_2(2l)+D_2\right]=0$，　$D_2=0$

（5）将积分常数代入转角方程和挠曲线方程，有

AB 段：
$$\theta_1=\frac{1}{EI}\left(-\frac{3}{8}qlx^2+\frac{1}{6}qx^3+\frac{1}{6}ql^3\right) \quad (0\leqslant x\leqslant 2l)$$
$$w_1=\frac{1}{EI}\left(-\frac{1}{8}qlx^3+\frac{1}{24}qx^4+\frac{1}{6}qlx\right) \quad (0\leqslant x\leqslant 2l)$$

BC 段：
$$\theta_2=\frac{1}{EI}\left[-\frac{3}{8}qlx^2+\frac{1}{6}qx^3-\frac{9}{8}ql(x-2l)^2+\frac{1}{6}ql^3x\right] \quad (2l\leqslant x\leqslant 3l)$$
$$w_2=\frac{1}{EI}\left[-\frac{1}{8}qlx^3+\frac{1}{24}qx^4-\frac{3}{8}ql(x-2l)^3+\frac{1}{6}ql^3x\right] \quad (2l\leqslant x\leqslant 3l)$$

（6）梁 C 截面的挠度和 D 截面的转角分别为

当 $x=3l$ 时，$w_C=\frac{1}{EI}\left[-\frac{1}{8}ql(3l)^3+\frac{1}{24}q(3l)^4-\frac{3}{8}ql(3l-2l)^3+\frac{1}{6}ql^3(3l)\right]=\frac{ql^4}{8EI}(\downarrow)$

当 $x=l$ 时，　$\theta_D=\frac{1}{EI}\left(-\frac{3}{8}ql^3+\frac{1}{6}ql^3+\frac{1}{6}ql^3\right)=-\frac{ql^3}{24EI}\quad(\uparrow)$

4.（教材习题 7-4）　用叠加法求图 7-11 所示梁 A 截面的挠度和 B 截面的转角。已知 EI 为常量。

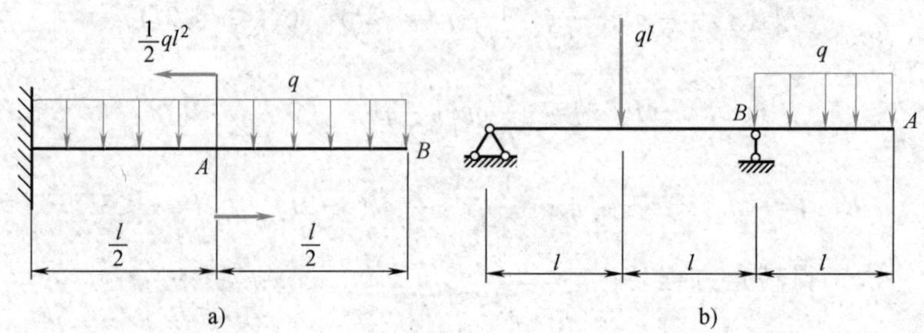

图 7-11　习题 4 图

a）悬臂梁受载图　b）外伸梁受载图

(a)

考点：荷载叠加法求梁的变形。

解题思路：先分别求出悬臂梁单独作用均布荷载 q 和单独作用力偶矩 $ql^2/2$ 时，A 处的挠度和 B 处的转角；然后再叠加求得总挠度和总转角。

提示：悬臂梁在 A 处单独作用力偶矩 $ql^2/2$ 时，梁段 AB 不变形，所以 A 处转角和 B 处转角相等。

解：(1) 当均布荷载单独作用于梁上时，查梁的变形表，可得

$$w_{A1}=\frac{q\left(\frac{l}{2}\right)^2}{24EI}\left[\left(\frac{l}{2}\right)^2+6l^2-4l\left(\frac{l}{2}\right)\right]=\frac{17ql^4}{384EI}(\downarrow)$$

$$\theta_{B1}=\frac{ql^3}{6EI}(\downarrow)$$

(2) 当力偶单独作用于梁上时，查梁的变形表，可得

$$w_{A2}=-\frac{\frac{1}{2}ql^2\left(\frac{l}{2}\right)^2}{2EI}=-\frac{ql^4}{16EI}(\uparrow)$$

$$\theta_{B2}=-\frac{\frac{1}{2}ql^2\left(\frac{l}{2}\right)}{EI}=-\frac{ql^3}{4EI}(\uparrow)$$

(3) 叠加以上两种情况，得

$$w_A=w_{A1}+w_{A2}=-\frac{7ql^4}{384EI}(\uparrow)$$

$$\theta_B=\theta_{B1}+\theta_{B2}=-\frac{ql^3}{12EI}(\uparrow)$$

(b)

考点：逐段刚化法求位移。

解题思路：先刚化梁 B 截面的右段 AB，把均布荷载 q 简化至 B 处，计算 A 处挠度和 B 处的转角；然后再刚化梁 B 截面的左段，把梁段 AB 视作悬臂梁，写出 A 处挠度和 B 处的转角；最后叠加，求得 A 处的总挠度和 B 处的总转角。

提示：刚化梁 B 截面的右段 AB 时，需把 AB 段上的均布荷载 q 简化至 B 处，得到一合力 ql 和力偶矩 $1/2ql^2$。

解：本题应用逐段刚化法求解。

(1) 刚化梁 B 截面的右段 AB 如图 7-12a 所示。查梁的变形表，叠加后可得

$$\theta_{B1}=-\frac{ql(2l)^2}{16EI}+\frac{\frac{1}{2}ql^2(2l)}{3EI}=\frac{ql^3}{12EI}(\downarrow)$$

$$w_{A1}=\theta_{B1}l=\frac{ql^4}{12EI}(\downarrow)$$

(2) 刚化梁 B 截面的左段，梁段 AB 视作悬臂梁（见图 7-12b）。查梁的变形表可得

$$w_{A2}=\frac{ql^4}{8EI}(\downarrow)$$

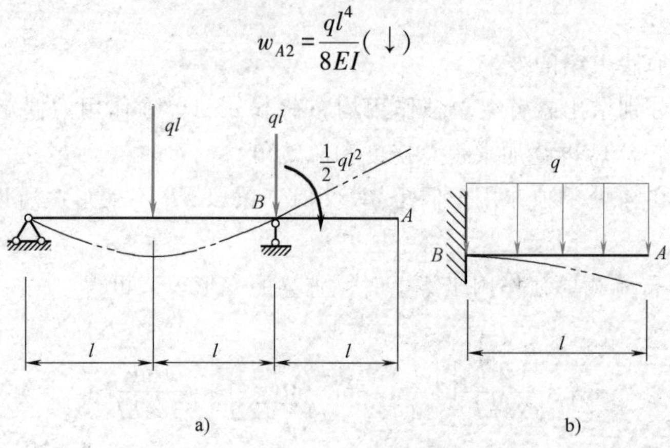

图7-12　习题4(b)解图

a)外伸梁刚化 AB 段情况　b)外伸梁刚化 B 处左段情况

$$\theta_{B2}=0$$

(3) 叠加以上两种情况，得

$$w_A=w_{A1}+w_{A2}=\frac{5ql^4}{24EI}(\downarrow)$$

$$\theta_B=\theta_{B1}+\theta_{B2}=\frac{ql^3}{12EI}(\downarrow)$$

5.（教材习题 7-5） 用叠加法求图 7-13a 所示变截面梁自由端 B 截面的挠度和转角。

考点：逐段刚化法求位移。

解题思路：先刚化梁的右段 BC，把力偶移至 C 处，查梁的变形表可得 C 处的挠度和转角，由此计算 BC 杆在 B 处的刚体位移；然后刚化梁的（已变形）左段 AC，视梁 BC 段为悬臂梁，查梁的变形表可得 B 处的挠度和转角；最后叠加以上两种情况，求得梁自由端 B 截面的挠度和转角。

提示：梁 AC 段和 BC 段弯曲刚度不同，需分段计算其变形。

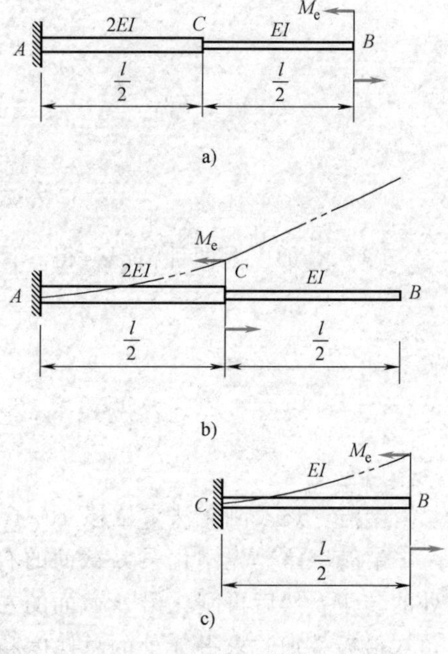

图7-13　习题5图

a)悬臂梁受载图　b)刚化梁右段 BC 情况　c)刚化梁左段 AC 情况

解：逐段刚化叠加法。

(1) 刚化梁的右段 BC，如图 7-13b 所示，于是有

$$\theta_{B1}=\theta_{C1}=-\frac{M_e\left(\frac{l}{2}\right)}{2EI}=-\frac{M_e l}{4EI}(\uparrow)$$

$$w_{B1}=w_{C1}+\theta_{C1}\left(\frac{l}{2}\right)=-\frac{M_e\left(\frac{l}{2}\right)^2}{2(2EI)}-\frac{M_e\left(\frac{l}{2}\right)}{2EI}\left(\frac{l}{2}\right)=-\frac{3M_e l^2}{16EI}(\uparrow)$$

(2) 刚化梁的左段 AC，视梁 BC 段为悬臂梁，如图 7-13c 所示，于是有

$$\theta_{B2}=-\frac{M_e\left(\frac{l}{2}\right)}{EI}=-\frac{M_e l}{2EI}(\uparrow)$$

$$w_{B2}=-\frac{M_e\left(\frac{l}{2}\right)^2}{2EI}=-\frac{M_e l^2}{8EI}(\uparrow)$$

（3）叠加，得

$$\theta_{B2}=\theta_{B1}+\theta_{B2}=-\frac{3M_e l}{4EI}(\uparrow)$$

$$w_B=w_{B1}+w_{B2}=-\frac{5M_e l^2}{16EI}(\uparrow)$$

6.（教材习题 7-6）　用叠加法求图 7-14a 所示组合梁中间铰 A 处的挠度。

考点：逐段刚化叠加法。

解题思路：首先求出中间铰 A 处的约束力；再刚化梁 AB，可知梁 AC 在 A 处的挠度为零；然后刚化梁 AC，计算悬臂梁 AB 在 A 处的挠度；最后叠加求得中间铰 A 处的挠度。

提示：刚化梁 AB 后，梁 AB 不变形，因 B 处为固定端，所以不管梁 AC 如何变形，A 处的挠度为零。

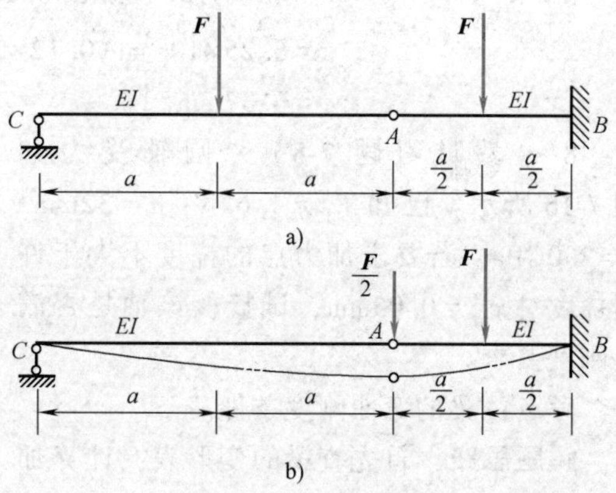

图 7-14　习题 6 图
a）组合梁受载图　b）组合梁刚化梁 AC 的情况

解：逐段刚化叠加法。

（1）刚化梁 AB，可知 $w_{A1}=0$

（2）刚化梁 AC，$F_A=\frac{F}{2}$，如图 7-14b 所示。由叠加法可得

$$w_{A2}=\frac{\frac{F}{2}a^3}{3EI}+\frac{F\left(\frac{a}{2}\right)^3}{3EI}+\frac{F\left(\frac{a}{2}\right)^2}{2EI}\left(\frac{a}{2}\right)=\frac{13Fa^3}{48EI}(\downarrow)$$

（3）叠加（1）（2）计算结果，得

$$w_A=w_{A1}+w_{A2}=\frac{13Fa^3}{48EI}(\downarrow)$$

7.（教材习题 7-7）　图 7-15 所示梁，其右端 C 由拉杆吊起。已知梁的截面为 200mm×200mm 的正方形，材料的弹性模量 $E_1=10\text{GPa}$；拉杆的截面面积为 $A=2500\text{mm}^2$，其弹性模量 $E_2=200\text{GPa}$。试用叠加法求梁跨中截面 D 的竖直位移。

考点：叠加法求位移。

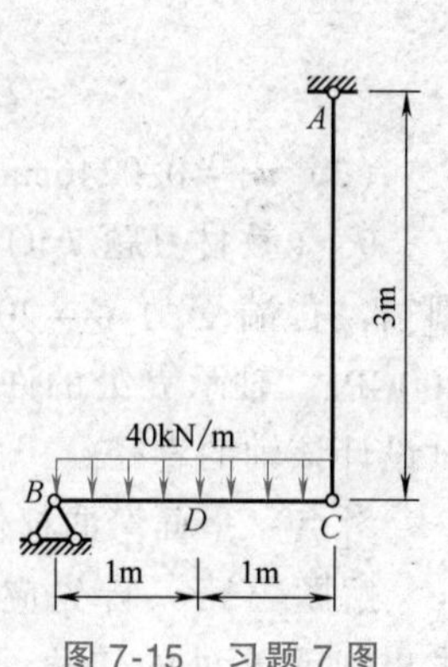

图 7-15　习题 7 图

解题思路：首先刚化拉杆 AC，计算简支梁 BC 受均布荷载情况下在 D 处的挠度；然后刚化梁 BC，计算由拉杆 AC 轴向伸长引起刚

梁 BC 在 D 处的刚体位移；综合上述两种情况，叠加求得 D 处位移。

提示：分别刚化各杆，叠加法求位移。

解：取梁 BC 为研究对象，列平衡方程

$$\sum M_B = F_N \times 2\text{m} - \frac{1}{2} \times 40\text{kN/m} \times (2\text{m})^2 = 0$$

可得拉杆 AC 的轴力 $F_N = 40\text{kN}$。

由叠加法，可得

$$\begin{aligned} w_D &= w_{D1} + w_{D2} = \frac{5ql_1^4}{384E_1I} + \frac{F_N l_2}{2E_2A} \\ &= \frac{5\times40\times10^3\text{N/m}\times2^4\text{m}^4\times12}{384\times10\times10^9\text{Pa}\times0.2^4\text{m}^4} + \frac{40\times10^3\text{N}\times3\text{m}}{2\times200\times10^9\text{Pa}\times2.5\times10^{-3}\text{m}^2} \\ &= 6.25\times10^{-3}\text{m} + 0.12\times10^{-3}\text{m} \\ &= 6.37\text{mm}(\downarrow) \end{aligned}$$

8. （教材习题 7-8） 圆轴受力如图 7-16 所示，已知 $F_P = 1.6\text{kN}$，$d = 32\text{mm}$，$E = 200\text{GPa}$。若要求加力点的挠度不大于许用挠度 $[w] = 0.05\text{mm}$，试校核该轴是否满足刚度要求。

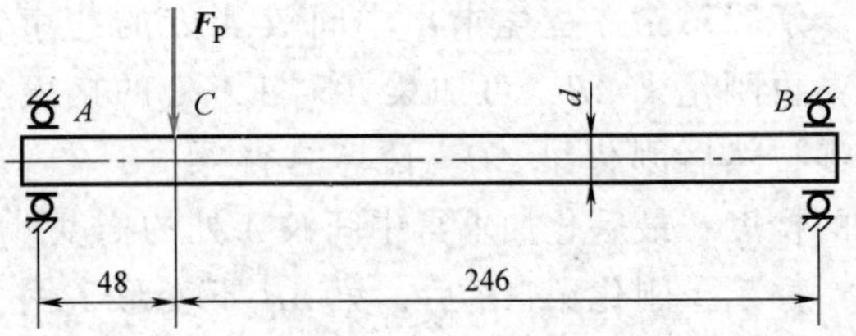

图 7-16 习题 8 图

考点：梁的弯曲刚度条件。

解题思路：首先查梁的变形表，计算加力点的挠度；然后利用刚度条件进行校核。

提示：查梁的变形表，计算挠度。

解：（1）梁的弯曲刚度：$EI = 200\times10^9\text{Pa}\times\frac{\pi(0.032)^4\text{m}^4}{64} = 1.0294\times10^4\text{N}\cdot\text{m}^2$

（2）查梁的变形表：

$$\begin{aligned} w_C &= \frac{F_P bx}{6lEI}(l^2 - x^2 - b^2) \\ &= \frac{1.6\times10^3\text{N}\times0.246\text{m}\times0.048\text{m}\times(0.294^2-0.246^2-0.048^2)\text{m}^2}{6\times0.294\text{m}\times1.0294\times10^4\text{N}\cdot\text{m}^2} \\ &= 2.46\times10^{-5}\text{m} \end{aligned}$$

（3）$w_C = 0.0246\text{mm} < [w] = 0.05\text{mm}$，该轴满足刚度要求。

9. （教材习题 7-9） 图 7-17 所示钢制圆轴，右端受力 $G = 20\text{kN}$，轴材料的 $E = 200\text{GPa}$，轴承 B 处的许用转角 $[\theta] = 0.5°$。试设计该轴的直径。

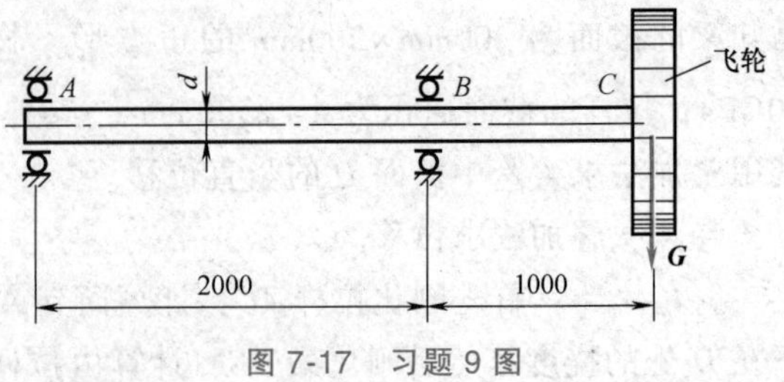

图 7-17 习题 9 图

考点：平面弯曲杆件的刚度计算。

解题思路：首先应用逐段刚化叠加法求出轴承 B 处的转角，然后利用刚度条件

计算轴的直径。

提示：应用逐段刚化叠加法求转角。

解：该轴可简化为外伸梁形式。

应用逐段刚化叠加法，可得

$$\theta_B=\frac{Gal}{3EI}\frac{180^\circ}{\pi}$$

根据刚度条件 $\theta_B\leqslant[\theta]$，即

$$\frac{Gal}{3EI}\frac{180^\circ}{\pi}\leqslant 0.5^\circ$$

$$I=\frac{\pi d^4}{64}\geqslant\frac{Gal}{3E\times 0.5^\circ}\cdot\frac{180^\circ}{\pi}$$

$$d^4\geqslant\frac{20\times 10^3\text{N}\times 1\text{m}\times 2\text{m}\times 180^\circ\times 64}{3\times 200\times 10^9\text{Pa}\times 0.5^\circ\times\pi^2}=1.558\times 10^{-4}\text{m}^4$$

解得　$d\geqslant 112\text{mm}$

10.（教材习题 7-10）　图 7-18 所示承受均布荷载的简支梁由两根竖向放置的普通槽钢组成。已知 $l=4\text{m}$，$q=10\text{kN/m}$，材料的 $[\sigma]=100\text{MPa}$，许用挠跨比 $[w/l]=1/250$，$E=200\text{GPa}$。试确定槽钢型号。

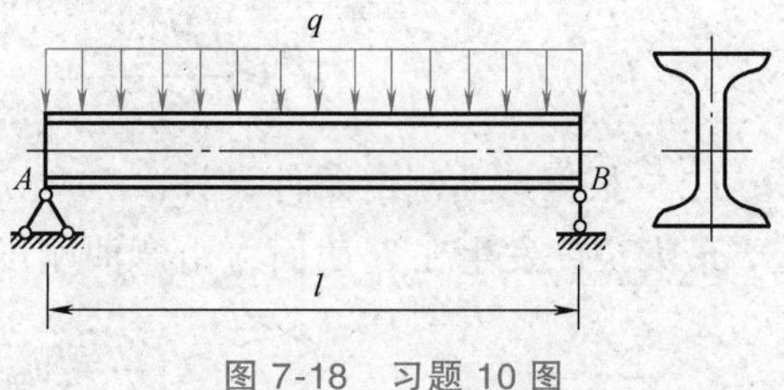

图 7-18　习题 10 图

考点：综合应用题，梁的弯曲正应力强度计算和弯曲刚度计算。

解题思路：首先根据弯曲正应力强度条件计算弯曲截面系数；然后根据弯曲刚度条件计算截面的惯性矩；最后综合两种情况，查型钢表选择工字钢型号。

提示：由两根竖向放置的普通槽钢组成的钢梁，每根槽钢承受的弯矩是总弯矩的 1/2。

解：每根槽钢承受的最大弯矩值 $M_{\max}=\frac{1}{2}\frac{ql^2}{8}=10\text{kN}\cdot\text{m}$

（1）由梁的强度条件

$$\sigma_{\max}=\frac{M_{\max}}{W_z}\leqslant[\sigma]=100\times 10^6\text{Pa}$$

解得 $W_z\geqslant 100\text{cm}^3$，初步选用 16a 槽钢，$W_z=108.3\text{cm}^3$。

（2）由梁的刚度条件

$$\frac{w_{\max}}{l}=\frac{5}{384}\frac{ql^4}{2EI}\Big/l\leqslant\left[\frac{w}{l}\right]=\frac{1}{250}$$

解得 $I\geqslant 2083.3\text{cm}^4$，可选用 22a 槽钢，$I=2393.9\text{cm}^4$。

综合强度条件和刚度条件的要求，选两根 No. 22a 槽钢，$W_z=217.6\text{cm}^3$，$I=2393.9\text{cm}^4$。

11.（教材习题 7-11）　图 7-19 所示一悬臂的工字钢梁，长 $l=4\text{m}$，在自由端作用集中力 $F_\text{P}=10\text{kN}$，已知钢的 $[\sigma]=170\text{MPa}$，$[\tau]=100\text{MPa}$，$E=210\text{GPa}$，梁的许用挠度 $[w]=1/100\text{m}$，试按正应力强度条件、切应力强度条件和刚度条件选择工字钢型号。

考点：综合应用题，梁的弯曲正应力强度计算、弯曲切应力强度计算以及弯曲刚度

计算。

解题思路：首先确定危险截面，写出梁的最大弯矩值和最大剪力值；然后根据弯曲正应力强度条件计算弯截面系数，根据弯曲刚度条件计算截面的惯性矩，综合两种情况，查型钢表选择工字钢型号；最后根据弯曲切应力强度条件校核其强度。

提示：梁的强度设计主要是依据弯曲正应力强度条件。

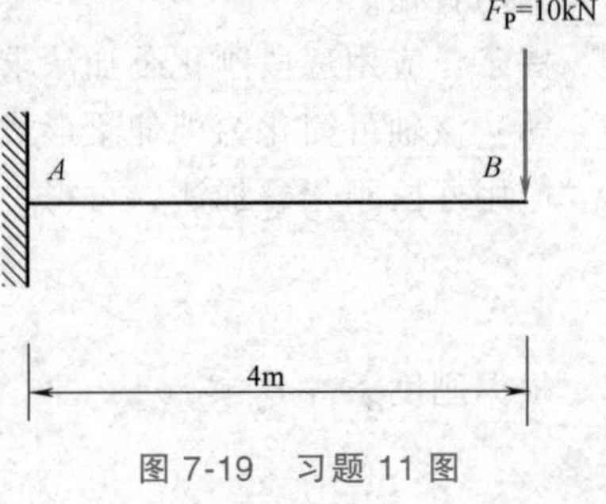

图 7-19　习题 11 图

解：危险截面在 A 截面，梁的最大弯矩值和最大剪力值分别为

$$|M|_{max}=40\text{kN}\cdot\text{m},\ F_{Smax}=10\text{kN}$$

（1）根据弯曲正应力强度条件设计。

$$\sigma_{max}=\frac{|M|_{max}}{W_z}\leqslant[\sigma]$$

$$W_z\geqslant\frac{|M|_{max}}{[\sigma]}=\frac{40\times10^3\text{N}\cdot\text{m}}{170\times10^6\text{Pa}}=0.235\times10^{-3}\text{m}^3$$

（2）根据弯曲刚度条件设计。

最大挠度发生在 B 截面，由弯曲刚度条件

$$w_B=\frac{F_Pl^3}{3EI_z}\leqslant[w]$$

$$I_z\geqslant\frac{F_Pl^3}{3E[w]}=\frac{10\times10^3\text{N}\times4^3\text{m}^3}{3\times210\times10^9\text{Pa}\times0.01\text{m}}=1.016\times10^{-4}\text{m}^4$$

综上，选 No. 32a 工字钢，$I_z=11075.5\text{cm}^4$，$W_z=692.2\text{cm}^3$，$h=320\text{mm}$，$t=15\text{mm}$，$d=9.5\text{mm}$，$I_z/S^*_{zmax}=27.46\text{cm}$。

（3）根据弯曲切应力进行强度校核。

$$\tau_{max}=\frac{F_S}{d(I_z/S^*_{zmax})}=\frac{10\times10^3\text{N}}{9.5\times10^{-3}\text{m}\times27.46\times10^{-2}\text{m}}=3.83\text{MPa}<[\tau]=100\text{MPa}$$

故选 No. 32a 工字钢满足梁的强度和刚度要求。

12.（教材习题 7-12）　试求图 7-20a 所示梁的约束力，并画出剪力图和弯矩图。已知梁的弯曲刚度 EI 为常数。

考点：变形比较法解一次超静定梁。

解题思路：一次超静定问题。首先解除 B 处多余约束，用约束力代替得到静定基，并列出 B 处变形协调方程；然后根据叠加法写出 B 处挠度表达式，代入变形协调方程，求出 B 处约束力；最后根据梁的静力平衡条件，求出固定端 A 处约束力和约束力偶，画出梁的剪力图和弯矩图。

提示：选择悬臂梁为基本静定系。

解：一次超静定问题。选择悬臂梁为基本静定系。解除 B 端多余约束，得静定基如图 7-20b 所示。

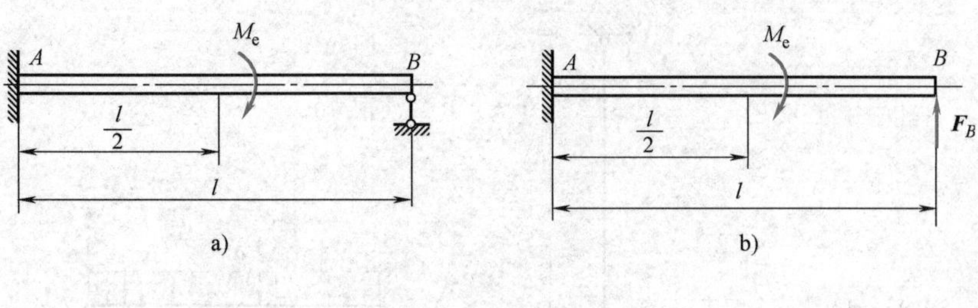

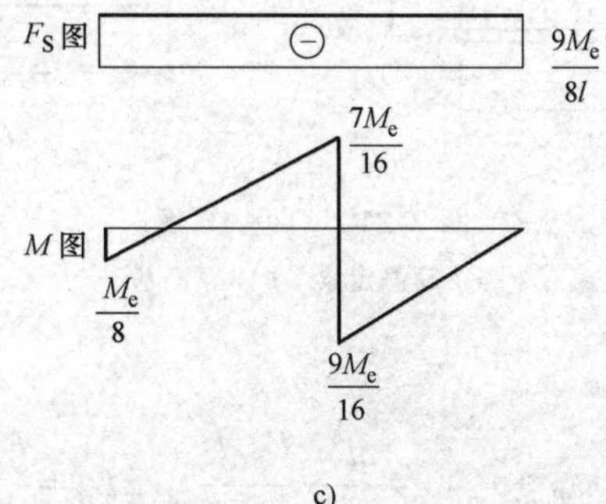

c)

图 7-20　习题 12 图

a）超静定梁　b）静定基　c）剪力图和弯矩图

变形协调方程　$w_B=0$

应用叠加法，可得

$$w_B=(w_B)_{F_B}+(w_B)_{M_e}=-\frac{F_Bl^3}{3EI}+\frac{M_e(l/2)^2}{2EI}+\frac{M_e(l/2)}{EI}\times\frac{l}{2}=0$$

解得

$$F_B=\frac{9}{8}\frac{M_e}{l}\ (\uparrow)$$

由静力平衡方程，得固定端的约束力为

$$M_A=M_e-F_Bl=-\frac{1}{8}M_e(\text{顺时针}),\ F_A=-F_B=-\frac{9}{8}\frac{M_e}{l}(\downarrow)$$

画出剪力图和弯矩图，如图 7-20c 所示。

13.（教材习题 7-13）　受有均布荷载 q 的钢梁 AB，A 端固定，B 端用钢拉杆 BC 系住，如图 7-21a 所示。已知钢梁 AB 的弯曲刚度 EI 和拉杆 BC 的拉伸刚度 EA 及尺寸 h、l，求拉杆的内力。

考点：变形比较法解一次超静定梁。

解题思路：一次超静定问题。首先解除 B 处多余约束，用约束力代替得到静定基，并列出 B 处变形协调方程；然后根据叠加法写出 B 处挠度表达式，代入变形协调方程，求出拉杆 BC 的拉力。

提示：选择悬臂梁为基本静定系。

解：一次超静定问题。选择悬臂梁为基本静定系，解除 B 处多余约束，得到静定基如图 7-21b 所示。

变形协调方程　$w_B=\Delta l_{BC}$

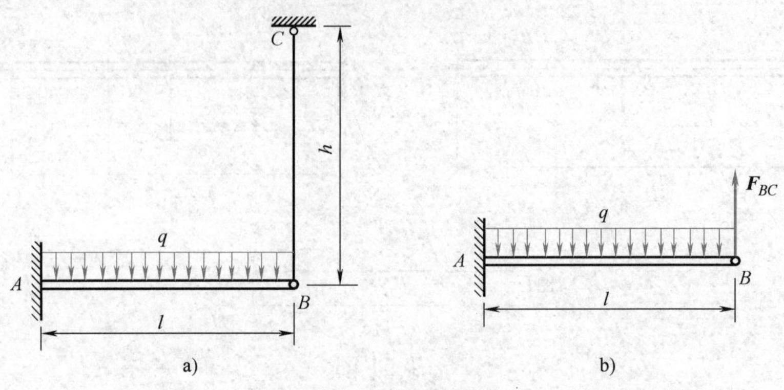

图 7-21　习题 13 图

a）超静定梁　b）静定基

物理方程

$$w_B = w_{Bq} + w_{BF_{BC}} = \frac{ql^4}{8EI} - \frac{F_{BC}l^3}{3EI}\text{，}\Delta l_{BC} = \frac{F_{BC}h}{EA}$$

将物理方程代入变形协调方程，解得

$$F_{BC} = \frac{3Aql^4}{8(3Ih+Al^3)}$$

14.（教材习题 7-14）　求图 7-22a 所示 BD 杆的内力。已知 AB、CD 两梁的弯曲刚度均为 EI，BD 杆的拉压刚度为 EA。

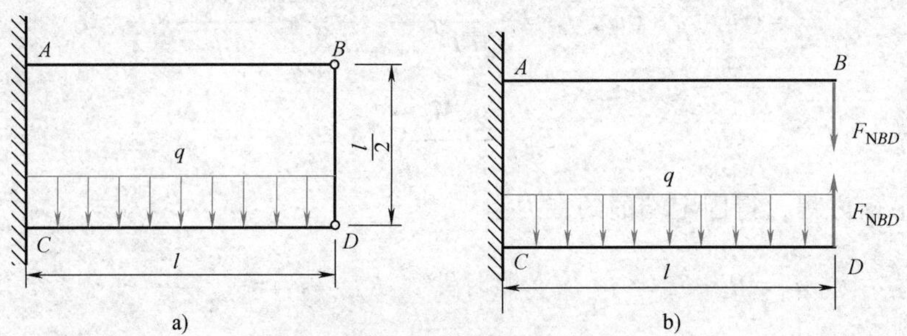

图 7-22　习题 14 图

a）超静定梁　b）静定基

考点：变形比较法解一次超静定梁。

解题思路：一次超静定问题。首先解除 BD 杆多余约束，用约束力代替得到静定基，并列出多余约束处的变形协调方程；然后分别写出 B 处、D 处的挠度表达式，代入变形协调方程，求出 BD 杆的内力。

提示：选择悬臂梁为基本静定系。

解：一次超静定问题。选择悬臂梁为基本静定系，解除 BD 杆处多余约束，得到静定基如图 7-22b 所示。

变形协调方程　$w_D - w_B = \Delta l_{BD}$

根据叠加法，可得

$$\left(\frac{ql^4}{8EI}-\frac{F_{NBD}l^3}{3EI}\right)-\frac{F_{NBD}l^3}{3EI}=\frac{F_{NBD}\left(\frac{l}{2}\right)}{EA}$$

解得

$$F_{NBD}=\frac{3Aql^3}{4(4Al^2+3I)}\text{（拉）}$$

15.（教材习题 7-15）　图 7-23a 所示超静定梁 AB 两端固定，弯曲刚度为 EI，试求支座 B 下沉 Δ 后，梁支座 B 处约束力。

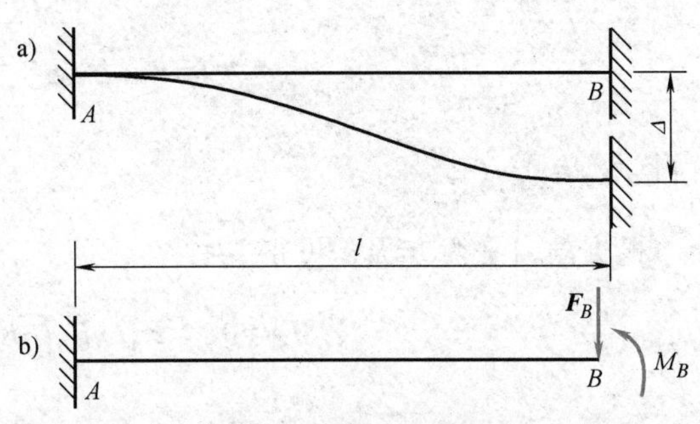

图 7-23　习题 15 图

a）超静定梁　b）静定基

考点：变形比较法解一次超静定梁。

解题思路：一次超静定问题。首先解除 B 处多余约束，用约束力和约束力偶代替得到静定基，并列出 B 处变形协调方程；然后根据叠加法写出 B 处挠度和转角的表达式，代入变形协调方程，求出 B 处约束力和约束力偶。

提示：选择悬臂梁为基本静定系。

解：一次超静定问题。选择悬臂梁为基本静定系，解除 B 处多余约束，得到静定基如图 7-23b 所示。

变形协调方程　$w_B=\Delta$，$\theta_B=0$

根据叠加法，可得

$$w_B=\frac{F_Bl^3}{3EI}-\frac{M_Bl^2}{2EI}=\Delta$$

$$\theta_B=\frac{F_Bl^2}{2EI}-\frac{M_Bl}{EI}=0$$

解得　$F_B=\dfrac{12EI\Delta}{l^3}$（↓），$M_B=\dfrac{6EI\Delta}{l^2}$（↑）

16.（教材习题 7-16）　试求图 7-24a 所示超静定梁的支座约束力，梁的弯曲刚度 EI 为常量。

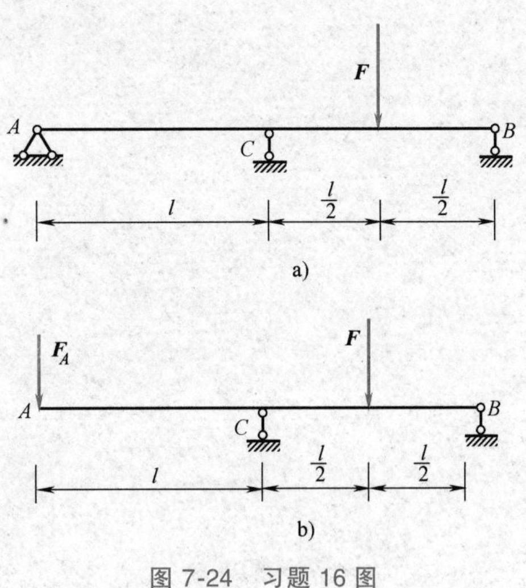

图 7-24　习题 16 图

a）超静定梁　b）静定基

考点：变形比较法解一次超静定梁。

解题思路：一次超静定问题。首先解除 A 处多余约束，用约束力代替得到静定基，并列出 A 处变形协调方程；然后根据叠加法写出 A 处挠度表达式，代入变形协调方程，求出多余约束力；最后根据梁的平衡条件求出各支座约束力。

提示：选择外伸梁为基本静定系。

解：一次超静定问题。选择外伸梁为基本静定系，解除 A 处多余约束，得到静定基如图 7-24b 所示。

变形协调方程　$w_A=0$

根据叠加法，可得：

当外伸梁上作用荷载 F 时，$w_{A1}=\theta_{C1}l=-\dfrac{Fl^3}{16EI}$

当外伸梁上作用荷载 F_A 时，$w_{A2}=\dfrac{F_Al^3}{3EI}+\dfrac{F_Al^2}{3EI}l=\dfrac{2F_Al^3}{3EI}$

$$w_A=w_{A1}+w_{A2}=-\frac{Fl^3}{16EI}+\frac{2F_Al^3}{3EI}=0$$

解得　$F_A=\dfrac{3F}{32}$（↓）

根据静力平衡方程，可得

$$\sum M_C=0,\quad F_Al+F_Bl-F\frac{l}{2}=0,\quad F_B=\frac{13F}{32}(\uparrow)$$

$$\sum F_y=0,\quad -F_A+F_B+F_C-F=0,\quad F_C=\frac{11F}{16}(\uparrow)$$

所以　$$F_A=\frac{3F}{32}(\downarrow),F_B=\frac{13F}{32}(\uparrow),F_C=\frac{11F}{16}(\uparrow)$$

第 8 章　应力状态分析与强度理论

■ 8.1　重点内容提要

8.1.1　应力状态的概念

1. 一点处的应力状态

通过受力构件内一点各个方位面上应力的集合称为该点处的应力状态。一般采用单元体表示一点处的应力状态，单元体围绕所研究的点截取，通常是一个无限小的正六面体。过同一点的不同方位截面上的应力一般是不同的，而且过同一截面不同点处的应力一般也不相同。

2. 主平面、主应力、主单元体

单元体上切应力等于零的平面称为主平面。主平面上的正应力称为主应力。具有三个正交主平面的单元体称为主单元体。主应力为通过该点处不同方位截面上正应力的极值。3 个主应力按代数值大小排列为 $\sigma_1 \geqslant \sigma_2 \geqslant \sigma_3$。

3. 应力状态分类

单向应力状态：只有 1 个主应力不等于零；二向（平面）应力状态：只有 2 个主应力不等于零；三向应力状态：3 个主应力均不等于零。二向和三向应力状态统称为复杂应力状态。在材料力学中，二向应力状态是应力状态分析的重点。

8.1.2　应力状态分析

1. 解析法

对平面应力状态的原始单元体利用截面法和平衡方程，可推导出单元体任意斜截面上的正应力和切应力计算公式

$$\begin{cases} \sigma_\alpha = \dfrac{\sigma_x+\sigma_y}{2}+\dfrac{\sigma_x-\sigma_y}{2}\cos 2\alpha-\tau_x\sin 2\alpha \\ \tau_\alpha = \dfrac{\sigma_x-\sigma_y}{2}\sin 2\alpha+\tau_x\cos 2\alpha \end{cases} \tag{8-1}$$

由正应力的极值条件可推导出主应力大小和主平面方位

$$\begin{cases} \sigma_{\max} \\ \sigma_{\min} \end{cases} = \frac{\sigma_x+\sigma_y}{2} \pm \sqrt{\left(\frac{\sigma_x-\sigma_y}{2}\right)^2+\tau_x^2}$$

$$\tan 2\alpha_0 = -\frac{2\tau_x}{\sigma_x - \sigma_y} \tag{8-2}$$

式中　σ_α、τ_α——单元体任意 α 斜截面上的正应力和切应力；

σ_x、σ_y、τ_x——平面应力状态原始单元体的应力分量。

由式（8-2）求出两个主应力后，连同另一个为零的主应力，按代数值由大到小排序为 σ_1、σ_2、σ_3。

2. 图解法——应力圆法

在 σ-τ 直角坐标系中，平面应力状态可以用一个应力圆表示，其圆心坐标为 $\left(\frac{\sigma_x+\sigma_y}{2},\ 0\right)$，半径为 $\sqrt{\left(\frac{\sigma_x-\sigma_y}{2}\right)^2+\tau_x^2}$。应力圆圆周上任一点的纵、横坐标分别代表单元体某一截面上的切应力和正应力。

一般解析法便于数值计算，而应力圆法更直观，特别是进行极值应力及其方位面计算更方便实用。

8.1.3　最大切应力

平面应力状态下，式（8-1）中由切应力的极值条件可确定在单元体两个相互垂直的平面上，分别作用着最大和最小切应力，其值大小及发生的方位面为

$$\left\{\begin{matrix}\tau_{\max} \\ \tau_{\min}\end{matrix}\right. = \pm\sqrt{\left(\frac{\sigma_x-\sigma_y}{2}\right)^2+\tau_x^2} \tag{8-3}$$

$$\tan 2\alpha_1 = \frac{\sigma_x-\sigma_y}{2\tau_x}$$

由式（8-3）所确定的极值切应力为面内最大和最小切应力，其所在平面与主平面的夹角为 45°。

过一点所有方向面上的最大切应力为

$$\tau_{\max} = \frac{\sigma_1-\sigma_3}{2} \tag{8-4}$$

最大切应力（也称主切应力）所在平面与 σ_2 主平面平行，且与 σ_1、σ_3 所在主平面分别成 45°角。

8.1.4　广义胡克定律

在线弹性范围内，三向应力状态下，应力、应变间的关系称为广义胡克定律，表示为

$$\begin{cases}\varepsilon_x = \dfrac{1}{E}\left[\sigma_x-\nu(\sigma_y+\sigma_z)\right],\gamma_{xy}=\dfrac{\tau_{xy}}{G} \\ \varepsilon_y = \dfrac{1}{E}\left[\sigma_y-\nu(\sigma_z+\sigma_x)\right],\gamma_{yz}=\dfrac{\tau_{yz}}{G} \\ \varepsilon_z = \dfrac{1}{E}\left[\sigma_z-\nu(\sigma_x+\sigma_y)\right],\gamma_{zx}=\dfrac{\tau_{zx}}{G}\end{cases} \tag{8-5}$$

式中　G——切变模量；

E——弹性模量；

ν——泊松比。

式（8-5）中正应力和正应变的关系也可用主应变、主应力表示。

平面状态下的应力-应变关系：

$$\begin{cases} \sigma_x = \dfrac{E}{1-\nu^2}(\varepsilon_x + \nu\varepsilon_y) \\ \sigma_y = \dfrac{E}{1-\nu^2}(\varepsilon_y + \nu\varepsilon_x) \\ \tau_{xy} = G\gamma_{xy} \end{cases} \tag{8-6}$$

8.1.5　强度理论

强度理论是从宏观角度，对引起材料破坏的原因做出假设，从而通过简单应力状态下的实验结果，来建立材料在复杂应力状态下的强度条件。强度理论根据破坏形式分为断裂和屈服两类。

1. 四种常用的强度理论

（1）最大拉应力理论（第一强度理论）　认为无论材料处于何种应力状态，只要最大拉应力达到材料单向拉伸断裂时的强度极限，材料即断裂破坏。强度条件为

$$\sigma_1 \leqslant [\sigma] = \frac{\sigma_b}{n_b} \quad (\sigma_1 > 0) \tag{8-7}$$

适用范围：适用于破坏形式为脆断的构件。能较好地解释铸铁、石料等脆性材料单向拉伸、扭转或双向拉伸的断裂破坏现象。不适用无拉应力的应力状态，未考虑其他主应力的影响。

（2）最大拉应变理论（第二强度理论）　认为材料断裂由最大拉应变引起。当最大拉应变达到材料单向拉伸试验下的极限应变时，材料即断裂破坏。强度条件为

$$\sigma_1 - \nu(\sigma_2 + \sigma_3) \leqslant [\sigma] = \frac{\sigma_b}{n_b} \tag{8-8}$$

适用范围：适用于破坏形式为脆断的材料。只与少数材料的实验结果吻合，如石料混凝土材料轴向压缩时纵向开裂的破坏现象。工程实践中应用较少。

（3）最大切应力理论（第三强度理论）　认为材料屈服由最大切应力引起。当最大切应力达到材料单向拉伸试验的极限切应力时，材料即破坏。强度条件为

$$\sigma_1 - \sigma_3 \leqslant [\sigma] = \frac{\sigma_s}{n_s} \tag{8-9}$$

适用范围：适用于破坏形式为屈服的构件。许多塑性材料破坏，与最大切应力理论接近。第三强度理论工程应用广泛，但未考虑第二主应力的影响。

（4）形状改变能密度理论（第四强度理论）　认为形状改变能密度是引起屈服的主要因素。强度条件为

$$\sqrt{\frac{1}{2}[(\sigma_1 - \sigma_2)^2 + (\sigma_2 - \sigma_3)^2 + (\sigma_3 - \sigma_1)^2]} \leqslant [\sigma] = \frac{\sigma_s}{n_s} \tag{8-10}$$

适用范围：从应变能出发，较全面地反映了各主应力的影响，更符合塑性材料破坏试验

结果，相比较而言第三强度理论偏于保守。但由于第三强度理论表达式简单，故第三、第四强度理论均应用广泛。

2. 强度理论的选用依据

原则：依破坏形式而定，脆性破坏选用第一、二强度理论，塑性破坏选用第三、四强度理论。脆性材料一般发生脆性破坏，适用第一、二强度理论；但当最大主应力小于或等于零时（三向压缩），用第三或第四强度理论。塑性材料一般发生塑性破坏，适用第三或第四强度理论。但当最小主应力大于或等于零时（三向拉伸），适用第一、二强度理论。对轴向拉压或扭转这类简单变形问题，一律采用与其对应的强度准则。

3. 强度计算的三类问题

根据强度条件一般可解决下列三类强度问题。

(1) 强度校核　已知外力大小、横截面面积和材料的许用应力，可用强度条件校核杆件是否满足强度要求。

(2) 截面设计　已知外力和材料的许用应力，按强度条件为杆件设计出合理的截面。

(3) 确定许用荷载　已知杆件的横截面尺寸和材料的许用应力，可确定杆件承受的最大荷载。

8.2 复习指导

本章知识点：应力状态的概念，主应力和主平面；平面应力状态下应力分析的解析法和应力圆法；三向应力状态下的主应力和最大切应力；广义胡克定律；强度理论的概念，工程中四种常用的强度理论及其相应的强度条件。

本章重点：应力状态分析，应掌握平面应力状态下斜截面上的应力、主应力、主平面方位及最大切应力的计算；能够应用广义胡克定律求解应力和应变的关系；能根据材料可能发生的破坏形式，选择适当的强度理论进行强度设计。

本章难点：主平面方位判断，最大切应力的概念与计算。

考点：一点处应力状态的概念，能够正确地从构件中截取原始单元体，特别是危险点的原始单元体；平面应力状态分析是重点，求解主应力、主平面方位，并用主单元体表示；会计算任意斜截面上的应力分量；简单的空间应力状态分析，计算单元体的主应力及最大切应力；广义胡克定律；应用强度理论进行复杂应力状态下的强度计算，并分析简单强度破坏问题的原因。

8.3 概念题及解答

8.3.1 判断题

判断下列说法是否正确。

1. 纯剪切应力状态中最大切应力与最大正应力的值相等。

答：对。

考点：平面应力状态分析，纯剪切应力状态。

提示：按平面应力状态分析的解析法或应力圆法计算并比较二者可得。

2. 已知某点处的应力状态如图 8-1 所示，$\tau=60\text{MPa}$，$\sigma=100\text{MPa}$，弹性模量 $E=200\text{GPa}$，泊松比 $\nu=0.25$，则其三个主应力 σ_1、σ_2、σ_3 分别为 128.1MPa、-28.1MPa、0MPa。

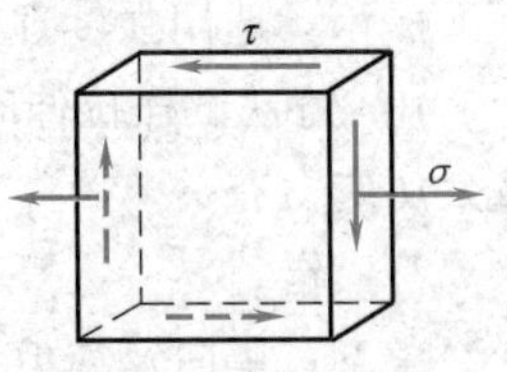

图 8-1　判断题 2 图

答：错。

考点：平面应力状态的主应力计算。

提示：三个主应力应按 $\sigma_1 \geqslant \sigma_2 \geqslant \sigma_3$ 排序。

3. 广义胡克定律的适用范围是线弹性材料。

答：错。

考点：广义胡克定律。

提示：其适用范围是线弹性材料、小变形。

4. 扭转杆如图 8-2 所示，已知材料的弹性模量 E 和泊松比 ν，根据广义胡克定律，只要测得杆件表面的一个主应变数值，即可计算出作用在扭转杆上的外力偶矩的大小及转向。

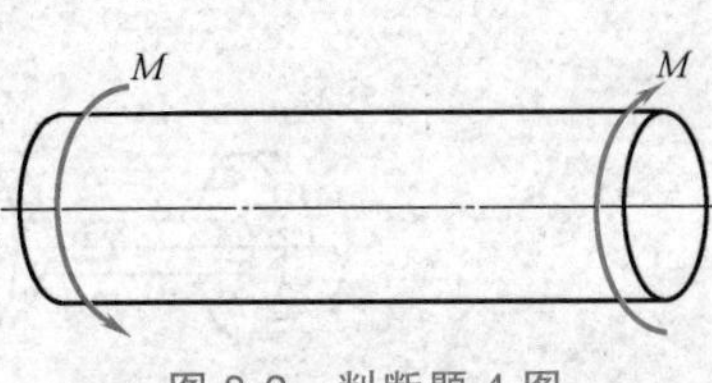

图 8-2　判断题 4 图

答：对。

考点：平面应力状态分析、广义胡克定律。

提示：先计算扭转杆件横截面外缘上任一点的切应力，知其处于纯剪切应力状态，再对该点进行平面应力状态分析，最后应用广义胡克定律可得外力偶矩。

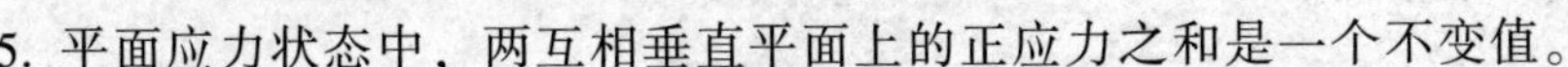

5. 平面应力状态中，两互相垂直平面上的正应力之和是一个不变值。

答：对。

考点：应力不变量。

提示：可由平面应力状态分析的解析法或应力圆法证明。

6. 三向应力状态分析中，截取一个与 σ_3 平行的平面，则该平面上的正应力和切应力与三个正应力均有关。

答：错。

考点：三向应力状态某斜截面上的应力计算。

提示：由应力单元体分离体受力分析可知。

7. 正应力最大的面与正应力最小的面必互相垂直。

答：对。

考点：三向应力状态分析，主应力及其主方位面。

提示：按应力圆法图示可得。

8. 应力圆为点圆时，表示单元体的三个主应力均为零。

答：错。

考点：三向应力状态分析的应力圆方法。

提示：应力圆为点圆时，表示单元体的三个主应力数值相等。

9. 脆性材料受力后的强度问题，均可采用第一或第二强度理论校核；塑性材料受力后的强度问题，均可采用第三或第四强度理论校核。

答：错。

考点：强度理论。

提示：选用强度理论不仅与材料力学性能有关，还与危险点所处的应力状态有关。

10. 铸铁试样拉伸时，沿横截面断裂；扭转时沿与轴线成45°倾角的螺旋面断裂，均与最大切应力有关。

答：错。

考点：单向及纯剪切应力状态分析，材料脆性断裂的强度条件。

提示：均与最大拉应力有关。

8.3.2 选择题

请将正确答案填入括号内。

1. 图8-3所示传动轴，直径为d，外力偶矩均为已知。从CA段的表面中取出K点，其正确的单元体是（　　）。

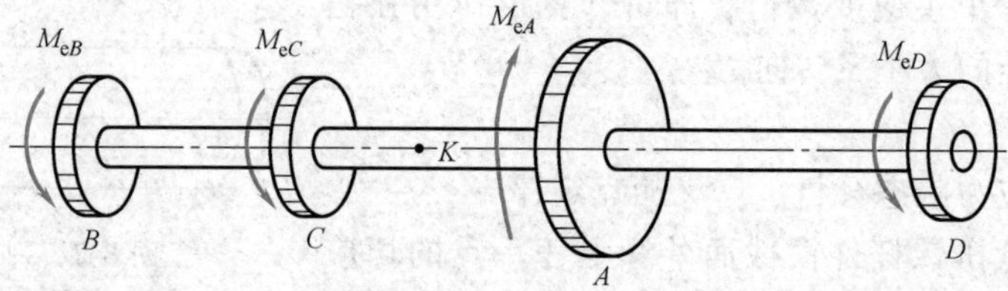

图8-3　选择题1图

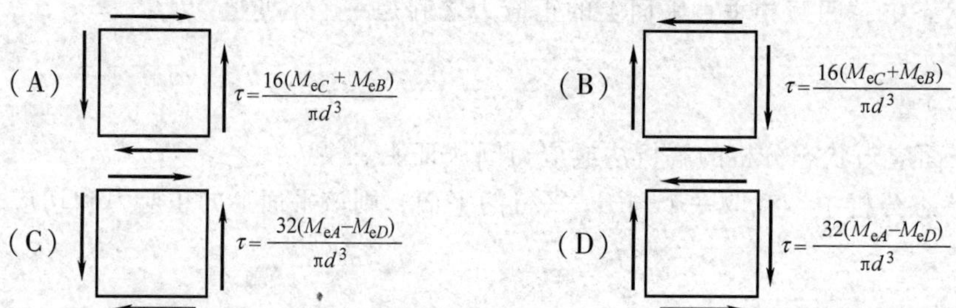

答：正确答案是（A）。

考点：圆轴扭转原始单元体应力计算。

提示：先计算CA段扭矩，再按圆轴扭转最大切应力公式计算可得。

2. 构件轴向拉伸。设横截面上拉应力为σ，则关于其应力圆特征的正确选项是（　　）。

（A）其应力圆过坐标原点，三个主应力分别为$\sigma_1=\sigma$，$\sigma_2=\sigma_3=0$

（B）最大主应力发生在横截面上，且$\sigma_1=\sigma$

（C）最大切应力$\tau_{\max}=\dfrac{\sigma}{2}$，发生在与横截面成45°角的斜截面上

（D）以上答案均正确

答：正确答案是（D）。

考点：单向拉伸应力状态单元体。

提示：画出应力圆可知。

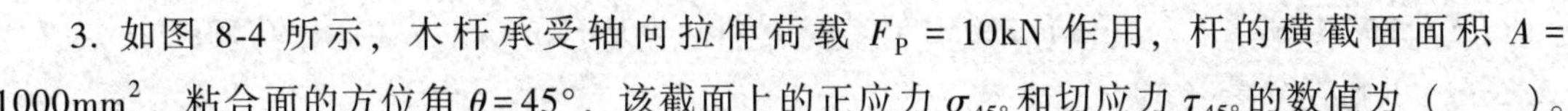

3. 如图 8-4 所示，木杆承受轴向拉伸荷载 F_P = 10kN 作用，杆的横截面面积 A = 1000mm^2，粘合面的方位角 θ=45°，该截面上的正应力 $\sigma_{45°}$和切应力 $\tau_{45°}$的数值为（　　）。

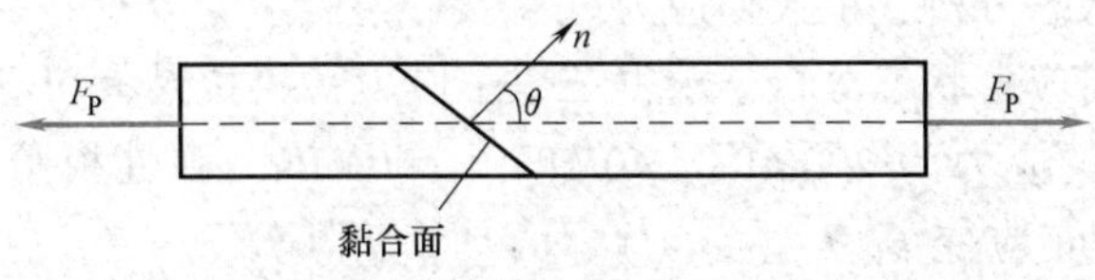

图 8-4　选择题 3 图

（A）$\sigma_{45°}$ = 5MPa，$\tau_{45°}$ = 5MPa　　（B）$\sigma_{45°}$ = 10MPa，$\tau_{45°}$ = 10MPa

（C）$\sigma_{45°}$ = 10MPa，$\tau_{45°}$ = 5MPa　　（D）$\sigma_{45°}$ = 5MPa，$\tau_{45°}$ = 10MPa

答：正确答案是（A）。

考点：单向应力状态单元体斜截面上的应力计算。

提示：注意斜截面转角符号规定。

4. 如图 8-5 所示，较大体积的钢块上开有一贯穿的槽，槽内嵌入一铝质立方体，铝块受到均布压力 $\boldsymbol{P}$ 作用，假设钢块不变形，铝块处于（　　）。

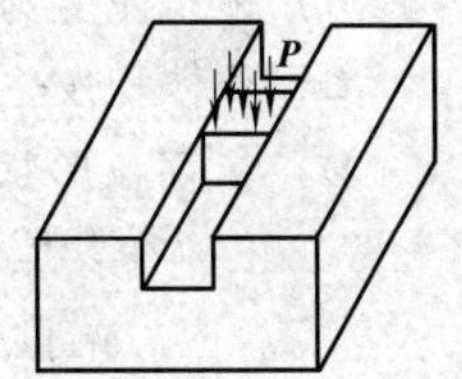

图 8-5　选择题 4 图

（A）单向应力、单向应变状态

（B）单向应力、二向应变状态

（C）二向应力、二向应变状态

（D）三向应力、三向应变状态

答：正确答案是（C）。

考点：广义胡克定律、平面（二向）应力状态、平面（二向）应变状态。

提示：由广义胡克定律计算，按平面（二向）应力状态、平面（二向）应变状态定义判断。

5. 在图 8-6 所示四种应力状态中，其应力圆具有相同的圆心和相同的半径是（　　）。

（A）图 8-6a、d　　（B）图 8-6b、c

（C）图 8-6a、b、c、d　　（D）图 8-6a、c

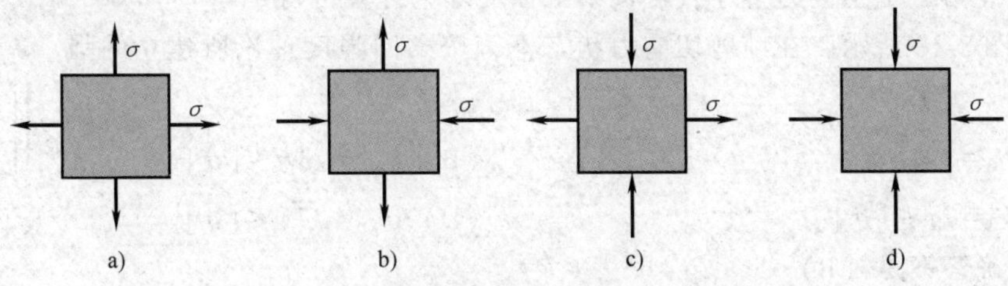

图 8-6　选择题 5 图

答：正确答案是（B）。

考点：平面应力状态分析的应力圆法。

提示：应力圆具有相同的圆心和相同的半径意味着二者应力状态相同。

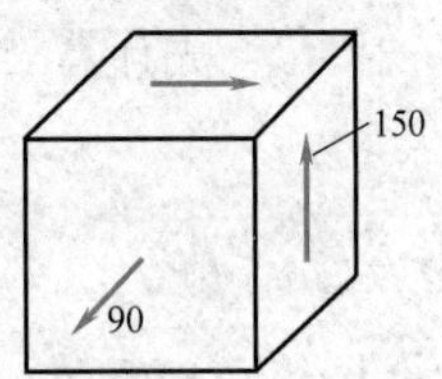

图 8-7　选择题 6 图

6. 图 8-7 所示单元体（应力单位：MPa）的最大切应力为（　　）。

（A）150MPa　　（B）120MPa　　（C）90MPa　　（D）30MPa

答：正确答案是（A）。

考点：三向应力状态分析、最大切应力。

提示：先进行三向应力状态分析，求得三个主应力，再按最大切应力公式计算。

7. 某点处的三个主应力为 200MPa、40MPa、-90MPa，弹性模量 $E=200\text{GPa}$，泊松比 $\nu=0.3$，该点处的最大正应变 ε_1 为（　　）。

（A）2.15×10^{-3}　　（B）1.075×10^{-3}　　（C）2.15×10^{-5}mm　　（D）1.075×10^{-3}mm

答：正确答案是（B）。

考点：三向应力状态广义胡克定律。

提示：注意正应变量纲为 1。

8. 图 8-8 所示单元体在应力偏量作用下，下面错误的说法是（　　）。

（A）仅形状发生改变

（B）体积应变为零

（C）仅体积发生改变

（D）仅存在形状改变能密度

答：正确答案是（C）。

考点：应力偏量、形状改变能密度。

提示：参考应力偏量的概念。

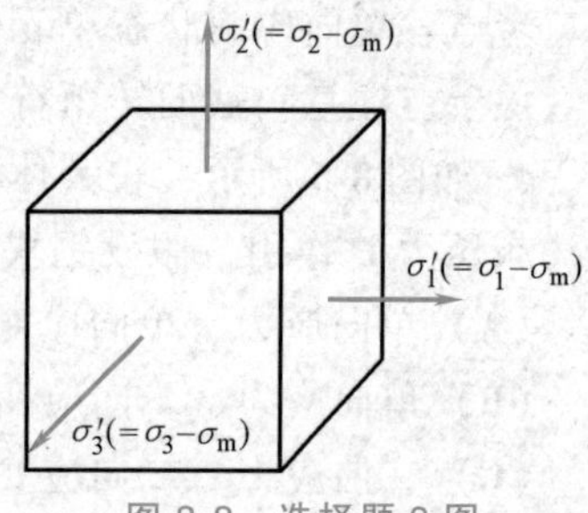

图 8-8　选择题 8 图

9. Q235 钢的屈服极限为 $\sigma_s=235\text{MPa}$，构件内一点有图 8-9 所示的应力状态（应力单位为 MPa）。根据第三强度理论求出的安全系数 n_s 是（　　）。

（A）1.57　　（B）2.35

（C）1.32　　（D）2.5

答：正确答案是（A）。

考点：第三强度理论。

提示：先为三个主应力排序，再按第三强度理论计算可得。

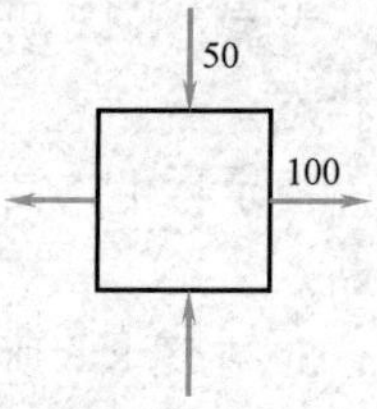

50

100

图 8-9　选择题 9 图

10. 如图 8-10 所示，在纯剪切应力状态下，按第四强度理论所建立的强度条件是（　　）。

（A）$\sigma_{r4}=\tau\leqslant[\sigma]$　　（B）$\sigma_{r4}=\sqrt{3}\tau\leqslant[\sigma]$

（C）$\sigma_{r4}=2\tau\leqslant[\sigma]$　　（D）$\sigma_{r4}=\sqrt{7}\tau\leqslant[\sigma]$

τ

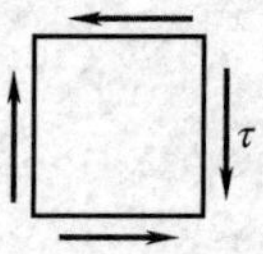

图 8-10　选择题 10 图

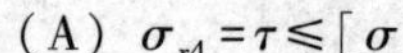

答：正确答案是（B）。

考点：纯剪切应力状态分析和第四强度理论。

提示：先计算三个主应力，再代入第四强度理论公式即可。

8.4　典型习题及解答

1.（教材习题 8-1）　阶梯形圆轴受力如图 8-11a 所示，其中实心段扭转截面系数 $W_{pBC}=$

$1.96\times10^{-4}\text{m}^3$，空心段扭转截面系数 $W_{pCD}=1.84\times10^{-4}\text{m}^3$。试从轴表面取出危险点，并图示其应力单元体。

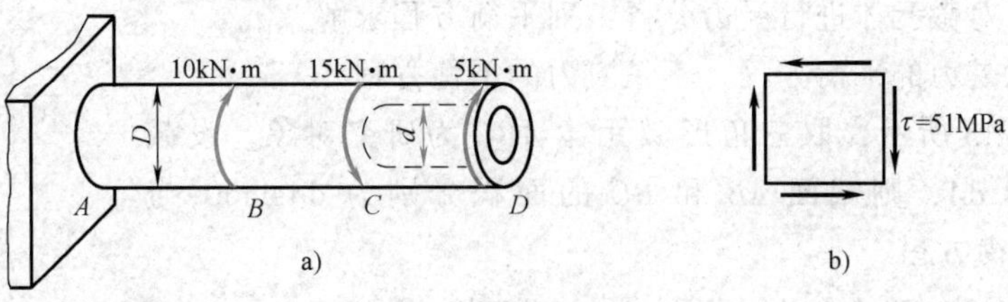

图 8-11 习题 1 图

考点：纯剪切应力状态。

解题思路：先画扭矩图，判定可能的危险截面。然后计算可能的危险截面外缘上一点处的切应力，切应力绝对值最大处为危险点。最后画出危险点原始单元体的应力状态。

提示：注意危险截面的判定。

解：BC 段和 CD 段最大切应力分别为

$$\tau_{BC}=\frac{T_{BC}}{W_{pBC}}=\frac{10\times10^3\text{N}\cdot\text{m}}{1.96\times10^{-4}\text{m}^3}=51.0\text{MPa}$$

$$\tau_{CD}=\frac{T_{CD}}{W_{pCD}}=-\frac{5\times10^3\text{N}\cdot\text{m}}{1.84\times10^{-4}\text{m}^3}=-27.2\text{MPa}$$

故危险点在 BC 段外表面，单元体如图 8-11b 所示。

2.（教材习题 8-2） 开口直立薄壁圆管内压为 p，如图 8-12 所示，已知其直径 $d=2.2\text{m}$，厚度 $\delta=20\text{mm}$。材料的拉伸屈服应力 $\sigma_s=300\text{MPa}$，安全系数 $n_s=2.0$。试问：

（1）若该直立薄壁圆管内最大环向应力 $\sigma_\theta=12\text{MPa}$，对应管内水的高度应为多少？

（2）由水压产生的管壁的轴向应力为多大？

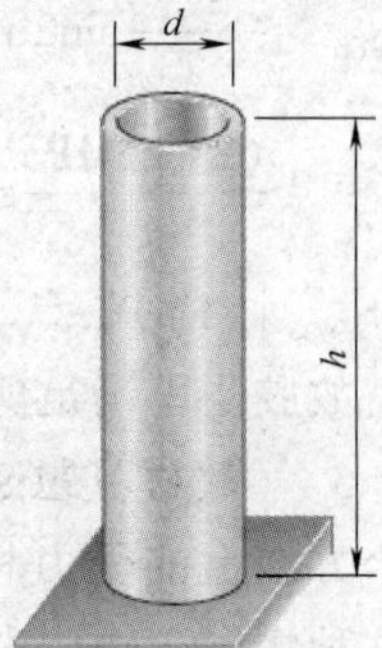

考点：薄壁圆管应力计算。

解题思路：①由承受均匀内压薄壁容器环向应力公式，代入水压与高度关系式，即得所求高度；②由受力分析可知，水压不产生轴向应力。

提示：采用截面法推导环向及轴向应力计算公式。

图 8-12 习题 2 图

解：（1）由题意，环向应力

$$\sigma_\theta=\sigma_1=\frac{pd}{2\delta}=\frac{h\gamma d}{2\delta}$$

$$h=\frac{2\delta\sigma_\theta}{\gamma d}=\frac{2\times20\times10^{-3}\text{m}\times12\times10^6\text{Pa}}{9.81\times10^3\text{N/m}^3\times2.2\text{m}}=22.24\text{m}$$

（2）水压产生的管壁的轴向应力

$$\sigma_l=0$$

但因立管高达 22.24m，若进行强度设计，应该考虑由于自重产生的轴向压应力。

3.（教材习题 8-3） 从某构件中取出的微元体受力如图 8-13 所示，其中 AC 为自由表面（无外力作用）。试求 σ_x 和 τ_x。

考点：单元体平衡方程。

解题思路：对微元体进行受力分析，列平衡方程求解。

提示：注意是力的平衡方程，不是应力的平衡方程。

解：如图 8-13 所示，取三角形微元体 ABC 为研究对象。设截面 AC 的面积为 $\mathrm{d}A$，则截面 AB 和 BC 的面积分别为 $\mathrm{d}A\sin60°$ 与 $\mathrm{d}A\cos60°$。列平衡方程

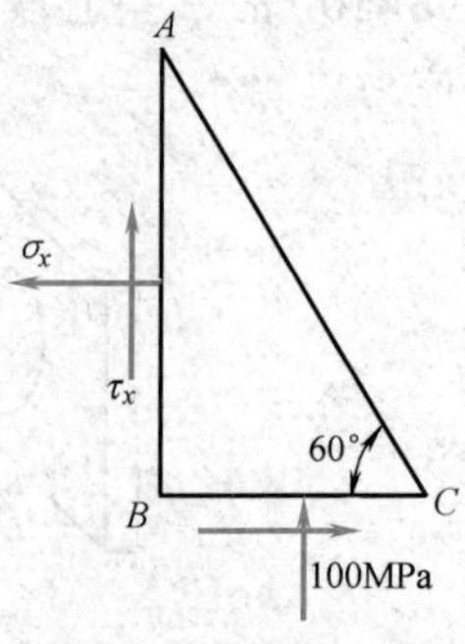

图 8-13 习题 3 图

$$\sum F_x=0,\quad \tau_x \mathrm{d}A\cos60°-\sigma_x \mathrm{d}A\sin60°=0$$

$$\sum F_y=0,\quad \tau_x \mathrm{d}A\sin60°+100\mathrm{MPa}\,\mathrm{d}A\cos60°=0$$

联立解得

$$\sigma_x=-33.33\mathrm{MPa},\ \tau_x=-57.74\mathrm{MPa}$$

4.（教材习题 8-4） 层合板构件中微元体受力如图 8-14 所示，各层板之间用胶粘接，接缝方向如图所示。若已知胶层切应力不得超过 1MPa。试分析是否满足这一要求。

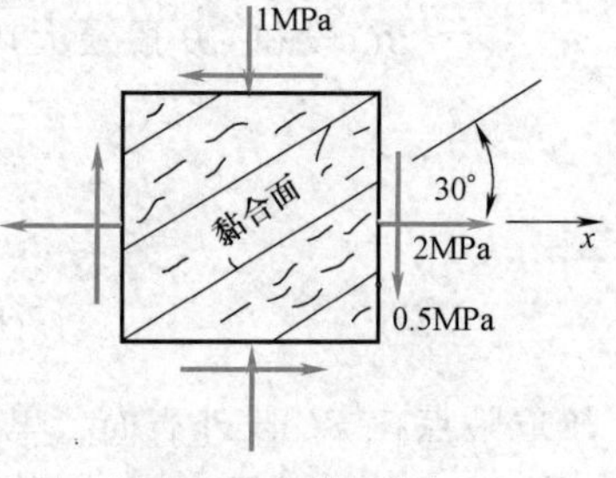

图 8-14 习题 4 图

考点：平面应力状态任意斜截面上的切应力计算。

解题思路：用平面应力状态任意斜截面上的切应力公式计算接缝所在截面的切应力，并按粘接强度进行校核。

提示：注意斜截面角度的符号规定。

解：已知 $\sigma_x=2\mathrm{MPa}$，$\sigma_y=-1\mathrm{MPa}$，$\tau_{xy}=0.5\mathrm{MPa}$，$\alpha=-60°$

$$\tau_{-60°}=\frac{\sigma_x-\sigma_y}{2}\sin2\alpha+\tau_x\cos2\alpha$$

$$=\frac{(2+1)\mathrm{MPa}}{2}\sin(-120°)+0.5\mathrm{MPa}\cos(-120°)=-1.55\mathrm{MPa}$$

$$|\tau_{-60°}|>1\mathrm{MPa}$$

故胶层不满足剪切强度。

5.（教材习题 8-5） 平面问题中，若物体在两个方向上的受力相同，如图 8-15a 所示，试分析这种情况下物体内一点的应力状态。

考点：平面应力状态分析。

解题思路：在物体内任意点截取单元体，得到原始单元体各截面上的应力，再由应力圆法画出对应的应力圆，相应地进行应力状态分析。

提示：注意主平面的概念。

解：在物体内任意点截取单元体如图 8-15b 所示。由题意，已知 $\sigma_1=0$，$\sigma_2=\sigma_3=-\sigma$，根据平面应力状态的莫尔圆法画出应力圆如图 8-15c 所示，应力圆退缩成一点（应力点圆）。即与正应力的零应力面垂直的单元体的任意斜截面均为

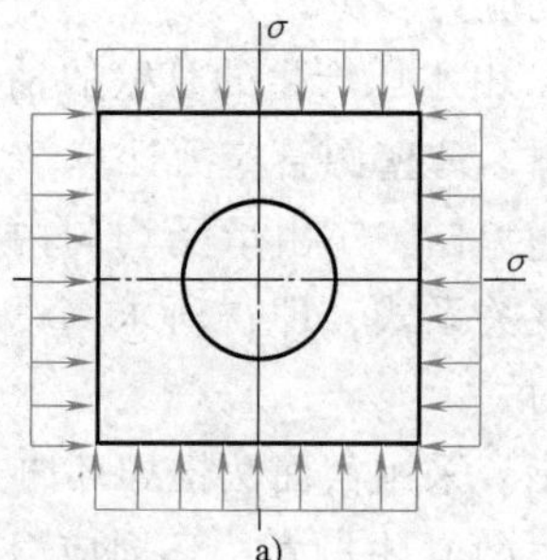

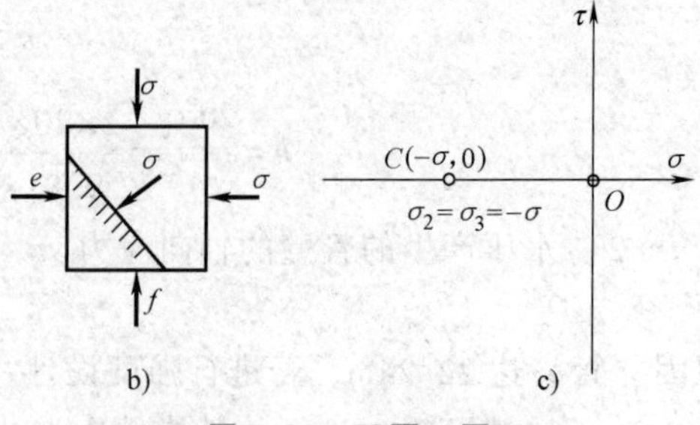

图 8-15 习题 5 图

主平面，其上的正应力均为主应力$-\sigma$，如图 8-15b 所示。

6.（教材习题 8-6）　试用解析法和应力圆法求图 8-16a、b、c、d 所示各单元体中的主应力及主单元体方位角和最大切应力的大小。图中应力单位为 MPa。

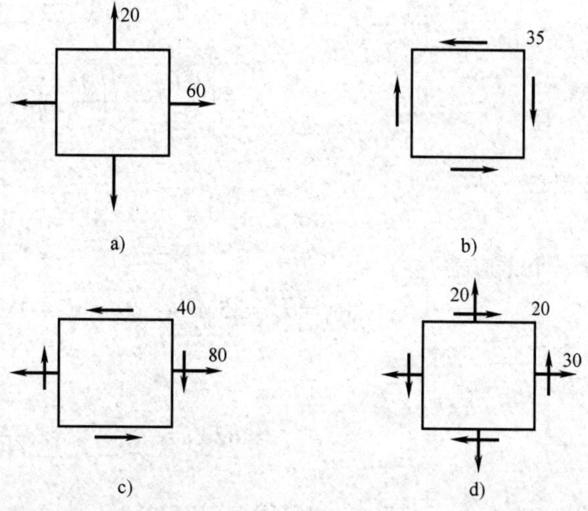

图 8-16　习题 6 图

考点：平面应力状态分析的解析法和应力圆法。

解题思路：解析法是利用应力转换公式，由原始单元体各截面上的应力计算各主应力及主方位角；应力圆法是由原始单元体各截面上的应力按比例尺画应力圆，再量测各主应力及主方位角的大小。

提示：注意平面应力状态必有一个主应力为零，主应力按由大到小排序为 $\sigma_1 \geqslant \sigma_2 \geqslant \sigma_3$。

解：(a) 解析法。已知

$$\sigma_x = 60\text{MPa},\ \sigma_y = 20\text{MPa},\ \tau_x = 0\text{MPa}$$

x-y 平面应力状态的两个主应力分别为

$$\sigma' = \sigma_x = 60\text{MPa}$$

$$\sigma'' = \sigma_y = 20\text{MPa}$$

由题意

$$\sigma''' = 0\text{MPa}$$

故三个主应力

$$\sigma_1 = \sigma' = 60\text{MPa},\ \sigma_2 = \sigma'' = 20\text{MPa},\ \sigma_3 = \sigma''' = 0\text{MPa}$$

主方位角

$\alpha_0 = 0°$，对应 $\sigma_1 = 60\text{MPa}$；$\alpha_0 = 90°$，对应 $\sigma_2 = 20\text{MPa}$。

应力圆法。按比例尺画图，应力圆如图 8-17a 所示。测得

$$\sigma_1 = 60\text{MPa},\ \sigma_2 = 20\text{MPa}$$

对应 $\sigma_1 = 60\text{MPa}$，主方位角为 $\alpha_0 = 0°$；对应 $\sigma_2 = 20\text{MPa}$，主方位角为 $\alpha_0 = 90°$。

(b) 解析法。

$$\sigma_x = 0\text{MPa},\ \sigma_y = 0\text{MPa},\ \tau_x = 35\text{MPa}$$

x-y 平面应力状态的两个主应力分别为

$$\sigma' = \frac{\sigma_x + \sigma_y}{2} + \sqrt{\left(\frac{\sigma_x - \sigma_y}{2}\right)^2 + \tau_x^2}$$

$$= \left[\frac{0+0}{2} + \sqrt{\left(\frac{0-0}{2}\right)^2 + 35^2}\right]\text{MPa} = 35\text{MPa}$$

$$\sigma''=\frac{\sigma_x+\sigma_y}{2}-\sqrt{\left(\frac{\sigma_x-\sigma_y}{2}\right)^2+\tau_x^2}$$

$$=\left[\frac{0+0}{2}-\sqrt{\left(\frac{0-0}{2}\right)^2+35^2}\right]\text{MPa}=-35\text{MPa}$$

由题意

$$\sigma'''=0\text{MPa}$$

故三个主应力

$$\sigma_1=\sigma'=35\text{MPa},\ \sigma_2=\sigma'''=0\text{MPa},\ \sigma_3=\sigma''=-35\text{MPa}$$

主方位角

$$\tan2\alpha_0=-\frac{2\tau_x}{\sigma_x-\sigma_y}=-\frac{70\text{MPa}}{(0-0)\text{MPa}}=-\infty$$

得 $\alpha_0=-45°$，对应 $\sigma_1=35\text{MPa}$；$\alpha_0=45°$，对应 $\sigma_3=-35\text{MPa}$。

应力圆法。按比例尺画图，应力圆如图 8-17b 所示。测得

$$\sigma_1=35\text{MPa},\ \sigma_3=-35\text{MPa}$$

对应 $\sigma_1=35\text{MPa}$，主方位角为 $\alpha_0=-45°$；对应 $\sigma_3=-35\text{MPa}$，主方位角为 $\alpha_0=45°$。

（c）解析法。

$$\sigma_x=80\text{MPa},\ \sigma_y=0\text{MPa},\ \tau_x=40\text{MPa}$$

x-y 平面应力状态的两个主应力分别为

$$\sigma'=\frac{\sigma_x+\sigma_y}{2}+\sqrt{\left(\frac{\sigma_x-\sigma_y}{2}\right)^2+\tau_x^2}$$

$$=\left[\frac{80+0}{2}+\sqrt{\left(\frac{80-0}{2}\right)^2+40^2}\right]\text{MPa}=96.57\text{MPa}$$

$$\sigma''=\frac{\sigma_x+\sigma_y}{2}-\sqrt{\left(\frac{\sigma_x-\sigma_y}{2}\right)^2+\tau_x^2}$$

$$=\left[\frac{80+0}{2}-\sqrt{\left(\frac{80-0}{2}\right)^2+40^2}\right]\text{MPa}=-16.57\text{MPa}$$

由题意

$$\sigma'''=0$$

故三个主应力

$$\sigma_1=\sigma'=96.57\text{MPa},\ \sigma_2=\sigma'''=0\text{MPa},\ \sigma_3=\sigma''=-16.57\text{MPa}$$

主方位角

$$\tan2\alpha_0=-\frac{2\tau_x}{\sigma_x-\sigma_y}=-\frac{2\times40\text{MPa}}{(80-0)\text{MPa}}=-1$$

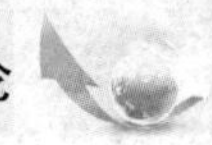

得 $\alpha_0=-22.5°$，对应 $\sigma_1=96.57\text{MPa}$；$\alpha_0=67.5°$，对应 $\sigma_3=-16.57\text{MPa}$。

应力圆法。按比例尺画图，应力圆如图 8-17c 所示。测得

$$\sigma_1=35\text{MPa}，\sigma_3=-35\text{MPa}$$

对应 $\sigma_1=35\text{MPa}$，主方位角为 $\alpha_0=-45°$；对应 $\sigma_3=-35\text{MPa}$，主方位角为 $\alpha_0=45°$。

（d）解析法。

$$\sigma_x=30\text{MPa}，\sigma_y=20\text{MPa}，\tau_x=-20\text{MPa}$$

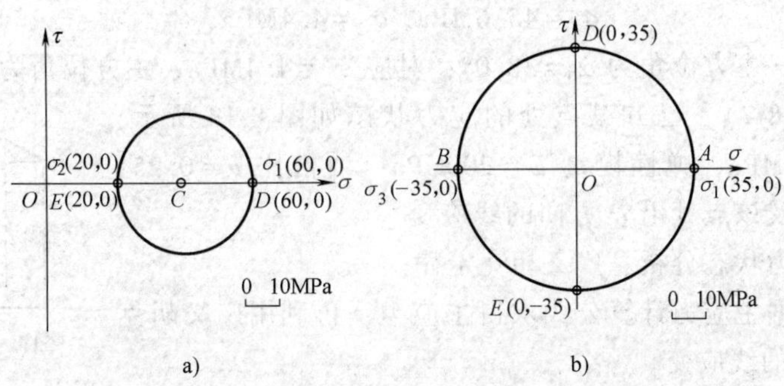

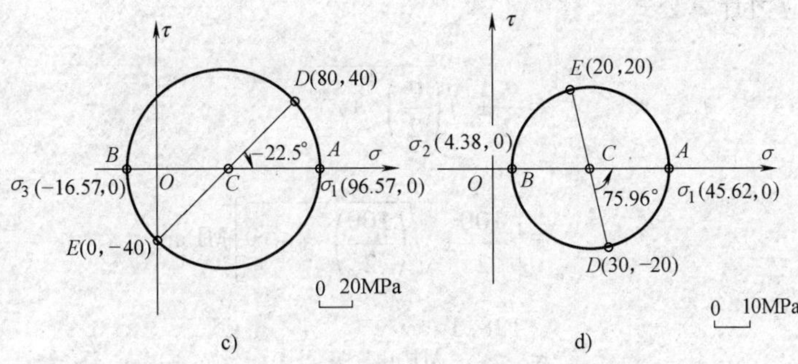

图 8-17　习题 6 应力圆法解图

x-y 平面应力状态的两个主应力分别为

$$\sigma'=\frac{\sigma_x+\sigma_y}{2}+\sqrt{\left(\frac{\sigma_x-\sigma_y}{2}\right)^2+\tau_x^2}$$

$$=\left[\frac{30+20}{2}+\sqrt{\left(\frac{30-20}{2}\right)^2+(-20)^2}\right]\text{MPa}=45.62\text{MPa}$$

$$\sigma''=\frac{\sigma_x+\sigma_y}{2}-\sqrt{\left(\frac{\sigma_x-\sigma_y}{2}\right)^2+\tau_x^2}$$

$$=\left[\frac{30+20}{2}-\sqrt{\left(\frac{30-20}{2}\right)^2+(-20)^2}\right]\text{MPa}=4.38\text{MPa}$$

由题意

$$\sigma'''=0\text{MPa}$$

故三个主应力

$$\sigma_1=\sigma'=45.62\text{MPa},\ \sigma_2=\sigma''=4.38\text{MPa},\ \sigma_3=\sigma'''=0\text{MPa}$$

主方位角

$$\tan 2\alpha_0=-\frac{2\tau_x}{\sigma_x-\sigma_y}=\frac{2\times 20\text{MPa}}{(30-20)\text{MPa}}=4$$

得 $\alpha_0=37.98°$，对应 $\sigma_1=45.62\text{MPa}$；$\alpha_0=52.02°$，对应 $\sigma_2=4.38\text{MPa}$。

应力圆法。按比例尺画图，应力圆如图 8-17d 所示。测得

$$\sigma_1=45.6\text{MPa},\ \sigma_2=4.4\text{MPa}$$

对应 $\sigma_1=45.6\text{MPa}$，主方位角为 $\alpha_0=38.0°$；对应 $\sigma_2=4.4\text{MPa}$，主方位角为 $\alpha_0=52.0°$。

7. （教材习题 8-7） 已知某点处的应力状态如图 8-18 所示，$\tau=60\text{MPa}$，$\sigma=100\text{MPa}$，弹性模量 $E=200\text{GPa}$，泊松比 $\nu=0.25$，求三个主应力，以及该点处沿 σ 方向的线应变。

图 8-18 习题 7 图

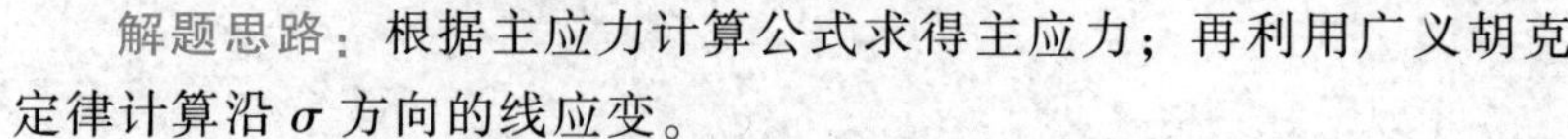
考点：平面应力状态分析、广义胡克定律。

解题思路：根据主应力计算公式求得主应力；再利用广义胡克定律计算沿 σ 方向的线应变。

提示：注意主应力按由大到小排序。

解：根据主应力计算公式

$$\left.\begin{matrix}\sigma_1\\ \sigma_3\end{matrix}\right\}=\frac{\sigma}{2}\pm\sqrt{\left(\frac{\sigma}{2}\right)^2+\tau^2}$$

$$=\left[\frac{100}{2}\pm\sqrt{\left(\frac{100}{2}\right)^2+60^2}\right]\text{MPa}$$

$$=\left\{\begin{matrix}128.1\\ -28.1\end{matrix}\right.\text{MPa}$$

$$\sigma_2=0$$

根据胡克定律，沿 σ 方向的线应变

$$\varepsilon=\frac{\sigma}{E}=\frac{100\text{MPa}}{200\times 10^3\text{MPa}}=5\times 10^{-4}$$

8. （教材习题 8-8） 试从三向应力状态的广义胡克定律推导一般平面应力状态下的胡克定律公式，要求推导分别用应力表示应变和用应变表示应力两种形式。

考点：平面应力状态下的广义胡克定律。

解题思路：由一般空间应力状态的广义胡克定律可得一般平面应力状态下用应力表示应变的胡克定律公式，再由此导出用应变表示应力的一般平面应力状态下的胡克定律公式。

提示：一般平面应力状态下，$\sigma_z=0$，$\tau_{xz}=\tau_{yz}=0$。

解：一般平面应力状态下

$$\sigma_z=0,\ \tau_{xz}=0,\ \tau_{yz}=0$$

将上式代入一般空间应力状态的广义胡克定律［教材中式（8-23）］得一般平面应力状态下用应力表示应变的胡克定律公式

$$\varepsilon_x=\frac{1}{E}(\sigma_x-\nu\sigma_y) \tag{a}$$

$$\varepsilon_y=\frac{1}{E}(\sigma_y-\nu\sigma_x) \tag{b}$$

$$\varepsilon_z=-\frac{\nu}{E}(\sigma_x+\sigma_y) \tag{c}$$

$$\gamma_{xy}=\frac{\tau_{xy}}{G} \tag{d}$$

其中，E、ν、G 分别为材料的弹性模量、泊松比和切变弹性模量。

由式（a）、式（b）和式（d）得到用应变表示应力的一般平面应力状态下的胡克定律公式

$$\sigma_x=\frac{E}{1-\nu^2}(\varepsilon_x+\nu\varepsilon_y) \tag{e}$$

$$\sigma_y=\frac{E}{1-\nu^2}(\varepsilon_y+\nu\varepsilon_x) \tag{f}$$

$$\tau_{xy}=G\gamma_{xy} \tag{g}$$

9.（教材习题 8-9）　外径 $D=120\text{mm}$，内径 $d=80\text{mm}$ 的空心圆轴，两端承受一对扭转力偶矩 M_e，如图 8-19 所示。在轴的中部表面点 A 处，测得与其母线成 45°方向的线应变为 $\varepsilon_{45°}=2.6\times10^{-4}$。已知材料的弹性常数 $E=200\text{GPa}$，$\nu=0.3$，试求扭转外力偶矩 M_e。

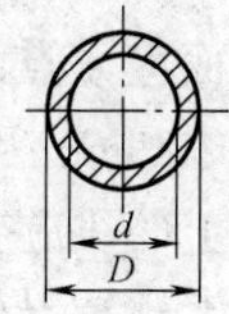

图 8-19　习题 9 图

考点：圆轴扭转横截面上一点的切应力计算、纯剪切应力状态分析、广义胡克定律。

解题思路：先按圆轴扭转横截面上一点的切应力公式计算，给出横截面外缘处 A 点的切应力与外力偶矩的关系，再利用平面应力状态分析的转换公式求得±45°斜截面上的正应力，进而利用广义胡克定律建立+45°斜截面上的线应变与横截面上切应力之间的关系，最后，根据切应力与外力偶矩的关系计算得到外力偶矩 M_e。

提示：注意切应力的正负符号规定。

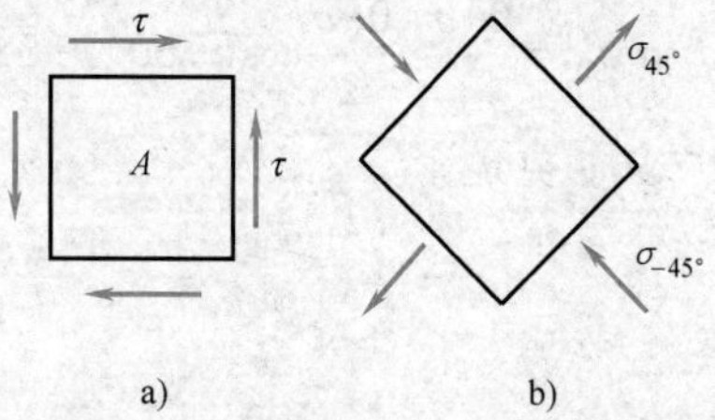

解：A 点沿横、纵截面与±45°方位的单元体应力状态如图 8-20a、b 所示。

图 8-20　习题 9 单元体应力状态图

$$\sigma_{45°}=\frac{(0+0)\,\text{MPa}}{2}+\frac{(0-0)\,\text{MPa}}{2}\cos(2\times45°)+\tau\sin(2\times45°)=\tau$$

$$\sigma_{-45°}=\frac{(0+0)\,\text{MPa}}{2}+\frac{(0-0)\,\text{MPa}}{2}\cos(-90°)+\tau\sin(-90°)=-\tau$$

由广义胡克定律

$$\varepsilon_{45^\circ}=\frac{1}{E}(\sigma_{45^\circ}-\nu\sigma_{-45^\circ})=\frac{\tau}{E}(1+\nu)$$

得

$$\tau=\frac{E\varepsilon_{45^\circ}}{1+\nu}$$

代入得

$$\tau=\frac{200\times10^9\text{Pa}\times2.6\times10^{-4}}{1+0.3}=40\text{MPa}$$

圆轴扭矩为

$$T=\tau\cdot W_{\text{p}}=\tau\cdot\frac{\pi D^3}{16}(1-\alpha^4)=40\times10^6\text{Pa}\times\frac{\pi(120\times10^{-3}\text{m})^3}{16}\times\left[1-\left(\frac{80\text{mm}}{120\text{mm}}\right)^4\right]=10.88\text{kN}\cdot\text{m}$$

扭转外力偶矩为

$$M_{\text{e}}=T=10.88\text{kN}\cdot\text{m}$$

10.（教材习题 8-10） 图 8-21 所示为一钢质圆杆，直径 $D=20\text{mm}$，已知 A 点处与水平线成 60°方向上的正应变 $\varepsilon_{60^\circ}=4.1\times10^{-4}$，已知材料的弹性模量 $E=210\text{GPa}$，$\nu=0.28$，试求荷载 F。

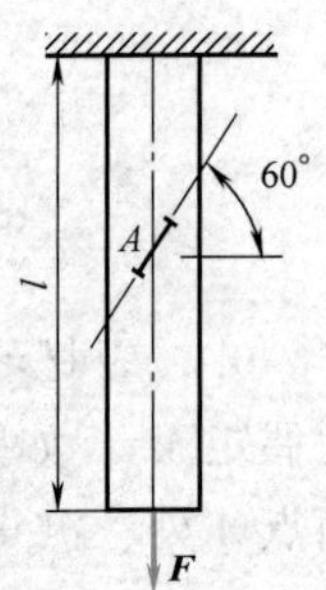

图 8-21 习题 10 图

考点：轴向拉压杆横截面上一点的正应力计算、单向应力状态分析、广义胡克定律。

解题思路：先按轴向拉压杆横截面上一点的正应力公式计算，给出横截面上 A 点的正应力与外力 F 的关系，再利用平面应力状态分析的转换公式求得 60°及−30°斜截面上的正应力，进而利用广义胡克定律建立 60°斜截面上的线应变与横截面上正应力之间的关系，最后，根据正应力与外力的关系计算得到外力 F。

提示：注意斜截面转角正负符号规定。

解：A 点沿横纵截面和 60°及−30°方位的单元体应力状态分别如图 8-22a、b 所示。

$$\sigma_{60^\circ}=\frac{0+\sigma}{2}+\frac{0-\sigma}{2}\cos(2\times60^\circ)-0\times\sin(2\times60^\circ)=\frac{3\sigma}{4}$$

$$\sigma_{-30^\circ}=\frac{0+\sigma}{2}+\frac{0-\sigma}{2}\cos(-60^\circ)-0\times\sin(-60^\circ)=\frac{\sigma}{4}$$

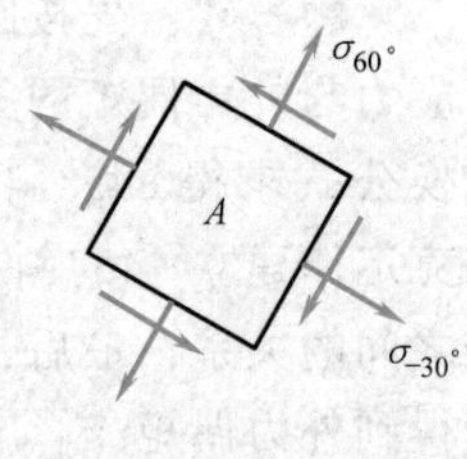

图 8-22 习题 10 单元体应力状态图

由广义胡克定律：

$$\varepsilon_{60^\circ}=\frac{1}{E}(\sigma_{60^\circ}-\nu\sigma_{-30^\circ})=\frac{\sigma}{4E}(3-\nu)$$

得

$$\sigma=\frac{4E\varepsilon_{60^\circ}}{3-\nu}$$

代入得

$$\sigma=\frac{(4\times210\times10^9\times4.1\times10^{-4})\text{Pa}}{3-0.28}=126.6\text{MPa}$$

轴力

$$F_N=\sigma\cdot\frac{\pi D^2}{4}=\left[126.6\times10^6\times\frac{\pi(20\times10^{-3})^2}{4}\right]\text{N}=39.8\text{kN}$$

荷载

$$F=F_N=39.8\text{kN}$$

11.（教材习题 8-11） 如图 8-23a 所示，在一体积较大的钢块上开一个贯通的槽，其宽度和深度都是 10mm。在槽内紧密无隙地嵌入一铝质立方块，它的尺寸是 10mm×10mm×10mm。当铝块受到压力 $F_P=6\text{kN}$ 作用时，假设钢块不变形。铝的弹性模量 $E=70\text{GPa}$，$\nu=0.33$，试求铝块的三个主应力及其相应的变形。

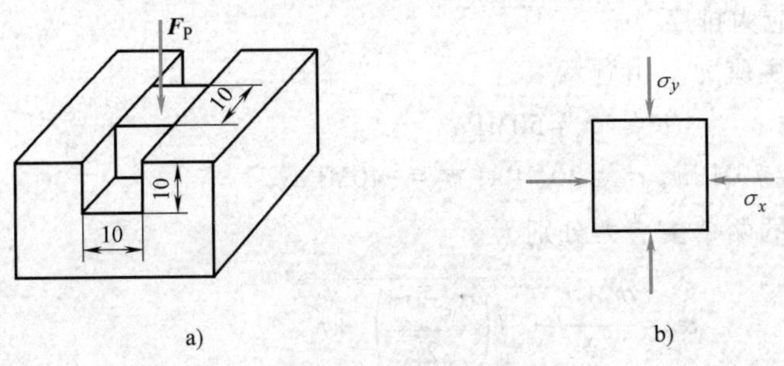

图 8-23　习题 11 图

考点：广义胡克定律 。

解题思路：先由物块的受力和变形条件计算三个主应力，再由广义胡克定律计算三个主应变，最后计算相应的变形。

提示：根据 x 方向的变形条件计算应力也需利用广义胡克定律。

解：铝块的应力状态如图 8-23b 所示。由图 8-23a 可知

$$\sigma_y=-\frac{F_P}{A}=-\frac{6\times10^3}{10\times10^{-3}\times10\times10^{-3}}\text{N/m}^2=-60\text{MPa}$$

由广义胡克定律，有变形条件

$$\varepsilon_x=\frac{1}{E}(\sigma_x-\nu\sigma_y)=0$$

得

$$\sigma_x=\nu\sigma_y=0.33\times(-60)\text{MPa}=-19.8\text{MPa}$$

由此，平面应力状态的三个主应力分别为

$$\sigma_1=0\text{MPa},\ \sigma_2=-19.8\text{MPa},\ \sigma_3=-60\text{MPa}$$

相应的三个主应变分别为

$$\varepsilon_1=\frac{1}{E}[\sigma_1-\nu(\sigma_2+\sigma_3)]=\frac{1}{70\times10^9}[0-0.33(-19.8-60)\times10^6]=3.76\times10^{-4}$$

$$\varepsilon_2=0$$

$$\begin{aligned}\varepsilon_3&=\frac{1}{E}[\sigma_3-\nu(\sigma_2+\sigma_1)]\\&=\frac{1}{70\times10^9}[-60\times10^6-0.33(-19.8+0)\times10^6]\\&=-7.6\times10^{-4}\end{aligned}$$

相应的变形分别为

$$\Delta l_1=\varepsilon_1 l=3.76\times10^{-4}\times10\text{mm}=3.76\times10^{-3}\text{mm}$$

$$\Delta l_2=\varepsilon_2 l=0\times10\text{mm}=0\text{mm}$$

$$\Delta l_3=\varepsilon_3 l=-7.64\times10^{-4}\times10\text{mm}=-7.64\times10^{-3}\text{mm}$$

12.（教材习题 8-12） 已知图 8-24 所示单元体材料的弹性模量 $E=200\text{GPa}$，$\nu=0.3$。试求该单元体的形状改变能密度。图中应力单位为 MPa。

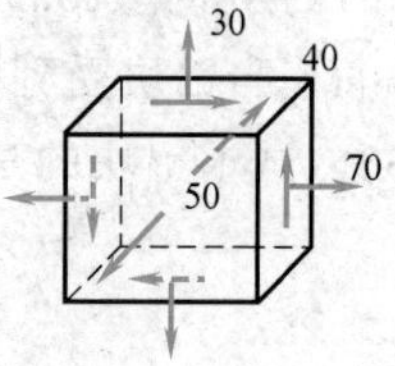

图 8-24 习题 12 图

考点：形状改变能密度。

解题思路：先计算三个主应力，再计算形状改变能密度。

提示：注意主应力排序。

解：(1) 计算主应力。由题意

$$\sigma'''=\sigma_z=50\text{MPa}$$

$$\sigma_x=70\text{MPa},\ \sigma_y=30\text{MPa},\ \tau_x=-40\text{MPa}$$

x—y 平面应力状态的两个主应力分别为

$$\sigma'=\frac{\sigma_x+\sigma_y}{2}+\sqrt{\left(\frac{\sigma_x-\sigma_y}{2}\right)^2+\tau_x^2}$$

$$=\left[\frac{70+30}{2}+\sqrt{\left(\frac{70-30}{2}\right)^2+40^2}\right]\text{MPa}=94.7\text{MPa}$$

$$\sigma''=\frac{\sigma_x+\sigma_y}{2}-\sqrt{\left(\frac{\sigma_x-\sigma_y}{2}\right)^2+\tau_x^2}$$

$$=\left[\frac{70+30}{2}-\sqrt{\left(\frac{70-30}{2}\right)^2+40^2}\right]\text{MPa}=5.3\text{MPa}$$

按主应力排序得

$$\sigma_1=94.7\text{MPa},\ \sigma_2=50\text{MPa},\ \sigma_3=5.3\text{MPa}$$

形状改变能密度：

$$v_{\text{d}}=\frac{1+\nu}{6E}[(\sigma_1-\sigma_2)^2+(\sigma_2-\sigma_3)^2+(\sigma_3-\sigma_1)^2]$$

$$=\frac{1+0.3}{6\times200\times10^9}[(94.7-50)^2+(50-5.3)^2+(5.3-94.7)^2]\times10^{12}\text{J/m}^3$$

$$=13.0\text{kJ/m}^3$$

13.（教材习题 8-14） 如图 8-25a，直径 $D=40\text{mm}$ 的铝圆柱，放在厚度 $\delta=2\text{mm}$ 的钢套

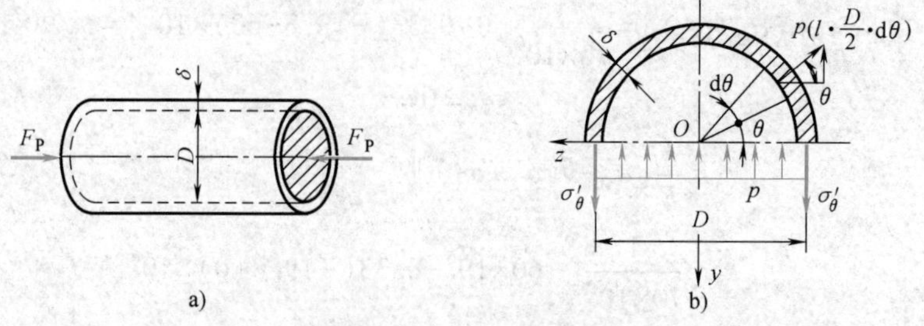

图 8-25 习题 13 图

筒内，设两者之间无间隙。作用于圆柱上的轴向压力 $F_P=40\text{kN}$。若铝的弹性模量及泊松比分别为 $E_1=70\text{GPa}$，$\nu_1=0.35$，钢的弹性模量 $E=210\text{GPa}$，试求筒内的环向应力。（提示：当圆柱受均匀的径向压力 p 作用时，其中任一点的径向及环向应力均为 p。）

考点：广义胡克定律、变形协调条件。

解题思路：①单元体应力计算：先计算圆柱体表面上一点的轴向应力、径向应力和环向应力，以及钢套筒上一点的环向应力。②环向应变计算：由广义胡克定律，对圆柱体外表面上任一点的单元体的环向应变，以及套筒内表面上任一点的环向应变，由变形协调条件可得所求。

提示：当圆柱受均匀的径向压力 p 作用时，其中任一点的径向及环向应力均为 p。

解：（1）单元体应力计算。

对圆柱体外表面上任一点的单元体，轴向应力

$$\sigma_N=\frac{4F_P}{\pi D^2}=-\frac{4\times40\times10^3}{\pi\times0.04^2}\text{Pa}=-31.85\text{MPa}$$

径向及环向应力

$$\sigma_r=\sigma_\theta=-p(\text{压应力})$$

用纵剖面将钢套筒截开，受力如图 8-25b 所示，列平衡方程

$$\sum F_y=0,\ \sigma'_\theta(l\times2\delta)=p\times Dl$$

得钢套筒上一点的环向应力

$$\sigma'_\theta=\frac{pD}{2\delta}(\text{拉应力})$$

（2）环向应变计算。

由广义胡克定律，对圆柱体外表面上任一点的单元体，其环向应变

$$\varepsilon_\theta=\frac{1}{E_1}[\sigma_\theta-\nu_1(\sigma_r+\sigma_N)]=\frac{(\nu_1-1)p-\nu_1\sigma_N}{E_1}$$

对套筒内表面上任一点，其环向应变

$$\varepsilon'_\theta=\frac{\sigma'_\theta}{E}=\frac{pD}{2\delta E}$$

由变形协调条件

$$\varepsilon_\theta=\varepsilon'_\theta$$

得

$$\frac{pD}{2\delta E}=\frac{(1-\nu_1)p-\nu_1\sigma_N}{E_1}$$

解得

$$p=\frac{\nu_1\sigma_N}{\nu_1-1-D/6\delta}=-\frac{0.35\times31.85}{0.35-1-40/12}\text{MPa}=2.8\text{MPa}$$

14. （教材习题 8-15） 图 8-26 所示一两端封闭的薄壁圆筒，受内压力 p 及轴向压力 F_P 作用。已知 $F_P=100\text{kN}$，$p=5\text{MPa}$，筒的平均直径 $d=100\text{mm}$。试按下列两种情况求筒壁厚度 δ 值：

（1）材料为铸铁，$[\sigma]=40\text{MPa}$，$\nu=0.25$，按第二强度理论计算；

(2) 材料为钢材，$[\sigma]=120\text{MPa}$，按第四强度理论计算。

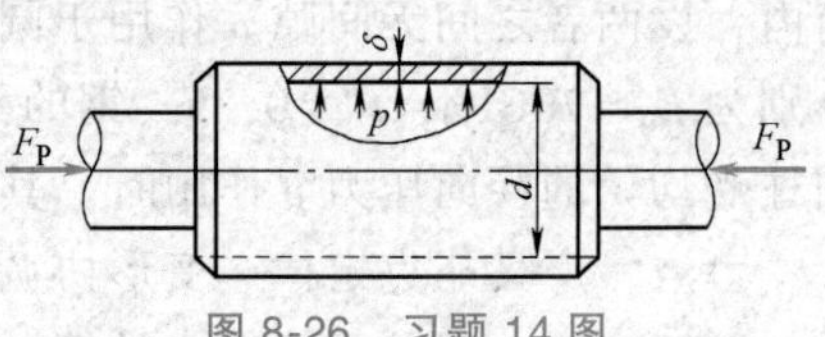

图 8-26 习题 14 图

考点：薄壁容器应力计算、平面应力状态分析、第二及第四强度理论。

解题思路：首先计算薄壁容器上一点处的环向和轴向应力，得到单元体的三个主应力，然后对铸铁材料和钢材，分别采用第二强度理论和第四强度理论计算。

提示：对内压为 p 的薄壁容器，径向应力可以忽略不计，于是单元体可视为二向应力状态。

解：求圆筒的轴向及环向应力。分别用横截面和纵截面将容器截开，其受力分别如图 8-27a、b 所示。列平衡方程

$$\sum F_x=0,\ p\frac{\pi d^2}{4}-\sigma'(\pi d\delta)-F_P=0$$

$$\sum F_y=0, \sigma''(l\cdot 2\delta)-pdl=0$$

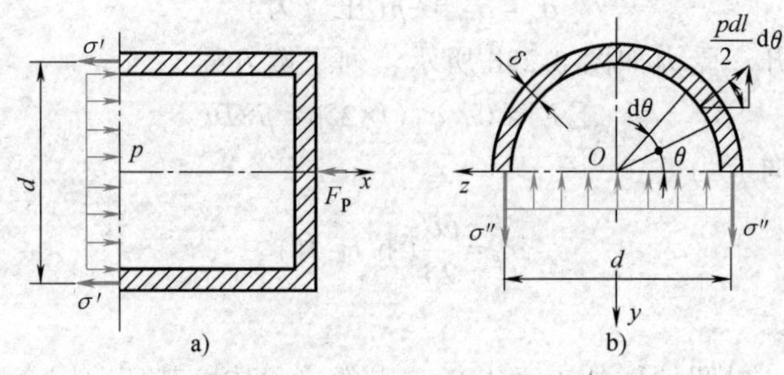

图 8-27 习题 14 剖面受力图

由此解得轴向应力

$$\sigma'=\frac{pd}{4\delta}-\frac{F_P}{\pi d\delta}$$

环向应力

$$\sigma''=\frac{pd}{2\delta}$$

由上述分析可见，在薄壁容器上，若以纵横两组平面截取单元体，则 σ' 与 σ'' 皆为主应力。此外，在单元体的第三个方向（径向）上，径向应力可以忽略不计，于是单元体可视为二向应力状态，按主应力排序为

$$\sigma_1=\sigma''=\frac{pd}{2\delta},\ \sigma_2=\sigma'=\frac{pd}{4\delta}-\frac{F_P}{\pi d\delta},\ \sigma_3=0$$

(1) 对铸铁材料，按第二强度理论，有

$$\sigma_{r2}=\sigma_1-\nu(\sigma_2+\sigma_3)\leqslant[\sigma]$$

即

$$\frac{pd}{2\delta}-\nu\left(\frac{\pi pd^2-4F_P}{4\pi d\delta}\right)\leqslant[\sigma]$$

解得

$$\delta \geqslant \frac{(2-\nu)\pi p d^2 + 4\nu F_P}{4\pi d[\sigma]}$$

$$= \left[\frac{(2-0.25)\pi \times 5\times10^6 \times (100\times10^{-3})^2 + 4\times0.25\times100\times10^3}{4\pi\times100\times10^{-3}\times40\times10^6}\right]\mathrm{m}$$

$$= 0.0075\mathrm{m} = 7.5\mathrm{mm}$$

（2）对钢材，按第四强度理论，有

$$\sigma_{r4} = \sqrt{\frac{1}{2}[(\sigma_1-\sigma_2)^2+(\sigma_2-\sigma_3)^2+(\sigma_3-\sigma_1)^2]} \leqslant [\sigma]$$

代入主应力，得

$$\sigma_{r4} = \sqrt{\frac{1}{2}\left[\left(\frac{pd}{2\delta}-\frac{pd}{4\delta}+\frac{F_P}{\pi d\delta}\right)^2+\left(\frac{pd}{4\delta}-\frac{F_P}{\pi d\delta}\right)^2+\left(\frac{pd}{2\delta}\right)^2\right]} \leqslant [\sigma]$$

解得

$$\delta \geqslant \sqrt{\left(\frac{\sqrt{3}pd}{4}\right)^2+\left(\frac{F_P}{\pi d}\right)^2}\bigg/[\sigma]$$

$$= \left[\sqrt{\left(\frac{\sqrt{3}\times5\times10^6\times100\times10^{-3}}{4}\right)^2+\left(\frac{100\times10^3}{\pi\times100\times10^{-3}}\right)^2}\bigg/120\times10^6\right]\mathrm{m}$$

$$= 3.2\mathrm{mm}$$

15.（教材习题 8-16）　薄壁圆筒同时承受扭转力偶 M_e 和轴向力 F_P 的联合作用，如图 8-28a 所示。已知 $F_P = 140\mathrm{kN}$，$M_e = 25\mathrm{kN\cdot m}$，圆筒的平均直径 $d = 180\mathrm{mm}$，壁厚 $\delta = 10\mathrm{mm}$，材料的屈服应力 $\sigma_s = 250\mathrm{MPa}$，若取安全系数 $n_s = 2.5$，试按第三强度理论校核圆筒的强度。

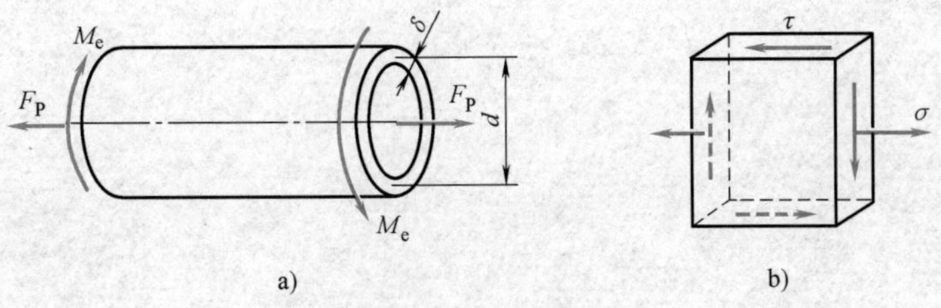

图 8-28　习题 15 图

考点：拉扭组合变形、第三强度理论。

解题思路：对拉扭组合变形问题，先按叠加法计算得到危险点的应力单元体，然后根据第三强度理论进行强度计算。

提示：一般当相当应力不超过许用应力的 5%时，视为满足工程设计要求。

解：此题为拉扭组合变形问题，按叠加法计算。

危险点的应力状态如图 8-28b 所示。

$$\sigma = \frac{F_P}{\pi d\delta} = \frac{140\times10^3}{\pi\times0.18\times10\times10^{-3}}\mathrm{Pa} = 24.77\mathrm{MPa}$$

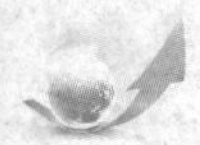
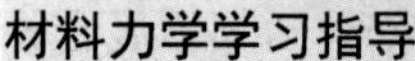

$$\tau=\frac{2M_{\mathrm{e}}}{\pi d^{2}\delta}=\frac{2\times25\times10^{3}}{\pi\times0.18^{2}\times10\times10^{-3}}\mathrm{Pa}=49.15\mathrm{MPa}$$

根据第三强度理论

$$\begin{aligned}\sigma_{\mathrm{r3}}&=\sqrt{\sigma^{2}+4\tau^{2}}\\&=\sqrt{24.77^{2}+4\times49.15^{2}}\ \mathrm{MPa}\\&=101.37\mathrm{MPa}>[\sigma]=\frac{\sigma_{\mathrm{s}}}{n_{\mathrm{s}}}=100\mathrm{MPa}\end{aligned}$$

因为

$$\frac{\sigma_{\mathrm{r3}}-[\sigma]}{[\sigma]}=\frac{101.37-100}{100}=1.37\%<5\%$$

所以该圆筒满足强度要求。

第9章 组合变形

9.1 重点内容提要

9.1.1 基本概念

1. 组合变形

当杆件在外力作用下产生两种或两种以上的基本变形时，该杆件的变形称为组合变形。

2. 组合变形的基本假设

组合变形中的各种基本变形都属于线弹性范围内的小变形，各种基本变形互相独立，互不影响。

3. 组合变形的研究方法

(1) 外力分析　外力向作用点处杆件横截面的形心简化为静力等效力系，并沿横截面主惯性轴分解。

(2) 内力分析　求每种基本变形对应的内力方程和内力图，确定可能的危险面。

(3) 应力分析　根据基本变形理论，确定可能危险面上对应于各种基本变形的应力分布图，确定可能的危险点。

(4) 强度和刚度计算　按照叠加原理进行。

4. 叠加原理的具体操作方法

(1) 按基本变形理论，确定各种基本变形的应力和变形。

(2) 杆件组合变形的变形叠加：

1) 不同基本变形在构件同一截面上同一点沿同一方向产生的位移或变形按代数方法叠加；

2) 不同基本变形在构件同一截面上同一点沿不同方向产生的位移或变形按矢量方法叠加。

(3) 杆件组合变形的应力叠加：

1) 不同基本变形在构件同一截面上同一点沿同一方向产生的应力按代数方法叠加；

2) 不同基本变形在构件同一截面上同一点沿不同方向产生的应力按应力状态理论和强度理论进行叠加。

9.1.2 组合变形杆件的内力图

根据组合变形的研究方法，内力分析时首先是把外力向作用点处杆件横截面形心简化为静力等效力系，并沿横截面主惯性轴分解，其次是分析每个外力分量对应于什么基本变形，最后根据基本变形理论求出对应的内力方程或内力图。

9.1.3 拉（压）与弯曲组合变形的强度计算

1. 轴向荷载与横向荷载共同作用下的组合变形

（1）危险应力

$$\left.\begin{matrix}\sigma_{\max}\\ \sigma_{\min}\end{matrix}\right\}=\frac{F_N}{A}\pm\frac{M_{z\max}}{W_z} \tag{9-1}$$

式中 F_N——危险截面的轴力（N）；

$M_{z\max}$——危险截面上对 z 轴的弯矩（N·m）；

A——危险截面的面积（m^2）；

W_z——危险截面的对 z 轴的弯曲截面系数（m^3）。

（2）强度条件

$$\sigma_{\max}\leqslant[\sigma] \tag{9-2}$$

式中 $\sigma_{\max}$——危险截面的最大应力（Pa）；

$[\sigma]$——材料的许用应力（Pa）。

2. 简单偏心拉伸（压缩）

（1）危险应力

$$\sigma_{\max}=\sigma_N+\sigma_{M\max}=\frac{F_N}{A}+\frac{M_{z\max}}{W_z} \tag{9-3}$$

（2）强度条件

$$\sigma_{\max}\leqslant[\sigma] \tag{9-4}$$

3. 一般偏心拉伸（压缩）

（1）截面上任意点的应力

$$\sigma(y,z)=\sigma_N+\sigma_{M_y}+\sigma_{M_z}=-\frac{F_N}{A}-\frac{M_y}{I_y}z-\frac{M_z}{I_z}y \tag{9-5}$$

式中 F_N——轴力（N）；

M_y——横截面上绕 y 轴的弯矩（N·m）；

M_z——横截面上绕 z 轴的弯矩（N·m）；

I_y——横截面对形心坐标轴 y 的惯性矩（m^4）；

I_z——横截面对形心坐标轴 z 的惯性矩（m^4）；

y——横截面任意点的 y 坐标（m）；

z——横截面任意点的 z 坐标（m）。

或表示为

$$\sigma(y,z)=-\frac{F_P}{A}\left(1+\frac{e_z}{i_y^2}z+\frac{e_y}{i_z^2}y\right) \tag{9-6}$$

式中　F_P——偏心压力（N）；

e_y——偏心压力在 y 方向的偏心距（m）；

e_z——偏心压力在 z 方向的偏心距（m）；

i_y——横截面对形心坐标轴 y 的惯性半径（m）；

i_z——横截面对形心坐标轴 z 的惯性半径（m）。

（2）中性轴的方程

$$1+\frac{e_z}{i_y^2}z+\frac{e_y}{i_z^2}y=0 \tag{9-7}$$

（3）中性轴在截面坐标系 Cyz 中的截距 a_y 和 a_z 与偏心距的关系

$$a_y=-\frac{i_z^2}{e_y},\qquad a_z=-\frac{i_y^2}{e_z} \tag{9-8}$$

4. 截面核心

（1）截面核心　当偏心压力作用在截面的某个范围以内时，中性轴的位置将在与截面边界相切或位于截面以外，整个截面上就只会受压应力作用。截面上偏心压力的这个作用范围称为截面核心，也称为压应力作用区。

（2）截面核心确定　以截面边界每一点的切线为中性轴，通过中性轴截距与偏心距的关系求出偏心力作用点，这些作用点连起来即得截面核心。

9.1.4　斜弯曲变形的强度和刚度计算

1. 斜弯曲

杆件在任意方向横向力作用下产生弯曲，但弯曲挠曲线与横向力不共面，这种弯曲称为斜弯曲。

2. 斜弯曲杆横截面上任意点的正应力

$$\sigma(y,z)=-\frac{M_z}{I_z}y+\frac{M_y}{I_y}z \tag{9-9}$$

3. 斜弯曲杆横截面上的中性轴方程

$$-\frac{M_z}{I_z}\bar{y}+\frac{M_y}{I_y}\bar{z}=0 \tag{9-10}$$

4. 在一个横向力作用下悬臂杆斜弯曲时，横截面上的中性轴的倾角

$$\tan\theta=\frac{\bar{y}}{\bar{z}}=\frac{M_yI_z}{M_zI_y}=\frac{I_z}{I_y}\tan\varphi \tag{9-11}$$

式中　θ——横截面上的中性轴的倾角；

φ——外力偏离铅垂轴的倾角。

5. 矩形截面、工字形截面和 T 形截面杆斜弯曲时的危险应力

$$\left.\begin{matrix}\sigma_{\text{tmax}}\\ \sigma_{\text{cmax}}\end{matrix}\right\}=\pm\left(\frac{M_z}{W_z}+\frac{M_y}{W_y}\right) \tag{9-12}$$

6. 非圆截面杆斜弯曲时的强度条件

$$\sigma_{\text{tmax}}<[\sigma_t],\qquad \sigma_{\text{cmax}}<[\sigma_c] \tag{9-13}$$

7. 斜弯曲的刚度条件

斜弯曲的刚度条件是

$$\frac{w_{\max}}{l} \leqslant \left[\frac{w_{\max}}{l}\right]$$

9.1.5 圆截面杆弯曲和扭转组合变形的强度计算

1. 简单弯扭组合变形的强度计算

杆受到一个扭矩和在一个主惯性平面内受横向力所产生的变形，称为简单弯扭组合变形。

（1）简单弯扭组合变形的危险应力

$$\sigma_M = \frac{M_{z\max}}{W_z}, \qquad \tau_T = \frac{T_{\max}}{W_p} \tag{9-14}$$

式中 $M_{z\max}$——危险面上对中性轴 z 的弯矩（N · m）；

$T_{\max}$——危险面上的扭矩（N · m）；

$W_z = \frac{\pi d^3}{32}$——圆截面的弯曲截面系数（m^3）；

$W_p = \frac{\pi d^3}{16}$——圆截面的扭转截面系数（m^3），$W_p = 2W_z$。

（2）简单弯扭组合变形的强度条件

$$\sigma_{r3} = \sqrt{\sigma_M^2 + 4\tau_T^2} \leqslant [\sigma] \tag{9-15}$$

$$\sigma_{r4} = \sqrt{\sigma_M^2 + 3\tau_T^2} \leqslant [\sigma] \tag{9-16}$$

或

$$\sigma_{r3} = \frac{\sqrt{M_{\max}^2 + T_{\max}^2}}{W_z} \leqslant [\sigma] \tag{9-17}$$

$$\sigma_{r4} = \frac{\sqrt{M_{\max}^2 + 0.75T_{\max}^2}}{W_z} \leqslant [\sigma] \tag{9-18}$$

式中 $M_{\max}$——危险面上的弯矩（N · m）；

$T_{\max}$——危险面上的扭矩（N · m）；

W_z——圆截面的弯曲截面系数；

$[\sigma]$——材料的许用应力。

2. 圆截面杆斜弯曲变形的强度计算

（1）截面上任意点的正应力

$$\sigma(y,z) = -\frac{M_z}{I_z}y + \frac{M_y}{I_y}z \tag{9-19}$$

（2）中性轴与 z 轴的夹角 θ

$$\tan\theta = \frac{\bar{y}}{\bar{z}} = \frac{M_y}{M_z} \tag{9-20}$$

（3）截面上的合弯矩与 z 轴的夹角

$$\tan\alpha=\frac{M_y}{M_z} \tag{9-21}$$

（4）危险点位置　位于与合弯矩矢量（中性轴）垂直的直径的两端点处。

（5）危险应力

$$\sigma_{\max}=\pm\frac{M}{I_z}R=\pm\frac{M}{W_z} \tag{9-22}$$

（6）强度条件　圆截面杆斜弯曲变形时的强度条件为

$$\sigma_{\text{tmax}}\leqslant[\sigma_{\text{t}}],\qquad \sigma_{\text{cmax}}\leqslant[\sigma_{\text{c}}]$$

3. 圆截面杆斜弯曲和扭转组合变形的强度计算

（1）危险点的应力状态　属于重要的常见的平面应力状态

$$\sigma=\frac{M}{W_z},\qquad \tau=\frac{T}{W_{\text{p}}}=\frac{T}{2W_z} \tag{9-23}$$

式中　M——危险截面的合弯矩；

T——危险截面的扭矩；

W_z——危险截面对直径的弯曲截面系数。

（2）斜弯曲与扭转组合变形的强度条件（第三、第四强度条件）

$$\sigma_{\text{r3}}=\sqrt{\sigma^2+4\tau^2}\leqslant[\sigma] \tag{9-24}$$

$$\sigma_{\text{r4}}=\sqrt{\sigma^2+3\tau^2}\leqslant[\sigma] \tag{9-25}$$

或

$$\sigma_{\text{r3}}=\frac{\sqrt{M^2+T^2}}{W_z}\leqslant[\sigma]\quad 或\quad \sigma_{\text{r3}}=\frac{\sqrt{M_y^2+M_z^2+T^2}}{W_z}\leqslant[\sigma] \tag{9-26}$$

$$\sigma_{\text{r4}}=\frac{\sqrt{M^2+0.75T^2}}{W_z}\leqslant[\sigma]\quad 或\quad \sigma_{\text{r4}}=\frac{\sqrt{M_y^2+M_z^2+0.75T^2}}{W_z}\leqslant[\sigma] \tag{9-27}$$

4. 圆截面杆拉（压）、斜弯曲和扭转组合变形的强度计算

（1）危险点的应力状态　属于重要的常见的平面应力状态

$$\sigma=\frac{F_{\text{N}}}{A}+\frac{M}{W_z}=\frac{F_{\text{N}}}{A}+\frac{\sqrt{M_y^2+M_z^2}}{W_z},\qquad \tau=\frac{T}{W_{\text{p}}} \tag{9-28}$$

（2）圆截面梁拉（压）、斜弯曲与扭转组合变形的强度条件（第三、第四强度条件）

$$\sigma_{\text{r3}}=\sqrt{\sigma^2+4\tau^2}\leqslant[\sigma] \tag{9-29}$$

$$\sigma_{\text{r4}}=\sqrt{\sigma^2+3\tau^2}\leqslant[\sigma] \tag{9-30}$$

或表示为

$$\sigma_{\text{r3}}=\sqrt{\left(\frac{F_{\text{N}}}{A}+\frac{M}{W_z}\right)^2+4\frac{T^2}{W_{\text{p}}^2}}=\sqrt{\left(\frac{F_{\text{N}}}{A}+\frac{M}{W_z}\right)^2+\frac{T^2}{W_z^2}}\leqslant[\sigma] \tag{9-31}$$

$$\sigma_{\text{r4}}=\sqrt{\left(\frac{F_{\text{N}}}{A}+\frac{M}{W_z}\right)^2+3\frac{T^2}{W_{\text{p}}^2}}=\sqrt{\left(\frac{F_{\text{N}}}{A}+\frac{M}{W_z}\right)^2+0.75\frac{T^2}{W_z^2}}\leqslant[\sigma] \tag{9-32}$$

■ 9.2 复习指导

本章知识点：组合变形、组合变形内力及内力图、组合变形叠加法、拉（压）与弯曲组合变形、简单偏心压缩组合变形、一般偏心压缩组合变形、组合变形横截面的中性轴、偏心距、中性轴截距、截面核心、非圆截面杆斜弯曲、圆截面杆斜弯曲、圆截面杆的简单弯扭组合变形、圆截面杆的斜弯曲与扭转组合变形、圆截面杆的拉伸、斜弯曲和扭转组合变形、组合变形杆件的危险面、组合变形杆件的危险点、组合变形杆件的强度计算。

本章重点：组合变形内力及内力图、组合变形叠加法、组合变形杆件的危险面、组合变形杆件的危险点、组合变形杆件的强度计算。

本章难点：组合变形内力及内力图、组合变形叠加法、组合变形杆件的危险面、组合变形杆件的危险点、弯扭组合变形杆件的强度计算、拉（压）弯扭组合变形杆件的强度计算、斜弯曲杆的强度和刚度计算。

考点：组合变形内力及内力图、组合变形叠加法、拉（压）弯组合变形杆件的强度计算、一般偏心压缩组合变形强度计算、截面核心、斜弯曲的强度和变形计算、弯扭组合变形的强度计算、拉（压）弯扭组合变形杆件的强度计算。

■ 9.3 概念题及解答

9.3.1 判断题

判断下列说法是否正确。

1. 组合变形叠加法与普通叠加法如内力计算的叠加法没有区别。

答：错。

考点：组合变形叠加法。

提示：组合变形叠加法要考虑正应力和切应力的性质不同，不能简单地进行代数或矢量叠加。

2. 偏心压缩的截面核心与材料性质无关。

答：对。

考点：截面核心。

提示：截面核心由偏心距和截面的两个主轴的惯性半径来确定。

3. 偏心压缩杆横截面的中性轴与压力作用点位于截面形心的两边。

答：对。

考点：偏心压缩、中性轴。

提示：偏心压缩的压应力区域大于拉应力区域，偏心压缩的压应力区域偏向压力作用点一边，拉应力区域远离压力作用点，所以结论正确。

4. 圆截面杆发生弯扭组合变形时，危险点处于空间应力状态。

答：错。

考点：组合变形的危险点。

提示：弯扭组合变形的弯矩产生截面正应力，扭矩产生截面切应力，所以危险点属于常见的、重要的平面应力状态。

5. 圆截面或正多边形截面杆受两个相互垂直的弯矩作用时，其变形一定是平面弯曲。

答：错。

考点：斜弯曲。

提示：圆截面或正多边形杆截面存在两个垂直弯矩作用时，求出合弯矩后，其应力计算与平面弯曲的应力计算在形式上相同，但杆件的变形一般不是平面弯曲，仅当所有横向外力作用在杆的同一个横截面上，或所有横向外力位于同一通过轴线的平面上时，杆件的变形才属于平面弯曲。

6. 偏心拉伸直杆，横截面为边长 a 的正方形，偏心力 F 的作用点位于正方形角点与形心连线的中点处。其最大正应力为$\dfrac{2F}{a^2}$。

答：错。

考点：偏心压缩的危险应力。

提示：最大正应力等于压缩正应力加上弯曲最大正应力，即$\dfrac{F}{a^2}+\dfrac{\sqrt{2}\,aF}{4}\Big/\left(\dfrac{a^4}{12}\Big/\dfrac{\sqrt{2}\,a}{2}\right)=\dfrac{4F}{a^2}$。

7. 杆件受到轴向力和横向力作用时，杆件截面的内力仅包含轴向力和弯矩。

答：错。

考点：组合变形内力、截面法。

提示：杆件受到轴向力和横向力作用时，杆件截面的内力不仅包含轴向力和弯矩，还包含剪力。但在材料力学中组合变形强度计算时通常忽略剪力的影响。

8. 构件在一种外力的作用下也可能发生组合变形。

答：对。

考点：组合变形、组合变形内力、截面法。

提示：偏心压缩就是在一个外力作用下产生的压缩和弯曲的组合变形；悬臂曲杆在自由端受到一个横向外力作用时，悬臂段杆会产生弯扭组合变形。

9. 偏心拉（压）杆的强度条件与拉（压）和弯曲组合变形的强度条件并不相同。

答：错。

考点：偏心拉（压）杆、拉（压）和弯曲组合变形、强度条件。

提示：偏心拉（压）杆的变形本质上与拉（压）和弯曲组合变形相同。

10. 等圆截面杆发生简单弯扭组合变形时，弯矩最大的截面一定是危险面。

答：错。

考点：弯扭组合变形、组合变形内力、截面法、危险面。

提示：等圆截面杆发生简单弯扭组合变形时，弯矩和扭矩同时最大的截面一定是危险面。

9.3.2 选择题

请将正确答案填入括号内。

1. 圆截面杆发生简单弯扭组合变形时，危险点的应力状态（　　）。

（A）属于单向应力状态　　　　（B）处于重要的、常见的平面应力状态

（C）处于一般平面应力状态　　（D）处于三向应力状态

答：正确答案是（B）。

考点：组合变形的危险点。

提示：弯扭组合变形的弯矩产生截面正应力、扭矩产生截面切应力，所以危险点属于常见的、重要的平面应力状态。

2. 偏心压缩杆的截面核心（　　）。

（A）与力的大小和作用位置有关

（B）与力的大小和截面的两个主轴惯性半径有关

（C）与力的作用位置和杆的材料性质有关

（D）与力的作用位置和截面的两个主轴惯性半径有关

答：正确答案是（D）。

考点：截面核心。

提示：截面核心由偏心距和截面的两个主轴的惯性半径来确定，与力的大小和杆的材料性质无关。

3. 关于梁斜弯曲区别于平面弯曲的基本特征，下列选项正确的是（　　）。

（A）斜弯曲时的荷载沿斜向作用

（B）斜弯曲时的挠度方向不是垂直向下的

（C）斜弯曲时的荷载作用面与挠曲面不重合

（D）斜弯曲时的荷载作用面与横截面的形心主惯性轴不重合

答：正确答案是（C）。

考点：斜弯曲。

提示：斜弯曲时的荷载作用面与挠曲面不重合。斜弯曲时的挠度方向与荷载作用方向不一致。斜弯曲时外力作用线不平行于梁的形心主惯性轴。

4. 圆截面杆受弯矩 M 与扭矩 T 作用产生弯扭组合变形，且 $M=T$。则横截面上全应力值相等的点（　　）。

（A）位于椭圆线上　　　　（B）位于圆周线上

（C）位于抛物线上　　　　（D）位于直线上

答：正确答案是（A）。

考点：弯扭组合变形、弯扭组合变形截面上点的应力状态、全应力。

提示：截面上与圆心距离为 r，与 z 轴夹角为 φ 的点在截面形心坐标系中的坐标为 $(y,\ z)=(r\sin\varphi,\ r\cos\varphi)$，该点的应力为：正应力 $\sigma=\dfrac{My}{I_z}$，切应力 $\tau=\dfrac{Tr}{I_{\mathrm{p}}}=\dfrac{Mr}{2I_z}$，因正应力与切应力互相垂直，所以全应力大小的平方为 $p^2=\sigma^2+\tau^2=\left(\dfrac{My}{I_z}\right)^2+\left(\dfrac{Mr}{2I_z}\right)^2$，或改写为 $\left(\dfrac{pI_z}{M}\right)^2=y^2+\left(\dfrac{r}{2}\right)^2=y^2+\dfrac{1}{4}(z^2+y^2)=\dfrac{z^2}{2^2}+\dfrac{y^2}{(2/\sqrt{5})^2}$，由于截面上的 I_z 和 M 对于截面是常量，所以横截面上全应力值相等的点 $(y,\ z)$ 位于椭圆线上。

5. 梁的横截面为边长为 a 的正方形，弯矩在垂直于边的两个方向分量为 M_y、M_z，且

$M_y>0$，$M_z>0$。则该截面上最大正应力为（　　）。

（A）$\dfrac{6\sqrt{M_y^2+M_z^2}}{a^3}$　　（B）$\dfrac{6M_z}{a^3}$　　（C）$\dfrac{6M_y}{a^3}$　　（D）$\dfrac{6(M_y+M_z)}{a^3}$

答：正确答案是（D）。

考点：非圆截面斜弯曲、危险点、危险应力。

提示：非圆截面杆斜弯曲的截面危险点在正方形角点处。

6. 等边角钢的直杆，两端受平行于杆轴线方向的力 F 作用，力作用点位于角钢截面的角点处，该杆的变形是（　　）。

（A）轴向拉伸　　（B）平面弯曲

（C）平面弯曲+轴向拉伸　　（D）斜弯曲+轴向拉伸

答：正确答案是（C）。

考点：拉（压）与弯曲组合变形、斜弯曲。

提示：由于角点与形心连线是截面的主惯性轴，所以力 F 平移到截面形心后，有轴向力和弯曲力偶共同作用于杆的主惯性平面上，所以选项（C）是正确选项。

7. 半径为 R、长为 L 的圆截面直杆一端固定另一端自由，当自由端截面形心处受轴向力 F 作用时，轴线的伸长量为 ΔL。当自由端受绕杆轴线的力偶 M 作用时，杆两端截面的相对扭转角为 φ，则当力 F 与力偶 M 共同作用时，杆自由端外圆周上一点的位移大小是（　　）。

（A）$\sqrt{(\Delta L)^2+(R\varphi)^2}$　　（B）$R\varphi$　　（C）$\Delta L+R\varphi$　　（D）ΔL

答：正确答案是（A）。

考点：拉（压）与扭转组合变形、组合变形叠加法。

提示：位移包括轴向与切向位移，同一截面上同一点沿不同方向的位移应按矢量叠加。

8. 等截面直杆弯扭组合变形时，第三强度理论的强度条件表达式为（　　）。

（A）$\sigma_{r3}=\dfrac{\sqrt{M^2+T^2}}{W_z}$　　（B）$\sigma_{r3}=\sqrt{\sigma^2+4\tau^2}$

（C）$\sigma_{r3}=\sqrt{\sigma^2+3\tau^2}$　　（D）$\sigma_{r3}=\dfrac{\sqrt{M^2+0.75T^2}}{W_z}$

答：正确答案是（B）。

考点：弯扭组合变形、危险点、危险应力、强度条件。

提示：选项（A）只适用于圆轴的弯扭组合变形；选项（B）适用于任意截面杆的弯扭组合变形，为第三强度理论的强度条件；选项（C）（D）是第四强度理论的强度条件。

9. 等直圆截面杆危险面受到轴力 F_N、两个相互垂直的形心主惯性平面内的弯矩 M_y、Mz 和扭矩 T 的作用，发生拉伸、斜弯曲与扭转组合变形，按第三强度理论，则其危险点强度条件可表示为（　　），其中 A、W_z 分别是危险面的面积和弯曲截面系数，$[\sigma]$ 是拉伸许用应力。

（A）$\dfrac{F_N}{A}+\dfrac{\sqrt{M_y^2+M_z^2+T^2}}{W_z}<[\sigma]$

(B) $\sqrt{\left(\frac{F_{\mathrm{N}}}{A}\right)^{2}+\left(\frac{M_{y}+M_{z}}{W_{z}}\right)^{2}+\left(\frac{T}{W_{\mathrm{P}}}\right)^{2}}<[\sigma]$

(C) $\sqrt{\left(\frac{F_{\mathrm{N}}}{A}+\frac{\sqrt{M_{y}^{2}+M_{z}^{2}}}{W_{z}}\right)^{2}+\left(\frac{T}{W_{z}}\right)^{2}}<[\sigma]$

(D) $\frac{F_{\mathrm{N}}}{A}+\frac{\sqrt{M_{y}^{2}+M_{z}^{2}}}{W_{z}}+\frac{T}{W_{z}}$

答：正确答案是（C）。

考点：圆截面拉（压）、斜弯曲与扭转组合变形、组合变形叠加法、危险点、危险应力、强度条件。

提示：危险点处于重要的常见的平面应力状态，其正应力有拉伸应力、斜弯曲正应力，且方向相同，所以危险点的正应力按代数叠加；危险点的切应力为扭转变形切应力，按扭转理论计算。危险点按第三强度理论计算，所以选项（C）为正确选项。

10. 偏心压缩直杆，关于其正应力有四种论断，错误的是（　　）。

（A）若偏心力作用点位于截面核心的外部，则杆内可能有拉应力

（B）若偏心力作用点位于截面核心的外部，则杆内必有拉应力

（C）若偏心力作用点位于截面核心的内部，则杆内无拉应力

（D）若偏心力作用点位于截面核心的边界上，则杆内无拉应力

答：正确答案是（A）。

考点：偏心压缩、截面核心。

提示：压力作用在截面核心外部，构件横截面上一定存在拉应力，所以选项（A）错选项（B）对；压力作用在截面核心内部，构件横截面上只有压应力而无拉应力，所以选项（C）正确；压力作用在截面核心边界上，构件横截面上正好无拉应力，所以选项（D）正确。

■ 9.4 典型习题及解答

1.（教材习题 9-1） 刚架结构的几何和受力如图 9-1a 所示，已知 $a=2\mathrm{m}$，$\theta=3°$，$F_{\mathrm{P}}=50\mathrm{kN}$，画出 AB 杆的内力图。

考点：组合变形内力图。

解题思路：求出 AB 杆的约束力，判断组合变形类型，画出 AB 杆的轴力图和弯矩图。

提示：C 处和 A 处约束力的水平分力使 AC 段发生压缩变形，外力和约束力的铅垂分力使 AB 杆发生弯曲变形。

解：以 ACB 杆为研究对象，如图 9-1b 所示，列平衡方程得

$$\sum M_{A}=0,\quad F_{C}\times a\sin\theta-F_{\mathrm{P}}\times 2a=0$$

$$F_{C}=\frac{F_{\mathrm{P}}\times 2a}{a\sin 30°}=4F_{\mathrm{P}}=200\mathrm{kN}$$

$$F_{Cx}=F_{C}\cos 30°=173.2\mathrm{kN}$$

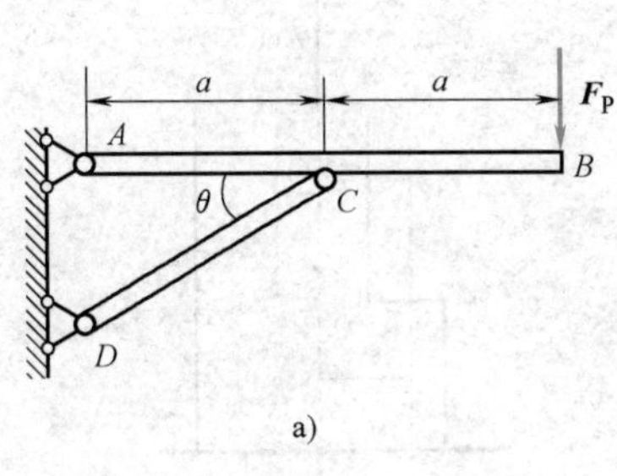

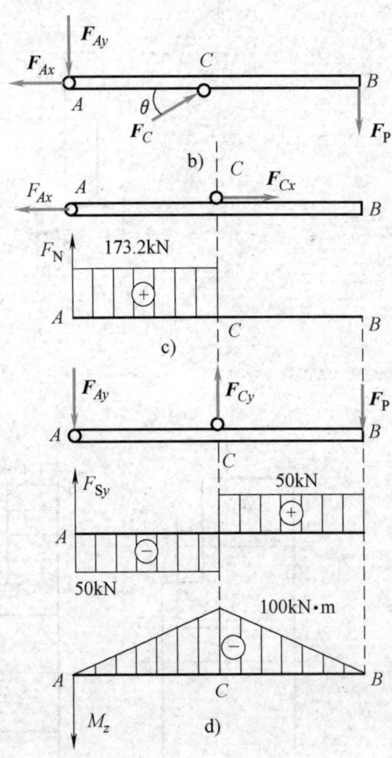

图 9-1　习题 1 图

a）结构简图　b）*AB* 杆受力图　c）*AB* 杆轴力图　d）*AB* 杆剪力、弯矩图

$$F_{Cy}=F_C\sin 30°=100\text{kN}$$

ACB 杆的内力图如图 9-1c、d 所示。

2.（教材习题 9-21）　柱子 *AB* 受力如图 9-2a 所示，$F_{P1}=1000\text{kN}$，作用线偏离 *AD* 段轴线 $e_1=0.1\text{m}$，$F_{P2}=500\text{kN}$，作用线偏离 *DB* 段轴线 $e_2=0.3\text{m}$。画出柱子 *AB* 的内力图。

考点：组合变形内力图。

解题思路：外力向截面形心简化，可知柱子发生压缩和弯曲组合变形，截面法求出各段杆的轴力和弯矩，根据内力画出柱子的轴力图和弯矩图。

提示：外力向截面形心简化得到轴向力和附加力偶，可知柱子发生压缩和弯曲组合变形。

解：*AD* 段，截面 1—1 上部分离体，如图 9-2b 所示，列平衡方程可得

$$\sum F_y=0,\qquad -F_{P1}+F_{N1}=0$$

$$F_{N1}=F_{P1}=1000\text{kN}$$

$$\sum M_{C_1}=0,\qquad -M_1+F_{P1}\times e_1=0$$

$$M_1=F_{P1}\times e_1=1000\text{kN}\times 0.1\text{m}=100\text{kN}\cdot\text{m}$$

DB 段，截面 2—2 上部分离体，如图 9-2c 所示，列平衡方程可得

$$\sum F_y=0,\qquad -F_{P1}-F_{P2}+F_{N2}=0$$

$$F_{N2}=F_{P1}+F_{P2}=1500\text{kN}$$

$$\sum M_{C_2}=0,\qquad -M_2+F_{P2}\times e_2=0$$

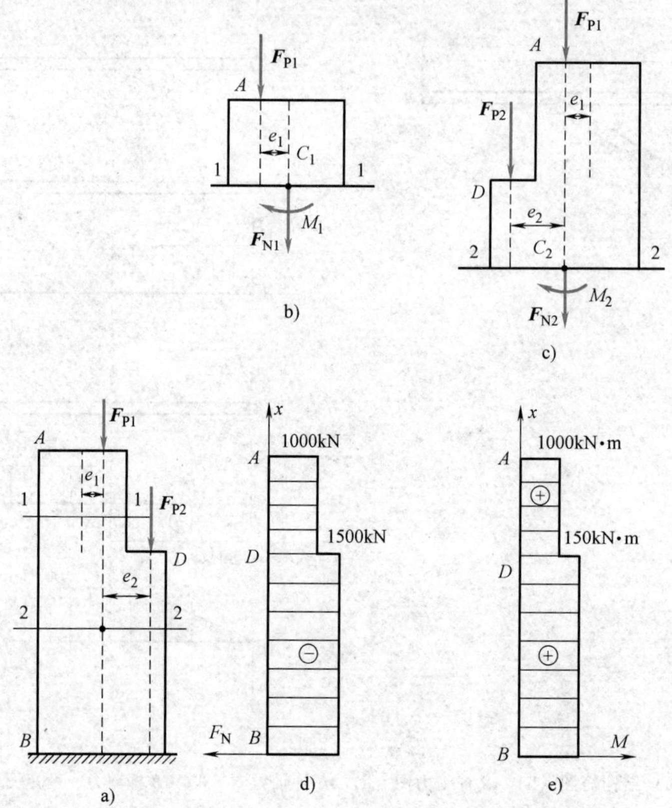

图 9-2　习题 2 图

a）结构简图　b）1—1 截面分离体图　c）2—2 截面分离体图　d）AB 杆轴力图　e）AB 杆弯矩图

$$M_2 = F_{P2} \times e_2 = 500\text{kN} \times 0.3\text{m} = 150\text{kN} \cdot \text{m}$$

ADB 柱的内力图如图 9-2d、e 所示。

3.（教材习题 9-3）　图 9-3 所示传动轴的直径 $d=50\text{mm}$，$D=100\text{mm}$，作用力 $F_{P1}=4.5\text{kN}$，$F_{P2}=4\text{kN}$，$F_{P3}=13.5\text{kN}$，$F_{P4}=5.2\text{kN}$。试作轴的内力图并求其最大弯矩和扭矩值。

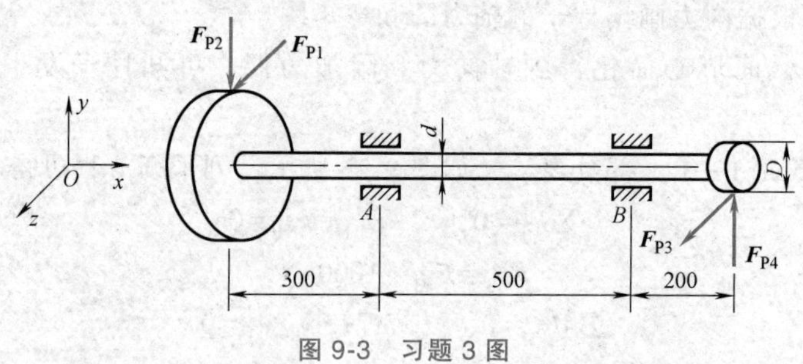

图 9-3　习题 3 图

考点：弯扭组合变形内力图。

解题思路：外力向截面形心简化，可知柱子发生弯扭组合变形，根据绕轴线的平衡力偶画扭矩图，根据铅垂面的受力画弯矩 M_z 图，根据水平面的受力画弯矩 M_y 图。

提示：弯扭组合变形分解为扭转变形和弯曲变形后，利用已学过的扭转变形杆基本受力

的内力图、弯曲变形杆基本受力的弯矩图，可方便画出弯扭组合变形的内力图。

解：(1) F_{P3} 平移到截面形心，得到作用在两端面且绕轴线的一对平衡附加力偶 M_e，轴在其作用下产生扭转变形，如图 9-4a 所示，于是有

$$M_e = F_{P3} \times D/2 = 13.5\text{kN} \times 0.05\text{m} = 0.675\text{kN} \cdot \text{m}$$

扭矩图如图 9-4d 的第一个图所示。

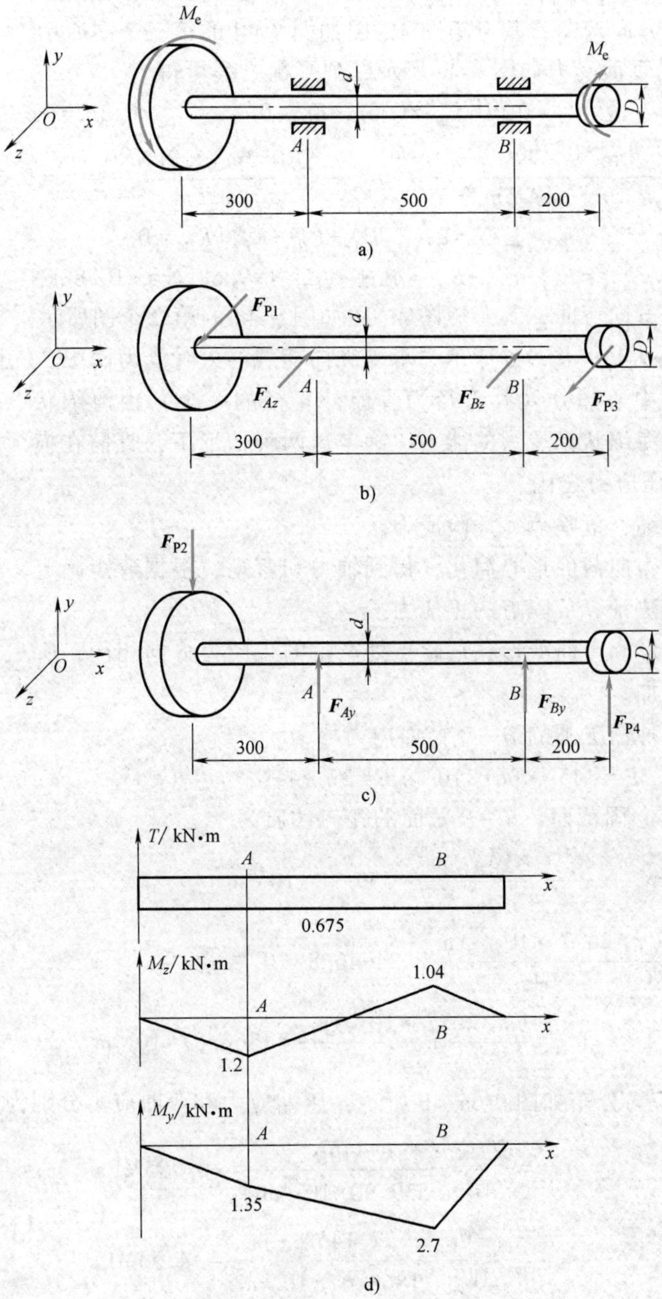

图 9-4　习题 3 的受力和内力图

a) 转动轴扭转受力　b) 转动轴水平面受力　c) 转动轴铅垂面受力　d) 转动轴的内力图

(2) 转动轴水平面受力如图 9-4b 所示，列平衡方程可得

$$\sum M_{Ay}=0,\quad F_{Bz}\times 0.5\text{m}+F_{P1}\times 0.3\text{m}-F_{P3}\times 0.7\text{m}=0$$

$$F_{Bz}=\frac{F_{P3}\times 0.7\text{m}-F_{P1}\times 0.3\text{m}}{0.5\text{m}}=\frac{13.5\text{kN}\times 0.7\text{m}-4.5\text{kN}\times 0.3\text{m}}{0.5\text{m}}=16.2\text{kN}$$

$$\sum F_z=0,\quad -F_{Az}-F_{Bz}+F_{P1}+F_{P3}=0$$

$$F_{Az}=F_{P1}+F_{P3}-F_{Bz}=4.5\text{kN}+13.5\text{kN}-16.2\text{kN}=1.8\text{kN}$$

水平面受力产生 z 方向弯曲，其弯矩图 M_y 图如图 9-4d 的第三个图所示。

(3) 转动轴铅垂面受力如图 9-4c 所示，列平衡方程可得

$$\sum M_{Az}=0,\quad F_{By}\times 0.5\text{m}+F_{P4}\times 0.7\text{m}+F_{P2}\times 0.3\text{m}=0$$

$$F_{By}=-\frac{F_{P2}\times 0.3\text{m}+F_{P4}\times 0.7\text{m}}{0.5\text{m}}=-\frac{4\text{kN}\times 0.3\text{m}+5.2\text{kN}\times 0.7\text{m}}{0.5\text{m}}=9.68\text{kN}$$

$$\sum F_y=0,\quad F_{Ay}+F_{By}-F_{P2}+F_{P4}=0$$

$$F_{Ay}=F_{P2}-F_{P4}-F_{By}=4\text{kN}-5.2\text{kN}-9.68\text{kN}=-10.88\text{kN}$$

铅垂面受力产生 y 方向弯曲，其弯矩图 M_z 图如图 9-4d 的第二个图所示。

4. (教材习题 9-4) 图 9-5 所示为承受纵向荷载的人骨受力简图。①假定骨骼为实心圆截面；②假定骨骼中心部分（其直径为骨骼外直径的一半）由海绵状骨质所组成，忽略海绵状承受力的能力。确定这两种情形下，骨骼在横截面 B—B 上最大压应力之比。

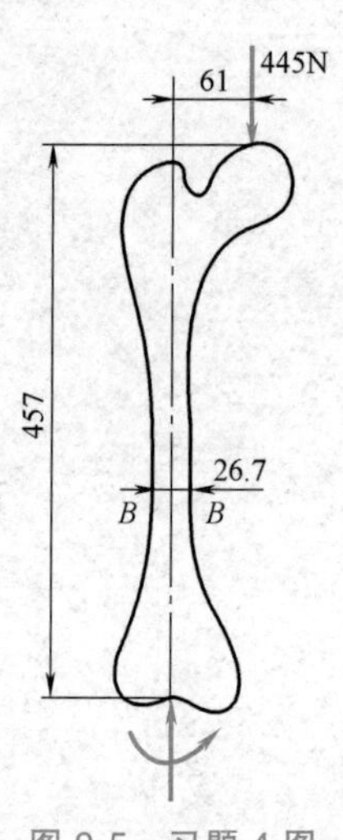

图 9-5 习题 4 图

考点：偏心压缩、危险点、危险应力。

解题思路：外力向截面形心简化，得到轴力和弯矩，根据弯矩确定危险点，根据叠加法计算危险点的正应力。

提示：压缩变形和弯曲变形在危险点处产生的正应力方向相同，所以按照代数方法叠加。

解：①、②两种情况下的 B—B 截面内力均为

$$F_N=445\text{N},\ M_z=445\text{N}\times(61\times 10^{-3})\text{m}=27.145\text{N}\cdot\text{m}\quad (\circlearrowleft)$$

(1) 骨骼为实心圆截面，B—B 截面的几何性质为

$$A_1=\frac{(\pi\times 26.7^2\times 10^{-6})\text{m}^2}{4}=559.90\times 10^{-6}\text{m}^2$$

$$I_{z1}=\frac{(\pi\times 26.7^4\times 10^{-12})\text{m}^4}{64}=24946.8\times 10^{-12}\text{m}^4$$

$$W_{z1}=\frac{(\pi\times 26.7^3\times 10^{-9})\text{m}^3}{32}=1868.67\times 10^{-9}\text{m}^3$$

B—B 截面的应力分布如图 9-6a、b 所示，压缩应力和弯曲应力分别为

$$\sigma_{N1}=-\frac{F_N}{A_1}=-\frac{445\text{N}}{559.90\times 10^{-6}\text{m}^2}=-0.795\text{MPa}$$

$$\sigma_{M1,\max}=\frac{M_z}{W_{z1}}=\frac{27.145\text{N}\cdot\text{m}}{1868.67\times 10^{-9}\text{m}^3}=14.53\text{MPa}$$

由叠加原理，B—B 截面的总应力分布如图 9-6c 所示，于是有

$$\sigma^1_{\text{tmax}}=\sigma_{N1}+\sigma_{M1,\max}=-0.795\text{MPa}+14.53\text{MPa}=13.73\text{MPa}$$

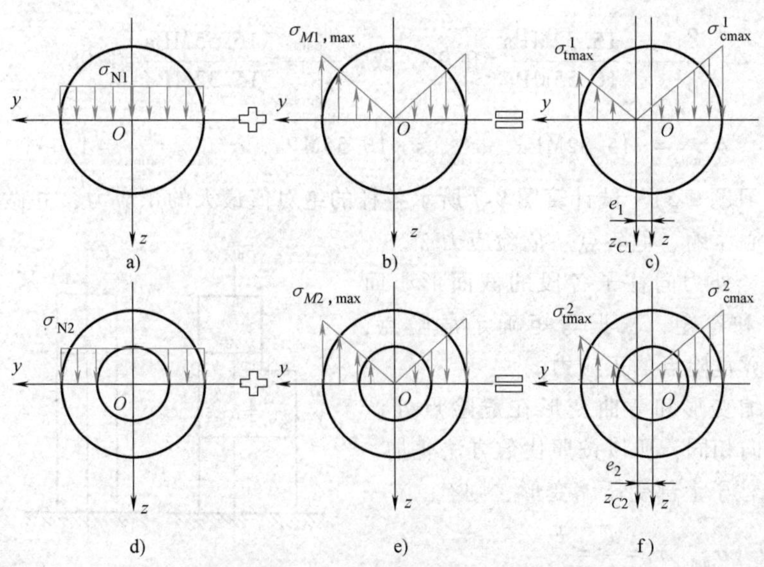

图 9-6　习题 4 的截面应力分布图

$$\sigma^1_{cmax}=\sigma_{N1}-\sigma_{M1,max}=-0.795\text{MPa}-14.53\text{MPa}=-15.32\text{MPa}$$

中性轴 z_{C1} 的位置为

$$e_1=\frac{\sigma_N}{\sigma_{M1,max}/R}=\frac{0.795\text{MPa}\times 13.35\text{mm}}{14.53\text{MPa}}=0.73\text{mm}$$

（2）骨骼为空心圆截面时，$B—B$ 截面的几何性质为

$$A_2=\frac{(\pi\times 26.7^2\times 10^{-6})\text{m}^2}{4}(1-0.5^2)=419.927\times 10^{-6}\text{m}^2$$

$$I_{z2}=\frac{(\pi\times 26.7^4\times 10^{-12})\text{m}^4}{64}(1-0.5^4)=23387.60\times 10^{-12}\text{m}^3$$

$$W_{z2}=\frac{(\pi\times 26.7^3\times 10^{-9})\text{m}^3}{32}(1-0.5^4)=1751.88\times 10^{-9}\text{m}^3$$

$B—B$ 截面的应力分布如图 9-6d、e 所示，压缩应力和弯曲应力分别为

$$\sigma_{N2}=-\frac{F_N}{A_2}=-\frac{445\text{N}}{419.927\times 10^{-6}\text{m}^2}=-1.06\text{MPa}$$

$$\sigma_{M2,max}=\frac{M_z}{W_{z2}}=\frac{27.145\text{N}\cdot\text{m}}{1751.88\times 10^{-9}\text{m}^2}=15.49\text{MPa}$$

由叠加原理，$B—B$ 截面的总应力分布如图 9-6f 所示，于是有

$$\sigma^2_{tmax}=\sigma_{N2}+\sigma_{M2,max}=-1.06\text{MPa}+15.49\text{MPa}=14.44\text{MPa}$$

$$\sigma^2_{cmax}=\sigma_{N2}-\sigma_{M2,max}=-1.06\text{MPa}-15.49\text{MPa}=-16.55\text{MPa}$$

中性轴 z_{C2} 的位置为

$$e_2=\frac{\sigma_{N2}}{\sigma_{M2,max}/R}=\frac{1.06\text{MPa}\times 13.35\text{mm}}{15.49\text{MPa}}=0.91\text{mm}$$

（3）确定①、②两种情形下，骨骼在横截面 $B—B$ 上最大压应力之比

$$\frac{\sigma_{\text{cmax}}^{1}}{\sigma_{\text{cmax}}^{2}}=\frac{15.32\text{MPa}}{16.55\text{MPa}}=0.93 \quad 或 \quad \frac{\sigma_{\text{cmax}}^{2}}{\sigma_{\text{cmax}}^{1}}=\frac{16.55\text{MPa}}{15.32\text{MPa}}=1.08$$

综上所得 $\sigma_{\text{cmax}}^{1}=-15.32\text{MPa}$，$\sigma_{\text{cmax}}^{2}=-16.55\text{MPa}$，$\sigma_{\text{cmax}}^{2}/\sigma_{\text{cmax}}^{1}=1.08$

5.（教材习题 9-5） 试计算图 9-7 所示各杆的绝对值最大的正应力，并做比较。

考点：偏心压缩、危险点、危险应力。

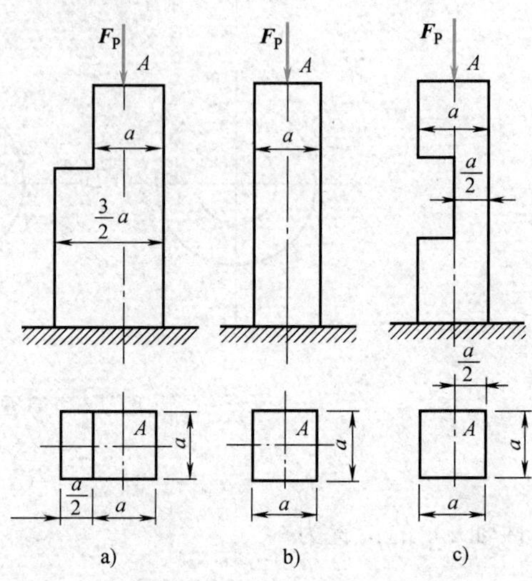

图 9-7 习题 5 图

解题思路：外力向柱子各段的截面形心简化，得到轴力和弯矩，根据弯矩确定危险点，根据叠加法计算危险点的正应力。

提示：压缩变形和弯曲变形在危险点处产生的正应力方向相同，所以按照代数方法叠加。

解：(a) 柱子上部受压缩变形，则有

$$(\sigma_{\text{amax}})_1=\frac{F}{A_1}=\frac{F}{a^2}$$

柱子下部受偏心压缩变形。

截面内力为

$$F_{\text{N}}=F_{\text{P}},\ M_z=F_{\text{P}}e=F_{\text{P}}\left(\frac{3a}{4}-\frac{a}{2}\right)=\frac{1}{4}F_{\text{P}}a \quad (\circlearrowleft)$$

截面的几何性质为

$$A_2=a\times\frac{3}{2}a=\frac{3}{2}a^2,\ I_{z2}=\frac{1}{12}a\times\left(\frac{3a}{2}\right)^3=\frac{9}{32}a^4,\ W_{z2}=\frac{1}{6}a\times\left(\frac{3a}{2}\right)^2=\frac{3}{8}a^3$$

截面的应力分布如图 9-8a、b 所示，压缩应力和弯曲应力分别为

$$\sigma_{\text{N2}}=-\frac{F_{\text{P}}}{A_2}=-\frac{2F_{\text{P}}}{3a^2},\ \sigma_{M2,\max}=\frac{M_z}{W_{z2}}=\frac{F_{\text{P}}a/4}{3a^3/8}=\frac{2F_{\text{P}}}{3a^2}$$

由叠加原理，截面的总应力分布如图 9-8c 所示，于是有

$$(\sigma_{\text{amax}})_2=\sigma_{\text{2cmax}}=\sigma_{\text{N2}}-\sigma_{M2,\max}=-\frac{2F_{\text{P}}}{3a^2}-\frac{2F_{\text{P}}}{3a^2}=-\frac{4F_{\text{P}}}{3a^2}$$

中性轴为 z_{C2} 的位置为

$$e_2=\frac{\sigma_{\text{N}}}{\sigma_{M2,\max}/(3a/4)}=\frac{2F_{\text{P}}/(3a^2)}{[2F_{\text{P}}/(3a^2)]/(3a/4)}=\frac{3a}{4}$$

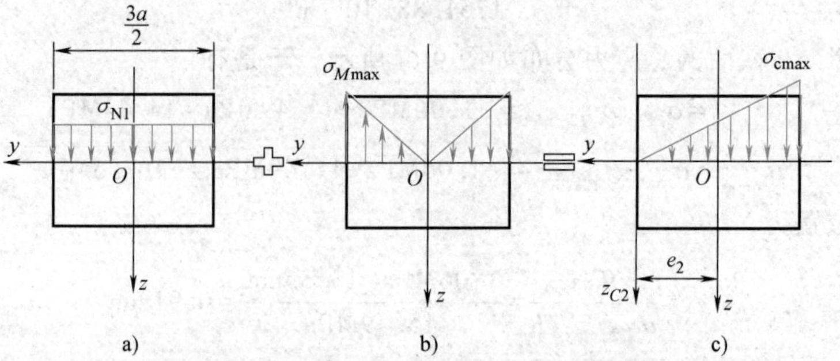

图 9-8 习题 5 情况（a）的截面应力分布图

所以 $$|\sigma_{\rm a}|_{\max}=|(\sigma_{\rm amax})_2|=\frac{4F_{\rm P}}{3a^2}$$

(b) 柱子受压缩变形，于是有

$$|\sigma_{\rm b}|_{\max}=\frac{F_{\rm P}}{A}=\frac{F_{\rm P}}{a^2}$$

(c) 柱子上部受压缩变形，于是有

$$(\sigma_{\rm cmax})_1=\frac{F_{\rm P}}{A_1}=\frac{F_{\rm P}}{a^2}$$

柱子中部受偏心压缩变形。

截面内力为

$$F_{\rm N}=F_{\rm P},\ M_z=F_{\rm P}e=F_{\rm P}\left(\frac{a}{2}-\frac{a}{4}\right)=\frac{1}{4}F_{\rm P}a\quad(\circlearrowright)$$

截面的几何性质为

$$A_2=a\times\frac{1}{2}a=\frac{1}{2}a^2,\ I_{z2}=\frac{1}{12}a\times\left(\frac{a}{2}\right)^3=\frac{1}{96}a^4,\ W_{z2}=\frac{1}{6}a\times\left(\frac{a}{2}\right)^2=\frac{1}{24}a^3$$

截面的应力分布如图 9-9a、b 所示，压缩应力和弯曲应力分别为

$$\sigma_{\rm N2}=-\frac{F_{\rm P}}{A_2}=-\frac{2F_{\rm P}}{a^2},\ \sigma_{M2,\max}=\frac{M_z}{W_{z2}}=\frac{F_{\rm P}a/4}{a^3/24}=\frac{6F_{\rm P}}{a^2}$$

由叠加原理，截面的总应力分布如图 9-9c 所示，于是有

$$(\sigma_{\rm cmax})_2=\sigma_{\rm 2cmax}=\sigma_{\rm N2}-\sigma_{M2,\max}=-\frac{2F_{\rm P}}{a^2}-\frac{6F_{\rm P}}{a^2}=-\frac{8F_{\rm P}}{a^2}$$

中性轴 z_{C2} 的位置为

$$e_2=\frac{\sigma_{\rm N}}{\sigma_{M2,\max}/(a/4)}=\frac{2F_{\rm P}/(a^2)}{[6F_{\rm P}/(a^2)]/(a/4)}=\frac{a}{12}$$

柱子下部受压缩变形，于是有

$$(\sigma_{\rm cmax})_3=\frac{F}{A_1}=\frac{F}{a^2}$$

所以 $$|\sigma_{\rm c}|_{\max}=|(\sigma_{\rm cmax})_2|=\frac{8F}{a^2}$$

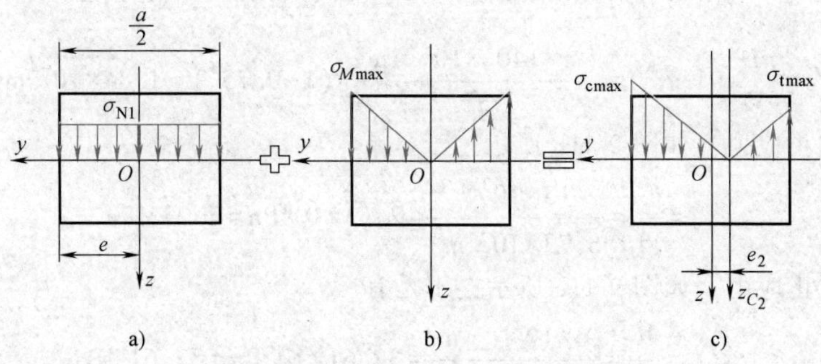

图 9-9 习题 5 情况（c）的截面应力分布图

综上所述得 $$|\sigma_b|_{max}<|\sigma_a|_{max}<|\sigma_c|_{max}$$

6.（教材习题 9-6） 钻床结构简图及受力如图 9-10 所示。铸铁立柱的 $A—A$ 横截面为空心圆截面，外圆直径 $D=140\text{mm}$，内外径之比为 $\alpha=d/D=0.75$，铸铁的拉伸许用应力 $[\sigma_t]=35\text{MPa}$，压缩许用应力 $[\sigma_c]=90\text{MPa}$，荷载 $F_P=15\text{kN}$。(1) 校核立柱的强度；(2) 求承压区的强度储备（即 $n=[\sigma_c]/\sigma_{cmax}$）；(3) 计算立柱应力时，若忽略轴力，所产生的误差有多大？

考点：偏心压缩、危险点、危险应力、强度条件。

解题思路：外力向柱子各段的截面形心简化，得到轴力和弯矩，根据弯矩确定危险点，根据叠加法计算危险点的正应力，再按强度条件进行校核。

提示：压缩变形和弯曲变形在危险点处产生的正应力方向相同，所以按照代数方法叠加。

解：(1) 立柱发生拉弯组合变形，立柱截面的内力如图 9-11a 所示，于是有

$$F_N=F_P=15\text{kN},\ M_z=F_P\times0.4\text{m}=15\text{kN}\times0.4\text{m}=6\text{kN}\cdot\text{m}$$

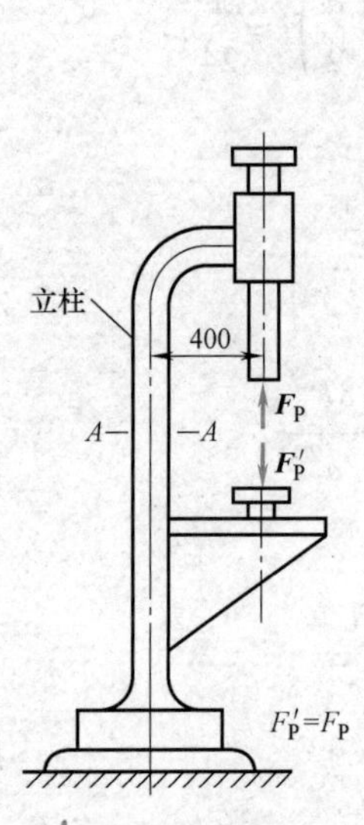

图 9-10 习题 6 图

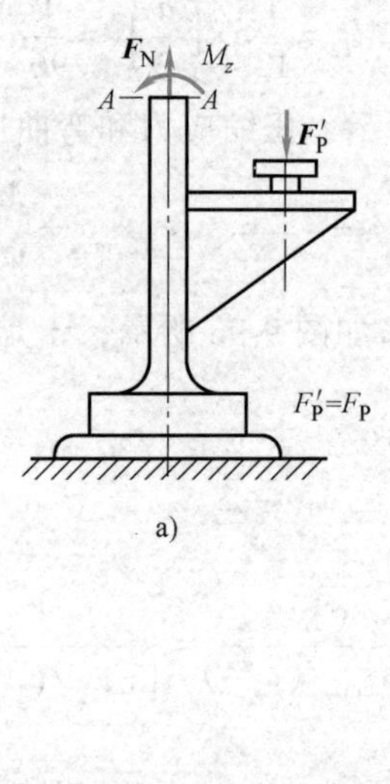

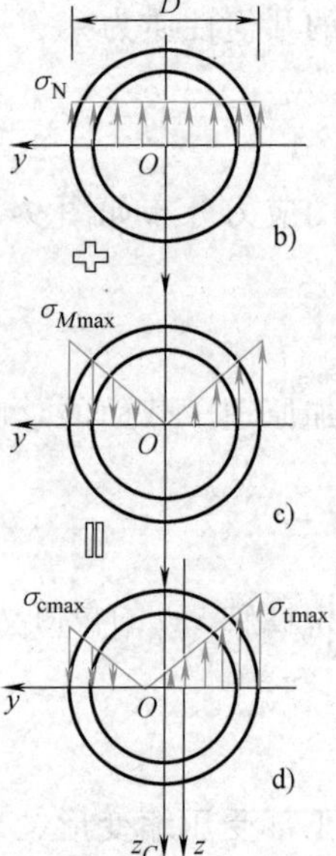

图 9-11 习题 6 的局部受力图和截面应力分布图

截面的几何性质为

$$A=\frac{\pi D^2}{4}(1-\alpha^2)=\frac{(\pi\times140^2\times10^{-6})\text{m}^2}{4}\times(1-0.75^2)=6.73\times10^{-3}\text{m}^2$$

$$W_z=\frac{\pi D^3}{32}(1-\alpha^4)=\frac{(\pi\times140^3\times10^{-9})\text{m}^3}{32}\times(1-0.75^4)=1.84\times10^{-4}\text{m}^3$$

轴向拉伸引起的正应力，如图 9-11b 所示，于是有

$$\sigma_N=\frac{F_N}{A}=\frac{15\times10^3\text{N}}{6.73\times10^{-3}\text{m}^3}=2.23\times10^6\text{Pa}=2.23\text{MPa}$$

弯曲引起的最大正应力，如图 9-11c 所示，于是有

$$\sigma_{M\max}=\frac{M_z}{W_z}=\frac{6\times10^3\text{N}\cdot\text{m}}{1.84\times10^{-4}\text{m}^3}=32.61\times10^6\text{Pa}=32.61\text{MPa}$$

截面的总应力如图 9-11d 所示，可得立柱所受最大拉应力为

$\sigma_{tmax}=\sigma_N+\sigma_{M\max}=2.23\text{MPa}+32.61\text{MPa}=34.84\text{MPa}<[\sigma_t]=35\text{MPa}$，拉伸强度安全

立柱所受最大压应力为

$\sigma_{cmax}=|\sigma_N-\sigma_{M\max}|=|2.23\text{MPa}-32.61\text{MPa}|=30.38\text{MPa}<[\sigma_c]=90\text{MPa}$，压缩强度安全

因此该立柱满足强度要求。

（2）承压区的强度储备

$$n=\frac{[\sigma_c]}{\sigma_{cmax}}=\frac{90\text{MPa}}{30.38\text{MPa}}=2.963$$

（3）若忽略轴力，则

$$\sigma_{max}=32.61\text{MPa}$$

误差为

$$\frac{2.23\text{MPa}}{34.84\text{MPa}}\times100\%=6.4\%$$

7.（教材习题 9-7）　图 9-12 所示立柱的横截面尺寸 $b=180\text{mm}$，$h=300\text{mm}$，承受轴向压力 $F_{P1}=100\text{kN}$，$F_{P2}=45\text{kN}$。试求柱下端无拉应力时的最大偏心距 e。

考点：偏心压缩、危险点、危险应力。

解题思路：外力向柱子下半段的截面形心简化，得到轴力和弯矩，根据弯矩确定危险点，根据叠加法计算危险点的正应力，可得危险应力与偏心距的关系，根据无拉应力条件可求出最大偏心距 e。

提示：压缩变形和弯曲变形在危险点处产生的正应力方向相同，所以按照代数方法叠加。

解：立柱下半段发生压弯组合变形，截面的内力如图 9-13a 所示，于是有

$$F_N=F_{P1}+F_{P2}=100\text{kN}+45\text{kN}=145\text{kN},\ M_z=F_{P2}e\quad(\circlearrowleft)$$

截面几何性质为

$$A=bh=(180\times300\times10^{-6})\text{m}^2=5.4\times10^{-2}\text{m}^2$$

$$W_z=\frac{1}{6}bh^2=\left(\frac{1}{6}\times180\times300^2\times10^{-9}\right)\text{m}^3=2.70\times10^{-3}\text{m}^3$$

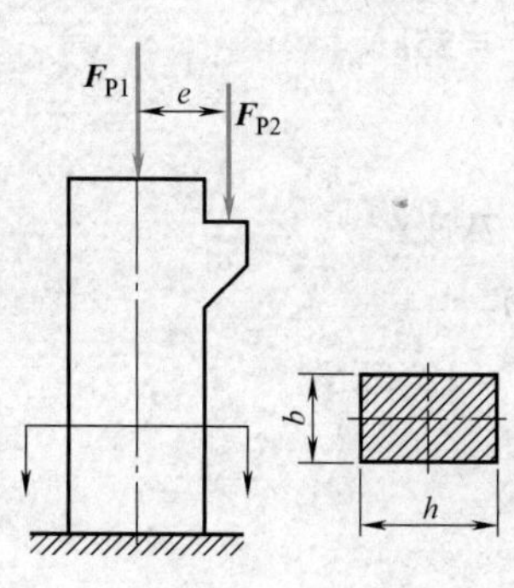

图 9-12　习题 7 图

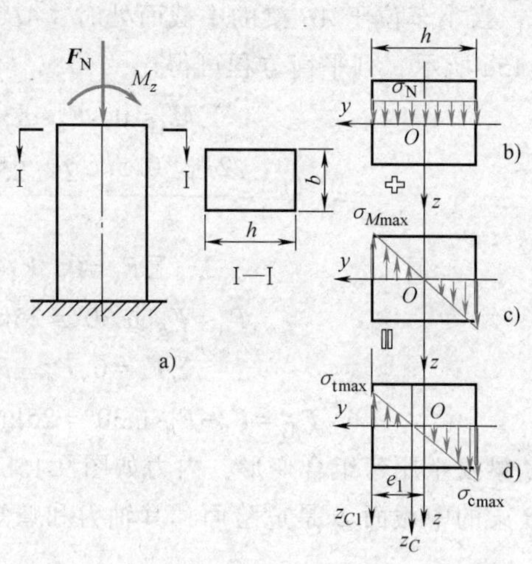

图 9-13　习题 7 内力图和截面应力分布图

轴向拉伸引起的压缩正应力如图 9-13b 所示，于是有

$$\sigma_{\mathrm{N}}=-\frac{F_{\mathrm{N}}}{A}=-\frac{145\times10^{3}\mathrm{N}}{5.4\times10^{-2}\mathrm{m}^{2}}=-2.685\times10^{6}\mathrm{Pa}=-2.685\mathrm{MPa}$$

弯曲引起的应力如图 9-13c 所示，最大正应力为

$$\sigma_{M}=\frac{M_{z}}{W_{z}}=\frac{45e\mathrm{N}\cdot\mathrm{m}}{2.70\times10^{-3}\mathrm{m}^{3}}=16.67e\times10^{6}\mathrm{Pa}=16.67e\mathrm{MPa}$$

截面的总应力如图 9-13d 所示，立柱所受最大拉应力为

$$\sigma_{\mathrm{tmax}}=\sigma_{\mathrm{N}}+\sigma_{M}=-2.685\times10^{6}\mathrm{Pa}+16.67e\times10^{6}\mathrm{Pa}$$

当立柱不受拉应力时，$\sigma_{\mathrm{tmax}}=0$，所以

$$e=\frac{2.685\times10^{6}\mathrm{Pa}}{16.67\times10^{6}\mathrm{N}}=0.161\mathrm{m}=161\mathrm{mm}$$

故 $$e_{\max}=161\mathrm{mm}$$

8.（教材习题 9-8） 悬挂式起重机由 16 工字钢梁与拉杆组成，小车重 $F_{\mathrm{P}}=25\mathrm{kN}$。$AB$ 梁的弯曲截面系数 $W_{z}=141\times10^{3}\mathrm{mm}^{3}$，截面面积 $A=26.1\times10^{2}\mathrm{mm}^{2}$，许用应力 $[\sigma]=100\mathrm{MPa}$。试校核梁 AB 的强度。

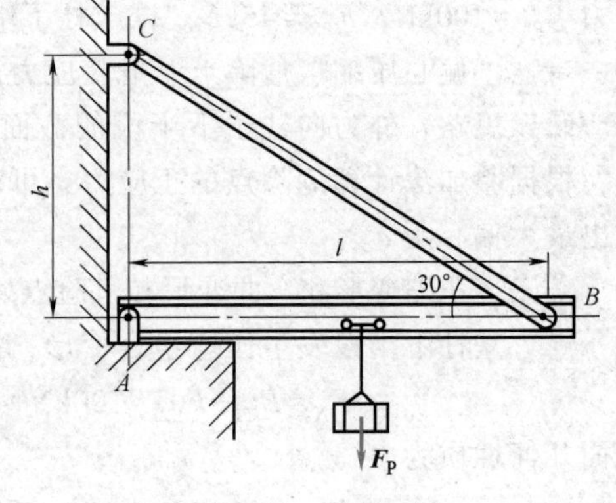

图 9-14 习题 8 图

考点：压缩弯曲组合变形、危险点、危险应力、强度条件。

解题思路：求出 AB 杆的约束力，A、B 处水平约束力使 AB 杆发生压缩变形，A、B 处铅垂约束力和外力使 AB 杆发生弯曲变形，根据弯矩图确定危险面和危险点，根据叠加法计算危险点的正应力，再根据强度条件进行校核。

提示：压缩变形和弯曲变形在危险点处产生的正应力方向相同，所以按照代数方法叠加，危险应力是压应力。

解：当小车位于 AB 梁的中截面处时，AB 梁最危险，此时，以 AB 梁为研究对象，受力如图 9-15a 所示，列平衡方程可得

$$\sum M_{A}=0,\ F_{B}\sin30^{\circ}\times l-F_{\mathrm{P}}\times0.5l=0$$

$$F_{B}=\frac{2F_{\mathrm{P}}\times0.5l}{l}=\frac{2\times(25\times10^{3})\mathrm{N}\times0.5\times l}{l}=25\mathrm{kN}$$

$$\sum F_{x}=0,\ F_{A}-F_{B}\cos30^{\circ}=0$$

$$F_{A}=F_{B}\cos30^{\circ}=25\mathrm{kN}\times\cos30^{\circ}=21.7\mathrm{kN}$$

$$\sum F_{y}=0, F_{Ay}-F_{\mathrm{P}}+F_{B}\sin30^{\circ}=0$$

$$F_{Ay}=F_{\mathrm{P}}-F_{B}\sin30^{\circ}=25\mathrm{kN}-25\mathrm{kN}\times\sin30^{\circ}=12.5\mathrm{kN}$$

AB 梁发生压弯组合变形，内力如图 9-15b、c 所示。

AB 梁的中截面 D 是危险面，其轴力和弯矩分别为

$$F_{\mathrm{N}D}=F_{A}=21.7\mathrm{kN},\ M_{Dz}=F_{Ay}\times\frac{l}{2}=12.5\mathrm{kN}\times\frac{2\mathrm{m}}{2}=12.5\mathrm{kN}\cdot\mathrm{m}$$

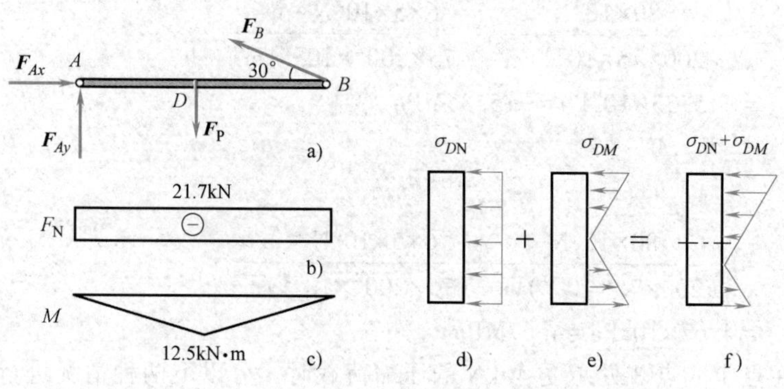

图 9-15　习题 8 横梁受力图、内力图和截面应力分布图

中截面 D 的应力分布如图 9-15d、e、f 所示，所以最大正应力为

$$\sigma_{D\max}=|\sigma_{c\max}|=\frac{F_{ND}}{A}+\frac{M_{Dz}}{W_z}$$

$$=\frac{21.7\times10^3\text{N}}{26.1\times10^{-4}\text{m}^2}+\frac{12.5\times10^3\text{N}\cdot\text{m}}{141\times10^{-6}\text{m}^3}$$

$$=96.97\times10^6\text{Pa}=96.97\text{MPa}<[\sigma]=100\text{MPa}$$

安全。

9.（教材习题 9-9）　桥墩受力如图 9-16 所示，试确定下列荷载作用下图示截面 ABC 上 A、B 两点的正应力：

（1）在点 1、2、3 处均有 40kN 的压缩荷载；

（2）仅在 1、2 两点处各承受 40kN 的压缩荷载；

（3）仅在点 1 或点 3 处承受 40kN 的压缩荷载。

考点：偏心压缩、危险点、危险应力。

解题思路：外力向桥墩截面 ABC 的形心简化，得到轴力和弯矩，根据弯矩确定 A、B 为危险点，根据叠加法计算危险点的正应力。

提示：压缩变形和弯曲变形在危险点处产生的正应力方向相同，所以按照代数方法叠加。

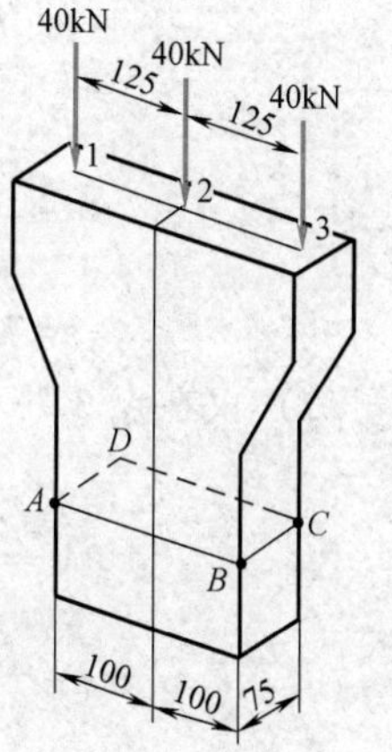

图 9-16　习题 9 图

解：（1）在点 1、2、3 处均有 40kN 的压缩荷载时，桥墩为压缩变形，所以

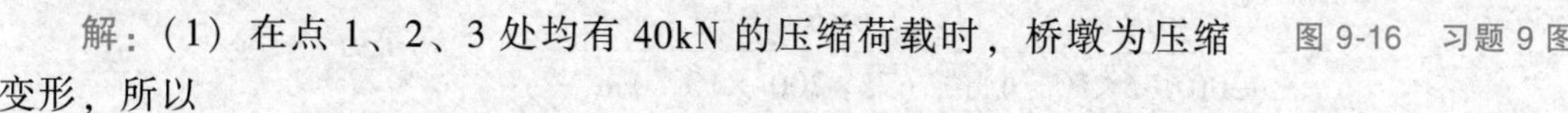

$$\sigma_A=\sigma_B=\frac{F_{\text{N}}}{A}=-\frac{3\times40\times10^3\text{N}}{(200\times75\times10^{-6})\text{m}^2}=-8\times10^6\text{Pa}=-8\text{MPa}$$

（2）当仅在 1、2 两点处各承受 40kN 的压缩荷载时，桥墩为压弯组合变形，所求截面的内力为

$$F_{\text{N}}=80\text{kN}$$

$$M_z=40\times10^3\text{N}\times125\times10^{-3}\text{m}=5.0\times10^3\text{N}\cdot\text{m}=5.0\text{kN}\cdot\text{m}\quad(\circlearrowright)$$

$$\sigma_A=-\frac{F_{\text{N}}}{A}-\frac{M_z}{W_z}$$

$$= -\frac{80\times10^3\text{N}}{(200\times75\times10^{-6})\text{m}^2} - \frac{6\times5\times10^3\text{N}\cdot\text{m}}{(75\times200^2\times10^{-9})\text{m}^3}$$

$$= -15.33\times10^6\text{Pa} = -15.33\text{MPa}$$

$$\sigma_B = -\frac{F_N}{A} + \frac{M_z}{W_z}$$

$$= -\frac{80\times10^3\text{N}}{(200\times75\times10^{-6})\text{m}^2} + \frac{6\times5\times10^3\text{N}\cdot\text{m}}{(75\times200^2\times10^{-9})\text{m}^3}$$

$$= 4.67\times10^6\text{Pa} = 4.67\text{MPa}$$

（3）当仅在点 1 或点 3 处承受 40kN 的压缩荷载时，分以下两种情况进行讨论。

1）仅在点 1 处承受 40kN 的压缩荷载，桥墩为压弯组合变形，所求截面的内力为

$$F_N = 40\text{kN}$$

$$M_z = 40\times10^3\text{N}\times125\times10^{-3}\text{m} = 5.0\times10^3\text{N}\cdot\text{m} = 5.0\text{kN}\cdot\text{m} \quad (\circlearrowright)$$

$$\sigma_A = -\frac{F_N}{A} - \frac{M_z}{W_z}$$

$$= -\frac{40\times10^3\text{N}}{(200\times75\times10^{-6})\text{m}^2} - \frac{6\times5\times10^3\text{N}\cdot\text{m}}{(75\times200^2\times10^{-9})\text{m}^3}$$

$$= -12.67\times10^6\text{Pa} = -12.67\text{MPa}$$

$$\sigma_B = -\frac{F_N}{A} + \frac{M_z}{W_z}$$

$$= -\frac{40\times10^3\text{N}}{(200\times75\times10^{-6})\text{m}^2} + \frac{6\times5\times10^3\text{N}\cdot\text{m}}{(75\times200^2\times10^{-9})\text{m}^3}$$

$$= 7.33\times10^6\text{Pa} = 7.33\text{MPa}$$

2）仅在点 3 处承受 40kN 的压缩荷载，桥墩为压弯组合变形，所求截面的内力为

$$F_N = 40\text{kN}$$

$$M_z = 40\times10^3\text{N}\times125\times10^{-3}\text{m} = 5.0\times10^3\text{N}\cdot\text{m} = 5.0\text{kN}\cdot\text{m} \quad (\circlearrowleft)$$

$$\sigma_A = -\frac{F_N}{A} + \frac{M_z}{W_z}$$

$$= -\frac{40\times10^3\text{N}}{(200\times75\times10^{-6})\text{m}^2} + \frac{6\times5\times10^3\text{N}\cdot\text{m}}{(75\times200^2\times10^{-9})\text{m}^3}$$

$$= 7.33\times10^6\text{Pa} = 7.33\text{MPa}$$

$$\sigma_B = -\frac{F_N}{A} - \frac{M_z}{W_z}$$

$$= -\frac{40\times10^3\text{N}}{(200\times75\times10^{-6})\text{m}^2} - \frac{6\times5\times10^3\text{N}\cdot\text{m}}{(75\times200^2\times10^{-9})\text{m}^3}$$

$$= -12.67\times10^6\text{Pa} = -12.67\text{MPa}$$

或由对称性求得。

10.（教材习题 9-10） 悬臂梁受力如图 9-17 所示，$F_1 = F$，$F_2 = 4F$，z 轴为形心主惯性轴，$I_z = 3.49\times10^7\text{mm}^4$，$I_y = 6.96\times10^6\text{mm}^4$，材料的许用应力 $[\sigma_t] = 30\text{MPa}$，$[\sigma_c] = 90\text{MPa}$。

试求许用荷载 [F]。

考点：斜弯曲、危险面、危险点、危险应力、强度条件。

解题思路：该悬臂梁为斜弯曲变形，可分解为铅垂集中力作用下悬臂梁在铅垂面内的平面弯曲和水平集中力作用下悬臂梁在水平面内的平面弯曲的组合，根据悬臂梁平面弯曲理论，可知两个方向的平面弯曲的危险面都在固定端截面，所以固定端截面是危险面，求出危险面上两个方向的弯矩，确定西北角的 A 点是拉伸危险点、东南角的 D 点是压缩危险点（从右往左看左截面），根据叠加法计算危险点的正应力，利用强度条件进行强度计算。

提示：两个方向的平面弯曲变形在危险点处产生的正应力方向相同，所以按照代数方法叠加。

解：危险截面在固定端处，如图 9-18 所示，于是有

$$M_{z\max}=(2.4\times F)\,\mathrm{N\cdot m},\quad M_{y\max}=(1.2\times F)\,\mathrm{N\cdot m}$$

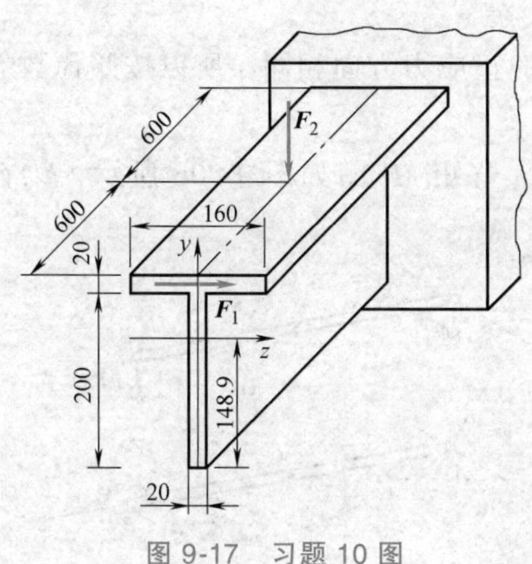

图 9-17 习题 10 图

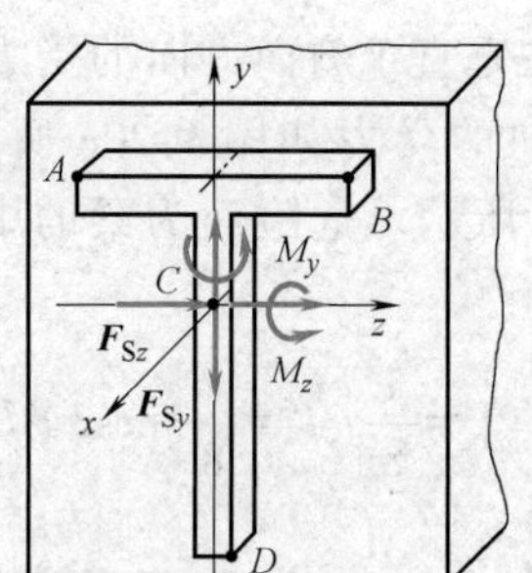

图 9-18 习题 10 危险面内力及危险点示意图

A 点的拉应力最大，有

$$\sigma_{\mathrm{tmax}}=\frac{M_{z\max}y_{\mathrm{t}}}{I_z}+\frac{M_{y\max}z_{\mathrm{t}}}{I_y}\leqslant[\sigma_{\mathrm{t}}]$$

$$\frac{(2.4\times F)\,\mathrm{N\cdot m}\times 71.1\times10^{-3}\,\mathrm{m}}{(3.49\times10^{7}\times10^{-12})\,\mathrm{m}^4}+\frac{(1.2\times F)\,\mathrm{N\cdot m}\times 80\times10^{-3}\,\mathrm{m}}{(6.96\times10^{6}\times10^{-12})\,\mathrm{m}^4}\leqslant 30\times10^{6}\,\mathrm{Pa}$$

解得

$$F=4785.7\mathrm{N}$$

D 点的压应力最大，由

$$\sigma_{\mathrm{cmax}}=\frac{M_{z\max}y_{\mathrm{c}}}{I_z}+\frac{M_{y\max}z_{\mathrm{c}}}{I_y}\leqslant[\sigma_{\mathrm{c}}]$$

$$\frac{(2.4\times F)\,\mathrm{N\cdot m}\times 148.9\times10^{-3}\,\mathrm{m}}{(3.49\times10^{7}\times10^{-12})\,\mathrm{m}^4}+\frac{(1.2\times F)\,\mathrm{N\cdot m}\times 10\times10^{-3}\,\mathrm{m}}{(6.96\times10^{6}\times10^{-12})\,\mathrm{m}^4}\leqslant 90\times10^{6}\,\mathrm{Pa}$$

解得

$$F=8643.9\mathrm{N}$$

所以 [F] = 4785.7N。

11.（教材习题 9-11） 简支木梁承受均布荷载如图 9-19 所示，$q=0.96\text{kN/m}$，$l=3.6\text{m}$，矩形截面的高宽比 $h:b=3:2$，许用应力 $[\sigma]=10\text{MPa}$。试求梁的截面尺寸。

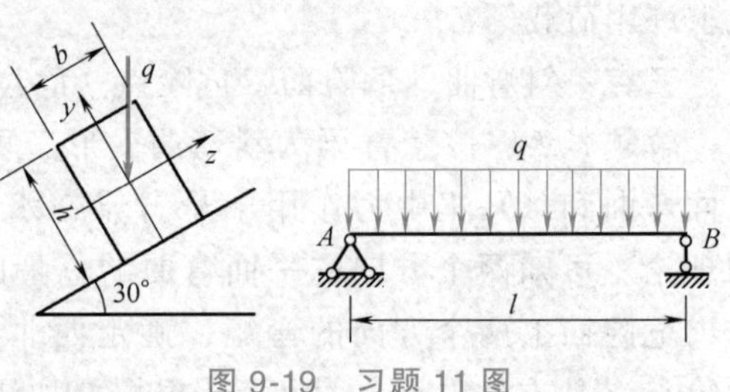

图 9-19 习题 11 图

考点：斜弯曲、危险面、危险点、危险应力、强度条件。

解题思路：该简支梁为斜弯曲变形，可分解为垂直于斜面的均布荷载作用下简支梁在垂直于斜面的平面弯曲和平行于斜面的均布分力作用下简支梁在平行于斜面的平面弯曲的组合，根据简支梁平面弯曲理论，可知均布力作用下两个方向的平面弯曲的危险面都在梁的中截面，所以中截面是危险面，求出危险面上两个方向的弯矩，确定危险面上的西南角点是拉伸危险点、东北角点是压缩危险点（从右往左看左截面），根据叠加法计算危险点的正应力，利用强度条件进行强度计算。

提示：两个方向的平面弯曲变形在危险点处产生的正应力方向相同，所以按照代数方法叠加。

解：梁在垂直于斜面方向的受力如图 9-20a 所示，弯矩 M_z 图如图 9-20b 所示，梁在平行于斜面方向的受力如图 9-20c 所示，弯矩 M_y 图如图 9-20d 所示。危险面为梁的中截面，危险面内力为

$$M_{z\max}=\frac{1}{8}q_y l^2=\frac{1}{8}q\cos30°l^2,$$

$$M_{y\max}=\frac{1}{8}q_z l^2=\frac{1}{8}q\sin30°l^2$$

强度条件

$$\sigma_{\max}=\frac{M_{z\max}}{W_z}+\frac{M_{y\max}}{W_y}=\frac{ql^2}{8W_z}\left(\cos30°+\frac{W_z}{W_y}\sin30°\right)\leqslant[\sigma]$$

$$W_z=\frac{bh^2}{6}=\frac{h^3}{9},\quad \frac{W_z}{W_y}=\frac{h}{b}=\frac{3}{2}$$

即

$$\frac{9\times0.96\times10^3\text{N/m}\times3.6^2\text{m}^2}{8h^3}\left(\cos30°+\frac{3}{2}\sin30°\right)\leqslant10\times10^6\text{Pa}$$

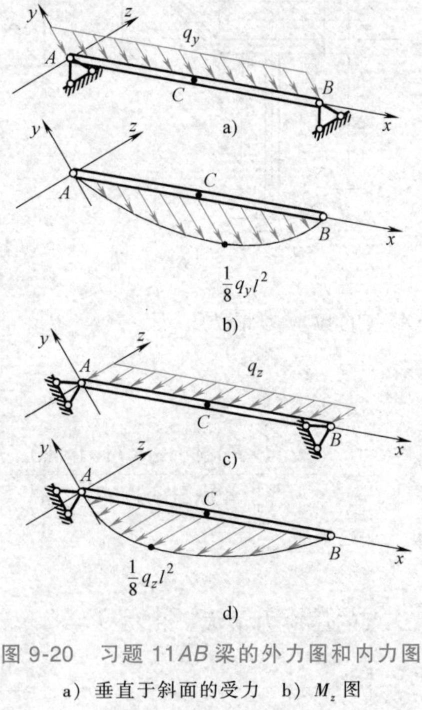

图 9-20 习题 11AB 梁的外力图和内力图

a）垂直于斜面的受力 b）M_z 图

c）平行于斜面的受力 d）M_y 图

解得

$$h\geqslant0.1312\text{m}=131.2\text{mm},\quad b=\frac{2}{3}h\geqslant87.5\text{mm}$$

取 $h=132\text{mm}$，$b=90\text{mm}$。

12.（教材习题 9-12） 矩形截面悬臂梁的尺寸如图 9-21 所示，承受水平集中力 $F=0.2\text{kN}$ 作用，铅直均布荷载 $q=0.6\text{kN/m}$，弹性模量 $E=10\text{GPa}$。试求梁的最大正应力、切应力与最大挠度。

考点：斜弯曲、危险面、危险点、危险应力、最大挠度。

解题思路：悬臂梁可分解为均布力作用下悬臂梁在铅垂方向的平面弯曲和集中力作用下悬臂梁在水平方向的平面弯曲的组合，根据悬臂梁平面弯曲理论，可知两个方向平面弯曲的危险面都在梁的固定端截面，所以固定端截面是危险面，求出危险面上两个方向的弯矩，确定危险面上的东北角点是拉伸危险点、西南角点是压缩危险点（从右往左看左截面），根据叠加法（这里按代数叠加）计算危险点的正应力。最大挠度在自由端，根据叠加法（矢量叠加）求最大挠度。

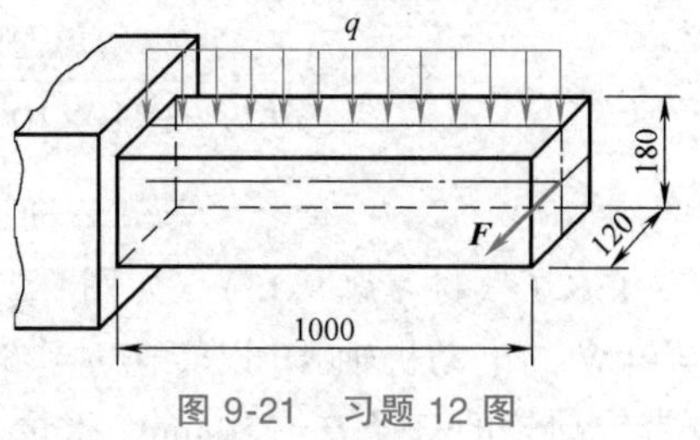

图 9-21　习题 12 图

提示：两个方向的平面弯曲变形在危险点处产生的正应力方向相同，所以按照代数方法叠加；最大挠度按矢量方法叠加。

解：危险截面在固定端处，危险面内力为

$$F_{Szmax}=F=200\mathrm{N}$$

$$M_{zmax}=\frac{1}{2}ql^2=\frac{1}{2}\times 0.6\times 10^3\mathrm{N/m}\times 1^2\mathrm{m}^2=300\mathrm{N\cdot m}$$

$$F_{Symax}=ql=0.6\times 10^3\mathrm{N/m}\times 1\mathrm{m}=600\mathrm{N}$$

$$M_{ymax}=Fl=0.2\times 10^3\mathrm{N}\times 1\mathrm{m}=200\mathrm{N\cdot m}$$

危险面的截面性质为

$$I_z=\frac{bh^3}{12}=\frac{120\times 10^{-3}\mathrm{m}\times 180^3\times 10^{-9}\mathrm{m}^3}{12}=5.83\times 10^{-5}\mathrm{m}^4$$

$$I_y=\frac{hb^3}{12}=\frac{180\times 10^{-3}\mathrm{m}\times 120^3\times 10^{-9}\mathrm{m}^3}{12}=2.59\times 10^{-5}\mathrm{m}^4$$

$$W_z=\frac{bh^2}{6}=\frac{120\times 10^{-3}\mathrm{m}\times 180^2\times 10^{-6}\mathrm{m}^2}{6}=6.48\times 10^{-4}\mathrm{m}^3$$

$$W_y=\frac{hb^2}{6}=\frac{180\times 10^{-3}\mathrm{m}\times 120^2\times 10^{-6}\mathrm{m}^2}{6}=4.32\times 10^{-4}\mathrm{m}^3$$

危险面上的危险应力为

$$\sigma_{max}=\frac{M_{zmax}}{W_z}+\frac{M_{ymax}}{W_y}=\frac{300\mathrm{N\cdot m}}{6.48\times 10^{-4}\mathrm{m}^3}+\frac{200\mathrm{N\cdot m}}{4.32\times 10^{-4}\mathrm{m}^3}=925926\mathrm{Pa}=0.926\mathrm{MPa}$$

$$\tau_{ymax}=\frac{3F_{Symax}}{2A}=\frac{3\times 600\mathrm{N}}{2\times 120\times 10^{-3}\mathrm{m}\times 180\times 10^{-3}\mathrm{m}}=41666.7\mathrm{Pa}=0.42\mathrm{MPa}$$

$$\tau_{zmax}=\frac{3F_{Szmax}}{2A}=\frac{3\times 200\mathrm{N}}{2\times 120\times 10^{-3}\mathrm{m}\times 180\times 10^{-3}\mathrm{m}}=13888.9\mathrm{Pa}=0.14\mathrm{MPa}$$

$$\tau_{max}=\sqrt{\tau_{ymax}^2+\tau_{zmax}^2}=\sqrt{0.42^2+0.14^2}\mathrm{MPa}=0.44\mathrm{MPa}$$

梁的最大挠度在自由端，大小为

$$w_{ymax}=\frac{ql^4}{8EI_z}=\frac{0.6\times 10^3\mathrm{N/m}\times 1^4\mathrm{m}^4}{8\times 10\times 10^9\mathrm{Pa}\times 5.83\times 10^{-5}\mathrm{m}^4}=0.000129\mathrm{m}=0.129\mathrm{mm}$$

$$w_{z\max}=\frac{Fl^3}{3EI_y}=\frac{0.2\times10^3\text{N}\times1^4\text{m}^3}{3\times10\times10^9\text{Pa}\times2.59\times10^{-5}\text{m}^4}=0.000257\text{m}=0.257\text{mm}$$

$$w_{\max}=\sqrt{w_{y\max}^2+w_{z\max}^2}=\sqrt{0.129^2+0.257^2}\text{ mm}=0.288\text{mm}$$

13.（教材习题9-13） 如图9-22所示，功率$P=9\text{kW}$的电动机轴AB以转速$n=750\text{r/min}$转动。胶带转动轮的直径$D=250\text{mm}$，重量$G=700\text{N}$。轴可以看成长度为$l=120\text{mm}$的悬臂梁，轴的直径$d=40\text{mm}$，轴重不计，许用应力［σ］=60MPa。试用第三强度理论校核该轴强度。

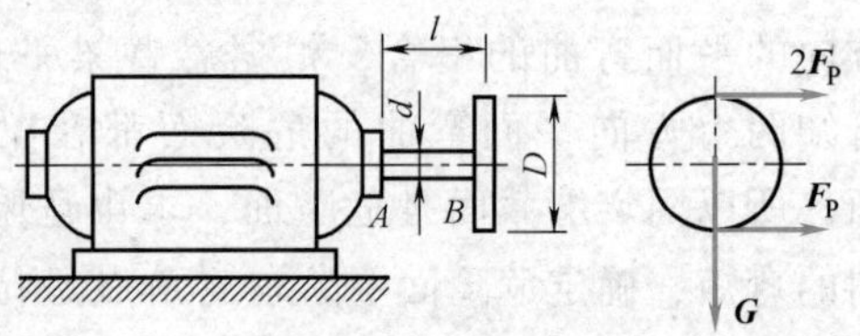

图9-22 习题13图

考点：圆截面杆斜弯曲与扭转组合变形、危险面、危险点、危险应力、第三强度理论。

解题思路：带力向其所作用平面内轴截面的形心简化，得到绕轴线的力偶和水平面作用力，绕轴线的力偶使悬臂梁发生扭转变形，水平力使悬臂梁发生水平面内的平面弯曲变形，带轮的重力使悬臂梁发生铅垂面内的平面弯曲变形。根据基本变形理论画出悬臂杆的扭矩图、弯矩M_y图和弯矩M_z图，根据内力图可知固定端截面是危险面。根据圆截面杆斜弯曲与扭转组合变形理论，可求出第三强度理论的危险应力并进行强度校核。

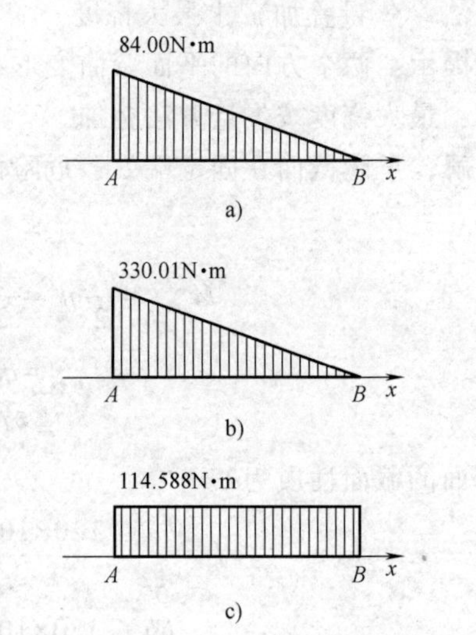

图9-23 习题13电动机轴的内力图

a）M_z图 b）M_y图 c）T图

提示：圆截面杆斜弯曲与扭转组合变形的危险点处于重要的常见的平面应力状态，第三强度理论的危险应力应按照应力状态理论和强度理论进行叠加；按照圆截面杆斜弯曲与扭转组合变形理论，第三强度理论的危险应力等于危险截面内力的主矩除以危险截面的弯曲截面系数。

解：（1）传递扭矩为

$$M_e=9549\frac{P}{n}=9549\times\frac{9\text{kW}}{750\text{r/min}}=114.588\text{N}\cdot\text{m}$$

（2）胶带拉力由下式确定：

$$F_P=\frac{2M_e}{D}=\frac{2\times114.588\text{N}\cdot\text{m}}{250\times10^{-3}\text{m}}=916.704\text{N}$$

（3）作出电动机外伸轴的内力图如图9-23a、b、c所示。

（4）危险面在电动机轴承处，由第三强度理论

$$\sigma_{r3}=\frac{\sqrt{M_{y\max}^2+M_{z\max}^2+T^2}}{W_z}$$

$$=\frac{(32\sqrt{84^2+330.01^2+114.588^2})\text{N}\cdot\text{m}}{(\pi\times40^3\times10^{-9})\text{ m}^3}$$

$$=57.18\times10^6\text{Pa}=57.18\text{MPa}\leqslant[\sigma]=60\text{MPa}$$

14.（教材习题 9-14）　圆截面直角弯杆 ABC 放置于图 9-24 所示的水平位置，已知 $L=50\text{cm}$，$F_P=40\text{kN}$，与 BC 平行，铅垂均布荷载 $q=28\text{kN/m}$，材料的许用应力 $[\sigma]=160\text{MPa}$，试用第三强度理论设计杆的直径 d。

考点：圆截面杆斜弯曲与扭转组合变形、危险面、危险点、危险应力、第三强度理论。

解题思路：分布力向 B 截面的形心简化，得到绕 AB 轴线的力偶和铅垂作用力，绕 AB 轴线的力偶使悬臂梁 AB 发生扭转变形，铅垂力使悬臂梁发生铅垂面内的平面弯曲变形，水平外力使悬臂梁发生水平面内的平面弯曲变形。根据基本变形理论画出悬臂杆 AB 的扭矩图、弯矩 M_y 图和弯矩 M_z 图，根据内力图可知固定端截面是危险面。根据圆截面杆斜弯曲与扭转组合变形理论，可求出第三强度理论的危险应力并进行截面设计。

提示：圆截面杆斜弯曲与扭转组合变形的危险点处于重要的常见的平面应力状态，第三强度理论的危险应力应按照应力状态理论和强度理论进行叠加；按照圆截面杆斜弯曲与扭转组合变形理论，第三强度理论的危险应力等于危险截面内力的主矩除以危险截面的弯曲截面系数。

解：(1) 作出梁的内力图如图 9-25a、b、c 所示，危险面在截面 A，于是有

$$M_{Ay}=F_PL=40\times10^3\text{N}\times0.5\text{m}=20\times10^3\text{N}\cdot\text{m}$$

$$M_{Az}=2qL^2=2\times28\times10^3\text{N/m}\times0.5^2\text{m}^2=14\times10^3\text{N}\cdot\text{m}$$

$$T_A=\frac{1}{2}qL^2=\frac{1}{2}\times28\times10^3\text{N/m}\times0.5^2\text{m}^2=3.5\times10^3\text{N}\cdot\text{m}$$

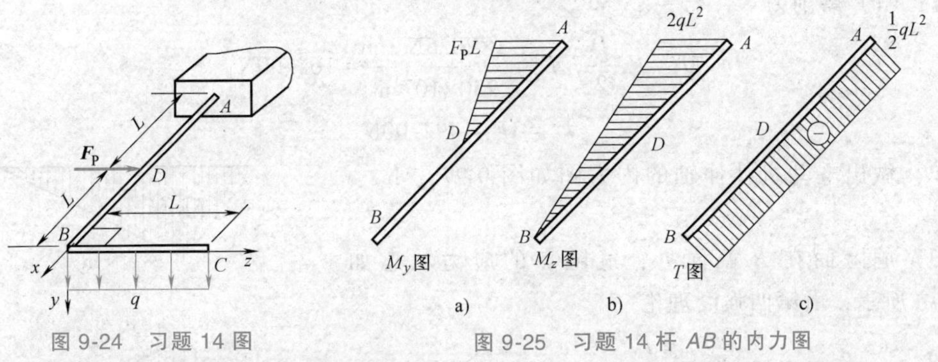

图 9-24　习题 14 图

图 9-25　习题 14 杆 AB 的内力图

(2) 对于圆截面，由第三强度理论有

$$\sigma_{r3}=\frac{\sqrt{M_{Ay}^2+M_{Az}^2+T_A^2}}{W_z}<[\sigma]$$

$$W_z=\frac{\pi d^3}{32}$$

得

$$d>\sqrt[3]{\frac{32\sqrt{M_{Ay}^2+M_{Az}^2+T_A^2}}{\pi[\sigma]}}$$

$$=\sqrt[3]{\frac{32\times10^3\sqrt{20^2+14^2+3.5^2}\text{N}\cdot\text{m}}{\pi\times160\times10^6\text{Pa}}}$$

$$=0.116\text{m}$$

于是

$$d\geqslant116\text{mm}$$

15. （教材习题 9-15） 如图 9-26 所示结构中，砂轮轴 ABC 传递的力偶矩 $M_e=20.5\text{N}\cdot\text{m}$，砂轮直径 $D=250\text{mm}$，重 $P=275\text{N}$，磨削力 $F_y=3F_z$。轴的许用应力 $[\sigma]=60\text{MPa}$，轴重不计。试用第四强度理论选择轴的直径。

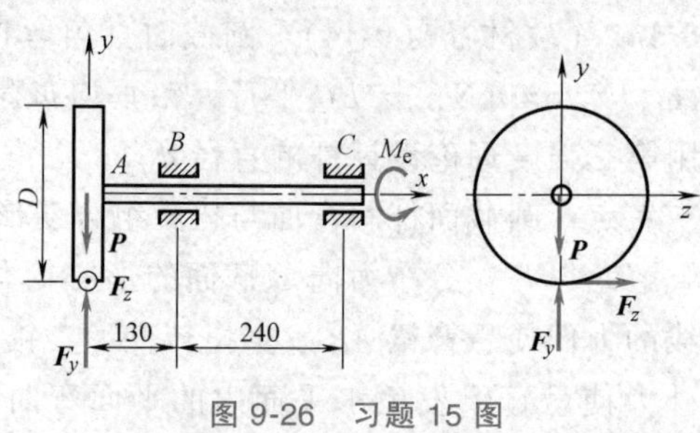

图 9-26 习题 15 图

考点：圆截面杆斜弯曲与扭转组合变形、危险面、危险点、危险应力、第四强度理论。

解题思路：切向切削力向 A 截面的形心简化，得到绕 AB 轴线的力偶和水平作用力，力偶使悬臂梁 AB 发生扭转变形，水平力使悬臂梁发生水平面内的平面弯曲变形，铅垂切削力和砂轮的重力使悬臂梁发生铅垂面上的平面弯曲变形。根据基本变形理论画出悬臂杆 AB 的扭矩图、弯矩 M_y 图和弯矩 M_z 图，根据内力图可知 B 截面是危险面。根据圆截面杆斜弯曲与扭转组合变形理论，可求出第四强度理论的危险应力并进行截面设计。

提示：圆截面杆斜弯曲与扭转组合变形的危险点处于重要的常见的平面应力状态，第四强度理论的危险应力应按照应力状态理论和强度理论进行叠加；按照圆截面杆斜弯曲与扭转组合变形理论，第四强度理论的危险应力等于危险截面的修正主矩（合弯矩平方加上 3/4 扭矩平方之和的开方）除以危险截面的弯曲截面系数。

解：(1) 磨削力

$$M_e=F_z\frac{D}{2},\ F_z=\frac{2\times20.5\text{N}\cdot\text{m}}{250\times10^{-3}\text{m}}=164.00\text{N}$$

$$F_y=3F_z=492.00\text{N}$$

(2) 做出电动机外伸轴的内力图如图 9-27a、b、c 所示。

(3) 危险面在 B 截面处，危险点的应力状态如图 9-27d 所示，由第四强度理论

$$W_z=\frac{\pi d^3}{32}$$

$$\sigma_{r4}=\frac{\sqrt{M_{By}^2+M_{Bz}^2+0.75T_B^2}}{W_z}<[\sigma]$$

得 $$d>\sqrt[3]{\frac{32\sqrt{M_{By}^2+M_{Bz}^2+0.75T_B^2}}{\pi[\sigma]}}$$

$$=\sqrt[3]{\frac{(32\sqrt{21.32^2+28.21^2+0.75\times20.5^2})\text{N}\cdot\text{m}}{(\pi\times160\times10^6)\text{Pa}}}$$

$$=18.87\times10^{-3}\text{m}=18.87\text{mm}$$

于是 $$d\geqslant18.87\text{mm}$$

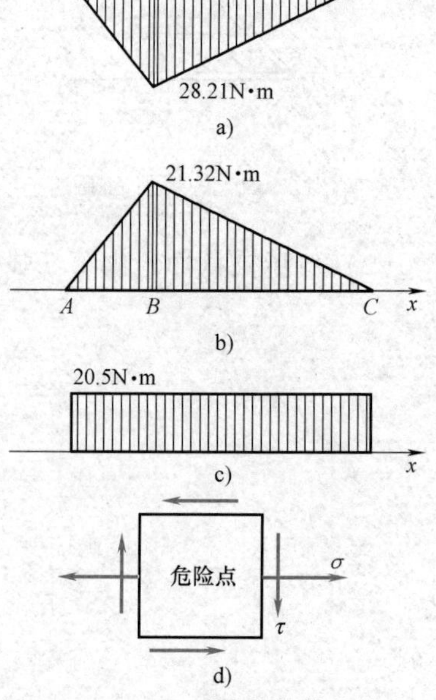

图 9-27 习题 15 砂轮轴的内力图及危险点应力状态图

a) M_z 图 b) M_y 图 c) T 图 d) 危险点应力状态图

16. （教材习题 9-16） 如图 9-28 所示带轮转动轴，传递功率 $P=7\text{kW}$，转速 $n=200\text{r/min}$，带轮重量 $Q=$

1.8kN，左端轮齿上啮合力 F_n 与齿轮节圆切线的夹角（压力角）为 20°。右端带轮的带拉力 $F_1=2F_2$，轴材料的许用应力 $[\sigma]=80\text{MPa}$，试分别在忽略和考虑带轮重量的两种情况下，按第三强度理论估算轴的直径。

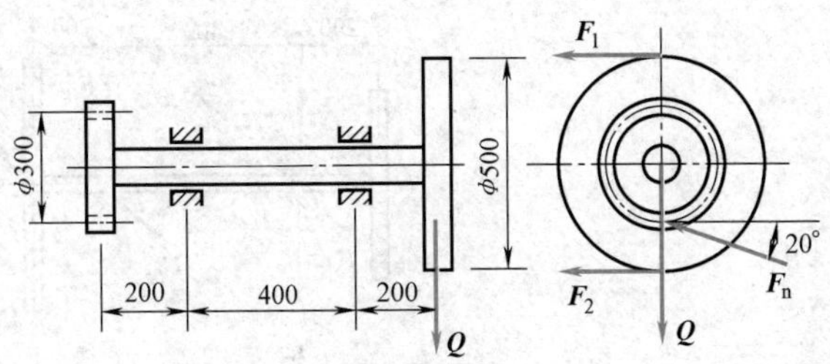

图 9-28　习题 16 图

考点：圆截面杆斜弯曲与扭转组合变形、危险面、危险点、危险应力、第三强度理论。

解题思路：由传递功率求出带拉力，转动平衡方程求出齿轮啮合力。带拉力和齿轮啮合力分别向 C、D 截面的形心简化并沿 y、z 轴分解集中力，得到绕 AB 轴线的力偶、铅垂作用力和水平面的作用力。绕 AB 轴线的力偶使转动轴 AB 发生扭转变形，铅垂力 F_{ny}、Q 使悬臂梁发生铅垂面内的平面弯曲变形，水平外力 F_{nz}、$3F_2$ 使悬臂梁发生水平面上的平面弯曲变形。根据基本变形理论画出转动轴 AB 的扭矩图、弯矩 M_y 图和弯矩 M_z 图，根据内力图可知 B 截面是危险面。根据圆截面杆斜弯曲与扭转组合变形理论，可求出第三强度理论的危险应力并进行截面设计。

提示：圆截面杆斜弯曲与扭转组合变形的危险点处于重要的常见的平面应力状态，第三强度理论的危险应力应按照应力状态理论和强度理论进行叠加；按照圆截面杆斜弯曲与扭转组合变形理论，第三强度理论的危险应力等于危险截面内力的主矩除以危险截面的弯曲截面系数。

解：(1) 传递扭矩

$$T=9549\times\frac{7\text{kW}}{200\text{r/min}}=334.215\text{N}\cdot\text{m}$$

$$(F_1-F_2)\times0.25\text{m}=T$$

$$F_2=1336.86\text{N}$$

(2) 求主动力，以整梁为研究对象，列平衡方程可得

$$\sum M_x=0,\ (F_1-F_2)\times250\text{mm}-F_{nz}\times150\text{mm}=0$$

$$F_{nz}=2228.1\text{N}$$

$$F_{ny}=F_{nz}\tan20°=810.96\text{N}$$

(3) x—z 平面受力和对应弯矩 M_y 图如图 9-29a、b 所示，于是有

$$M_{Ay}=445.6\text{N}\cdot\text{m},\ M_{By}=802.2\text{N}\cdot\text{m}$$

(4) x—y 平面受力和对应弯矩 M_z 图如图 9-29c、d、e 所示，于是有

$$M_{Az}=160\text{N}\cdot\text{m},\ M_{Bz}=360\text{N}\cdot\text{m}\ (\text{有 } Q \text{ 时}),\ M_{Bz}=0\text{N}\cdot\text{m}\ (\text{无 } Q \text{ 时})$$

(5) 扭矩图如图 9-29f 所示。

(6) 危险截面

$$M_A^2=M_{Ay}^2+M_{Az}^2=(445.6\text{N}\cdot\text{m})^2+(162.2\text{N}\cdot\text{m})^2=224868(\text{N}\cdot\text{m})^2$$

$$M_B^2=M_{By}^2+M_{Bz}^2=(802.2\text{N}\cdot\text{m})^2+(360\text{N}\cdot\text{m})^2=773125(\text{N}\cdot\text{m})^2(\text{有 } Q \text{ 时})$$

$$M_B^2=M_{By}^2+M_{Bz}^2=(802.2\text{N}\cdot\text{m})^2+(0\text{N}\cdot\text{m})^2=643525(\text{N}\cdot\text{m})^2(\text{无 } Q \text{ 时})$$

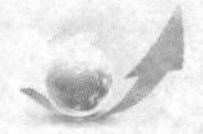

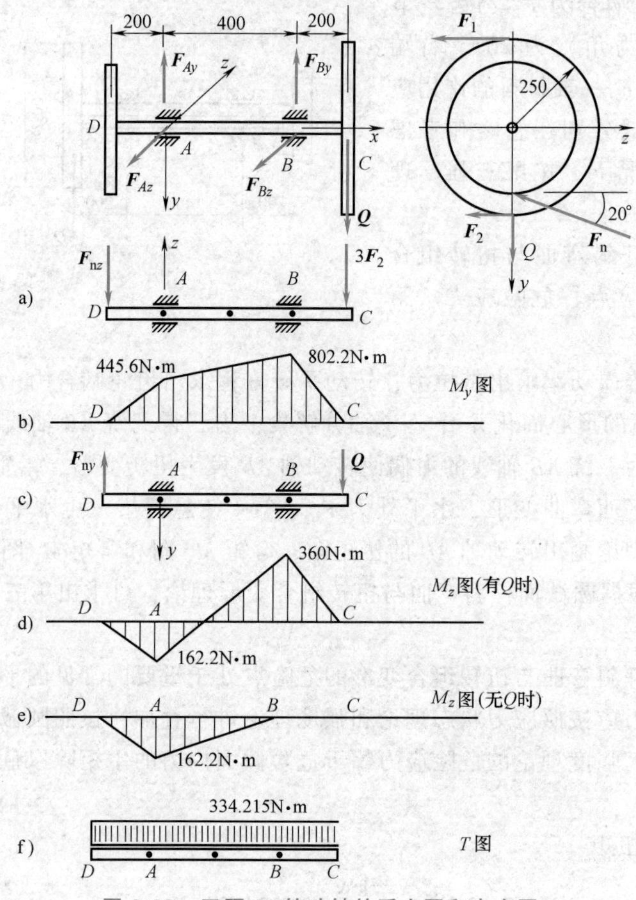

图 9-29　习题 16 转动轴的受力图和内力图

所以，危险截面在 B 截面。

（7）按第三强度理论设计轴径：

考虑带轮重量时，如图 9-29d 所示，则有

$$\sigma_{r3}=\frac{\sqrt{M_B^2+T_B^2}}{W_z}=\frac{32\sqrt{773125+334.215^2}\ \mathrm{N\cdot m}}{\pi d^3}\leqslant[\sigma]=80\times10^6\mathrm{Pa}$$

$$d>\sqrt[3]{\frac{32\sqrt{773125+334.215^2}\ \mathrm{N\cdot m}}{\pi\times80\times10^6\mathrm{Pa}}}=0.0493\mathrm{m}$$

不考虑带轮重量时，如图 9-29e 所示，则有

$$M_{Bz}=0,\ M_B=M_{By}=802.2\mathrm{N\cdot m}$$

$$\sigma_{r3}=\frac{\sqrt{M_B^2+T_B^2}}{W_z}=\frac{(32\sqrt{802.2^2+334.215^2})\ \mathrm{N\cdot m}}{\pi d^3}\leqslant[\sigma]=80\times10^6\mathrm{Pa}$$

$$d>\sqrt[3]{\frac{32\sqrt{802.2^2+334.215^2}\ \mathrm{N\cdot m}}{\pi\times80\times10^6\mathrm{Pa}}}=0.048\mathrm{m}$$

17.（教材习题 9-17）　直杆 AB 与直径 $d=40\mathrm{mm}$ 的圆柱杆焊接成一体，结构受力如

图 9-30 所示，若不忽略弯曲切应力的影响，试确定固定端上点 a 和点 b 的应力状态，并按第四强度理论计算其相当应力 σ_{r4}。

考点：圆截面杆压缩、弯曲与扭转组合变形、危险面、危险点、危险应力、第四强度理论。

解题思路：外力向自由端 D 截面的形心简化，得到绕直杆轴线的力偶、y 方向的水平面的作用力。绕直杆轴线的力偶使直杆发生扭转变形，y 方向的水平力使直杆发生 y 方向铅垂面的平面弯曲变形。根据基本变形理论可知固定端截面是危险面。根据弯曲与扭转组合变形理论，a 点的正应力包括压缩正应力和弯曲正应力、切应力只有扭转产生的切应力；b 点的正应力只有压缩正应力、切应力包括弯曲切应力和扭转切应力，由此可求出 a、b 点的应力状态，进而求出第四强度相当应力。

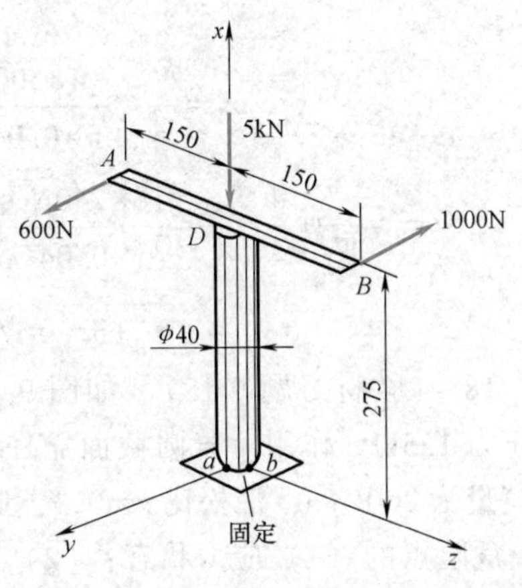

图 9-30　习题 17 图

提示：根据基本变形理论确定 a、b 点的应力状态，b 点的切应力包括弯曲切应力和扭转切应力，a、b 点皆处于重要的常见的平面应力状态。

解：固定端的内力如图 9-31a 所示，于是有

$$F_N = 5000\text{N}$$

$$F_{Sy} = 1000\text{N} - 600\text{N} = 400\text{N}$$

$$M_z = 400\text{N} \times 0.275\text{m} = 110\text{N} \cdot \text{m}$$

$$T = 1000\text{N} \times 0.15\text{m} + 600\text{N} \times 0.15\text{m} = 240\text{N} \cdot \text{m}$$

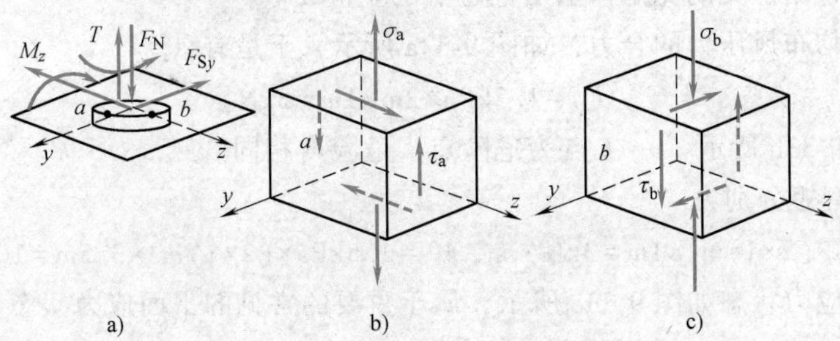

图 9-31　习题 17 圆柱危险面的内力图和 a、b 点的应力状态图

a）固定端截面内力　b）a 点单元体　c）b 点单元体

a 点和 b 点的应力状态如图 9-31b、c 所示，其中

a 点：

$$\sigma_a = \frac{M_z}{W_z} - \frac{F_N}{A} = \frac{110\text{N} \cdot \text{m}}{(\pi \times 0.04^3/32)\text{m}^3} - \frac{5000\text{N}}{(\pi \times 0.04^2/4)\text{m}^2} = 13.53 \times 10^6\text{Pa} = 13.53\text{MPa}$$

$$\tau_a = \frac{T}{W_p} = \frac{240\text{N} \cdot \text{m}}{(\pi \times 0.04^3/16)\text{m}^3} = 19.10 \times 10^6\text{Pa} = 19.10\text{MPa}$$

$$\sigma_{a,r4} = \sqrt{\sigma_a^2 + 3\tau_a^2} = \sqrt{13.53^2 + 3 \times 19.10^2}\ \text{MPa} = 35.742\text{MPa}$$

b 点：

$$\sigma_b=\frac{F_N}{A}=\frac{4\times5000\text{N}}{\pi\times0.04^2\text{m}^2}=3.97887\times10^6\text{Pa}=3.97887\text{MPa}$$

$$\tau_b=\frac{T}{W_p}+\frac{4}{3}\frac{F_{Sy}}{A}=\frac{16\times240\text{N}\cdot\text{m}}{\pi\times0.04^3\text{m}^3}+\frac{4}{3}\frac{4\times400\text{N}}{\pi\times0.04^2\text{m}^2}=19.523\times10^6\text{Pa}=19.523\text{MPa}$$

$$\sigma_{b,r4}=\sqrt{\sigma_b^2+3\tau_b^2}=\sqrt{3.97887^2+3\times19.523^2}\text{ MPa}=34.048\text{MPa}$$

18.（教材习题 9-18） 如图 9-32 所示，广告牌受均布风压力 1.5kPa 作用，若圆截面立柱直径为 100mm，材料弹性模量为 200GPa，泊松比 $\nu=0.3$，试求距离底端 2m 处截面 A 上危险点的（1）应力状态；（2）三个主应力值；（3）三个主应变值。

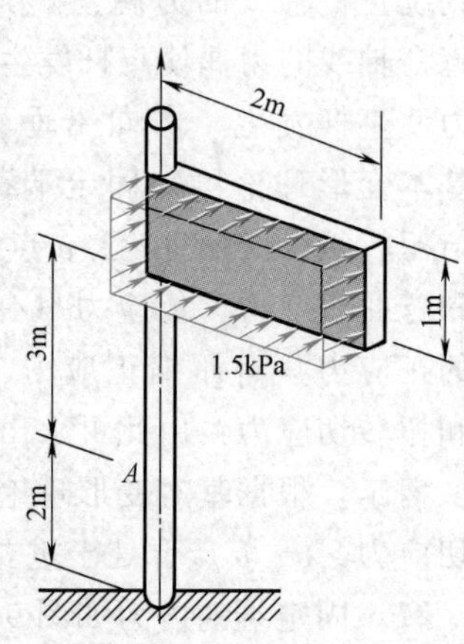

图 9-32 习题 18 图

考点：圆截面杆弯曲与扭转组合变形、危险面、危险点、主应力和主应变。

解题思路：外力向自由端截面的形心简化，得到绕立柱轴线的力偶、垂直于立柱的水平面的作用力。绕立柱轴线的力偶使直杆发生扭转变形，垂直于立柱的水平力使直杆发生垂直于立柱方向的铅垂面的平面弯曲变形。由截面法可求出 A 截面的内力。根据弯曲与扭转组合变形理论，可知 A 截面上弯曲危险点即为组合变形危险点，且属于重要的常见的平面应力状态。

提示：根据基本变形理论确定 A 截面上危险点的应力状态，通过应力状态理论求出危险点的主应力，根据广义胡克定律求出危险点的主应变。

解：广告牌均布风压力的合力，如图 9-33a 所示，于是有

$$F_P=1.5\text{kPa}\times2\text{m}\times1\text{m}=3\text{kN}$$

A 截面内力如图 9-33b 所示，a、b 点为危险点，危险度相同。

A 截面的扭矩和弯矩分别为

$$T=1.5\text{kPa}\times(2\times1)\text{m}^2\times1\text{m}=3\text{kN}\cdot\text{m},\ M_z=1.5\text{kPa}\times(2\times1)\text{m}^2\times3.5\text{m}=10.5\text{kN}\cdot\text{m}$$

危险点 a 的应力状态如图 9-33c 所示，属于重要的常见的平面应力状态。

a 点的正应力为

$$\sigma_a=\frac{M_z}{W_z}=\frac{32M_z}{\pi d^3}=\frac{32\times10.5\times10^3\text{N}\cdot\text{m}}{\pi\times0.1^3\text{m}^3}=107\times10^6\text{Pa}=107\text{MPa}$$

a 点的切应力为

$$\tau_a=\frac{T}{W_P}=\frac{16T}{\pi d^3}=\frac{16\times3\times10^3\text{N}\cdot\text{m}}{\pi\times0.1^3\text{m}^3}=15.28\times10^3\text{Pa}=15.28\text{MPa}$$

a 点的主应力为

$$\sigma_1=\frac{107\text{MPa}}{2}+\sqrt{\left(\frac{107\text{MPa}}{2}\right)^2+(15.28\text{MPa})^2}=109.14\text{MPa}$$

$$\sigma_2=0$$

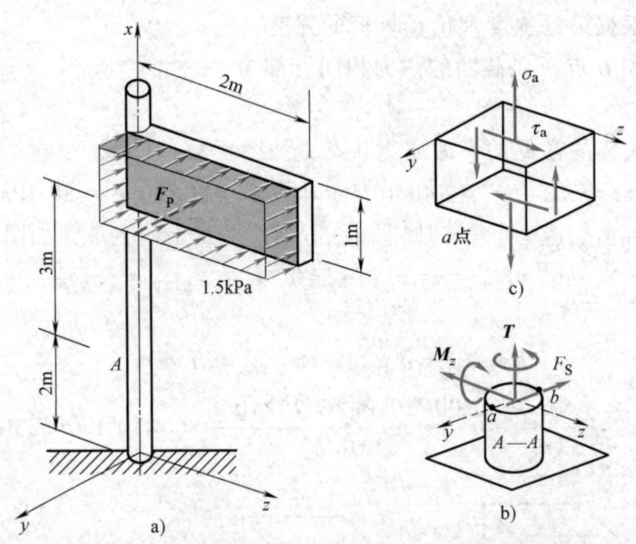

图 9-33　习题 18 广告牌受力、A 截面内力图和危险点的应力状态图

a）广告牌受力　b）A 截面内力　c）a 点单元体

$$\sigma_3=\frac{107\text{MPa}}{2}-\sqrt{\left(\frac{107\text{MPa}}{2}\right)^2+(15.28\text{MPa})^2}=-2.14\text{MPa}$$

a 点的主应变

$$\varepsilon_1=\frac{1}{200\times10^9\text{Pa}}\times[109.14-0.3\times(0-2.14)]\times10^6\text{Pa}=0.55\times10^{-3}$$

$$\varepsilon_2=\frac{1}{200\times10^9\text{Pa}}\times[0-0.3\times(-2.14+109.14)]\times10^6\text{Pa}=0.1605\times10^{-3}$$

$$\varepsilon_3=\frac{1}{200\times10^9\text{Pa}}\times[-2.14-0.3\times(109.14+0)]\times10^6\text{Pa}=0.174\times10^{-3}$$

19.（教材习题 9-19）　图 9-34 所示圆截面杆受横向力 F 和力偶 M_e 共同作用。测得 A 点的轴向线应变 $\varepsilon_{0^\circ}=4\times10^{-4}$，$B$ 点与母线成 45° 方向的线应变 $\varepsilon_{-45^\circ}=3.75\times10^{-4}$。杆的弯曲截面系数 $W_z=6\text{mm}^3$，$E=200\text{GPa}$，$\nu=0.25$，$[\sigma]=150\text{MPa}$。试用第三强度理论校核杆的强度。

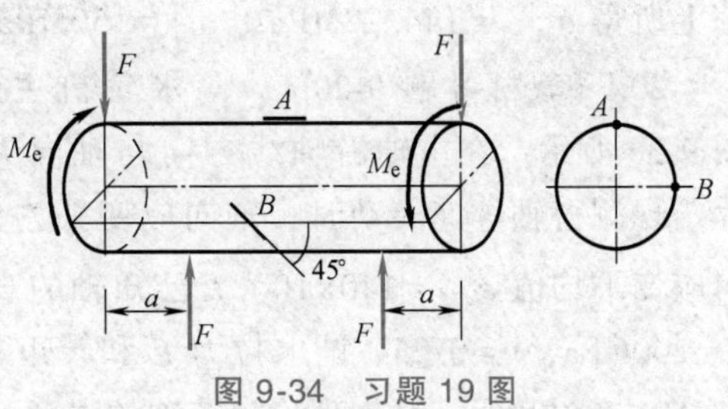

图 9-34　习题 19 图

考点：圆截面杆弯曲与扭转组合变形、危险面、危险点、主应力和主应变。

解题思路：A 点是弯曲危险点也是组合变形危险点，属于重要的常见的平面应力状态，根据胡克定律可由 A 点的轴向线应变求出该点的正应力，B 点处于纯剪切应力状态，通过广义胡克定律可由 B 点 ε_{-45° 求出 −45°方向的单元体主应力，再根据应力状态理论求出 B 点横截面的切应力，A、B 点单元体所在横截面的切应力是扭矩产生的，大小相同，于是可确定危险点的应力状态。最后根据第三强度理论校核杆的强度。

提示：根据基本变形理论确定危险点的应力状态，根据广义胡克定律和应力状态理论求出危险点的应力，根据第三强度理论校核杆的强度。

解：（1）A 点和 B 点所在截面的内力相同，都为

$$M_z = Fa,\ T = M_e$$

（2）A 点处于重要的常见的平面应力状态，如图 9-35a 所示，则有

$$\sigma_A = E\varepsilon_{0^\circ},\ \sigma_A = 200\times10^9\,\mathrm{Pa}\times4\times10^{-4} = 80\times10^6\,\mathrm{Pa} = 80\mathrm{MPa}$$

（3）B 点处于纯剪切应力状态，如图 9-35b 所示，B 点的主单元如图 9-35c 所示，则有

$$\sigma_1 = \sigma_{B,-45^\circ} = \tau_B,\ \sigma_2 = 0,\ \sigma_3 = \sigma_{B,45^\circ} = -\tau_B$$

由胡克定律得

$$E\varepsilon_{B,-45^\circ} = \sigma_{B,-45^\circ} - \nu\sigma_{B,45^\circ} = (1+\nu)\tau_B$$

$$\tau_B = \frac{E\varepsilon_{B,-45^\circ}}{1+\nu} = \frac{200\times10^9\,\mathrm{Pa}\times3.75\times10^{-4}}{1+0.25} = 60\times10^6\,\mathrm{Pa} = 60\mathrm{MPa}$$

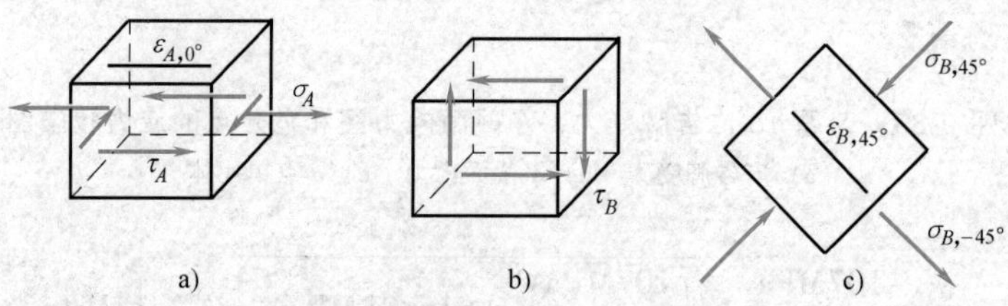

图 9-35 习题 19 圆杆测点 A、B 的应力状态图和 B 点的主单元体图

a）A 点单元体 b）B 点单元体 c）B 点主单元体

（4）强度校核，A 点处于重要的常见的平面应力状态，$\sigma_A = 80\mathrm{MPa}$，$\tau_A = \tau_B = 60\mathrm{MPa}$，由第三强度理论得

$$\sigma_{A,r3} = \sqrt{\sigma_A^2 + 4\tau_A^2} = \sqrt{80^2 + 4\times60^2}\,\mathrm{MPa} = 144.22\mathrm{MPa} < [\sigma] = 150\mathrm{MPa} \quad 安全$$

B 点处于纯剪切应力状态，$\sigma_1 = \tau_B = 60\mathrm{MPa}$，$\sigma_2 = 0$，$\sigma_3 = -\tau_B = -60\mathrm{MPa}$，由第三强度理论得

$$\sigma_{B,r3} = \sigma_1 - \sigma_3 = 2\tau_B = 2\times60\mathrm{MPa} = 120\mathrm{MPa} < [\sigma] = 150\mathrm{MPa} \quad 安全$$

综上所得 $\sigma_{A,r3} = 144.22\mathrm{MPa} < [\sigma] = 150\mathrm{MPa}$，$\sigma_{B,r3} = 120\mathrm{MPa} < [\sigma] = 150\mathrm{MPa}$ 安全

20.（教材习题 9-20） 一水轮机主轴受拉扭联合作用，如图 9-36 所示。在主轴沿轴线方向与轴向夹角 45°方向各贴一应变片。现测得轴等速转动时，轴向应变平均值 $\varepsilon_{90^\circ} = 26\times10^{-6}$，45°方向应变平均值 $\varepsilon_{45^\circ} = 140\times10^{-6}$。已知轴的直径 $D = 300$ mm，材料的 $E = 200\mathrm{GPa}$，$\nu = 0.25$。试求拉力 F 和转矩 T。若许用应力为 $[\sigma] = 120\mathrm{MPa}$，试用第三强度理论校核轴的强度。

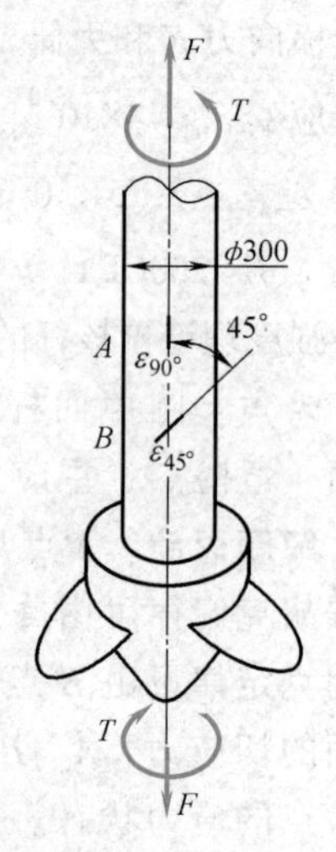

图 9-36 习题 20 图

考点：圆截面杆拉伸与扭转组合变形、危险面、危险点、强度校核。

解题思路：杆表面任意点都是危险点，属于重要的常见的平面应力状态，根据胡克定律可由危险点的轴向线应变求出危险点的正应力，通过广义胡克定律可由危险点的 ε_{45° 求出 45°方向的单元体正应力，再根据应力状态理论求出危险点横截面的切应力，于是可确定危险点的应力状态。最后根据第三强度理论校核杆的强度。

提示：根据基本变形理论确定危险点的应力状态，根据广义胡克定律和应力状态理论求出危险点的应力，根据第三强度理论校核杆的强度。

解：(1) 测点 A、B 的应变的应力状态相同，如图 9-37a、b 所示，于是有

$$\sigma_A=\frac{F}{A},\ \tau_A=\tau_B=\frac{T}{W_p}$$

根据胡克定律，A、B 点的正应力与测点应变满足

$$\sigma_A=\sigma_B=\frac{F}{A}=E\varepsilon_{A,90^\circ}=200\times10^9\mathrm{Pa}\times26\times10^{-6}=5.2\times10^6\mathrm{Pa}=5.2\mathrm{MPa}$$

$$F=A\sigma_A=\frac{\pi}{4}\times300^2\times10^{-6}\mathrm{m}^2\times5.2\times10^6\mathrm{Pa}=367.57\times10^3\mathrm{N}=367.57\mathrm{kN}$$

(2) B 点沿 45°方向的单元体如图 9-37c 所示，有

$$\sigma_{B,45^\circ}=\frac{0+\sigma_B}{2}+\frac{0-\sigma_B}{2}\cos2\times45^\circ-(-\tau_B)\sin2\times45^\circ=\frac{\sigma_B}{2}+\tau_B$$

$$\sigma_{B,-45^\circ}=\frac{0+\sigma_B}{2}+\frac{0-\sigma_B}{2}\cos(-2\times45^\circ)-(-\tau_B)\sin(-2\times45^\circ)=\frac{\sigma_B}{2}-\tau_B$$

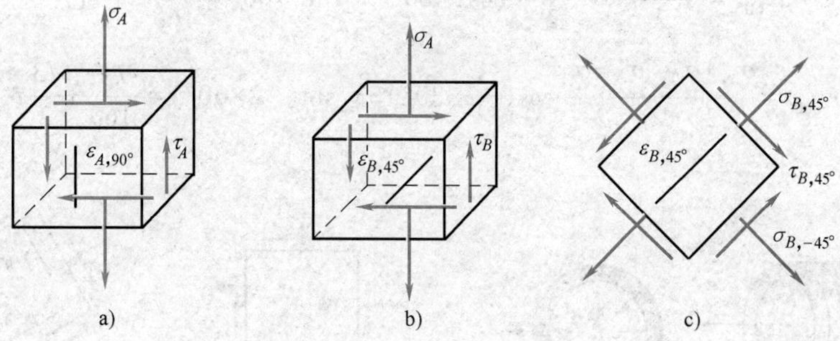

图 9-37　习题 20 水轮机轴测点 A、B 的应力状态图和 B 点的主单元体图

a) A 点单元体　b) B 点单元体　c) B 点 45°单元体

(3) 对 B 点沿 45°方向单元体，由胡克定律

$$E\varepsilon_{B,45^\circ}=\sigma_{B,45^\circ}-\nu\sigma_{B,-45^\circ}=\frac{\sigma_B}{2}+\tau_B-\nu\left(\frac{\sigma_B}{2}-\tau_B\right)=\frac{1}{2}(1-\nu)\sigma_B+(1+\nu)\tau_B$$

$$\begin{aligned}\tau_B&=\frac{1}{(1+\nu)}\left[E\varepsilon_{B,45^\circ}-\frac{1}{2}(1-\nu)\sigma_B\right]\\&=\frac{1}{(1+0.25)}\left[200\times10^9\mathrm{Pa}\times140\times10^{-6}-\frac{1}{2}(1-0.25)\times5.2\times10^6\mathrm{Pa}\right]\\&=20.84\times10^6\mathrm{Pa}=20.84\mathrm{MPa}\end{aligned}$$

由于 (1) 中已知 $\tau_B=\dfrac{T}{W_p}$，故

$$T=W_p\tau_B=\frac{\pi}{16}\times300^3\times10^{-9}\mathrm{m}^3\times20.84\times10^6\mathrm{Pa}=110.48\times10^3\mathrm{N\cdot m}=110.48\mathrm{kN\cdot m}$$

(4) 强度校核。根据第三强度理论

$$\sigma_{A,r3}=\sqrt{\sigma_A^2+4\tau_A^2}=\sqrt{5.2^2+4\times20.84^2}\mathrm{MPa}=42.00\mathrm{MPa}<[\sigma]=120\mathrm{MPa}\quad 安全$$

21.（教材习题9-21） 图9-38所示承受内压 p 和扭矩 T 的两端封闭的薄壁圆筒，实验测得圆筒外表面 a 点沿 ab 和 ac 方向的线应变 $\varepsilon_{ab}=172.8\times10^{-6}$，$\varepsilon_{ac}=502.2\times10^{-6}$。若圆筒平均直径 $d=200\text{mm}$，壁厚 $\delta=10\text{mm}$，弹性模量 $E=200\text{GPa}$，泊松比 $\nu=0.25$，试求筒内压强 p 和作用在圆筒上的扭矩 T。

考点：薄壁圆筒双向拉伸与扭转组合变形、危险面、危险点、应力状态理论。

解题思路：杆表面任意点都是危险点，属于一般平面应力状态，根据广义胡克定律可由测点的 ab 和 ac 方向的应变求出测点的正应力和切应力，再根据测点截面正应力与内压关系以及测点截面切应力与扭矩的关系，求出内压和扭矩。

提示：根据基本变形理论确定测点（危险点）的应力状态，根据广义胡克定律和应力状态理论求出危险点的应力，根据测点截面应力与外力的关系求出外力。

解：（1）a 点单元体如图9-39a所示，设内径为 d_2，外径为 d_1，于是有

$$\sigma_N=\frac{pd_2}{4\delta},\ \sigma_T=\frac{pd_2}{2\delta},\ \tau_a=\frac{T}{W_p}$$

（2）a 点在 ab、ac 方向的单元体如图9-39b所示，于是有

$$\sigma_{60°}=\frac{\sigma_N+\sigma_T}{2}+\frac{\sigma_N-\sigma_T}{2}\cos2\times60°-\tau_a\sin2\times60°=\frac{7pd_2}{16\delta}-\frac{\sqrt{3}}{2}\tau_a$$

$$\sigma_{-30°}=\frac{\sigma_N+\sigma_T}{2}+\frac{\sigma_N-\sigma_T}{2}\cos(-2\times30°)-\tau_a\sin(-2\times30°)=\frac{5pd_2}{16\delta}+\frac{\sqrt{3}}{2}\tau_a$$

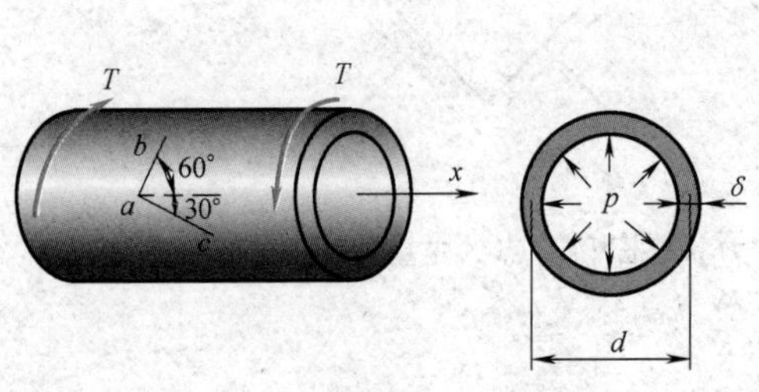

图9-38 习题21图

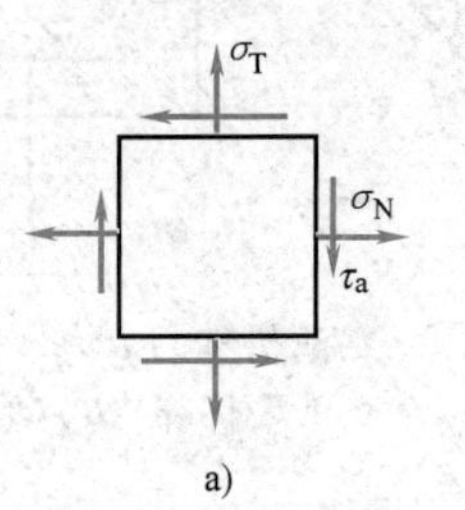

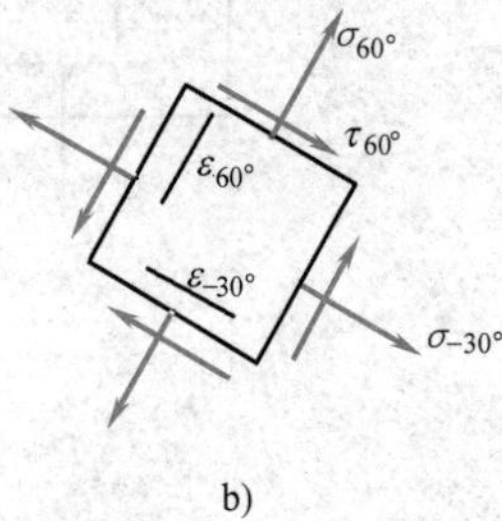

图9-39 习题21测点 a 的应力状态图和沿60°截面与−30°截面对应的单元体图

a）a 点单元体 b）a 点60°截面和−30°截面对应的单元体

（3）对图9-39b所示单元体，由胡克定律有

$$E\varepsilon_{60°}=\sigma_{60°}-\nu\sigma_{-30°}=\left(\frac{7pd_2}{16\delta}-\frac{\sqrt{3}}{2}\tau_a\right)-\frac{25}{100}\left(\frac{5pd_2}{16\delta}+\frac{\sqrt{3}}{2}\tau_a\right)=\frac{23pd_2}{64\delta}-\frac{5\sqrt{3}}{8}\tau_a \quad (a)$$

$$E\varepsilon_{-30°}=\sigma_{-30°}-\nu\sigma_{60°}=\left(\frac{5pd_2}{16\delta}+\frac{\sqrt{3}}{2}\tau_a\right)-\frac{25}{100}\left(\frac{7pd_2}{16\delta}-\frac{\sqrt{3}}{2}\tau_a\right)=\frac{13pd_2}{64\delta}+\frac{5\sqrt{3}}{8}\tau_a \quad (b)$$

由式（a）、式（b）解得

$$p=\frac{16E\delta(\varepsilon_{60°}+\varepsilon_{-30°})}{9d_2}$$

$$=\frac{16\times200\times10^9\text{Pa}\times10\times10^{-3}\text{m}\times(172.8+502.2)\times10^{-6}}{9\times190\times10^{-3}\text{m}}$$

$$= 12.63\times10^6\text{Pa} = 12.63\text{MPa}$$

$$\tau_a = \frac{E(46\varepsilon_{-30^\circ} - 26\varepsilon_{60^\circ})}{45\sqrt{3}}$$

$$= \frac{200\times10^9\text{Pa}\times(46\times502.2-26\times172.8)\times10^{-6}}{45\sqrt{3}}$$

$$= 47.75\times10^6\text{Pa} = 47.75\text{MPa}$$

（4）外力偶

$$T = W_p\tau_a = \frac{\pi d_1^3}{16}(1-\alpha^4)\tau_a$$

$$= \frac{\pi\times210^3\times10^{-9}\text{m}^3}{16}\left[1-\left(\frac{190}{210}\right)^4\right]\times47.75\times10^6\text{Pa}$$

$$= 28.68\times10^3\text{N}\cdot\text{m} = 28.68\text{kN}\cdot\text{m}$$

综上可得 $p = 12.63\text{MPa}$，$T = 28.68\text{kN}\cdot\text{m}$

22.（教材习题 9-22）　图 9-40 所示钢制圆轴的直径 $d = 100\text{mm}$，长 $l = 1\text{m}$。自由端承受铅垂力 F_2 和力偶 M_e 的作用，中截面受水平力 F_1 作用。已知 $F_1 = F_2 = 4.2\text{kN}$，$M_e = 1.5\text{kN}\cdot\text{m}$，杆的许用应力 $[\sigma] = 80\text{MPa}$。试用第三强度理论校核该轴的强度。

考点：圆截面杆斜弯曲与扭转组合变形、危险面、危险点、危险应力、第三强度理论。

解题思路：自由端力偶使悬臂梁 AB 发生扭转变形，铅垂力 F_2 使悬臂梁发生铅垂面内的平面弯曲变形，水平外力 F_1 使悬臂梁发生水平面上的平面弯曲变形。根据基本变形理论画出悬臂杆 AB 的扭矩图、弯矩 M_y 图和弯矩 M_z 图，根据内力图可知固定端截面是危险面。根据圆截面杆斜弯曲与扭转组合变形理论，可求出第三强度理论的危险应力并进行强度校核。

提示：圆截面杆斜弯曲与扭转组合变形的危险点处于重要的常见的平面应力状态，第三强度理论的危险应力应按照应力状态理论和强度理论进行叠加；根据圆截面杆斜弯曲与扭转组合变形理论，按第三强度理论计算的危险应力等于危险截面上的内力系的主矩除以危险截面的弯曲截面系数。

解：（1）梁的内力图如图 9-41 所示，F_1 产生水平面弯曲，对应弯矩图为 M_y 图；F_2 产生铅垂面弯曲，对应弯矩图为 M_z 图；M_e 产生扭转变形，对应扭矩图为 T 图。

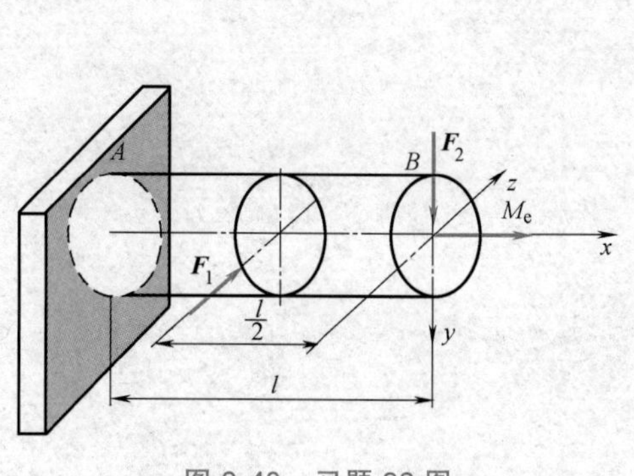

图 9-40　习题 22 图

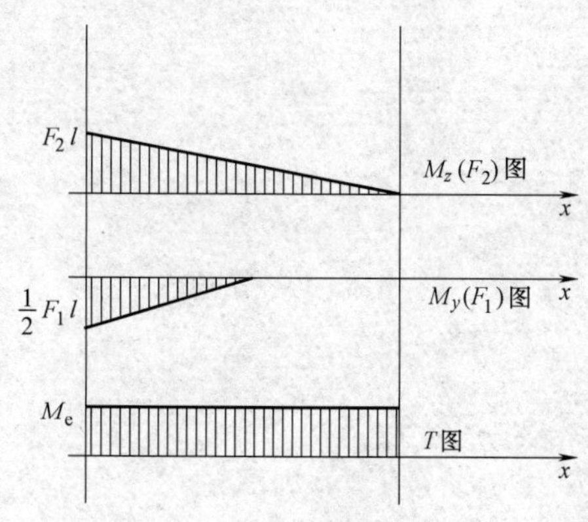

图 9-41　习题 22 圆轴的内力图

$$M_{Ay}=F_1\times\frac{l}{2}=4.2\times10^3\text{N}\times\frac{1}{2}\text{m}=2.1\times10^3\text{N}\cdot\text{m}$$

$$M_{Az}=F_2l=4.2\times10^3\text{N}\times1\text{m}=4.2\times10^3\text{N}\cdot\text{m}$$

$$T_A=M_e=1.5\times10^3\text{N}\cdot\text{m}$$

（2）危险面在 A 截面，由第三强度理论有

$$W_z=\frac{\pi d^3}{32}=\frac{\pi\times100^3\times10^{-9}\text{m}^3}{32}=98.1748\times10^{-6}\text{m}^3$$

$$\sigma_{r3}=\frac{\sqrt{M_{Ay}^2+M_{Az}^2+T_A^2}}{W_z}=\frac{10^3\sqrt{2.1^2+4.2^2+1.5^2}\text{N}\cdot\text{m}}{98.1748\times10^{-6}\text{m}^3}$$

$$=50.21\times10^6\text{Pa}=50.21\text{MPa}<[\sigma]=80\text{MPa}$$

第 10 章　压杆稳定计算

10.1　重点内容提要

10.1.1　压杆稳定的实例和概念

1. 压杆稳定的工程实例

(1) 压杆的概念　工程中主要承受轴向压缩荷载的杆件，称为压杆。

(2) 稳定性的概念　在外界干扰微小时如果系统状态的扰动发生了较大的变化，则称之为系统的失稳或屈曲。

(3) 发生稳定性问题的工程实例，例如汽车吊车中的液压杆，发动机的曲柄连杆，桥梁结构中的受压杆，建筑结构中的受压柱等。

2. 压杆稳定的概念

(1) 压杆的平衡路径　当压杆受到轴向压力时，若轴向压力小于一定数值，压杆具有唯一的稳定的直线平衡构形；若轴向压力大于一定数值，存在直线平衡构形和弯曲平衡构形两种可能的平衡构形，而且直线平衡构形在微小侧向干扰力作用下立即会转变成弯曲平衡构形。

(2) 压杆的失稳及其失稳临界点　对于细长压杆，当轴向压力大于一定数值时，在任意微小的外界扰动下，压杆都要由直线平衡构形转变为弯曲平衡构形，这一过程称为压杆的屈曲或失稳。由于屈曲过程中出现平衡路径分叉现象，所以又称为分叉屈曲。

平衡路径开始出现分叉现象的那一点，称为分叉点。分叉点是稳定的平衡构形与不稳定的平衡构形之间的分界点，又称为临界点。临界点（或分叉点）对应的荷载称为临界荷载或者分叉荷载。

10.1.2　细长压杆的临界力　欧拉公式

1. 临界压力的概念

使压杆初始的直线平衡构形开始由稳定转为不稳定的压力值，称为临界压力，或简称为临界力，用 F_{cr} 表示。

2. 两端铰支细长压杆的临界力

考虑图 10-1 所示的中心受压理想细长杆，由微弯杆件局部的平衡方程，可得其截面上

的弯矩为

$$M(x)=F_{\mathrm{P}}w(x) \tag{10-1}$$

压杆的挠曲线近似微分方程为

$$M(x)=-EI\frac{\mathrm{d}^2w(x)}{\mathrm{d}x^2} \tag{10-2}$$

其中，EI 为杆件的弯曲刚度，令 $k^2=F_{\mathrm{P}}/(EI)$，得压杆挠曲线的常微分方程为

$$\frac{\mathrm{d}^2w(x)}{\mathrm{d}x^2}+k^2w(x)=0 \tag{10-3}$$

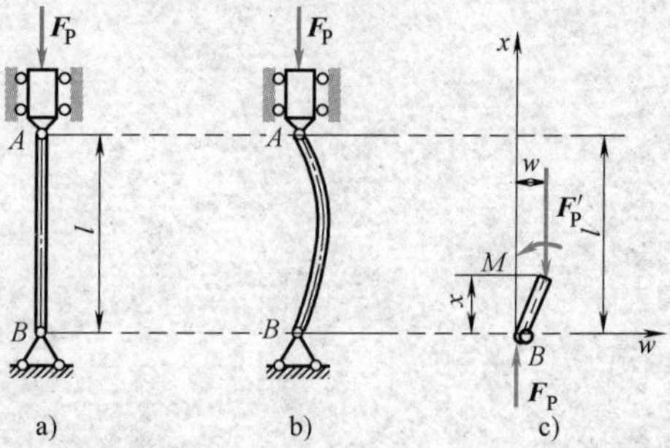

a)　b)　c)

图 10-1

由常微分方程（10-3）存在非零解的条件，可得

$$F_{\mathrm{P}}=\frac{n^2\pi^2EI}{l^2} \tag{10-4}$$

取 $n=1$，得最小的非零临界荷载，即最小临界荷载，也即两端铰支细长压杆临界力的表达式，又称为欧拉公式

$$F_{\mathrm{cr}}=\frac{\pi^2EI}{l^2} \tag{10-5}$$

3. 压杆的屈曲模态

两端铰支细长压杆失稳时的挠曲线方程为

$$w(x)=A\sin\frac{\pi x}{l} \tag{10-6}$$

这是一条半波正弦曲线，称为压杆的屈曲模态。在 $x=l/2$ 处，有最大挠度 $w_{\max}=A$。其中，A 称为屈曲模态幅值。

4. 其他杆端约束下细长压杆的临界力

对于不同杆端约束的细长压杆，临界力可以表示为

$$F_{\mathrm{cr}}=\frac{\pi^2EI}{(\mu l)^2} \tag{10-7}$$

式（10-7）称之为细长压杆临界力的欧拉公式，其中 μ 为长度系数，反映不同杆端约束情况的影响。

常见约束情况下压杆的长度系数为：两端铰支，$\mu=1$；一端固定，一端自由，$\mu=2$；一端固定，一端铰支，$\mu=0.7$；两端固定，$\mu=0.5$。

10.1.3　压杆的临界应力总图

1. 临界应力的概念

压杆承受临界力而处于临界直线平衡构形时，其横截面上的平均应力称为临界应力，用 σ_{cr} 表示。

2. 细长压杆的临界应力

细长压杆的临界应力可表示为

$$\sigma_{cr}=\frac{F_{cr}}{A}=\frac{\pi^2 E}{(\mu l)^2}\cdot\frac{I}{A} \tag{10-8}$$

注意到$\frac{I}{A}=i^2$，i为截面的惯性半径，于是

$$\sigma_{cr}=\frac{\pi^2 E}{\left(\frac{\mu l}{i}\right)^2} \tag{10-9}$$

令

$$\lambda=\frac{\mu l}{i} \tag{10-10}$$

式中　λ——压杆的长细比或柔度；

μ——长度系数；

l——压杆的实际长度（m）；

i——截面的惯性半径（m）。

可得细长压杆的临界应力，即细长压杆临界应力的欧拉公式

$$\sigma_{cr}=\frac{\pi^2 E}{\lambda^2} \tag{10-11}$$

3. 欧拉公式的适用范围

欧拉公式是根据压杆在微弯平衡状态的挠曲线近似微分方程导出的，而该方程只有在小变形和材料处于线弹性范围的条件下才成立。因此，欧拉公式的适用范围是临界应力不超过比例极限σ_p，即$\sigma_{cr}\leqslant\sigma_p$，也即

$$\sigma_{cr}=\frac{\pi^2 E}{\lambda^2}\leqslant\sigma_p \tag{10-12}$$

于是有

$$\lambda\geqslant\sqrt{\frac{\pi^2 E}{\sigma_p}} \tag{10-13}$$

令

$$\lambda_p=\sqrt{\frac{\pi^2 E}{\sigma_p}} \tag{10-14}$$

欧拉公式的适用条件可表示为

$$\lambda\geqslant\lambda_p \tag{10-15}$$

4. 压杆的临界应力总图

根据柔度λ取值范围的不同，可以把压杆分为三类：大柔度杆（或细长杆）、中柔度杆（或中长杆）、小柔度杆（或短粗杆）。下面分别介绍其失效形式和临界应力。

1）对于大柔度杆（或细长杆），$\lambda\geqslant\lambda_p$，压杆将发生弹性失稳（屈曲）。压杆的临界应力由欧拉公式计算。

2）满足$\lambda_s\leqslant\lambda\leqslant\lambda_p$的压杆，称为中柔度杆（或中长杆）。这类压杆也会发生失稳，此类杆的屈曲称为非弹性屈曲，其临界应力一般采用经验公式计算。工程中常采用直线公式

$$\sigma_{cr}=a-b\lambda \tag{10-16}$$

式中　a、b——与材料性能有关的常数（Pa）。

3）满足 $\lambda \leqslant \lambda_s$ 的压杆，称为小柔度杆（或短粗杆）。对于小柔度杆，这时压杆不会发生失稳，但将会发生屈服，即强度失效，因此有临界应力等于屈服极限，即 $\sigma_{cr}=\sigma_s$。

根据上述三类压杆临界应力的情况，可以绘制临界应力随柔度变化的关系曲线，称为压杆的临界应力总图。

对于结构钢、低合金钢等材料制作的中柔度杆，可采用抛物线形经验公式计算其临界应力

$$\sigma_{cr}=a_1-b_1\lambda^2 \tag{10-17}$$

式中　a_1、b_1——与材料性能相关的常数（Pa）。

10.1.4　压杆的稳定性计算

1. 安全系数法

为使压杆在稳定性方面有足够的安全储备，必须使压杆所承受的实际荷载小于压杆的临界荷载。压杆的临界压力 F_{cr} 与压杆实际承受的压力 F_P 之比为压杆的工作安全系数 n。为保证压杆具有足够的稳定性，其工作安全系数 n 应不小于规定的稳定安全系数 n_{st}，即

$$n=\frac{F_{cr}}{F_P}=\frac{\sigma_{cr}A}{F_P}\geqslant n_{st} \tag{10-18}$$

式中　F_{cr}——临界压力（或临界力）（N）；

F_P——实际工作压力（N）；

σ_{cr}——临界应力（Pa）；

A——压杆的横截面面积（m^2）。

2. 折减系数法

安全系数法可改写为

$$\sigma=\frac{F_P}{A}\leqslant\frac{\sigma_{cr}}{n_{st}}=[\sigma_{st}] \tag{10-19}$$

式中　σ——工作应力（Pa）；

$[\sigma_{st}]$——稳定许用应力（Pa）。

引入

$$\varphi(\lambda)=\frac{[\sigma_{st}]}{[\sigma]}=\frac{\sigma_{cr}}{n_{st}[\sigma]} \tag{10-20}$$

式中　$[\sigma]$——强度许用应力（Pa）；

$\varphi(\lambda)$——与压杆材料及柔度 λ 有关且小于 1 的系数，称为折减系数或稳定系数。

于是，稳定性条件又可表示为

$$\sigma=\frac{F_P}{A}\leqslant\varphi(\lambda)[\sigma] \tag{10-21}$$

10.1.5　压杆稳定性的合理设计

压杆的临界压力和临界应力与压杆的材料性质、长度、横截面的形状与尺寸以及杆端约束条件有关。因此，综合考虑上述各因素进行合理设计，可以提高压杆的稳定性。

1）尽量减小压杆的长度：减小压杆的柔度。

2）改变压杆的约束条件：减小长度系数，以减小压杆的柔度。

3）合理选择截面形状：在横截面面积保持一定的情况下，应选择惯性矩较大的截面形状；尽量使压杆在不同形心主惯性平面内的柔度相等。

4）合理选用材料：选用弹性模量较高的材料，可以提高细长压杆的承载能力。

10.2　复习指导

本章知识点：

1）压杆稳定的工程背景知识，刚体、弹性体和压杆稳定性的基本概念；

2）不同约束条件下细长压杆的临界力，欧拉公式；

3）不同柔度压杆的临界应力的计算公式，临界应力总图；

4）两种工程中常用的压杆稳定分析方法；

5）工程中的压杆稳定性设计。

本章重点：

1. 压杆的稳定性

当理想中心压杆受到的轴向压力小于压杆的临界力时，压杆将保持稳定的和唯一的直线平衡，此时称压杆的平衡状态是稳定的；当理想中心压杆受到的轴向压力达到压杆的临界力时，直线平衡不再是压杆稳定的或唯一的平衡状态，压杆在轴向压力的作用下可以在微弯的曲线状态下保持平衡，此时称压杆的平衡状态失去了稳定性，简称失稳。

2. 临界力

临界力是理想中心压杆从稳定的直线平衡状态向失稳状态过渡时所施加的轴向压力的界限值。

临界力是压杆保持稳定平衡状态时自身所具有的力学性能指标，它主要与压杆的材料、几何尺寸和约束条件有关，而与压杆所受轴向压力的大小无关。

3. 压杆稳定的分析与计算

1）注意材料力学中压杆的稳定计算问题与构件的强度计算问题在分析策略上的不同，前者重在分析和计算压杆的稳定性承载力，即压杆的临界力，而压杆在工作状态下所承受的外力往往是明确的或易获得的；后者重在分析和计算构件在工作状态下所承受的工作应力，而材料的强度往往是明确的或已知的。

2）掌握压杆的几何尺寸、约束条件、柔度和长度系数与压杆的临界力和稳定性的关系，掌握4种常见约束条件下的长度因子和临界力、临界应力的计算公式。

3）掌握欧拉公式的适用范围及其他两种压杆的稳定性计算方法。

4）理解并掌握两种稳定性分析方法的使用。

本章难点：

1）临界力、临界应力的计算；

2）稳定性分析方法的使用。

考点：

1）压杆稳定的概念；

2）临界力、临界应力的计算，欧拉公式的使用；

3）两种稳定性分析方法的使用。

■ 10.3　概念题及解答

10.3.1　判断题

判断下列说法是否正确。

1. 两根材料和柔度都相同的压杆，临界应力和临界力一定相等。

答：错。

考点：压杆稳定的概念，欧拉公式的理解。

提示：柔度相同，截面面积并不一定相同；临界应力与临界力的关系。

2. 由低碳钢制成的细长压杆，经过冷作硬化后，其稳定性不变，强度提高。

答：对。

考点：压杆稳定的概念，欧拉公式的理解。

提示：影响压杆稳定性的因素。

3. 采取选用弹性模量 E 值较大材料的措施，并不能提高细长压杆的稳定性。

答：错。

考点：欧拉公式的理解。

提示：影响压杆稳定性的因素包括弹性模量。

4. 临界应力与材料无关，与柔度有关。

答：错。

考点：临界应力公式的理解。

提示：计算临界应力的公式之中含有柔度这个变量。

5. 对于不同柔度的塑性材料压杆，其最大临界应力将不超过材料的屈服极限。

答：对。

考点：临界应力总图的理解。

提示：在计算小柔度杆时不考虑稳定性的影响。

6. 横截面面积、杆长、约束条件、材料一样的两根压杆，临界力一样。

答：错。

考点：临界力公式的理解。

提示：计算临界应力的公式之中有截面惯性矩这个变量，而没有横截面面积这一直接变量。

7. 压杆的临界力与压杆所受力大小有关。

答：错。

考点：压杆稳定概念的理解。

提示：压杆的临界力与压杆所受荷载无关，而与其自身的材料性质、约束条件、截面性质有关。

8. 两根细长压杆，截面大小相等，其一形状为正方形，另一为圆形，其他条件均相同，

正方形压杆的柔度小于圆形压杆的柔度。

答：错。

考点：柔度概念的理解。

提示：$\lambda=\dfrac{\mu l}{i}$。

9. 在压杆稳定性计算中经判断应按中长杆的经验公式计算临界力时，若使用时错误地用了细长杆的欧拉公式，则后果偏于危险。

答：错。

考点：临界应力总图的理解。

提示：细长杆计算得到的临界力小于中长杆经验公式计算得到的临界力。

10. 压杆的长度系数 μ 代表支承方式对临界力的影响，两端约束越强，其值越小，临界力越大；两端约束越弱，其值越大，临界力越小。

答：对。

考点：长度系数概念的理解。

提示：四种情况下长度系数的取值变化。

10.3.2　选择题

请将正确答案填入括号内。

1. 图 10-2 所示两端固定的细长钢管在常温下安装。钢管（　　）会引起失稳。

（A）温度升高

（B）温度降低

（C）温度升高或降低都有可能

（D）杆的横截面形状、尺寸，以及温度升高或降低都不可能

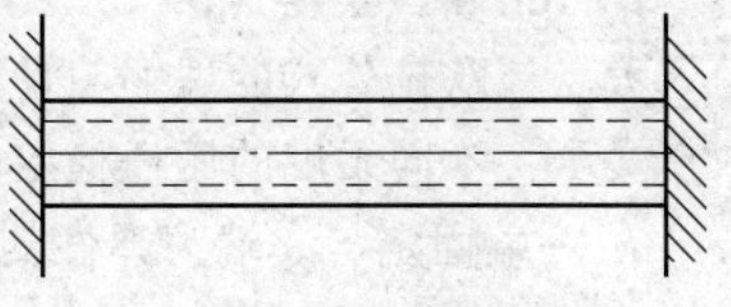

图 10-2　选择题 1 图

答：正确答案是（A）。

考点：压杆稳定的概念。

提示：热胀冷缩。

2. 圆截面细长压杆的材料和杆端约束保持不变，若将其直径缩小一半。则压杆的临界压力为原压杆的（　　）。

（A）$\dfrac{1}{2}$　　（B）$\dfrac{1}{4}$　　（C）$\dfrac{1}{8}$　　（D）$\dfrac{1}{16}$

答：正确答案是（D）。

考点：欧拉公式。

提示：欧拉公式中的几个变量因素。

3. 压杆的柔度集中反映了压杆的（　　）对临界应力的影响。

（A）长度、约束条件、截面形状和尺寸

（B）材料、长度、约束条件

（C）材料、约束条件、截面形状和尺寸

（D）材料、长度、截面形状和尺寸

答：正确答案是（A）。

考点：压杆稳定的概念，欧拉公式的理解。

提示：欧拉公式中的几个变量因素。

4. 在横截面面积等其他条件均相同的条件下，压杆采用（　　）所示的截面形状，其稳定性最好。

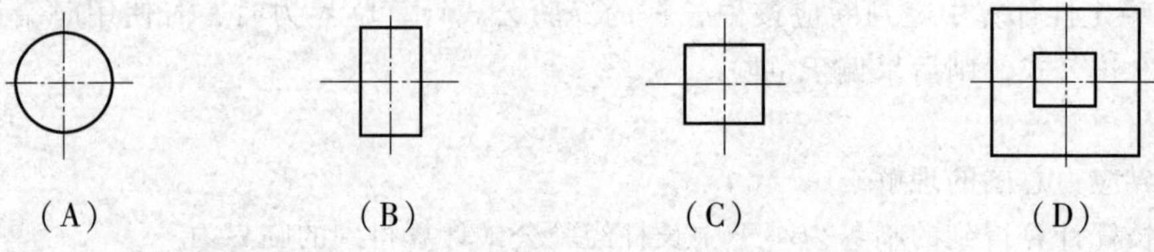

答：正确答案是（D）。

考点：欧拉公式的理解，截面形状性质的概念。

提示：D 选项的截面在面积相等的情况下，截面惯性矩最大。

5. 下列关于压杆临界应力 σ_{cr} 与柔度 λ 的叙述中，（　　）是正确的。

（A）σ_{cr} 值必随 λ 值增大而增大

（B）σ_{cr} 值一般随 λ 值增大而减小

（C）对于中长杆，σ_{cr} 与 λ 无关

（D）对于中长杆，采用细长杆的公式 $\sigma_{cr}=\dfrac{\pi^2 E}{\lambda^2}$

答：正确答案是（B）。

考点：欧拉公式的理解与计算，临界应力总图的理解。

提示：不同柔度的压杆稳定性的计算方法不同。

6. 一端固定、一端为弹性支承的压杆如图 10-3 所示，其长度系数的范围为（　　）。

（A）$\mu<0.7$　　　（B）$\mu>2$

（C）$0.7<\mu<2$　　（D）不能确定

答：正确答案是（C）。

考点：四种不同约束情况下长度系数的理解。

提示：一端固定、一端自由情况与两端固定情况下的长度系数。

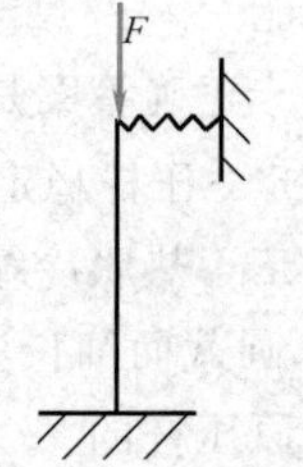

图 10-3　选择题 6 图

7. 在稳定性计算中，若用欧拉公式算得压杆的临界压力为 F_{cr}，而实际上压杆属于中柔度杆，则（　　）。

（A）并不影响压杆的临界压力值

（B）实际的临界压力 $>F_{cr}$，是偏于安全的

（C）实际的临界压力 $<F_{cr}$，是偏于不安全的

（D）实际的临界压力 $>F_{cr}$，是偏于不安全的

答：正确答案是（C）。

考点：临界应力总图的理解。

提示：不同柔度杆件临界压力的计算方法。

8. 压杆是属于细长压杆、中长压杆还是短粗压杆，是根据压杆的（　　）来判断的。

(A) 长度　　(B) 横截面尺寸　　(C) 临界应力　　(D) 柔度

答：正确答案是（D）。

考点：临界应力总图的理解。

提示：柔度的概念，临界应力图的横坐标。

9. 空心圆截面压杆外径和内径分别为 D 和 d，此截面的惯性半径为（　　）。

(A) $\dfrac{D+d}{4}$　　(B) $\dfrac{\sqrt{D^2+d^2}}{4}$　　(C) $\dfrac{D-d}{4}$　　(D) $\dfrac{\sqrt{D^2-d^2}}{4}$

答：正确答案是（B）。

考点：惯性半径公式的计算。

提示：$i^2=\dfrac{I}{A}$。

10. 上端自由、下端固定的压杆，横截面为图 10-4 所示等边钢，失稳时截面会绕轴（　　）弯曲。

(A) z 或 y

(B) z_C 或 y_C

(C) y_0 轴

(D) z_0 轴

答：正确答案是（C）。

考点：欧拉公式的理解，截面性质的理解。

提示：截面惯性矩的计算，沿 y_0 截面惯性矩最小。

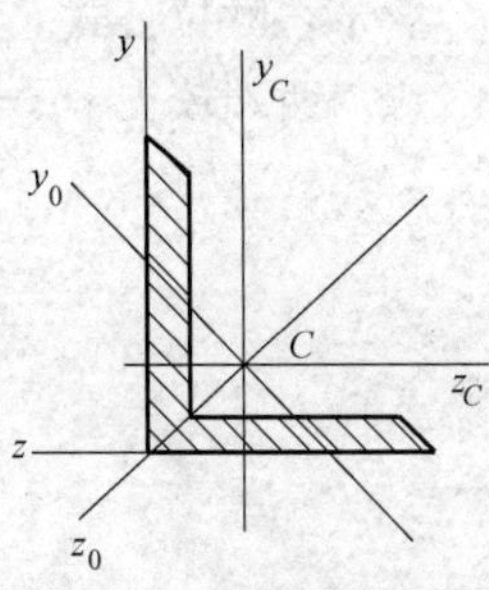

图 10-4　选择题 10 图

10.4　典型习题及解答

1.（教材习题 10-1）　图 10-5 所示活塞杆，用硅钢制成，其直径 $d=40\text{mm}$，外伸部分的最大长度 $l=1\text{m}$，弹性模量 $E=210\text{GPa}$，$\lambda_p=100$。试确定活塞杆的临界荷载。

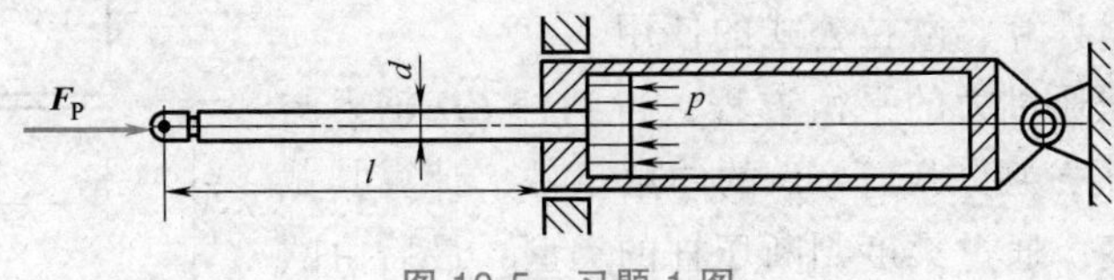

图 10-5　习题 1 图

考点：临界力的计算。

解题思路：判断压杆的约束条件，计算其截面惯性半径及其柔度，通过柔度判断压杆的类型，最后由欧拉公式计算临界荷载。

提示：欧拉公式。

解：一端固定，一端自由，$\mu=2$。

$$i=\frac{1}{4}d=\frac{1}{4}\times 40\text{mm}=10\text{mm}$$

$$\lambda=\frac{\mu l}{i}=\frac{2\times 1000}{10}=200>\lambda_p$$

属于大柔度杆。

$$F_{cr}=\frac{\pi^2 EI}{(\mu l)^2}=\frac{\pi^2 E}{\lambda^2}A=\left(\frac{\pi^2\times210\times10^9}{200^2}\times\frac{1}{4}\times\pi\times0.04^2\right)\text{N}=65.113\text{kN}$$

2.（教材习题 10-2） 图 10-6 所示为某型号飞机起落架中承受轴向压力的斜撑杆，两端为铰支约束，杆为空心圆管，外径 $D=52\text{mm}$，内径 $d=44\text{mm}$，杆长 $l=950\text{mm}$。材料的强度极限 $\sigma_b=1600\text{MPa}$，比例极限 $\sigma_p=1200\text{MPa}$，弹性模量 $E=210\text{GPa}$。试求该斜撑杆的临界压力。

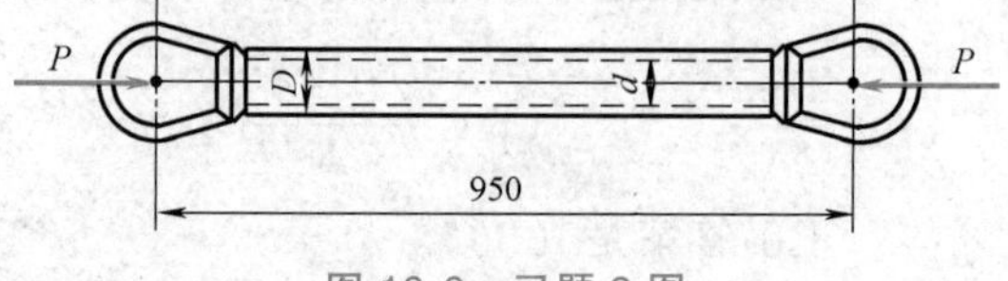

图 10-6 习题 2 图

考点：临界力的计算。

解题思路：判断压杆的约束条件，计算其截面惯性半径及其柔度，通过柔度判断压杆的类型，最后由欧拉公式计算临界荷载。

提示：欧拉公式。

解：两端铰支，$\mu=1$。

$$\lambda_p=\pi\sqrt{\frac{E}{\sigma_p}}=\pi\times\sqrt{\frac{210\times10^9}{1200\times10^6}}=41.56$$

$$i=\frac{1}{4}\sqrt{D^2+d^2}=\frac{1}{4}\times\sqrt{0.052^2+0.044^2}=0.017$$

$$\lambda=\frac{\mu l}{i}=\frac{1\times0.950}{0.017}=55.88>\lambda_p$$

属于大柔度杆。

$$F_{cr}=\frac{\pi^2 EI}{(\mu l)^2}=\frac{\pi^2 E}{\lambda^2}A=\left[\frac{\pi^2\times210\times10^9}{55.88^2}\times\frac{1}{4}\times\pi\times(0.052^2-0.044^2)\right]\text{N}=400.37\text{kN}$$

3.（教材习题 10-3） 图 10-7 所示结构中，圆截面杆 CD 的直径 $d=50\text{mm}$，$E=200\text{GPa}$，$\lambda_p=100$。试确定该结构的临界荷载 F_{cr}。

考点：力的平衡计算，欧拉公式的使用。

解题思路：首先通过力的平衡方程，得到杆 CD 轴力与荷载 F 的关系；其次，判断压杆 CD 的约束条件，计算其截面惯性半径及其柔度，通过柔度判断压杆的类型；最后由欧拉公式计算临界荷载，再由力的关系得到结构的临界荷载 F_{cr}。

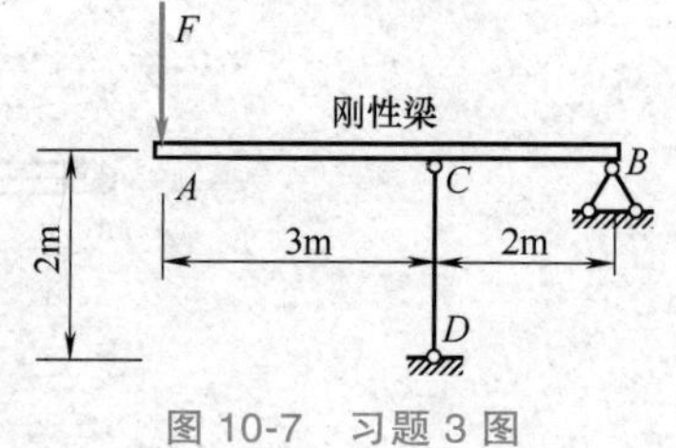

图 10-7 习题 3 图

提示：欧拉公式。

解：$\sum M_B=0$，$F_{CD}\times CB+F\times AB=0$

$F=0.4F_{CD}$（受压）

CD 杆两端铰支，$\mu=1$。

$$i=\frac{1}{4}d=\frac{1}{4}\times50\text{mm}=12.5\text{mm}$$

$$\lambda=\frac{\mu l}{i}=\frac{1\times2000}{12.5}=160>\lambda_p$$

属于大柔度杆。

$$F_{crCD}=\frac{\pi^2 EI}{(\mu l)^2}=\frac{\pi^2 E}{\lambda^2}A=\left(\frac{\pi^2\times200\times10^9}{160^2}\times\frac{1}{4}\times\pi\times0.05^2\right)\text{N}=151.398\text{kN}$$

$$F=0.4F_{CD}=0.4\times151.398\text{kN}=60.559\text{kN}$$

4.（教材习题 10-5）　钢杆和铜杆截面、长度均相同，都是细长杆。将两杆的两端分别用铰链并联，如图 10-8 所示，此时两杆都不受力。试计算当温度升高多少时，将会导致结构失稳？已知杆长 $l=2\text{m}$，横截面面积 $A=20\text{cm}^2$，惯性矩 $I_z=40\text{cm}^4$；钢的弹性模量 $E_s=200\text{GPa}$，铜的弹性模量 $E_c=100\text{GPa}$，钢的线膨胀系数 $\alpha_s=12.5\times10^{-6}℃^{-1}$，铜的线膨胀系数 $\alpha_c=16.5\times10^{-6}℃^{-1}$。

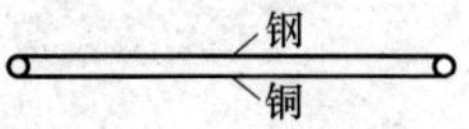

图 10-8　习题 4 图

考点：力的平衡计算，欧拉公式的使用。

解题思路：首先判断两杆的受力状况，分析杆的受力，得到力的平衡关系；其次，由变形协调关系，代入具体的表达式，得到温度差与杆所受轴力的关系；最后由稳定性的计算公式得到结构的临界荷载 F_{cr}。

提示：变形协调关系，欧拉公式。

解：铜杆受压，轴力为 F_{Nc}；钢杆受拉，轴力为 F_{Ns}，且有

$$F_{Nc}=F_{Ns}=F_N$$

由协调条件 $\Delta l_s=\Delta l_c$，即

$$\alpha_s\Delta tl+\frac{F_N l}{E_s A}=\alpha_c\Delta tl-\frac{F_N l}{E_c A}$$

$$\Delta t=\frac{F_N}{A\ (\alpha_c-\alpha_s)}\left(\frac{1}{E_s}+\frac{1}{E_c}\right)$$

铜杆为细长杆，有

$$F_{cr}=\frac{\pi^2 E_c I}{l^2}=98.696\text{kN}$$

当 $F_N=F_{cr}$ 时，杆件失稳，此时

$$\Delta t=185℃$$

5.（教材习题 10-7）　图 10-9 所示正方形平面桁架，杆 AB、BC、CD、DA 均为刚性杆。杆 AC、BD 为弹性圆杆，其直径 $d=20\text{m}$，杆长 $l=550\text{m}$；两杆材料也相同，比例极限 $\sigma_p=200\text{MPa}$，屈服极限 $\sigma_s=240\text{MPa}$，弹性模量 $E=200\text{GPa}$，直线公式系数 $a=304\text{MPa}$，$b=1.12\text{MPa}$，线膨胀系数 $\alpha_s=12.5\times10^{-6}℃^{-1}$，当只有杆 AC 温度升高，其他杆温度均不变时，试求极限的温度改变量 Δt_{cr}。

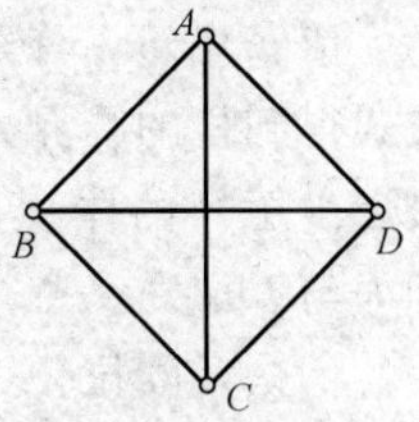

图 10-9　习题 5 图

考点：力的平衡计算，欧拉公式的使用。

解题思路：首先判断两杆的受力状况，分析杆的受力，得到力的平衡关系；其次，由变形协调关系，代入具体的表达式，得到温度差与杆所受轴力的关系；最后判断压杆的受压类型，由稳定性的计算公式代入变形协调方程，得到结构的临界荷载 F_{cr}。

提示：变形协调关系，欧拉公式。

解：由平衡方程可得

$$F_{NAC}=F_{NBD}=F_N\ （压）$$

由变形协调方程，并注意到小变形，有 $\Delta l_{AC}=\Delta l_{BD}$

即
$$\alpha_l\Delta tl-\frac{F_{NAC}l}{EA}=\frac{F_{NBD}l}{EA}$$

又由
$$\lambda=110>\lambda_p=99，知\ F_{cr}=\frac{\pi^2EI}{l^2}$$

令
$$F_N=F_{cr}，得\ \Delta t_{cr}=\frac{\pi^2d^2}{8\alpha l^2}=130.5℃$$

6.（教材习题 10-9） 图 10-10 所示一端固定、一端自由的细长压杆，全长为 l。为了提高其稳定性，在杆件的长度范围内加一固定约束，杆的两段仍可视为细长压杆，试求约束最合理的位置 x。

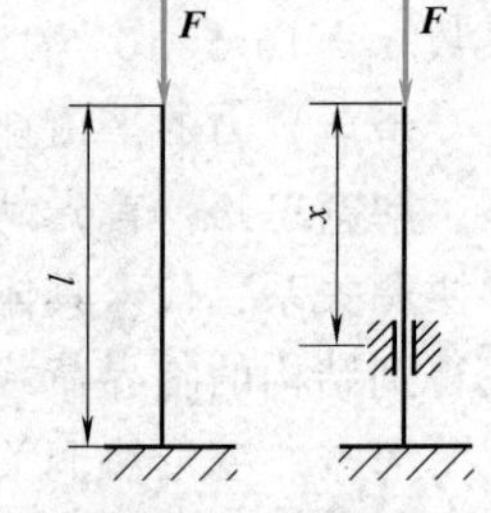

图 10-10 习题 6 图

考点：欧拉公式的使用。

解题思路：首先判断杆的两端不同状况的约束条件；其次，找到合适合理的情况，列出方程；最后由压杆的受压类型，欧拉公式代入方程，得到结构约束最合理的位置。

提示：欧拉公式。

解：上面一段属于一端固支、一端自由的细长杆，下面一段属于两端固支的细长杆。在最合适的位置，两根杆的临界荷载应相等，即
$$\frac{\pi^2EI}{(2x)^2}=\frac{\pi^2EI}{[0.5(l-x)]^2}$$

可以解得
$$x=\frac{l}{5}$$

7.（教材习题 10-11） 图 10-11 所示结构，由圆杆 AB、AC 通过铰链连接而成，若两杆的长度、直径及弹性模量均分别相等，BC 间的距离保持不变，F 为给定的集中力。试按稳定性条件确定用材最省的高度 h 和相应的杆直径 D（设给定条件已满足大柔度压杆的要求）。

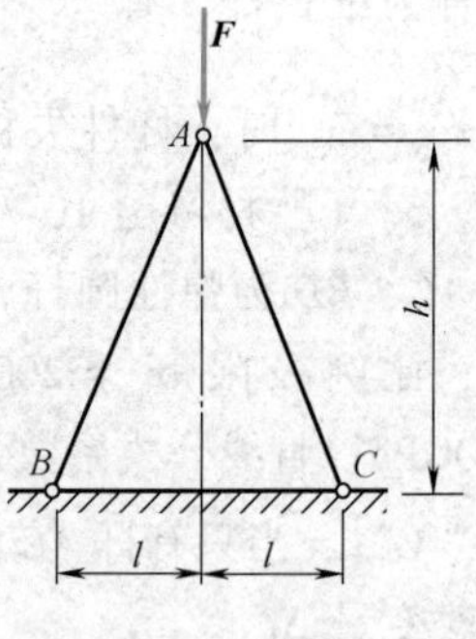

图 10-11 习题 7 图

考点：欧拉公式的使用。

解题思路：首先判断杆的两端不同状况的约束条件，由欧拉公式得到杆的临界力；其次，通过力的平衡方程得到 F 的关系式；最后由压杆的体积公式，求其极值，得到结构最省材料的方程，即 h 与 l 的关系式。

提示：欧拉公式。

解：杆达到临界状态时，
$$F_{cr}=\frac{\pi^2EI}{h^2+l^2}$$

此时 F 值为
$$F=\frac{2\pi^2EI}{h^2+l^2}\times\frac{h}{\sqrt{h^2+l^2}}=\frac{h\pi^3ED^4/32}{\sqrt{(h^2+l^2)^3}}$$

可求得
$$D^4=\frac{32F\sqrt{(h^2+l^2)^3}}{h\pi^3E}$$

两杆的总体积为
$$V=\frac{2\pi D^2\sqrt{h^2+l^2}}{4}=\frac{2\sqrt{2}\sqrt{F/\pi E}\times\sqrt[4]{(h^2+l^2)^5}}{\sqrt{h}}$$

$$\frac{\mathrm{d}V}{\mathrm{d}h}=0$$

得
$$5h^2=h^2+l^2,\ h=\frac{l}{5}$$

代入得
$$D=1.303\sqrt[4]{F/E}\sqrt{l}$$

8.（教材习题10-13） 图10-12所示结构，AB 和 BC 是两端铰支的细长杆，弯曲刚度均为 EI。钢丝绳 BDC 两端分别连接在 B、C 两铰点处，在点 D 悬挂一重量为 P 的重块。试求：

（1）当 $h=3\text{m}$ 时，能悬挂的 P 最大值是多少？

（2）h 为何值时悬挂的重量最大？

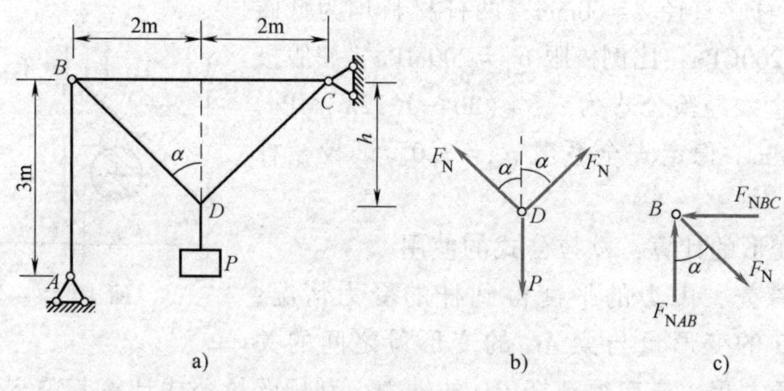

图10-12 习题8图

考点：欧拉公式的使用。

解题思路：（1）首先，由力的平衡得到杆的受力情况；其次，通过欧拉公式得到杆 AB 与 BC 轴力 P 的关系式；最后取其较小者作为 $P_{\max}$。

（2）首先，由（1）可得杆 AB 与 BC 的轴力；其次，判断合适的受力情况，得到角 α 的关系式；最后由于角度关系得到 h 值。

提示：欧拉公式。

解：（1）
$$\tan\alpha=\frac{2}{3}$$

钢丝绳受力
$$F_{\mathrm{N}}=\frac{P}{2\cos\alpha}$$

杆受力
$$F_{\mathrm{N}AB}=F_{\mathrm{N}}\cos\alpha=\frac{P}{2},\ F_{\mathrm{N}BC}=F_{\mathrm{N}}\sin\alpha=\frac{P\tan\alpha}{2}=\frac{P}{3}$$

由杆 AB 求 P：
$$\frac{\pi^2 EI}{l_{AB}^2}=\frac{P_1}{2},\ P_1=\frac{2\pi^2 EI}{9}$$

由杆 BC 求 P：
$$\frac{\pi^2 EI}{l_{BC}^2}=\frac{P_2}{3},\ P_2=\frac{3\pi^2 EI}{16}$$

$$P_{\max}=\frac{3\pi^2 EI}{16}$$

（2）由杆 AB 得
$$\frac{2\pi^2 EI}{9}=\frac{P}{2}$$

由杆 BC 得
$$\frac{\pi^2 EI}{16}=\frac{P\tan\alpha}{2}$$

$$\tan\alpha=\frac{9}{16}$$

又由图知

$$\tan\alpha=\frac{2}{h},\ h=\frac{32}{9}\mathrm{m}=3.56\mathrm{m}$$

9.（教材习题 10-16） 图 10-13 所示结构 ABC 为矩形截面杆，$b=60\mathrm{mm}$，$h=100\mathrm{mm}$，$l=4\mathrm{m}$，BD 为圆截面杆，直径 $d=60\mathrm{mm}$，两杆材料均为低碳钢，弹性模量 $E=200\mathrm{GPa}$，比例极限 $\sigma_{\mathrm{p}}=200\mathrm{MPa}$，屈服极限 $\sigma_{\mathrm{s}}=240\mathrm{MPa}$，直线经验公式为 $\sigma_{\mathrm{cr}}=(304-1.12\lambda)\mathrm{MPa}$，均布荷载 $q=1\mathrm{kN/m}$，稳定安全系数 $n_{\mathrm{st}}=3.0$。试校核杆 BD 的稳定性。

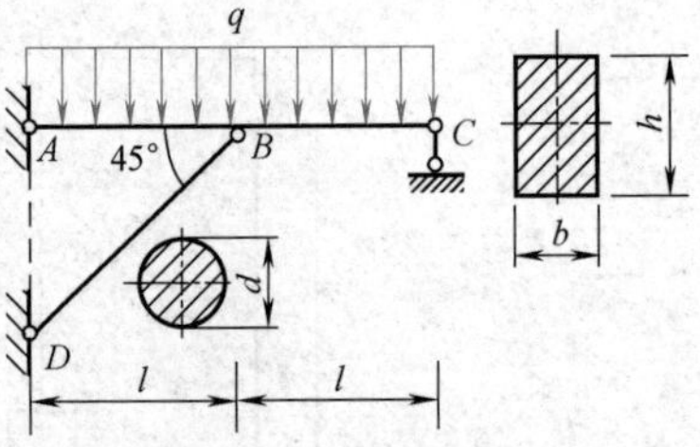

图 10-13 习题 9 图

考点：弯曲变形的计算，欧拉公式的使用。

解题思路：首先，由力的平衡得到杆的受力情况；其次，考虑杆 BD 的变形量与梁 AC 的变形量之间的关系，建立变形协调方程；最后得到杆 BD 的轴力，利用欧拉公式计算其临界力，再由稳定安全系数校核结构的稳定性。

提示：计算挠度，建立变形协调方程，使用稳定性分析方法。

解：由变形协调方程
$$w_B=\frac{\Delta l_{BD}}{\cos45^\circ}$$

得
$$\frac{5q(2l)^4}{384EI}-\frac{F_{\mathrm{N}BD}\cos45^\circ(2l)^3}{48EI}=\frac{F_{\mathrm{N}BD}l/\cos45^\circ}{EA\cos45^\circ}$$

其中
$$I=\frac{bh^3}{12},\ A=\frac{\pi d^3}{4}\text{，代入数值解得}$$

$$F_{\mathrm{N}BD}=7.06\mathrm{kN}$$

校核杆 BD 的稳定性：

$$\lambda=\frac{\mu l}{i}=4000\times\frac{\sqrt{2}}{15}=377>\lambda_{\mathrm{p}}=100$$

由欧拉公式

$$F_{\mathrm{cr}}=\frac{\pi^2 EI}{(\mu l)^2}=\frac{\pi^2 E}{\lambda^2}A=\left(\frac{\pi^2\times200\times10^9}{377^2}\times\frac{1}{4}\times\pi\times0.06^2\right)\mathrm{N}=39.27\mathrm{kN}$$

由稳定性条件 $\frac{F_{\mathrm{cr}}}{F_{\mathrm{N}BD}}=5.56>n_{\mathrm{st}}$，所以杆 BD 安全。

10.（教材习题 10-18） 图 10-14a 所示正方形桁架结构由五根圆钢杆铰接而成，各杆的

直径均为 $d=40\text{mm}$，$a=1\text{m}$，材料均为 Q235 钢，$[\sigma]=160\text{MPa}$。试：(1) 求结构的许可荷载 $[F_P]$；(2) 若力 F_P 的方向与图示的相反，问许可荷载是否改变？若有改变，应为多少？

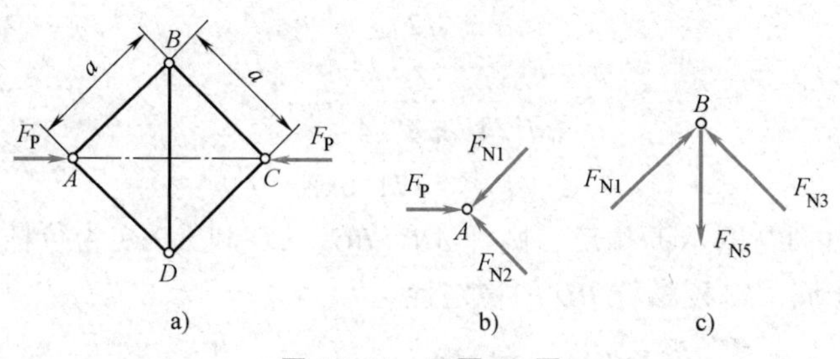

图 10-14　习题 10 图

考点：杆的受力分析，欧拉公式的使用。

解题思路：(1) 首先由力的平衡得到各杆的受力情况，列出各节点平衡方程计算得到各杆的轴力大小；其次，根据杆的受力情况考虑杆的强度和稳定性，得到各杆的许可荷载；最后取各杆的最小值。

(2) 杆的受力状况与 (1) 完全相反，其他与 (1) 一样，计算各杆的许可荷载并取最小值与 (1) 的结果相比较。

提示：求解轴力，考虑杆件强度问题和压杆的稳定性问题。

解：(1) 该结构在 F_P 作用下，杆 AB、BC、CD 和 AD 受压，需要进行稳定性校核，杆 BD 受拉，不需要校核稳定性。

对节点 A 进行受力分析，如图 10-14b 所示，列平衡方程

$$\sum F_x=0, F_P-F_{N1}\cos\frac{\pi}{4}-F_{N2}\cos\frac{\pi}{4}=0$$

$$\sum F_y=0, F_{N2}\cos\frac{\pi}{4}-F_{N1}\cos\frac{\pi}{4}=0$$

解得杆 AB、AD 的轴力 $F_{N1}=F_{N2}=\frac{\sqrt{2}}{2}F_P$，由对称关系可知，杆 BC、CD 的轴力

$$F_{N3}=F_{N4}=\frac{\sqrt{2}}{2}F_P$$

对节点 B 进行受力分析，如图 10-14c 所示，列平衡方程

$$\sum F_y=0, F_{N1}\sin\frac{\pi}{4}+F_{N3}\sin\frac{\pi}{4}-F_{N5}=0$$

解得 $F_{N5}=F_P$

校核杆强度，各杆的截面积相同，杆 BD 轴力最大，故只需校核杆 BD 的强度。则有

$$\sigma=\frac{F_{N5}}{\pi d^2/4}=\frac{F_P}{\pi d^2/4}\leqslant[\sigma]$$

所以

$$F_P\leqslant\frac{\pi d^2}{4}[\sigma]=201.06\text{kN}$$

校核杆 AB、BC、CD 和 AD 的稳定性，杆 AB、BC、CD 和 AD 受力相同，只需校核一次。

$$\lambda_1=\frac{\mu a}{i}=\frac{\mu a}{d/4}=\frac{1}{0.0414}=100$$

查表得折减系数 $\varphi_1=0.604$，于是有

$$\sigma=\frac{F_{N5}}{\pi d^2/4}=\frac{\frac{\sqrt{2}}{2}F_P}{\pi d^2/4}\leqslant\varphi_1[\sigma]$$

所以 $$[F_P]=171.6\text{kN}$$

（2）力 F_P 的方向与图示的相反，则杆 AB、BC、CD 和 AD 变为拉杆，杆 BD 变为压杆。强度校核与（1）相同。需校核杆 BD 的稳定性。

$$\lambda_2=\frac{\mu l_{BD}}{i}=\frac{\mu l\sqrt{2}a}{d/4}=\frac{\sqrt{2}}{0.0414}=141.42$$

查表，内插值之后得折减系数

$$\varphi_2=0.349-\frac{0.349-0.306}{10}\times(141.42-140)=0.343$$

所以 $\sigma=\dfrac{F_P}{\pi d^2/4}\leqslant\varphi_2[\sigma]$，得 $F_P\leqslant68.9\text{kN}$

所以改为 $$[F_P]=68.9\text{kN}$$

第11章　能量法及其应用

11.1　重点内容提要

11.1.1　应变能的计算

1. 应变能的相关概念

（1）由于弹性体变形而储存在弹性体内部的能量称为弹性体的应变能或变形能。弹性体的应变能是可逆的，当逐渐解除外力时，弹性体将完全释放出弹性应变能。但如果超出弹性范围，塑性变形将消耗一部分能量。材料力学中一般不考虑塑性变形，这种弹性体称为完全弹性体。

（2）应变能的计算　当弹性体施加荷载从零缓慢加载到 F_P 时，设弹性体位移为 Δ，则整个过程中 F_P 所做的功为

$$W = \int \mathrm{d}W = \int_0^{\Delta} F_{P1} \cdot \mathrm{d}\Delta_1 = \int_0^{\Delta} \frac{F_P}{\Delta} \cdot \Delta_1 \mathrm{d}\Delta_1 = \frac{1}{2} F_P \Delta \tag{11-1}$$

这也等于线弹性体的应变能，即

$$V_{\varepsilon} = W = \frac{1}{2} F_P \Delta \tag{11-2}$$

式中　V_{ε}——弹性体的应变能（N·m）；

W——外力功（N·m）；

F_P——广义力或广义荷载，可以是集中力（N）或集中力偶（N·m）；

Δ——广义位移，可以是线位移（m）或角位移（rad）。

2. 基本变形形式下杆件的应变能

（1）轴向拉压变形杆件

轴向拉压变形杆件的应变能为

$$V_{\varepsilon} = \frac{1}{2} \int_l \frac{F_N^2(x)}{EA} \mathrm{d}x \tag{11-3}$$

式中　V_{ε}——杆件的应变能（N·m）；

$F_N(x)$——杆件的轴力（N）；

EA——拉压刚度（N）。

如果杆件的轴力 F_N 为常数且为等直杆，则其应变能为

$$V_\varepsilon = \frac{F_N^2 l}{2EA} \tag{11-4}$$

（2）扭转变形杆件

扭转变形圆轴的应变能为

$$V_\varepsilon = \frac{1}{2}\int_l \frac{T^2(x)}{GI_p}\mathrm{d}x \tag{11-5}$$

式中 V_ε——杆件的应变能（N·m）；

$T(x)$——杆件的扭矩（N·m）；

GI_p——扭转刚度（N·m²）。

如果杆件的扭矩 T 为常数且为等直圆轴，则其应变能为

$$V_\varepsilon = \frac{T^2 l}{2GI_p} \tag{11-6}$$

（3）平面弯曲变形梁

平面弯曲梁的应变能为

$$V_\varepsilon = \frac{1}{2}\int_l \frac{M^2(x)}{EI}\mathrm{d}x \tag{11-7}$$

式中 V_ε——杆件的应变能（N·m）；

$M(x)$——杆件的弯矩（N·m）；

EI——弯曲刚度（N·m²）。

这里只考虑了弯矩引起的变形能。若要计及剪切变形能，形式如下：

$$V_\varepsilon = \frac{1}{2}\int_l \frac{M^2(x)}{EI}\mathrm{d}x + \frac{1}{2}\int_l \frac{kF_S^2(x)}{GA}\mathrm{d}x \tag{11-8}$$

式中 k——不同截面修正系数，矩形（$k=6/5$），圆形（$k=10/9$），工字形（$k=A/A_1$）。

3. 克拉比隆原理

线弹性体的应变能等于各广义力与其相应的广义位移乘积之半的总和。这一结论称为克拉比隆原理。

$$V_\varepsilon = W = \sum_i \frac{1}{2}F_{Pi}\Delta_i = \frac{1}{2}(F_{P1}\Delta_1 + F_{P2}\Delta_2 + F_{P3}\Delta_3 + \cdots) \tag{11-9}$$

4. 组合变形杆件的应变能

根据克拉比隆原理，可以得到组合变形杆件微段上的应变能如下：

$$\begin{aligned}\mathrm{d}V_\varepsilon = \mathrm{d}W &= \frac{1}{2}F_N(x)\mathrm{d}(\Delta l) + \frac{1}{2}M(x)\mathrm{d}\theta + \frac{1}{2}T(x)\mathrm{d}\varphi + \frac{1}{2}kF_S(x)\mathrm{d}\gamma \\ &= \frac{F_N^2(x)\mathrm{d}x}{2EA} + \frac{M^2(x)\mathrm{d}x}{2EI} + \frac{T^2(x)\mathrm{d}x}{2GI_p} + \frac{kF_S^2(x)\mathrm{d}x}{2GA}\end{aligned} \tag{11-10}$$

积分可以得到整个杆件的应变能

$$V_\varepsilon = \int_l \frac{F_N^2(x)}{2EA}\mathrm{d}x + \int_l \frac{M^2(x)}{2EI}\mathrm{d}x + \int_l \frac{T^2(x)}{2GI_p}\mathrm{d}x + \int_l \frac{kF_S^2(x)}{2GA}\mathrm{d}x \tag{11-11}$$

组合变形应变能的叠加形式是由于横截面内力仅在自身产生的变形上做功，其应变能与

其他内力引起的变形无关。也就是说，相互独立的广义力引起的变形能可以相互叠加。

5. 刚架和曲杆的应变能

平面刚架和曲杆的应变能（忽略轴力和剪力的影响）

$$V_\varepsilon = \frac{1}{2}\int_l \frac{M^2(x)}{EI}\mathrm{d}x \tag{11-12}$$

空间刚架和曲杆的应变能

$$V_\varepsilon = \frac{1}{2}\int_l \frac{M^2(x)}{EI}\mathrm{d}x + \frac{1}{2}\int_l \frac{T^2(x)}{GI_\mathrm{p}}\mathrm{d}x \tag{11-13}$$

11.1.2　互等定理

1. 功的互等定理

对弹性体以不同顺序施加荷载 F_1 和 F_2，由于应变能与加载顺序无关，两种加载顺序下应变能相等，可以得到

$$V_{\varepsilon 1} = V_{\varepsilon 2} \tag{11-14}$$

$$\frac{1}{2}(F_1\Delta_{11}+F_2\Delta_{22})+F_1\Delta_{12}=\frac{1}{2}(F_2\Delta_{22}+F_1\Delta_{11})+F_2\Delta_{21} \tag{11-15}$$

$$F_1\Delta_{12}=F_2\Delta_{21} \tag{11-16}$$

式中　F_1——1 位置作用的广义力（N 或 N · m）；

F_2——2 位置作用的广义力（N 或 N · m）；

Δ_{12}——F_2 引起 1 位置的广义位移（m 或 rad）；

Δ_{21}——F_1 引起 2 位置的广义位移（m 或 rad）。

对于线弹性体的一般情况，第一组力系在第二组力系引起的位移上所做的功，等于第二组力系在第一组力系引起的位移上所做的功，这就是功的互等定理。

$$\sum_{i=1}^{m} F_{\mathrm{P}i}\Delta_{ij} = \sum_{j=1}^{n} F_{\mathrm{Q}j}\Delta_{ji} \tag{11-17}$$

2. 位移互等定理

当 $F_1=F_2=F$ 时，由功的互等定理式（11-16）可得

$$\Delta_{12}=\Delta_{21} \tag{11-18}$$

式中　Δ_{12}——广义力 F 作用在 2 位置时引起 1 位置的广义位移（m 或 rad）；

Δ_{21}——广义力 F 作用在 1 位置时引起 2 位置的广义位移（m 或 rad）。

推广得到，对于线弹性体，若第一个力和第二个力数值相等，则第一个力引起的在第二个力作用点沿第二个力方向的位移，数值上等于第二个力引起的在第一个力作用点沿第一个力方向的位移。这就是位移互等定理。

对于线弹性体，若 $F_{\mathrm{P}i}=F_{\mathrm{Q}j}$，则

$$\Delta_{ij}=\Delta_{ji} \tag{11-19}$$

11.1.3　卡氏第二定理

卡氏定理是计算线弹性结构位移的常用能量方法之一。

将弹性体的应变能 V_ε 表示为广义力 $F_{\mathrm{P}1}$，$F_{\mathrm{P}2}$，…，$F_{\mathrm{P}i}$，…的函数，则应变能对任一广

义力 F_{Pi} 的偏导数，等于 F_{Pi} 作用点沿其方向的位移 Δ_i，这便是卡氏第二定理。

$$\Delta_i=\frac{\partial V_\varepsilon}{\partial F_{Pi}} \tag{11-20}$$

式中 V_ε——杆件的应变能（N · m）；

F_{Pi}——任一广义力（N 或 N · m）；

Δ_i——F_{Pi} 作用点沿其方向的位移（m 或 rad）。

相似地，可以把弹性体的应变能 V_ε 表示为广义位移的函数，则应变能对任一广义位移 Δ_i 的偏导数，等于该位移方向上作用的广义力 F_{Pi}，这是卡氏第一定理。

$$F_{Pi}=\frac{\partial V_\varepsilon}{\partial \Delta_i} \tag{11-21}$$

关于卡氏第二定理，需要注意以下几点：

1）V_ε 是整体结构在所有外荷载作用下的应变能；

2）F_{Pi} 是广义力（力或力偶），相应的位移 Δ_i 为广义位移（线位移或角位移）；

3）F_{Pi} 视为变量，结构的约束力、内力和应变能等都必须表示为 F_{Pi} 的函数；

4）Δ_i 为 F_{Pi} 作用点的沿 F_{Pi} 方向的位移；

5）当结构上没有与 Δ_i 对应的 F_{Pi} 时，先虚加 Δ_i 方向的 F_{Pi}，求偏导后，再令其为零。

下面是几种常见结构的卡氏第二定理表达式。

1. 桁架

桁架由若干轴向拉压杆组成，应变能为各杆应变能之和，即

$$V_\varepsilon=\sum_{i=1}^{m}\frac{F_{Ni}^2 l_i}{2EA_i} \tag{11-22}$$

由卡氏第二定理可得

$$\Delta_i=\frac{\partial V_\varepsilon}{\partial F_{Pi}}=\sum_{i=1}^{m}\frac{F_{Ni}l_i}{EA_i}\frac{\partial F_{Ni}}{\partial F_{Pi}} \tag{11-23}$$

2. 梁、平面刚架和曲杆

直梁发生平面弯曲变形，忽略剪力的影响；对平面刚架和曲杆忽略轴力和剪力的影响。仅考虑弯矩引起的应变能，即

$$V_\varepsilon=\int_l\frac{M^2(x)}{2EI}\mathrm{d}x \tag{11-24}$$

由卡氏第二定理可得

$$\Delta_i=\frac{\partial V_\varepsilon}{\partial F_{Pi}}=\int_l\frac{M(x)}{EI}\frac{\partial M(x)}{\partial F_{Pi}}\mathrm{d}x \tag{11-25}$$

3. 组合变形杆件

考虑轴力、弯矩、扭矩引起的应变能，由卡氏第二定理得到 Δ_i 的表达式为

$$V_\varepsilon=\int_l\frac{F_N^2(x)\mathrm{d}x}{2EA}+\int_l\frac{M^2(x)\mathrm{d}x}{2EI}+\int_l\frac{T^2(x)\mathrm{d}x}{2GI_p} \tag{11-26}$$

$$\Delta_i=\int_l\frac{F_N(x)}{EA}\frac{\partial F_N(x)}{\partial F_{Pi}}\mathrm{d}x+\int_l\frac{M(x)}{EI}\frac{\partial M(x)}{\partial F_{Pi}}\mathrm{d}x+\int_l\frac{T(x)}{GI_p}\frac{\partial T(x)}{\partial F_{Pi}}\mathrm{d}x \tag{11-27}$$

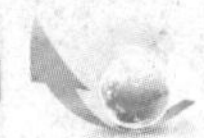

4. 空间刚架和曲杆

对空间刚架和曲杆忽略轴力和剪力的影响，考虑弯矩和扭矩引起的应变能，由卡氏第二定理，得到 Δ_i 的表达式为

$$\Delta_i = \int_l \frac{M(x)}{EI}\frac{\partial M(x)}{\partial F_{Pi}}dx + \int_l \frac{T(x)}{GI_p}\frac{\partial T(x)}{\partial F_{Pi}}dx \tag{11-28}$$

11.1.4　单位荷载法

单位荷载法又称莫尔积分法，也是计算线弹性结构位移的常用能量方法。

计算弯曲变形杆件位移的单位荷载法可表示为

$$\Delta = \int_l \frac{M(x)\overline{M}(x)}{EI}dx \tag{11-29}$$

式中　Δ——所求点的位移（m 或 rad）；

$M(x)$——实际所受外荷载作用下的弯矩（N·m）；

$\overline{M}(x)$——所求位移点处作用单位荷载下的弯矩（N·m）；

EI——弯曲刚度（N·m^2）。

式（11-29）为单位荷载法计算弯曲变形杆件位移的一般表达式，此结果可以推广用于其他基本变形和组合变形杆件的结构位移的计算。于是给出单位荷载法计算组合变形杆件位移的一般表达式为

$$\Delta = \sum_i \int \frac{F_{Ni}(x)\overline{F}_{Ni}(x)}{EA_i}dx + \sum_i \int \frac{M_i(x)\overline{M}_i(x)}{EI_i}dx + \sum_i \int \frac{T_i(x)\overline{T}_{Ni}(x)}{GI_{pi}}dx \tag{11-30}$$

式中　Δ——所求点的位移（m 或 rad）；

F_{Ni}、$M_i(x)$、$T_i(x)$——实际所受外荷载作用下截面上的轴力（N）、弯矩（N·m）、扭矩方程（N·m）；

$\overline{F}_{Ni}(x)$、$\overline{M}_i(x)$、$\overline{T}_{Ni}(x)$——所求位移点处作用单位荷载时截面上的轴力（N）、弯矩（N·m）、扭矩方程（N·m）。

应用单位荷载法计算杆件的位移应注意以下几点：

1）荷载是广义力（力或力偶），与之相应的位移为广义位移（线位移或角位移）；

2）所加的广义单位荷载必须与广义位移相对应（集中力对应线位移，集中力偶对应角位移）；

3）外力和单位荷载作用下的内力方程，应采用相同的坐标系和坐标原点；需分段时，应分段积分再求和；

4）结果为正，则位移与单位荷载方向一致，为负则相反；

5）如果求结构上两点的相对位移，在两点的相应位移处，施加一对方向相反的单位广义力（力或力偶）。

下面给出应用单位荷载法计算变形杆件位移的简化形式。

1. 桁架

$$\Delta = \sum_i \frac{F_{Ni}(x)\overline{F}_{Ni}(x)}{EA_i} \tag{11-31}$$

2. 梁与平面刚架和曲杆（忽略轴向及剪切变形）

$$\Delta = \sum_i \int \frac{M_i(x)\overline{M}_i(x)}{EI_i}\mathrm{d}x \tag{11-32}$$

3. 杆梁组合结构

$$\Delta = \sum_i \frac{F_{\mathrm{N}i}(x)\overline{F}_{\mathrm{N}i}(x)}{EA_i} + \sum_i \int \frac{M_i(x)\overline{M}_i(x)}{EI_i}\mathrm{d}x \tag{11-33}$$

11.1.5 图形互乘法

图形互乘法就是用于计算单位荷载法中莫尔积分的一种简化计算方法。

平面弯曲杆件的位移

$$\Delta = \frac{A\overline{M}_C}{EI} \tag{11-34}$$

式中 Δ——所求点的位移（m 或 rad）；

A——外荷载作用下 $M(x)$ 图的面积（m^2）；

EI——弯曲刚度（$\mathrm{N \cdot m^2}$）；

$\overline{M}_C = x_C\tan\alpha$——外荷载作用下 $M(x)$ 图的形心 C 所对应的单位荷载作用下 $\overline{M}(x)$ 图上的纵坐标（N · m）。

使用图乘法求位移时应注意的以下事项：

1）各梁段为直杆，其弯曲刚度 EI 为常数；

2）$M(x)$ 图和 $\overline{M}(x)$ 图中至少有一个为直线图形（其中 $\overline{M}(x)$ 图必为直线图形）；

3）当面积 A 与纵坐标 $\overline{M}_C$ 在基线同侧时，$A\overline{M}_C$ 乘积取正号，反之取负号；

4）当单位荷载引起的 $\overline{M}(x)$ 图的斜率变化时，图形互乘需分段进行，保证每一段内的斜率必须是相同的，这时式（11-34）变成

$$\Delta = \sum_{i=1}^{n} \frac{A_i\overline{M}_{Ci}}{EI_i} \tag{11-35}$$

式中 n——$\overline{M}(x)$ 图的分段数。

特别注意，荷载与单位力作用下的分段及坐标系必须一致。

图形互乘法求解结构上任意一点沿某个方向的广义位移，可表示为

$$\Delta = \sum_n \frac{F_\mathrm{N}\overline{F}_\mathrm{N}l}{EA} + \sum_m \left[\sum_i \frac{A\overline{M}_C}{EI} + \sum_i \frac{A_T\overline{T}_C}{GI_\mathrm{p}}\right] \tag{11-36}$$

式中 A_T——各段荷载扭矩图的面积；

$\overline{T}_C$——荷载扭矩图的形心所对应的单位荷载扭矩图的值。

11.2 复习指导

本章知识点：

1）杆件应变能的计算；

2）功的互等定理和位移互等定理；

3）卡氏第二定理；

4）单位荷载法及求解莫尔积分的图形互乘法。

本章重点：

1）熟练计算各种基本变形的应变能，尤其是弯曲变形。注意：两种及以上荷载引起的同一种变形的应变能，不等于各荷载引起的变形能的叠加；但是当杆件发生两种及以上的基本变形时，杆件的总应变能等于各基本变形的应变能总和。

2）要求能够熟练运用单位荷载法来计算结构的位移及求解简单的超静定结构。卡氏第二定理仅适用于线弹性结构。

3）要求能够熟练运用单位荷载法来计算结构的位移及求解简单的超静定结构。用单位荷载法求位移时，写内力方程时对内力的符号、坐标系的取法没有特别要求，但在同一积分号下的内力方程必须采取相同的内力符号规则。

4）图乘法使用时需注意分段计算，计算时需要考虑线段围成面积形心、折线取值及内力图的方向。

本章难点：

1）应变能的计算；

2）单位荷载法、卡氏定理及图乘法的使用。

考点：

1）能量法的原理及使用范围；

2）应变能的计算；

3）单位荷载法、卡氏定理及图乘法的使用，尤其在计算变形方面的使用。

■11.3　概念题及解答

11.3.1　判断题

判断下列说法是否正确。

1. 能量法不仅适用于线弹性体，也可用于非线弹性体。

答：对。

考点：能量法的使用范围。

提示：能量法的概念。

2. 当杆件发生小变形，材料在线弹性范围内时，杆件的内力、应力、变形及应变能计算均适用叠加原理。

答：错。

考点：叠加原理。

提示：应变能不一定适用。

3. 应变能仅与荷载的最终值有关，而与加载顺序无关。

答：对。

考点：能量法的原理。

提示：推导能量法计算公式的过程。

4. 位移互等定理中的力与位移都是广义的，所谓的“相等”只是数值上的相等，量纲可以不同。

答：对。

考点：位移互等定理。

提示：位移互等定理的推导过程。

5. 功的互等定理仅适用于线弹性体系。

答：对。

考点：互等定理。

提示：互等定理的适用范围。

6. 卡氏第二定理适用于计算非线弹性体的位移。

答：错。

考点：卡氏第二定理。

提示：卡氏第二定理的适用范围。

7. 弹性杆件或杆系的应变能 V_{ε} 对于作用在该杆件或杆系上的某一荷载的变化率，等于与该荷载相应的位移，称为卡氏第二定理。

答：对。

考点：卡氏第二定理。

提示：卡氏第二定理的计算公式。

8. 单位荷载法只适用于梁和刚架结构的位移计算。

答：错。

考点：单位荷载法。

提示：单位荷载法对于线弹性结构的位移转角均能使用。

9. 弹性变形能恒为正值。

答：对。

考点：应变能的概念。

提示：应变能计算公式。

10. 等截面受弯直杆及直杆系均可以采用图形互乘法计算其某截面的位移。

答：对。

考点：图乘法。

提示：图乘法使用的注意事项。

11.3.2 选择题

请将正确答案填入括号内。

1. 桁架受力及尺寸如图 11-1 所示，$\alpha=30°$，杆 AC 长为 l，各杆拉压刚度均为 EA，桁架的应变能为（　　）。

(A) $\dfrac{F_{P}^{2}l}{6EA}$　　(B) $\dfrac{F_{P}^{2}l}{2EA}$　　(C) $\dfrac{7F_{P}^{2}l}{6EA}$　　(D) $\dfrac{7F_{P}^{2}l}{2EA}$

答：正确答案是（B）。

考点：桁架的应变能。

提示：杆件的应变能计算公式。

2. 传动轴受力如图 11-2 所示，轴的扭转刚度 $GI_p = 20096\text{N}\cdot\text{m}^2$，轴的扭转应变能为（　　）。

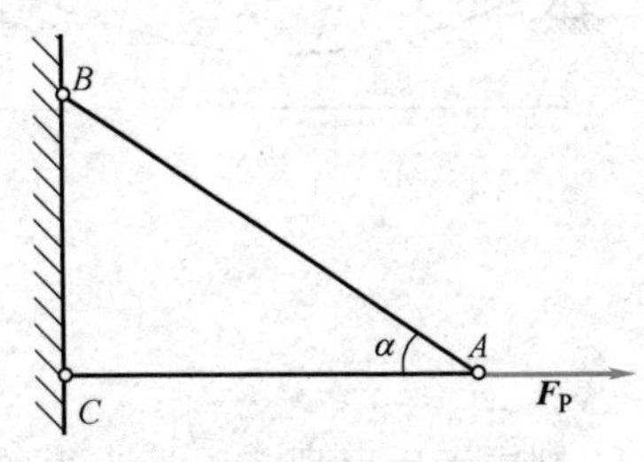

图 11-1　选择题 1 图

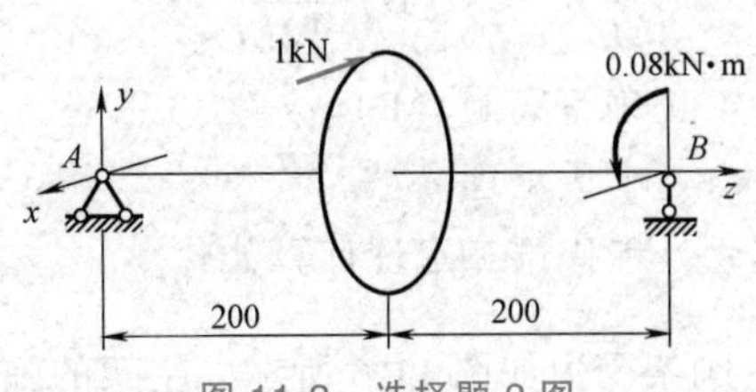

图 11-2　选择题 2 图

（A）$3.276\times10^{-2}\text{N}\cdot\text{m}$　　（B）$6.552\times10^{-2}\text{N}\cdot\text{m}$

（C）$3.185\times10^{-2}\text{N}\cdot\text{m}$　　（D）$6.37\times10^{-2}\text{N}\cdot\text{m}$

答：正确答案是（C）。

考点：扭转应变能。

提示：扭转应变能的计算公式。

3. 如图 11-3 所示，悬臂梁在荷载 F_P 作用下 B 截面的转角为 $\theta_B = \dfrac{3F_Pl^2}{8EI}$，如应用功的互等定理，求梁在 M_e 作用下 C 截面的挠度 ω_C，正确的答案是（　　）。

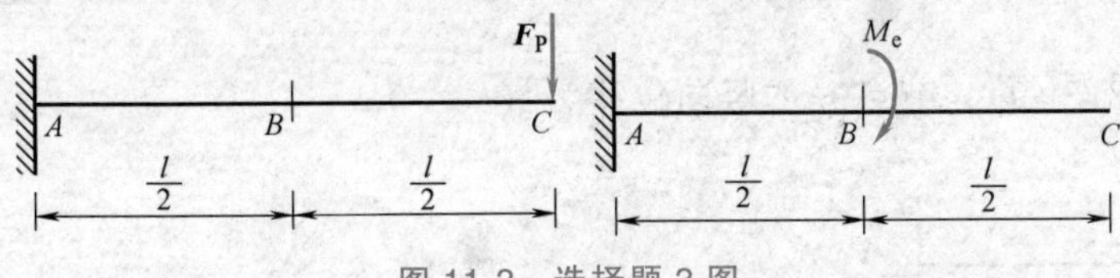

图 11-3　选择题 3 图

（A）$\dfrac{8M_el^2}{3EI}$　　（B）$\dfrac{3M_el}{8F_PEI}$　　（C）$\dfrac{3F_Pl^3}{8M_eEI}$　　（D）$\dfrac{3M_el^2}{8EI}$

答：正确答案是（D）。

考点：功的互等定理。

提示：功的互等定理计算公式。

4. 梁受力如图 11-4 所示，弯曲刚度为 EI，梁的应变能为（　　）。

（A）$\dfrac{3M_e^2l}{EI}$　　（B）$\dfrac{M_e^2l}{2EI}$

（C）$\dfrac{3M_e^2l}{2EI}$　　（D）$\dfrac{M_e^2l}{3EI}$

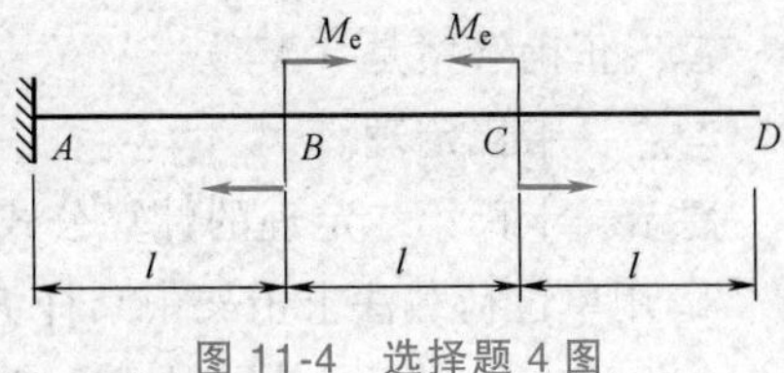

图 11-4　选择题 4 图

答：正确答案是（B）。

考点：梁的应变能。

提示：梁的应变能计算公式。

5. 梁受力如图 11-5 所示，梁的应变能为$\dfrac{M_e^2 l}{6EI}$，此梁 B 截面的转角大小为（　　）。

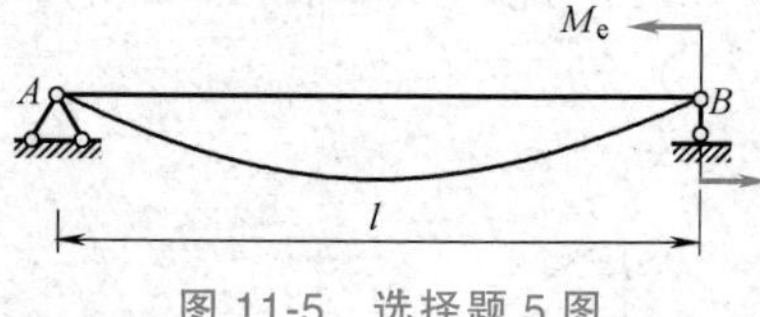

图 11-5　选择题 5 图

（A）$\dfrac{M_e l}{6EI}$　　（B）$\dfrac{M_e l}{3EI}$

（C）$\dfrac{M_e l}{2EI}$　　（D）$\dfrac{M_e l}{12EI}$

答：正确答案是（B）。

考点：卡氏定理。

提示：卡氏第二定理计算公式。

6. 刚架受力如图 11-6 所示，刚架的弹性应变能为 V_ε，则由卡氏定理 $\delta=\dfrac{\partial V_\varepsilon}{\partial F}$求得的位移为（　　）。

（A）截面 A 的水平位移和竖直位移的代数和

（B）截面 A 的水平位移和竖直位移的矢量和

（C）截面 A 的总位移

（D）截面 A 沿合力方向的线位移

答：正确答案是（A）。

考点：卡氏定理。

提示：卡氏第二定理的概念理解。

7. 桁架受力及尺寸如图 11-7 所示，$\alpha=30°$，杆 AC 长为 l，各杆拉压刚度均为 EA，桁架的应变能为$\dfrac{F_P^2 l}{EA}(8\sqrt{3}+9)$，节点 B 的竖向位移为（　　）。

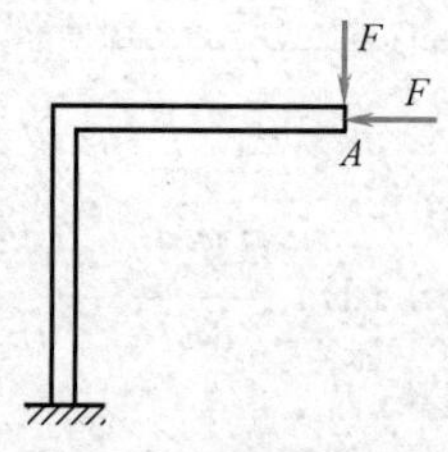

图 11-6　选择题 6 图

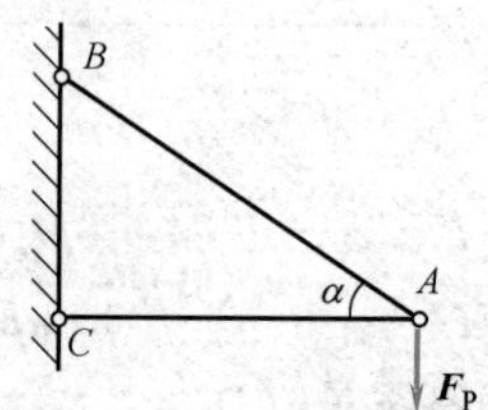

图 11-7　选择题 7 图

（A）$7.62\,\dfrac{F_P l}{EA}$　　（B）$3.81\,\dfrac{F_P l}{EA}$　　（C）$\dfrac{F_P l}{6EA}(8\sqrt{3}+9)$　　（D）$\dfrac{F_P l}{12EA}(8\sqrt{3}+9)$

答：正确答案是（A）。

考点：卡氏定理。

提示：卡氏第二定理的计算公式。

8. 用单位荷载法求桁架中某杆 BD 的旋转角时，需要（　　）。

（A）在 B、D 两个节点上加一对等值反向的单位力

（B）在 D 点或 B 点加一单位力偶矩

（C）在 B、D 两节点上分别加垂直于杆 BD 轴线，方向相反的一对力，且其值等于 $1/L_{BD}$

（D）都不对

答：正确答案是（C）。

考点：单位荷载法。

提示：单位荷载法的计算公式。

9. 求图 11-8a 所示桁架 BD 两点间的相对位移，利用单位荷载法（见图 11-8b），正确的是（　　）。

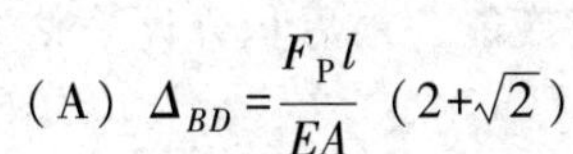

（A）$\Delta_{BD}=\dfrac{F_{\mathrm{P}}l}{EA}\ (2+\sqrt{2})$

（B）$\Delta_{BD}=-\dfrac{F_{\mathrm{P}}l}{EA}\ (2+\sqrt{2})$

（C）$\Delta_{BD}=\dfrac{F_{\mathrm{P}}l}{EA}\left(2+\dfrac{3}{2}\sqrt{2}\right)$

（D）$\Delta_{BD}=-\dfrac{F_{\mathrm{P}}l}{EA}\left(2+\dfrac{3}{2}\sqrt{2}\right)$

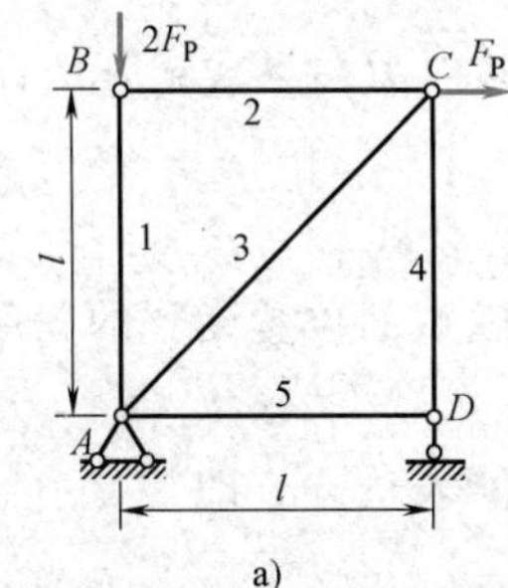

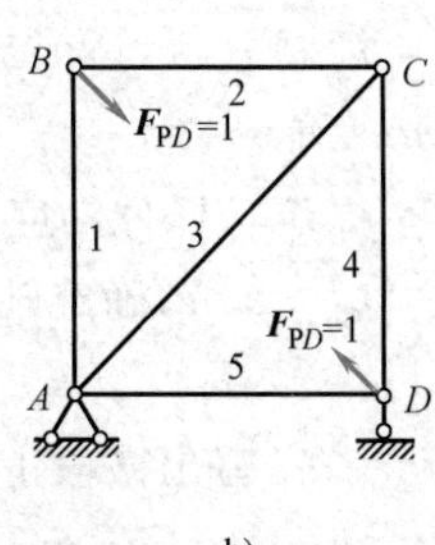

图 11-8　选择题 9 图

答：正确答案是（C）。

考点：单位荷载法。

提示：单位荷载法的公式。

10. 利用莫尔积分法求图 11-9 所示刚架 C 截面的水平位移（只考虑弯曲变形的影响），正确的是（　　）。

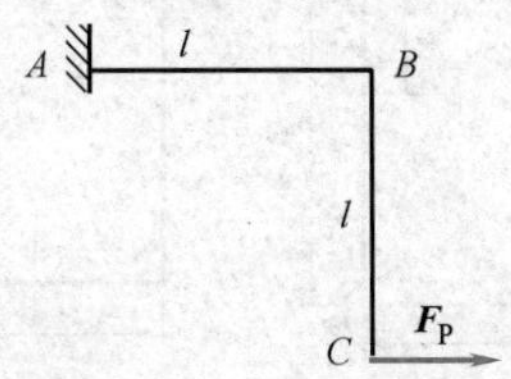

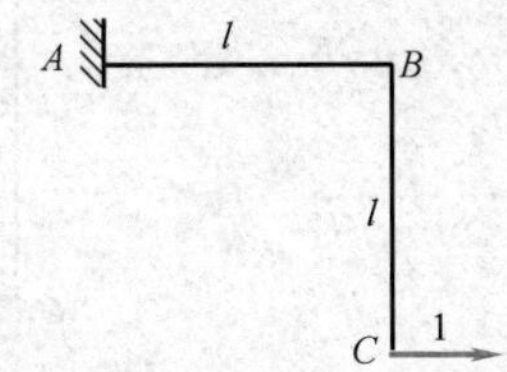

图 11-9　选择题 10 图

（A）$\Delta_{\mathrm{HC}}=\dfrac{1}{EI}\left[\int_0^l (F_{\mathrm{P}}x)(1)\,\mathrm{d}x+\int_0^l (F_{\mathrm{P}}l)(l)\,\mathrm{d}x\right]$

（B）$\Delta_{\mathrm{HC}}=\dfrac{1}{EI}\left[\int_0^l (F_{\mathrm{P}}x)(x)\,\mathrm{d}x+\int_0^l (F_{\mathrm{P}}l)(l)\,\mathrm{d}x\right]$

（C）$\Delta_{\mathrm{HC}}=\dfrac{1}{EI}\left[\int_0^l (F_{\mathrm{P}}x)(x)\,\mathrm{d}x+\int_0^l (F_{\mathrm{P}}l)(l-x)\,\mathrm{d}x\right]$

（D）$\Delta_{\mathrm{HC}}=\dfrac{1}{EI}\left[\int_0^l (F_{\mathrm{P}}x)(1)\,\mathrm{d}x+\int_0^l (F_{\mathrm{P}}l)(l-x)\,\mathrm{d}x\right]$

答：正确答案是（B）。

考点：单位荷载法。

提示：单位荷载法的公式。

■ 11.4　典型习题及解答

1.（教材习题 11-1）　已知图 11-10 所示等直杆的截面积为 A，杆长为 l，材料弹性模量为 E，比重为 γ，求该杆在自重作用下的应变能。

考点：应变能的计算。

解题思路：首先确定轴向内力关系式；其次计算微段上的应变能；最后积分计算整个杆的应变能。

提示：杆件的应变能计算公式。

解：（1）确定轴向内力随截面位置变化的关系式

$$F_N(x)=\gamma Ax$$

（2）写出微段上的应变能表达式，即

$$dV_\varepsilon=\frac{(\gamma Ax)^2}{2EA}dx$$

（3）积分计算整个杆的应变能，即

$$V_\varepsilon=\int dV_\varepsilon=\frac{\gamma^2Al^3}{6E}$$

2.（教材习题 11-4）　刚架 $ACDB$ 在 A、B 两点受一对力 F_P 作用，如图 11-11a 所示，所有杆的 EI 相同，求 A、B 两点的相对位移。

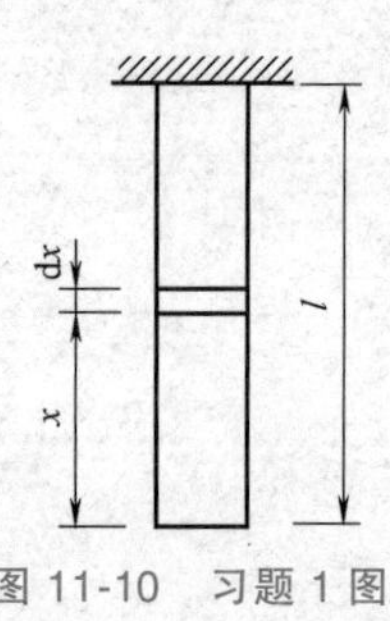

图 11-10　习题 1 图

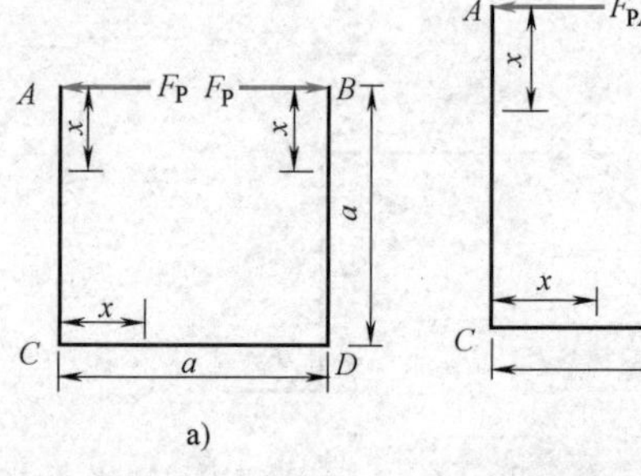

图 11-11　习题 2 图

考点：单位荷载法。

解题思路：首先计算实际荷载情况下刚架各段的内力关系式；其次施加单位力，得到刚架各段的内力关系式；最后分段积分得到所求位移。

提示：单位荷载法刚架位移的计算公式。

解：为求 Δ_{AB} 在 A、B 端分别作用一个水平反向的单位力 $F_{PA}=F_{PB}=1$，如图 11-11b 所示。

实际荷载及单位荷载下的弯矩方程分别为

AC 段：

$$M(x)=-F_Px$$

$$\overline{M}(x)=-F_{PA}x=-x$$

BD 段：

$$M(x) = -F_P a$$

$$\overline{M}(x) = -F_{PB} a = -a$$

BD 段与 AC 段相同，代入位移公式，解得

$$\Delta_{AB} = \sum_i \int_i \frac{M(x)\overline{M}(x)}{EI} dx$$

$$= 2\int_0^a \frac{-F_P x(-x)}{EI} dx + \int_0^a \frac{-F_P a(-a)}{EI} dx$$

$$= \frac{5F_P a^3}{3EI} (\longleftrightarrow)$$

3.（教材习题 11-5）　图 11-12a 所示桁架，五根杆的拉压刚度均为 EA，B 节点处作用有一铅垂力 F_P，求 B 点的竖直位移。

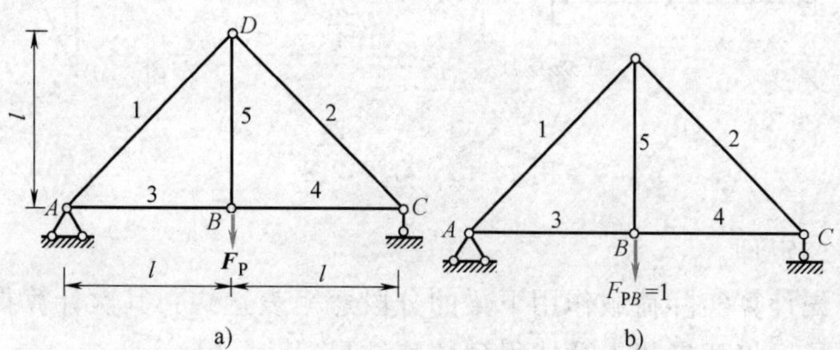

图 11-12　习题 3 图

考点：单位荷载法。

解题思路：首先计算实际荷载情况下桁架各杆的轴力；其次施加单位力，得到桁架各杆的轴力；最后代入单位荷载法的公式得到所求位移。

提示：单位荷载法刚架位移的计算公式。

解：(1) 为求 B 点的竖直位移，在 B 点加一个垂直向下的单位力，如图 11-12b 所示。

(2) 各杆的轴力如下：

杆件编号	F_{Ni}	$\overline{F}_{Ni}$	l_i	$F_{Ni}\overline{F}_{Ni}l_i$
1	$-\frac{\sqrt{2}F_P}{2}$	$-\frac{\sqrt{2}}{2}$	$\sqrt{2}l$	$\frac{\sqrt{2}F_P l}{2}$
2	$-\frac{\sqrt{2}F_P}{2}$	$-\frac{\sqrt{2}}{2}$	$\sqrt{2}l$	$\frac{\sqrt{2}F_P l}{2}$
3	$\frac{\sqrt{2}F_P}{2}$	$\frac{\sqrt{2}}{2}$	l	$\frac{F_P l}{2}$
4	$\frac{\sqrt{2}F_P}{2}$	$\frac{\sqrt{2}}{2}$	l	$\frac{F_P l}{2}$
5	F_P	1	l	$F_P l$

代入位移公式可得

$$\Delta B_V = \sum_{i=1}^{5} \frac{F_{Ni}\overline{F}_{Ni}l_i}{EA} = \frac{(2\sqrt{2}+3)F_P l}{2EA} (\downarrow)$$

4.（教材习题 11-10） 如图 11-13a 所示结构，AB 梁中点 E 受集中力 F_P 作用，已知 F_P、a、EI。试用卡氏第二定理求 AB 梁中 E 截面的竖直位移（仅考虑弯矩的影响）。

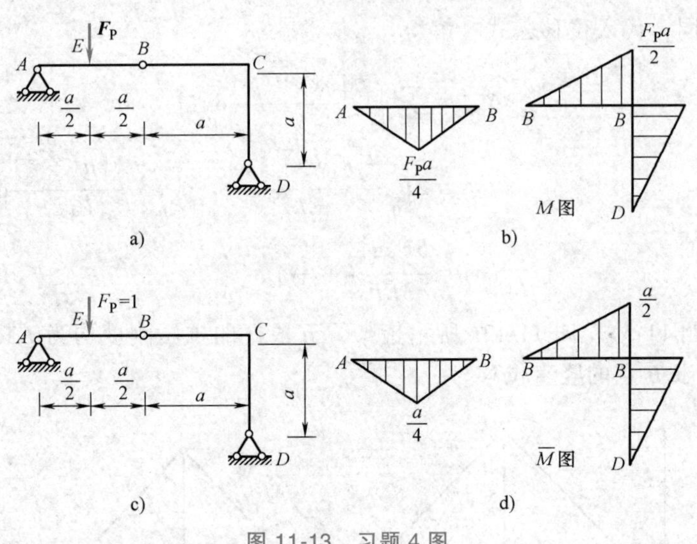

图 11-13 习题 4 图

考点：卡氏第二定理。

解题思路：首先计算实际荷载作用下梁的分段弯矩表达式；其次计算得到梁的分段弯矩表达式的偏导数；最后将两者代入公式得到位移结果。

提示：卡氏第二定理公式。

解：AB 段取一半即 AE 段梁的弯矩：

$$M(x)=\frac{1}{2}F_Px\left(0<x<\frac{a}{2}\right)$$

BC 段梁的弯矩

$$M(x)=\frac{1}{2}F_Px(0<x<a)$$

BD 段同 BC 段。

于是有

$$\Delta_i=\frac{\partial V_\varepsilon}{\partial F_{Pi}}=\int_l \frac{M(x)}{EI}\frac{\partial M(x)}{\partial F_{Pi}}dx=2\int_0^{\frac{a}{2}}\frac{\frac{1}{2}F_Px}{EI}\cdot\frac{1}{2}xdx+2\int_0^a\frac{\frac{1}{2}F_Px}{EI}\cdot\frac{1}{2}xdx=\frac{9F_Pa^3}{48EI}(\downarrow)$$

注：用图乘法求解。

在截面 E 施加一单位力 $F_P=1$，如图 11-13c 所示。

分别画出荷载作用下和单位力作用下的弯矩图，如图 11-13b、d 所示。

将 M 图和 $\overline{M}$ 图互乘，得

$$\Delta_E=\frac{9F_Pa^3}{48EI}(\downarrow)$$

5.（教材习题 11-13） 试用能量法求图 11-14 所示结构 C 点的铅垂位移。已知杆 AC 的弯曲刚度 EI 和 BD 杆的拉压刚度 EA。受弯构件不计剪力和轴力的影响；BD 杆不会失稳。

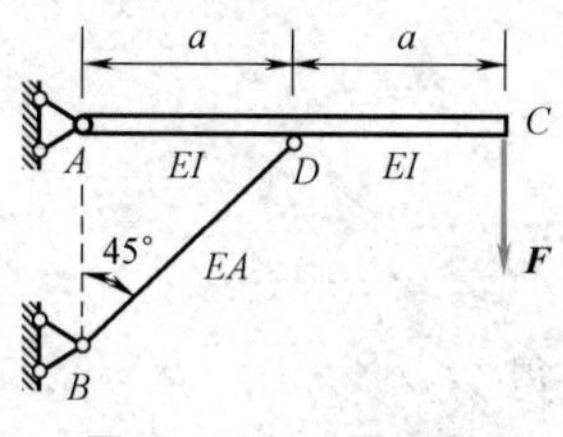

图 11-14　习题 5 图

考点：单位荷载法。

解题思路：首先计算实际荷载作用下梁的分段弯矩表达式及杆件的轴力表达式；其次施加一单位荷载，计算得到梁的分段弯矩表达式及杆件的轴力表达式；最后将两者代入公式得到位移结果。

提示：单位荷载法公式。

解：梁 CD：　　$M(x)=Fx$，$\overline{M}(x)=x$

AD：　　$M(x)=F(x+a)-2Fx=Fa-Fx$，$\overline{M}(x)=a-x$

杆：　　$F_{BD}=2\sqrt{2}F$，$\overline{F}_{BD}=2\sqrt{2}$

$$\Delta_{Cy}=\frac{2Fa^3}{3EI}+\frac{8\sqrt{2}Fa}{EA}$$

6.（教材习题 11-15）　简支梁受均布荷载 q 作用如图 11-15 所示，弯曲刚度 EI 已知。试用莫尔积分法求横截面 A、C 之间的相对角位移 θ_{AC}。

考点：单位荷载法。

解题思路：首先计算实际荷载作用下梁的分段弯矩表达式；其次施加一对单位荷载，计算得到梁的分段弯矩表达式；最后将两者进行积分得到相对转角结果。

提示：单位荷载法公式。

解：AB：　　$M(x_1)=\frac{5qax_1}{6}-\frac{q}{2}x_1^2$，$\overline{M}(x_1)=1$

BC：　　$M(x_2)=\frac{qax_2}{6}$，$\overline{M}(x_2)=1$

$$\theta_{AC}=\frac{7qa^3}{12EI}$$

7.（教材习题 11-16）　由两个半圆组成“S”形的等截面弹簧片，截面的弯曲刚度为 EI。该弹簧在 B 端受水平力 F 作用。试用莫尔积分法求该弹簧的刚度。

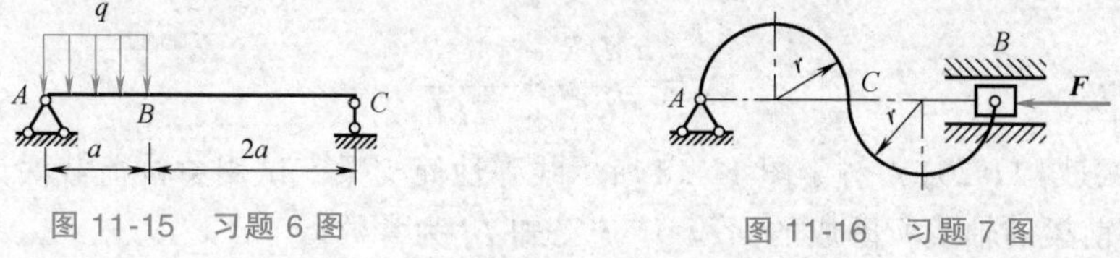

图 11-15　习题 6 图　　　图 11-16　习题 7 图

考点：单位荷载法。

解题思路：首先计算实际荷载 F 作用下曲杆的弯矩表达式；其次施加单位荷载，计算得到曲杆的弯矩、扭矩表达式；最后将两者进行积分得到位移结果，用力除以计算得到的位移，即弹簧的刚度。

提示：单位荷载法公式。

解：取一半计算水平位移 Δ，于是

$$M(\theta)=Fr\sin\theta,\overline{M}=r\sin\theta$$

$$\frac{\Delta}{2}=\frac{1}{EI}\int M\overline{M}\mathrm{d}s$$

$$=\frac{1}{EI}\int_{A}^{B}Fr^2\sin^2\theta r\mathrm{d}\theta(A=0,\ B=\pi)$$

可得

$$\Delta=\frac{\pi Fr^3}{EI}$$

弹簧刚度

$$k=\frac{F}{\Delta}=\frac{0.32EI}{r^3}$$

8. (教材习题 11-24)　如图 11-17 所示，一半径为 R 的半圆形曲杆，杆截面直径为 d，$d\leqslant R$。此曲杆 A 端固定，在自由端 B 承受一力偶 M_e(M_e 分别作用面平行于 xOz 平面和 yOz 平面，z 轴垂直于图面)。试用莫尔积分法求两种工况条件下 B 点的 z 向位移。设杆的弯曲和扭转刚度分别是 EI 和 GI_p。

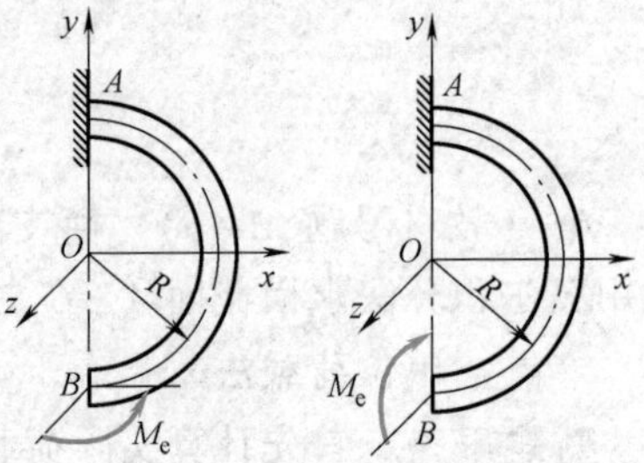

考点：单位荷载法。

解题思路：首先计算实际荷载作用下曲杆的弯矩、扭矩表达式；其次施加单位荷载，计算得到曲杆的弯矩、扭矩表达式；最后将两者进行积分得到位移结果。

图 11-17　习题 8 图

提示：单位荷载法公式。

解：xOz 平面：

$$T=-M_e\sin\theta,\overline{T}=-R(1-\cos\theta)$$

$$M=M_e\cos\theta,\overline{M}=R\sin\theta$$

$$\Delta_z=\frac{2M_eR^2}{GI_p}$$

yOz 平面：

$$T=M_e\cos\theta,\overline{T}=-R(1-\cos\theta)$$

$$M=M_e\sin\theta,\overline{M}=R\sin\theta$$

$$\Delta_z=\frac{\pi M_eR^2}{2GI_p}+\frac{\pi M_eR^2}{2EI}$$

9. (教材习题 11-26)　对于图 11-18 所示线弹性简支梁，试用单位荷载法计算变形后梁的轴线与变形前梁的轴线所围成的面积 A^*。已知 EI 为常数。

考点：单位荷载法。

解题思路：首先计算实际荷载作用下梁的弯矩表达式；其次施加单位均布荷载，计算得到梁的弯矩表达式；最后将两者进行积分得到围成的面积。

图 11-18　习题 9 图

提示：单位荷载法公式的理解。

解：

$$M_1(x)=\frac{bFx}{l},\ M_2(x)=\frac{bF(x-a)}{l}$$

加单位均布荷载 $q=1$，于是有

$$\overline{M}_1(x)=\frac{lx}{2}-\frac{x^2}{2},\overline{M}_2(x)=\frac{lx}{2}-\frac{x^2}{2}$$

$$A^*=\int_l(1\cdot \mathrm{d}x)\cdot w(x)=\int_l M(x)\cdot\frac{\overline{M}(x)\mathrm{d}x}{EI}=\left(\frac{a^2+b^2}{6}-\frac{a^3+b^3}{8l}\right)\frac{Fab}{EI}$$

10.（教材习题 11-36） 四根材料、截面均相同的弹性杆，铰接于 O 点，另一端则分别支承在刚性铰接点 A、B、C、D 处，各杆的长度均为 l。试用能量法求在图 11-19 所示荷载作用下各杆的内力。

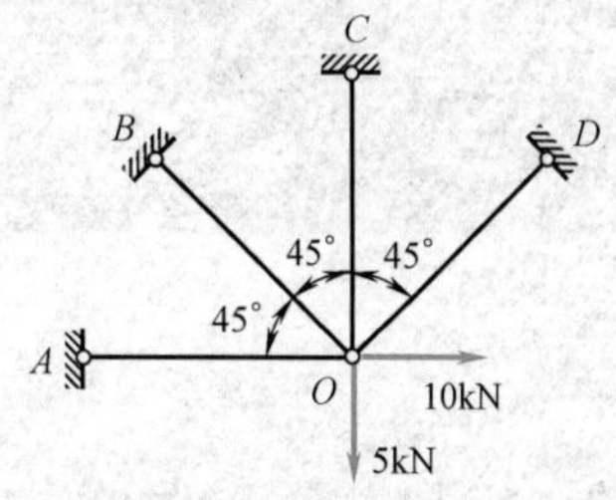

图 11-19　习题 10 图

考点：能量法。

解题思路：首先设各杆轴力为变量，通过力的平衡建立四个杆件的轴力的关系；其次运用应变能的计算公式得到杆件系统的总体应变能；最后将应变能对变量求偏导，得到最后的内力结果。

提示：应变能的计算。

解：设 AO、BO、CO、DO 各杆轴力分别为 F_1、F_2、F_3、F_4。

以 F_2 和 F_4 为未知量。则有

$$\sum F_x=0,\ F_1=10+\frac{F_4-F_2}{\sqrt{2}}$$

$$\sum F_y=0,\ F_3=5-\frac{F_2+F_4}{\sqrt{2}}$$

$$V_\varepsilon=\frac{(F_1^2+F_2^2+F_3^2+F_4^2)l}{2EA}$$

于是得

$$F_2=\frac{15}{2\sqrt{2}}\mathrm{kN},\ F_4=-\frac{5}{2\sqrt{2}}\mathrm{kN},\ F_1=5\mathrm{kN},\ F_3=\frac{5}{2}\mathrm{kN}$$

第12章 动 荷 载

12.1 重点内容提要

12.1.1 动荷载的概念

动荷载是指做加速运动或转动的系统中构件的惯性力，以及随时间呈明显变化的荷载。动荷载作用下构件的应力和变形分别称为动应力和动变形。

12.1.2 动静法

质点的惯性力大小等于质点的质量与加速度的乘积，方向与加速度相反。达朗贝尔原理指出，对做加速运动的质点系，除实际作用于其上的主动力和约束力外，假想地在每一质点上加上惯性力，则质点系上的原力系与惯性力系组成平衡力系。由此，动力学问题在形式上可以转化为静力学问题来解决。

12.1.3 做匀加速度运动构件的应力和变形计算

1. 匀加速直线运动

动荷系数 $$K_d=1+\frac{a}{g} \tag{12-1}$$

动应力 $$\sigma_d=K_d\sigma_{st} \tag{12-2}$$

动变形 $$\Delta_d=K_d\Delta_{st} \tag{12-3}$$

2. 匀角速转动

以匀角速度 ω 旋转的飞轮对轴产生的惯性力偶矩（扭矩）

$$T_d=M_g=I\varepsilon \tag{12-4}$$

其中，I 为鼓轮的转动惯量，ε 为飞轮的角加速度。

12.1.4 构件受冲击荷载时的应力和变形

1. 自由落体冲击

冲击动荷系数 $$K_d=1+\sqrt{1+\frac{2h}{\Delta_{st}}} \tag{12-5}$$

其中，h 是自由落体初始位置至被冲击物表面的高度差，Δ_{st} 是静载作用下的变形。

当 $h=0$ 时，相当于冲击物突然作用在被冲击物上的状况，为突加荷载，此时 $K_d=2$。

动应力 $\sigma_d=K_d\sigma_{st}$，动变形 $\Delta_d=K_d\Delta_{st}$。

2. 水平冲击

水平冲击动荷系数
$$K_d=\sqrt{\frac{v^2}{g\Delta_{st}}} \tag{12-6}$$

其中，v 是冲击物的速度，Δ_{st} 是静载作用下的变形。
动应力 $\sigma_d=K_d\sigma_{st}$，动变形 $\Delta_d=K_d\Delta_{st}$。

12.2　复习指导

本章知识点：动荷载的基本概念，动荷载强度问题的概念和实例，动荷系数，受冲击时杆件的动应力和动变形。

重点：动静法和能量法是解决动荷载问题的基本方法。动荷系数是动荷载问题中的重要概念。在线弹性范围内，动荷载、动变形和动应力分别与相应的静荷载、静变形和静应力成比例，其比例系数就是动荷系数。

难点：冲击动荷系数的求解。

考点：动荷载的基本概念、水平冲击动荷系数、竖直冲击动荷系数、受冲击时的动应力和动变形，以及构件受冲击时的强度计算。

12.3　概念题及解答

12.3.1　判断题

判断下列说法是否正确。

1. 动荷系数总是大于 1。

答：错。

考点：动荷系数的概念。

提示：动荷载的形式多样，有些动荷载增大构件的受力，有些动荷载减小构件的受力。

2. 动荷载作用下，构件内的动应力与构件材料的弹性模量有关。

答：对。

考点：动应力计算。

提示：构件材料的弹性模量影响了动荷系数大小，从而会影响构件内的动应力。

3. 构件由突加荷载引起的应力，是由相应的静荷载所引起的应力的两倍。

答：对。

考点：突加荷载的概念。

提示：当 $h=0$ 时，相当于冲击物突然作用在被冲击物上的状况，为突加荷载，此时 $K_d=2$。

4. 构件在动荷载作用下，只要动荷系数确定，则任意一点处的动变形就可表示为该点处相应的静变形与相应的动荷系数的乘积。

答：错。

考点：动变形计算的条件。

提示：在线弹性范围内，动荷载、动变形和动应力分别与相应的静荷载、静变形和静应力成比例。

5. 不论是否满足强度条件，只要能增加杆件的静位移，就能提高其抗冲击的能力。

答：错。

考点：提高抗冲击能力的措施。

提示：降低材料的弹性模量可以增加杆件静位移的方法，但这种方法必须在满足强度条件的情况下进行降低，否则杆件是不安全的。

6. 对自由落体垂直冲击，被冲击构件的冲击应力与材料无关。

答：错。

考点：冲击应力的计算。

提示：冲击应力与动荷系数成比例，而动荷系数的大小与材料的弹性模量有关。

7. 只要应力不超过比例极限，冲击时的应力和应变仍满足胡克定律。

答：对。

考点：冲击时的应力和应变的计算。

提示：动荷载实验表明，在静荷载下服从胡克定律的材料，只要动应力不超过比例极限，胡克定律仍然有效。

8. 对冲击应力和变形实用计算的能量法中，因为不计被冲击物的质量，所以计算结果与实际情况相比，冲击应力和冲击变形均偏大。

答：对。

考点：动荷系数的计算。

提示：由于不计被冲击物的质量，静荷载作用下的静位移计算偏小，动荷系数增大。

9. 能量法是一种分析冲击问题的精确方法。

答：错。

考点：冲击问题的基本假设。

提示：能量法分析冲击问题是按能量守恒原理，忽略了很多能量损耗，是一种近似方法。

10. 刚度越大的构件抗冲击的能力越差。

答：对。

考点：抗冲击能力。

提示：刚度增加会减少构件的静位移，从而抗冲击系数增加，其抗冲击能力则变差。

12.3.2 选择题

请将正确答案填入括号内。

1. 等截面直杆在自由端承受水平冲击如图 12-1 所示，若其他条件均保持不变，仅杆长 l 减小，则杆内的最大冲击应力将（　　）。

(A) 保持不变　(B) 增加　(C) 减小　(D) 可能增加或减小

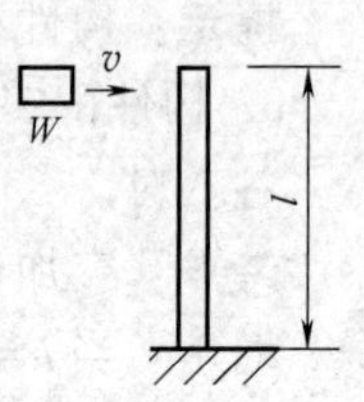

图 12-1　选择题 1 图

答：正确答案是（B）。

考点：水平冲击动荷载系数。

提示：杆长减小，静位移就减小，根据水平冲击动荷载系数，静位移与冲击动荷载系数成反比。

2. 图 12-2 所示受自由落体冲击的两个立柱，其材料和长度均相同，只是粗细不同（$D>d$），其动应力 σ_d 的关系为（　　）。

（A）$(\sigma_d)_a=(\sigma_d)_b$　（B）$(\sigma_d)_a<(\sigma_d)_b$

（C）$(\sigma_d)_a>(\sigma_d)_b$　（D）无法比较

答：正确答案是（B）。

考点：自由落体动荷载系数。

提示：自由落体动荷载系数 K_d 与静位移 Δ_{st} 成反比。

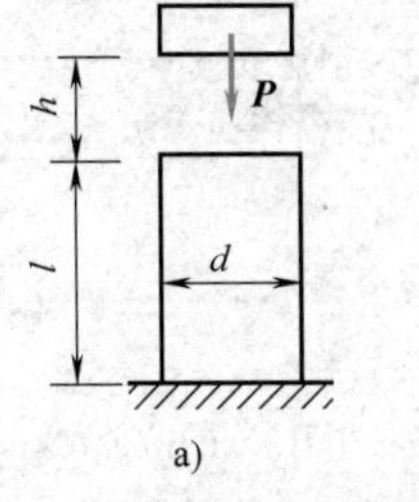

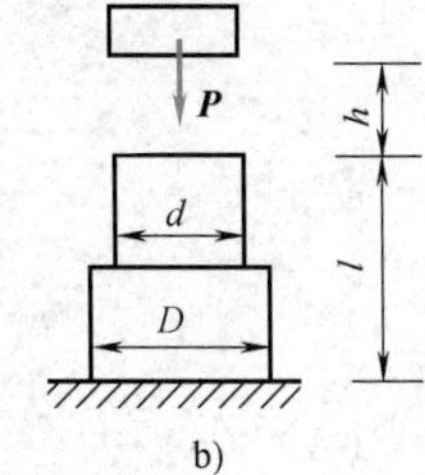

图 12-2　选择题 2 图

3. 直径为 D 的飞轮，以角速度 ω 绕其转轴做匀速转动，现发现飞轮轮缘横截面上的应力超过了材料的许用应力，若（　　），则可降低轮缘横截面上的应力。

（A）增加轮缘横截面面积　（B）增大飞轮直径

（C）减小轮缘横截面面积　（D）减小飞轮角速度

答：正确答案是（D）。

考点：匀速转动飞轮动应力。

提示：飞轮以角速度 ω 做匀速转动，飞轮边缘产生的向心力与角速度成正比，减小角速度可以减小向心力，从而减小应力。

4. 图 12-3 所示等圆截面直角刚架 ABC 由长度皆为 a 的 AB 和 BC 杆固结而成，在突加荷载 P 作用下刚架内的最大弯矩（不计轴力）为（　　）。

（A）Pa　（B）$2Pa$　（C）$3Pa$　（D）$4Pa$

答：正确答案是（B）。

考点：突加荷载动荷载系数。

提示：突加荷载动荷载系数 $K_d=2$。

5. 图 12-4 所示外伸梁，在 C 处受到一重为 P 的物体自高度 h 自由落下冲击。为提高梁的抗冲击能力，以下哪种方案更合理？（　　）

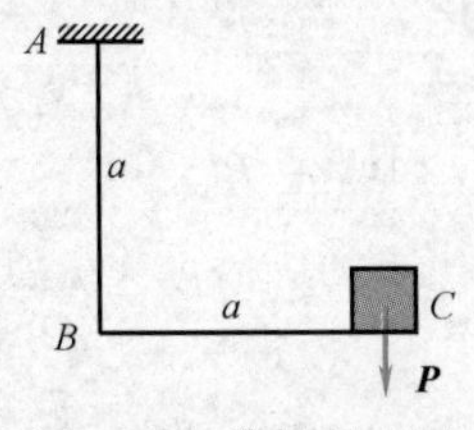

图 12-3　选择题 4 图

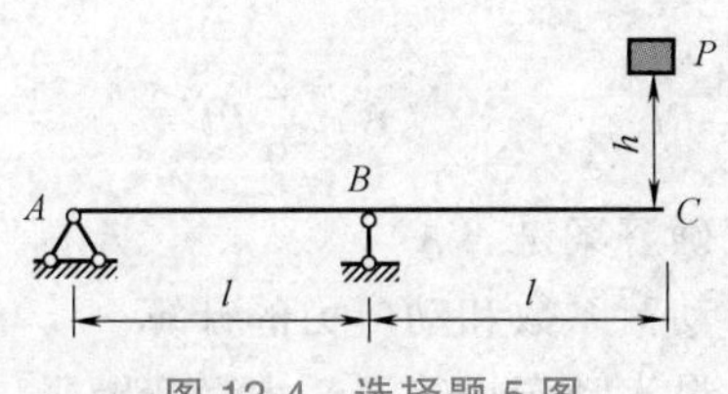

图 12-4　选择题 5 图

（A）减小重物下落高度 h　（B）缩短外伸段 BC 的长度 l

（C）减小重物的重量 P　（D）将 B 支座改为弹性支承

答：正确答案是（D）。

考点：抗冲击性能的合理设计。

提示：安装缓冲装置，可以增大构件的静位移，提高构件抗冲击能力。

6. 比较图 12-5a、b 所示两梁受自由落体冲击作用的动荷系数大小，正确的是（　　）。

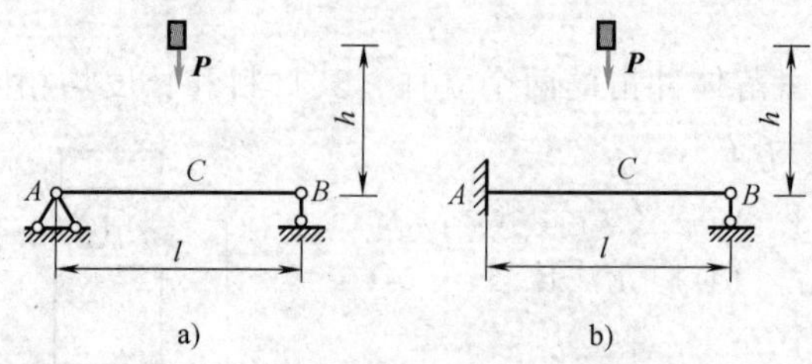

图 12-5　选择题 6 图

（A）（a）大　　（B）（b）大　　（C）一样大　　（D）不能确定

答：正确答案是（B）。

考点：动荷系数的计算。

提示：在相同条件下，刚性约束构件的静载位移小，结构的动荷系数大。

7. 一滑轮两边分别挂有重量为 W_1 和 W_2（$W_2<W_1$）的重物，如图 12-6 所示，该滑轮左、右两边绳的关系正确的是（　　）。

（A）动荷系数不等，动应力相等　　（B）动荷系数相等，动应力不等

（C）动荷系数和动应力均相等　　（D）动荷系数和动应力均不相等

答：正确答案是（A）。

考点：动荷系数和动应力的计算。

提示：重物的重量不同，导致绳索的静位移不同，动荷系数不等，但绳索上动拉力相同，其动应力相等。

8. 图 12-7 所示梁在突加荷载作用下，其最大弯矩 M_{max} 等于（　　）。

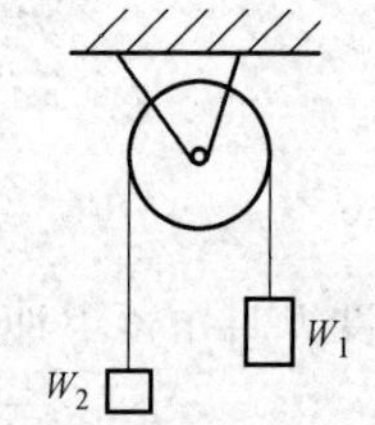

图 12-6　选择题 7 图

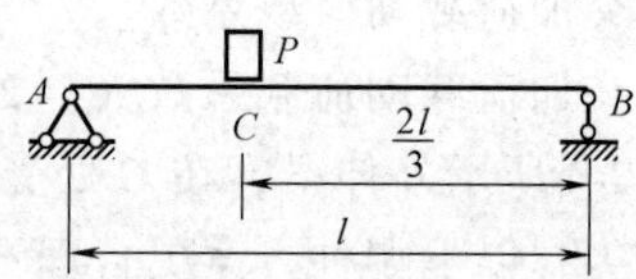

图 12-7　选择题 8 图

（A）$\frac{4}{9}Pl$　　（B）$\frac{2}{9}Pl$　　（C）$\frac{4}{3}Pl$　　（D）$\frac{2}{3}Pl$

答：正确答案是（A）。

考点：动荷系数和动应力的计算。

提示：最大动弯矩等于最大静弯矩乘以突加荷载作用下的动荷系数 2。

9. 下列措施中，不能提高构件抗冲击能力的是（　　）。

（A）选择弹性模量低的材料　　（B）将刚性支撑改为弹性支撑

（C）减小冲击荷载的大小　　（D）增大冲击构件的长度

答：正确答案是（C）。

考点：抗冲击性能的合理设计。

提示：减小冲击荷载的大小是外在因素，不是提高构件抗冲击能力的措施。

10. 图 12-8 所示三个系统中的杆 AB 的几何尺寸及重量和弹簧的刚度及长度均相同，它们受到重量相同重物的落体冲击，其动荷系数 $(K_d)_a$、$(K_d)_b$、$(K_d)_c$ 的关系为（　　）。

(A) $(K_d)_a=(K_d)_b>(K_d)_c$

(B) $(K_d)_a<(K_d)_b<(K_d)_c$

(C) $(K_d)_a=(K_d)_b<(K_d)_c$

(D) $(K_d)_a>(K_d)_b>(K_d)_c$

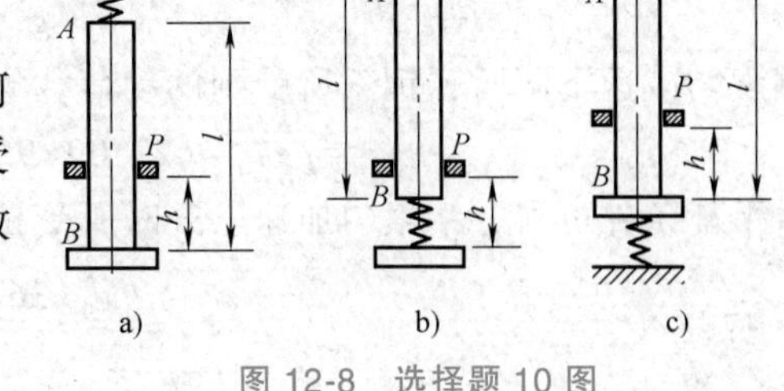

图 12-8 选择题 10 图

答：正确答案是（C）。

考点：动荷系数的计算。

提示：前两种情况杆 AB 受拉，静位移相同，后一种情况杆 AB 承受弹簧的反作用受压，静变形小于前两种。

12.4 典型习题及解答

1.（教材习题 12-1） 图 12-9 所示一长为 $l=8\text{m}$ 的 No. 20a 槽钢，$b=1\text{m}$。以初速度 1.8m/s 下降，槽钢在 0.2s 内速度均匀地降为 0.6m/s。如不计轴力影响，试求槽钢内的最大正应力。

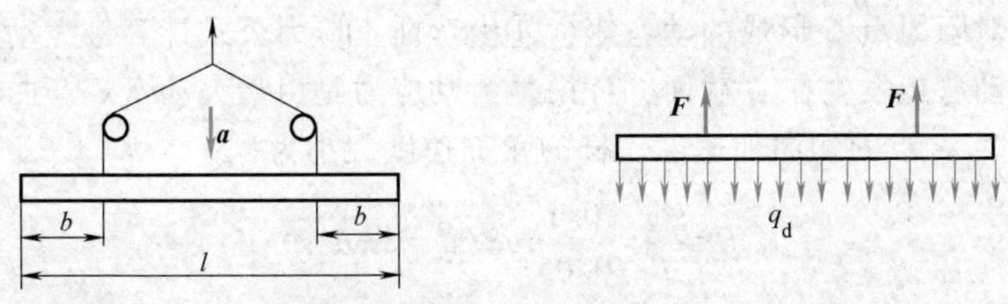

图 12-9 习题 1 图

考点：动静法求解平动时的动荷载问题。

解题思路：①根据动静法求出惯性力；②求出动荷系数 K_d；③根据平衡条件确定钢索匀加速上升时的动拉力；④求出最大动弯矩；⑤确定最大动应力。

提示：解决此问题的关键在于根据加速度求出惯性力，利用动静法求出动荷载，然后求出对应的动弯矩和动应力。

解：由附录 B 型钢表查得 No. 20a 槽钢的几何性质为 $W_z=24.2\times10^3\text{mm}^3$，单位长度质量为 $\rho=23.09\text{kg/m}$。图中 q_d 为槽钢梁所受到的动荷载集度，包括了槽钢自重引起的均布荷载集度和均布惯性力系的集度，其大小为

$$q_d=\rho g+\rho a$$

这样钢梁匀减速下降时钢索的拉力 F_d 与均布力系 q_d 组成形式上的静平衡力系。钢梁为匀速下降，$a=\dfrac{v_1-v_0}{t}=6\text{m/s}^2$，下降时动荷载系数为

$$k_d = 1+\frac{a}{g} = 1+\frac{6}{9.81} = 1.612$$

钢索匀减速下降时，钢索所受到的动荷载集度为

$$q_d = \rho g k_d = (23.09\times9.8\times1.612)\text{N/m} = 364.8\text{N/m}$$

由平衡条件可得，钢索匀加速上升时所受拉力为

$$F_d = \frac{q_d l}{2} = \frac{364.8\times8}{2}\text{N} = 1459.2\text{N}$$

据前述弯曲内力分析，工字钢的最大弯矩在其中间截面上，其值为

$$M_{dmax} = 3F_d - 4\times2\times q_d = 1459.2\text{N}\cdot\text{m}$$

故工字钢的最大动应力为

$$\sigma_d = \frac{M_{dmax}}{W_z} = \frac{1459.2}{24.2\times10^{-6}}\text{MPa} = 60.3\text{MPa}$$

2.（教材习题 12-4） 如图 12-10 所示，一圆杆以角速度 ω_0 绕 A 轴在铅垂平面内旋转。圆杆的 B 端有一质量为 m 的小球，已知 $m=10\text{kg}$，$\omega_0=0.1\text{rad/s}$，$l=1\text{m}$，$b=0.9\text{m}$，圆杆直径 $d=10\text{mm}$。若杆在 C 点受力而使杆的转速在时间 $t=0.05\text{s}$ 内均匀地减为 0，试求杆内最大动应力 σ_{dmax}。忽略杆本身重量，重力加速度 $g=9.8\text{m/s}^2$。

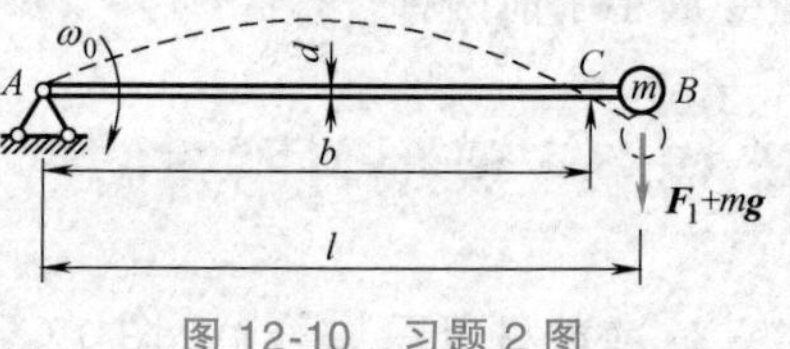

图 12-10 习题 2 图

考点：动静法求解转动时的动荷载问题。

解题思路：①计算 B 点的切向加速度；②确定集中质量 m 上的惯性力；③在惯性力和重力共同作用下对阻力点 C 形成的动弯矩；④由弯曲正应力公式计算最大动应力。

提示：最大动弯矩发生在 C 截面，杆内最大动应力是由最大动弯矩弯曲引起的。

解：(1) 计算 B 点的切向加速度。杆的角加速度大小为

$$\beta = \frac{\omega_0}{l} = \frac{0.1}{0.05}\text{rad/s}^2 = 2\text{rad/s}^2$$

于是，B 点切向加速度的大小为

$$a = l\beta = (1\times2)\text{m/s}^2 = 2\text{m/s}^2$$

(2) 计算杆内最大动应力。作用在 B 端集中质量 m 上的惯性力大小为

$$F_1 = ma = (10\times2)\text{N} = 20\text{N}$$

在 F_1 和 C 点阻力作用下，C 截面弯矩最大，其值为

$$(F_1+mg)(l-b)$$

所以，杆中最大动应力发生在 C 截面，其大小为

$$\sigma_{dmax} = \frac{(F_1+mg)(l-b)}{W_z} = 120.2\text{MPa}$$

3.（教材习题 12-5） 如图 12-11 所示，重量为 G 的重物在高度 H 处自由下落到长为 l、截面为矩形的简支梁中间，弯曲刚度 EI 已知。试求梁的最大切应力和最大正应力。

考点：动荷载作用下梁动应力的计算。

解题思路：①计算重力 G 静载作用下简支梁跨中挠度 Δ_{st}；②根据公式 $K_d = 1+\sqrt{1+\frac{2h}{\Delta_{st}}}$

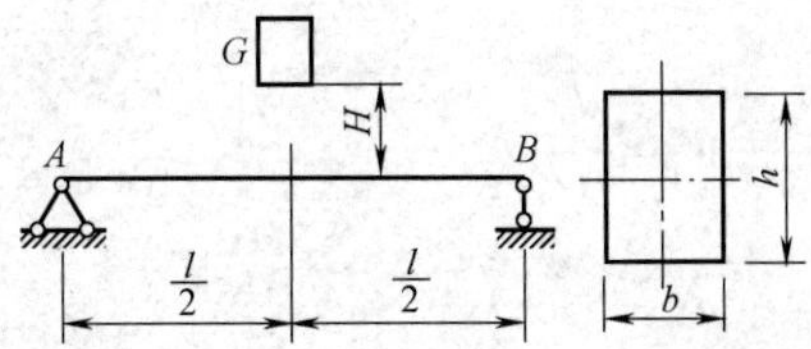

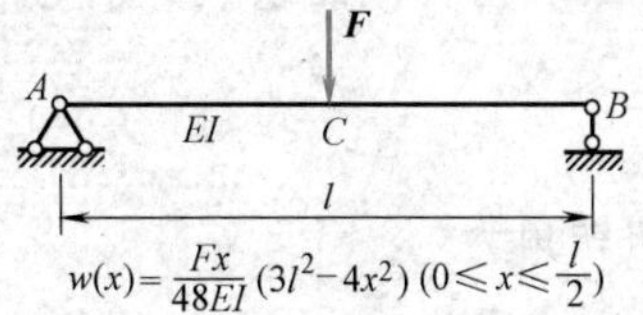

图 12-11 习题 3 图

计算动荷系数；③计算 G 静载作用下梁的最大切应力和最大正应力；（4）确定动荷载作用下的最大切应力和最大正应力。

提示：重力 G 静载作用下最大切应力发生在支座处，最大正应力发生在跨中截面。

解：（1）重力 G 静载作用下简支梁跨中挠度 Δ_{st} 为

$$\Delta_{st}=\frac{Gl^3}{48EI}$$

则动荷系数

$$K_d=1+\sqrt{1+\frac{2h}{\Delta_{st}}}$$

（2）重力 G 静载作用下最大切应力和动荷载作用下的最大切应力分别为

$$\tau_{max}=\frac{3F_S}{2A}=\frac{3G}{4bh},\ \tau_{dmax}=K_d\frac{3G}{4bh}$$

（3）重力 G 静载作用下最大正应力和动荷载作用下的最大正应力分别为

$$\sigma_{stmax}=\frac{Gl}{4W_z},\ \sigma_{dmax}=K_d\sigma_{stmax}=K_d\frac{Gl}{4W_z}$$

4.（教材习题 12-9） 如图 12-12 所示，圆杆直径 $d=60$mm，长为 $l=2$m，右端有直径 $D=0.4$m 的鼓轮，轮上绕以绳，绳长 $l_1=10$m，截面面积 $A=100\text{mm}^2$，弹性模量 $E=200$GPa，重量 $W=1$kN 的物体自 $H=0.1$m 处自由落下于吊盘上，若杆的切变模量 $G=80$GPa，求杆内最大切应力和绳内最大正应力。

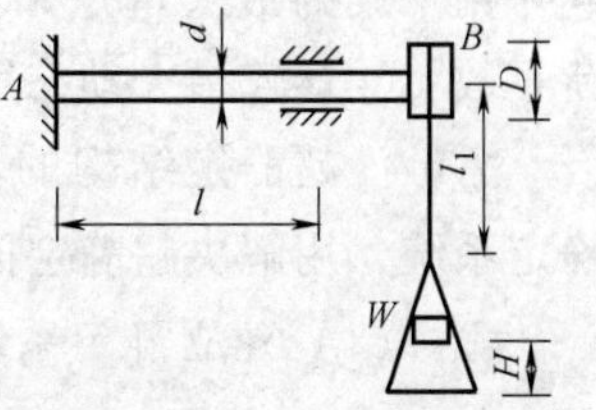

图 12-12 习题 4 图

考点：动荷载作用下组合变形计算。

解题思路：①重力 W 静载作用吊盘下落高度 Δ_{st} 主要包括绳索的拉长和鼓轮扭转；②计算动荷系数；③确定动荷载作用下的动应力。

提示：动荷系数的静位移指自由落下吊盘的位移，包括绳索拉伸伸长和鼓轮扭转导致吊盘下移两个量。

解：AC 梁的弯曲刚度为

$$EI=8\times10^5\text{N}\cdot\text{m}^2$$

B 截面的扭矩为

$$T=\frac{WD}{2}=200\text{N}\cdot\text{m}$$

杆内的最大静切应力为

$$\tau_{max}=\frac{T}{W_p}$$

圆杆的惯性矩和扭转截面系数分别为

$$I_p = 1.27 \times 10^{-6}\text{m}^4,\ W_p = \frac{I_p}{D/2}$$

截面 B 的扭转角为

$$\varphi = \frac{Tl}{GI_p} = 3.94 \times 10^{-3}$$

在静力作用下绳的伸长量为

$$\Delta l_1 = \frac{Wl_1}{EA} = 0.5\text{mm}$$

静位移为

$$\Delta_{st} = \varphi \cdot \frac{D}{2} + \Delta l_1 = 1.286\text{mm}$$

$$K_d = 1 + \sqrt{1 + \frac{2H}{\Delta_{st}}} = 13.51,\ \sigma_{st} = \frac{W}{A} = 10\text{MPa}$$

$$\tau_{d\max} = K_d \tau_{\max} = 63.77\text{MPa}$$

$$\sigma_d = K_d \sigma_{st} = 135.1\text{MPa}$$

5. （教材习题 12-11）　如图 12-13a 所示结构，梁 AB 的 EI、a、h 和重物的重量 P 已知。试求重物自由下落冲击 C 点所造成梁中的动态最大弯矩和最大冲击挠度。

考点：超静定结构的动荷载问题。

解题思路：①计算在重力 P 静载作用下超静定结构 B 端处的约束力；②计算在重力 P 静载作用下梁的最大弯矩和最大挠度；③确定动荷系数；④计算最大动态弯矩和最大冲击挠度。

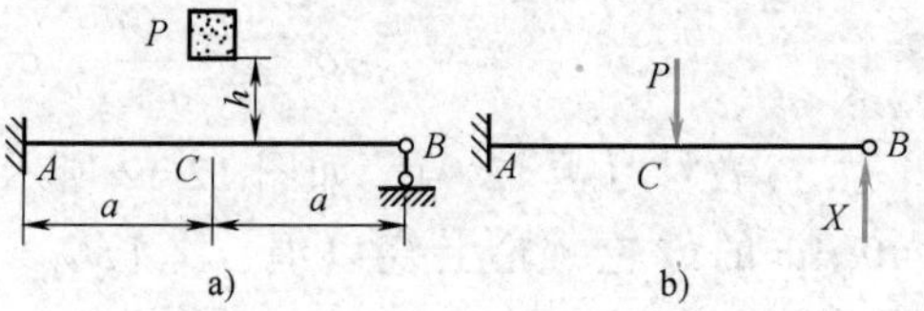

图 12-13　习题 5 图

提示：超静定结构的动荷载问题是先建立静定系统，用解决超静定问题的方法求出静载作用下的静位移。

解：(1) 建立静定系统如图 12-13b 所示，根据端点 B 的位移条件，得到变形协调方程

$$\omega_B^P + \omega_B^X = 0$$

根据梁的变形表，分别得到静载力在端点 B 引起的位移分别为

$$\omega_B^P = \frac{5Pa^3}{6EI},\ \omega_B^X = -\frac{8Xa^3}{3EI}$$

结合以上两式可得

$$X = \frac{5P}{16}$$

最大弯矩发生在 A 截面，且

$$M_{A\max} = Pa - \frac{5P}{16} \times 2a = \frac{3Pa}{8}$$

(2) 静荷载在 C 点的最大静位移为

$$\Delta_{st} = \omega_C^P + \omega_C^X = \frac{7Pa^3}{96EI}$$

(3) 动荷系数为

$$K_{\mathrm{d}}=1+\sqrt{1+\frac{2h}{\Delta_{\mathrm{st}}}}=1+\sqrt{1+\frac{192hEI}{7Pa^3}}$$

(4) 最大动态弯矩为

$$M_{\mathrm{dmax}}=K_{\mathrm{d}}\frac{3Pa}{8}=\left(1+\sqrt{1+\frac{192hEI}{7Pa^3}}\right)\frac{3Pa}{8}$$

最大冲击挠度为

$$\Delta_{\mathrm{dmax}}=K_{\mathrm{d}}\Delta_{\mathrm{st}}=\left(1+\sqrt{1+\frac{192hEI}{7Pa^3}}\right)\frac{7Pa^3}{96EI}$$

第 13 章　交变应力与构件疲劳强度分析

13.1　重点内容提要

13.1.1　疲劳强度基本概念

（1）交变应力　随时间变化的应力。

（2）疲劳失效　构件在交变应力作用下发生的失效。

（3）应力谱　一点处的应力随时间 t 呈周期性变化的曲线。

（4）应力循环　应力变化的一个周期称为一个应力循环。在应力循环中，最大应力 S_{max}，最小应力 S_{min}。

（5）循环特征　$r=\dfrac{S_{min}}{S_{max}}$，当 $r=-1$ 时称为对称循环，当 $r=0$ 时称为脉动循环，在静应力下 $r=1$。

（6）平均应力

$$S_m=\frac{S_{max}+S_{min}}{2} \tag{13-1}$$

应力幅

$$S_a=\frac{S_{max}-S_{min}}{2} \tag{13-2}$$

13.1.2　疲劳破坏及特征

材料在交变应力作用下，由于裂纹扩展而导致材料发生低应力脆断的破坏称为疲劳破坏。疲劳破坏的特征如下：

1）构件的最大应力在远小于静应力的强度极限时，也可能发生破坏；

2）即使是塑性材料，在没有显著塑性变形情况下也可能发生破坏；

3）断口明显呈现两个区域：光滑区和粗糙区。

13.1.3　材料与构件的疲劳极限

1. 疲劳极限

当 S_{max} 降低到某一临界值时，试样经历无穷多次应力循环 N 而不发生疲劳破坏，此时

最大应力 S_{max} 所对应的临界值称为材料的疲劳极限。

2. 对称循环下材料的疲劳极限

对称循环疲劳试验得到应力 S_{max} 与相应寿命 N 的曲线即 S-N 曲线。

3. 影响构件疲劳极限的主要因素

影响构件疲劳极限的主要因素有：应力集中（构件形状）的影响；构件尺寸大小的影响；荷载形式的影响；构件表面质量的影响。

13.1.4　构件的疲劳强度计算

1. 构件的疲劳极限与材料的疲劳极限的关系

$$\sigma_{-1}^{0}=\frac{\varepsilon_{\sigma}\beta}{K_{\sigma}}(\sigma_{-1}) \quad 或 \quad \tau_{-1}^{0}=\frac{\varepsilon_{\tau}\beta}{K_{\tau}}(\tau_{-1}) \tag{13-3}$$

式中　$\sigma_{-1}^{0}(\tau_{-1}^{0})$——对称循环下构件的疲劳极限；

$\sigma_{-1}(\tau_{-1})$——对称循环下光滑小试样的疲劳极限。

2. 对称循环下构件的疲劳强度条件

$$n_{\sigma}=\frac{\sigma_{-1}}{\dfrac{K_{\sigma}}{\varepsilon_{\sigma}\beta}\sigma_{max}}\geqslant n \quad 或 \quad n_{\tau}=\frac{\tau_{-1}}{\dfrac{K_{\tau}}{\varepsilon_{\tau}\beta}\tau_{max}}\geqslant n \tag{13-4}$$

3. 非对称循环下构件的疲劳强度条件

$$n_{\sigma}=\frac{\sigma_{-1}}{\dfrac{K_{\sigma}}{\varepsilon_{\sigma}\beta}\sigma_{a}+\psi_{\sigma}\sigma_{m}}\geqslant n \quad 或 \quad n_{\tau}=\frac{\tau_{-1}}{\dfrac{K_{\tau}}{\varepsilon_{\tau}\beta}\tau_{a}+\psi_{\tau}\tau_{m}}\geqslant n \tag{13-5}$$

13.1.5　弯扭组合变形的疲劳强度计算

在同步的弯扭组合对称循环交变应力作用下（即两种交变应力同时达到最大值，同时达到最小值），构件疲劳强度计算的经验公式为

$$\frac{n_{\sigma}n_{\tau}}{\sqrt{n_{\sigma}^{2}+n_{\tau}^{2}}}\geqslant n,\ n_{\sigma}=\frac{\sigma_{s}}{\sigma_{max}},\ n_{\tau}=\frac{\tau_{s}}{\tau_{max}} \tag{13-6}$$

13.1.6　提高构件疲劳强度的措施

避免局部应力集中；增加表面加工质量及强度。

■ 13.2　复习指导

本章知识点：

交变应力、疲劳失效、应力谱、应力循环的基本概念。

应力循环中的特征值计算（循环应力极值、平均应力、应力幅度和循环特征）。

疲劳破坏及特征。

疲劳极限的基本概念，影响构件疲劳极限的主要因素。

构件的疲劳极限与材料的疲劳极限的关系。

对称循环下构件的疲劳强度条件。

非对称循环下构件的疲劳强度条件。

弯扭组合变形的疲劳强度计算。

提高构件疲劳强度的措施。

本章重点：应力循环中的特征值计算，影响构件疲劳极限的主要因素，对称和非对称循环下疲劳强度条件。

本章难点：对称和非对称循环下构件的疲劳强度条件。

考点：首先是交变应力和特征值的基本概念和计算，其次是影响材料和构件疲劳极限的因素，再次是对称循环下构件的疲劳强度计算以及非对称循环下构件的疲劳强度计算，最后是弯扭组合变形的疲劳强度计算。

■ 13.3 概念题及解答

13.3.1 判断题

判断下列说法是否正确。

1. 影响构件疲劳极限的主要因素有：构件形状、尺寸、表面加工质量和应力大小。

答：错。

考点：构件疲劳极限的影响因素。

提示：影响构件疲劳极限的主要因素有：应力集中（构件形状）、构件尺寸大小、荷载形式、构件表面质量的影响，而与应力大小无关。

2. 火车运行时，其车厢轮轴中段横截面边缘上任一点的应力为对称循环交变应力。

答：对。

考点：对称循环概念。

提示：当火车运行时，其车厢轮轴中段横截面边缘上任一点的应力是拉压交替，幅值相同，是对称循环交变应力。

3. 在相同的交变荷载作用下，构件的横向尺寸增大，其工作应力增大，疲劳极限提高。

答：错。

考点：构件疲劳极限的影响因素。

提示：试样尺寸越大，存在缺陷或薄弱的可能性就越大，而疲劳往往发生在高应力区域最薄弱处，故大尺寸构件的疲劳极限降低。

4. 材料的强度极限越高，有效应力集中系数值就越大。

答：对。

考点：应力集中的影响。

提示：材料的强度极限越高，有效应力集中系数值就越大，对应力集中越敏感。

5. 三根材料相同的试样，分别在循环特征 $r=-1$，$r=0$，$r=0.5$ 的交变应力下进行疲劳试验，则 $r=0.5$ 的疲劳极限最小。

答：错。

考点：对称循环和非对称循环的疲劳极限。

提示：实验结果表明，材料抵抗对称循环交变应力的能力最差，故对称循环交变应力下，疲劳极限是最小的。

6. 疲劳破坏的三个阶段是裂纹形成、裂纹扩展和脆性断裂。

答：对。

考点：疲劳失效特征。

提示：无论是脆性材料还是塑性材料，破坏前无显著塑性变形，即使塑性很好的材料，也会突然发生脆性断裂。

7. 表示交变应力情况的5个量值（平均应力、应力幅、循环特征、最大应力和最小应力）中，它们都是独立的。

答：错。

考点：应力基本概念。

提示：交变应力中有些值是互相关联的，独立的值只有最大应力和最小应力。

8. 材料的疲劳极限与试样的循环特征无关。

答：错。

考点：材料疲劳极限的概念。

提示：材料的疲劳极限值要标注下标循环特征。

9. 一种材料只有一种疲劳极限。

答：错。

考点：材料疲劳极限的概念。

提示：材料的疲劳极限与循环特征是有关的。

10. 可以提高构件疲劳极限的有效措施是减小构件表面的粗糙度值。

答：对。

考点：构件疲劳极限的影响因素。

提示：减小构件的表面粗糙度值就是提高构件的表面质量。

13.3.2　选择题

请将正确答案填入括号内。

1. 有效应力集中系数 K_a 和尺寸系数 ε_σ 的数值范围分别为（　　）。

(A) $K_a>1$，$\varepsilon_\sigma<1$　　(B) $K_a<1$，$\varepsilon_\sigma<1$　　(C) $K_a>1$，$\varepsilon_\sigma>1$　　(D) $K_a<1$，$\varepsilon_\sigma>1$

答：正确答案是（A）。

考点：有效应力集中系数和尺寸系数。

提示：有效应力集中系数值大于1，尺寸系数值小于1。

2. 材料的疲劳极限与试样的（　　）无关。

(A) 材料　　(B) 应力集中　　(C) 构件尺寸　　(D) 最大应力

答：正确答案是（D）。

考点：疲劳极限的影响因素。

提示：影响构件疲劳极限的主要因素有：应力集中（构件形状）、构件尺寸大小、荷载形式、构件表面质量的影响，而与应力大小无关。

3. 在对称循环的交变应力作用下，构件的疲劳极限为（　　）。

（A）$\dfrac{K_{\sigma}\sigma_{-1}}{\varepsilon_{\sigma}\beta}$　　（B）$\dfrac{\varepsilon_{\sigma}\beta\sigma_{-1}}{K_{\sigma}}$　　（C）$\dfrac{K_{\sigma}\sigma_{\max}}{\varepsilon_{\sigma}\beta}$　　（D）$\dfrac{\varepsilon_{\sigma}\beta\sigma_{-1}}{K_{\sigma}\sigma_{\max}}$

答：正确答案是（B）。

考点：对称循环疲劳极限的计算。

提示：综合各种影响构件强度的因素，对称循环下构件的疲劳极限公式是（B）。

4. 在以下措施中，（　　）将会降低构件的疲劳极限。

（A）增加构件表面粗糙度　　（B）增加构件表面光硬度

（C）加大构件的几何尺寸　　（D）减缓构件的应力集中

答：正确答案是（C）。

考点：构件疲劳极限的影响因素。

提示：试样尺寸越大，存在缺陷或薄弱的可能性就越大，而疲劳往往发生在高应力区域最薄弱处，故大尺寸构件的疲劳极限降低。

5. 关于图 13-1 所示阶梯形圆轴（$D/d \leqslant 2$）有下列四个结论，其中（　　）是错误的。

（A）设轴的尺寸 D，d，r 不变，则 K_{σ} 不随材料的 σ_{b} 变化而变化

（B）设轴的尺寸 D，d，r 不变，则 K_{σ} 不随材料的 σ_{b} 增大而增大

（C）设轴的材料及尺寸 D，d，r 不变，则 K_{σ} 随圆角半径 r 增大而减小

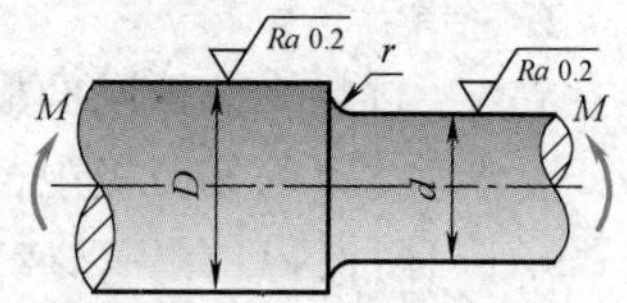

图 13-1　选择题 5 图

（D）设轴的材料及尺寸 D，d，r 不变，则 K_{σ} 随直径 D 增大而增大

答：正确答案是（A）。

考点：应力集中系数。

提示：应力集中系数只与构件的形状有关时，当构件形状不变时，则应力集中系数不会变化。

6. 可以提高构件持久极限的有效措施是（　　）。

（A）增大构件的几何尺寸　　（B）提高构件表面粗糙度

（C）减小构件连接部分的圆角半径　　（D）尽量采用强度极限高的材料

答：正确答案是（B）。

考点：构件疲劳极限的影响因素。

提示：影响构件疲劳极限的主要因素有应力集中（构件形状），构件尺寸大小，荷载形式，构件表面质量的影响。

7. 关于理论应力集中系数 α 和有效应力集中系数 K_{σ} 有下列四个结论，其中（　　）是正确的。

（A）α 与材料性质无关系，K_{σ} 与材料性质有关系

（B）α 与材料性质有关系，K_{σ} 与材料性质无关系

（C）α 和 K_{σ} 均与材料性质有关系

（D）α 和 K_{σ} 均与材料性质无关系

答：正确答案是（A）。

考点：应力集中系数的概念。

提示：理论应力集中系数是最大应力与平均应力之比，反映应力集中程度，与材料性质无关系；材料的有效应力集中系数与材料性质有关系，材料的极限强度越高，有效应力集中系数就越大。

8. 描述交变应力变化规律的5个参数（S_{max}、S_{min}、S_m、S_a 和 r）中。独立参数有（　　）。

(A) 1　　(B) 2　　(C) 3　　(D) 4

答：正确答案是（B）。

考点：疲劳的基本概念。

提示：交变应力的最大值和最小值是独立参数，其他的参数都与最大应力和最小应力有关。

9. 在对称循环的交变应力作用下，构件的疲劳强度条件为 $n_\sigma = \dfrac{\sigma_{-1}}{\dfrac{K_\sigma}{\varepsilon_\sigma \beta}\sigma_{max}} \geqslant n$；若按非对称循环的构件的疲劳强度条件 $n_\sigma = \dfrac{\sigma_{-1}}{\dfrac{K_\sigma}{\varepsilon_\sigma \beta}\sigma_a + \psi_\sigma \sigma_m} \geqslant n$ 对构件进行疲劳强度校核，则（　　）。

(A) 是偏于安全的　　(B) 是偏于不安全的

(C) 是等价的　　(D) 必须按对称循环情况重新校核

答：正确答案是（C）。

考点：对称循环和非对称循环的疲劳强度条件。

提示：非对称循环构件的疲劳强度条件式也可以用来校核对称循环下的构件疲劳强度。

10. 在相同的交变荷载作用下，构件的横向尺寸增大，其（　　）。

(A) 工作应力减小，疲劳极限提高　　(B) 工作应力增大，疲劳极限降低

(C) 工作应力增大，疲劳极限提高　　(D) 工作应力减小，疲劳极限降低

答：正确答案是（D）。

考点：疲劳的基本概念。

提示：工作应力与横向尺寸成反比，构件的疲劳极限与尺寸大小有关，尺寸越大疲劳极限就越小。

13.4　典型习题及解答

1.（教材习题13-3）　火车轮轴受力情况如图13-2所示，$a = 500$ mm，$l = 1435$ mm，轮轴中间直径 $D = 15$cm，若 $F_P = 50$kN，试求轮轴中段截面边缘上任一点的最大应力 σ_{max}、最小应力 σ_{min}，循环特征 r，并作出 σ-t 曲线。

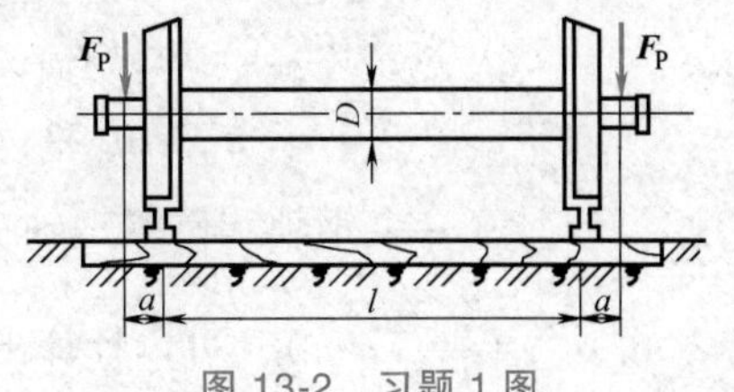

图13-2　习题1图

考点：疲劳基本概念。

解题思路：①计算轮轴中段某点在循环过程中最大弯曲正应力和最小弯曲正应力；②计算特征值。

提示：循环过程中某点的应力是拉压循环应力。

解：(1) 轮轴中段受纯弯曲作用，最大弯曲正应力为

$$\sigma_{\max}=\frac{M_{\max}}{W}=\frac{F_{P}a}{\frac{\pi D^{3}}{32}}=\frac{50\times10^{3}\times0.5}{\frac{3.14}{32}\times(0.15)^{3}}\text{Pa}=75.5\text{MPa}$$

(2) 确定循环时的最大正应力 $\sigma_{\max}$、最小正应力 $\sigma_{\min}$，计算循环特征值 r：

$$\sigma_{\max}=75.5\text{MPa}\qquad\sigma_{\min}=-75.5\text{MPa}$$

$$r=\frac{\sigma_{\min}}{\sigma_{\max}}=-1$$

(3) 作 σ-t 曲线如图 13-3 所示。

2. (教材习题 13-4) 如图 13-4 所示钢轴，承受对称循环弯曲应力作用，钢轴分别由合金钢和碳钢制成，合金钢 $\sigma_{b}=1200\text{MPa}$，$\sigma_{-1}=480\text{MPa}$，碳钢的 $\sigma_{b}=700\text{MPa}$，$\sigma_{-1}=280\text{MPa}$，它们均经粗车制成。设疲劳安全系数 $n=2$，试分析各钢轴的许用应力 $[\sigma_{-1}]$，并进行比较。

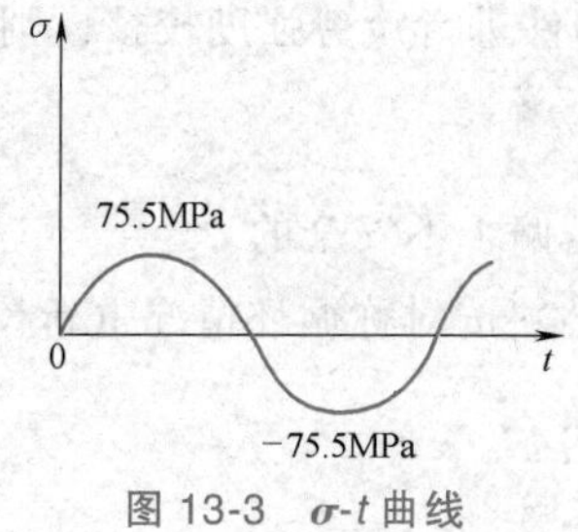

图 13-3 **σ-t 曲线**

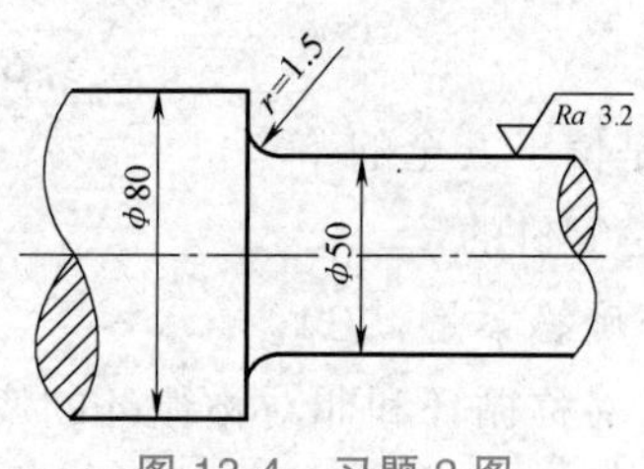

图 13-4 习题 2 图

考点：对称循环下的疲劳强度计算。

解题思路：①根据尺寸参数查表求得疲劳有关系数；②对称循环下的疲劳极限；③计算许用应力。

提示：各有关系数需要查表得出。

解：钢轴承受对称循环弯曲应力作用。

(1) 确定合金钢轴和碳素钢轴的各有关系数

$$\frac{D}{d}=\frac{80}{50}=1.6<2,\quad\frac{r}{d}=\frac{1.5}{50}=0.03$$

与阶梯轴的过渡半径 r 有关的有效应力集中系数可以通过查表得到合金钢和碳钢的有效应力集中系数分别为

$$K_{f\sigma1}=3.0,\ K_{f\sigma2}=2.43,\ \xi=1$$

$$K_{\sigma1}=1+\xi(K_{f\sigma1}-1)=3.0,\ K_{\sigma2}=1+\xi(K_{f\sigma2}-1)=2.43$$

$$\varepsilon_{\sigma1}=0.73,\ \varepsilon_{\sigma2}=0.84,\ \beta_{1}=0.65,\ \beta_{2}=0.78$$

(2) 计算合金钢轴和碳素钢轴在对称循环下的疲劳极限。

由 $\sigma^{0}_{-1}=\dfrac{\varepsilon_{\sigma}\beta}{K_{\sigma}}(\sigma_{-1})$，可以计算出

$$(\sigma_{-1}^{0})_1=\left(\frac{0.73\times0.65}{3.0}\times480\right)\text{MPa}=75.9\text{MPa}$$

$$(\sigma_{-1}^{0})_2=\left(\frac{0.84\times0.78}{2.43}\times280\right)\text{MPa}=75.5\text{MPa}$$

（3）计算合金钢轴和碳素钢轴的许用应力。

由 $[\sigma_{-1}]=\dfrac{\sigma_{-1}^{0}}{n}$，可以计算出

$$[\sigma_{-1}]_1=\frac{75.9}{2}\text{MPa}=37.95\text{MPa},\ [\sigma_{-1}]_2=\frac{75.5}{2}\text{MPa}=37.75\text{MPa}$$

即对称循环弯曲应力作用下，合金钢轴和碳素钢轴的许用应力值比较接近。

3.（教材习题 13-5）　图 13-5 所示的电动机轴直径 $d=30\text{mm}$，轴上开有铣加工的键槽。轴的材料是合金钢，$\sigma_b=750\text{MPa}$，$\tau_b=400\text{MPa}$，$\tau_{-1}=190\text{MPa}$。轴在 $n=750\text{r/min}$ 的转速下传递的功率 $P=14.7\text{kW}$。该轴时而工作，时而停止，但没有反向旋转。轴表面经磨削加工。若规定安全系数 $n=2$，试校核该轴的强度。

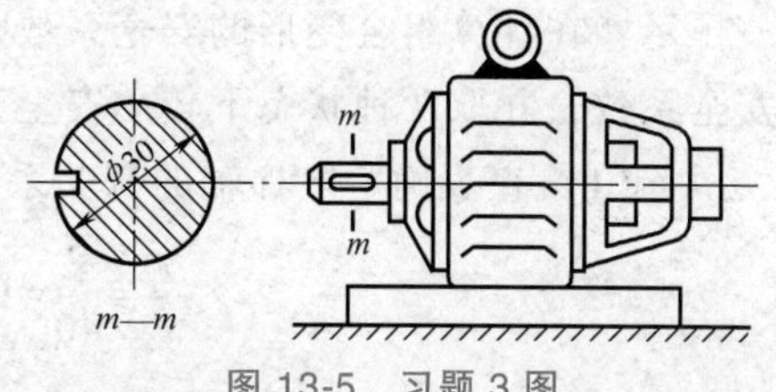

图 13-5　习题 3 图

考点：非对称循环下的疲劳强度计算。

解题思路：①计算轴扭转时的最大切应力和最小切应力，判断是非对称循环；②查表得出各有关系数；③根据公式，确定工作安全系数。

提示：首先要判断循环的类型。

解：轴传递的扭矩为

$$T=9549\frac{P}{n}=\left(9549\times\frac{14.7}{750}\right)\text{N}\cdot\text{m}=187\text{N}\cdot\text{m}$$

轴工作时最大切应力为

$$\tau_{max}=\frac{T}{W_p}=\frac{T}{\dfrac{\pi d^3}{16}}=35.3\text{MPa}$$

最小切应力为 $\tau_{min}=0$，特征循环值 $r=\dfrac{\sigma_{min}}{\sigma_{max}}=0$。因此是非对称循环。

平均切应力

$$\tau_m=\frac{\tau_{max}+\tau_{min}}{2}=17.6\text{MPa},\ \tau_a=\frac{\tau_{max}-\tau_{min}}{2}=17.6\text{MPa}$$

查表得 $K_\tau=1.8$，$\varepsilon_\tau=0.89$，$\beta=1$，$\psi_\tau=0.1$，工作安全系数为

$$n_\tau=\frac{\tau_{-1}}{\dfrac{K_\tau}{\varepsilon_\tau\beta}\tau_a+\psi_\tau\tau_m}=5.06\geqslant n=2$$

满足疲劳强度条件。

4.（教材习题 13-6）　图 13-6 所示阶梯轴受交变弯矩和交变扭矩的联合作用，弯矩从

200N·m 变化到−200N·m，扭矩从 500N·m 变化到 250N·m，两者同相位。轴的材料为碳钢，$\sigma_b=500\text{MPa}$，$\tau_b=350\text{MPa}$，$\sigma_s=300\text{MPa}$，$\tau_s=180\text{MPa}$，$\sigma_{-1}=220\text{MPa}$，$\tau_{-1}=120\text{MPa}$，杆表面经磨削加工，取 $\psi_\sigma=\psi_\tau=0$，$D=50\text{mm}$，$d=40\text{mm}$，$r=2\text{mm}$，若疲劳安全系数 $n=1.8$，强度安全系数 $n_s=1.5$，试校核轴的疲劳强度。

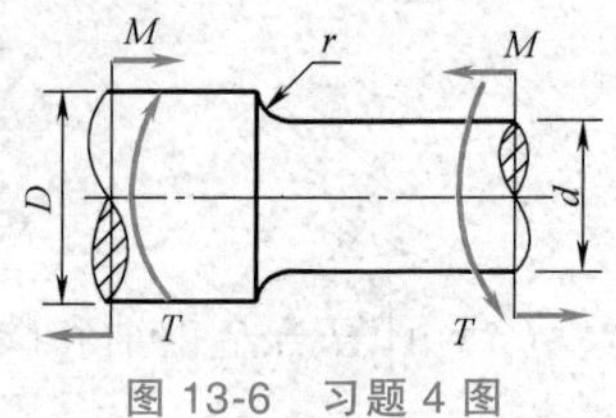

图 13-6　习题 4 图

考点：弯扭组合变形的疲劳强度计算。

解题思路：①查表确定阶梯轴的有关系数；②计算阶梯轴的最大、最小弯曲正应力，最大、最小扭转切应力，平均切应力及切应力幅；③分别计算阶梯轴在弯曲对称循环正应力下及扭转非对称循环切应力下的工作安全系数；④按由静强度条件分别计算阶梯轴的工作安全系数；⑤校核阶梯轴的疲劳强度。

提示：在计算组合变形的安全系数时应计算循环时的安全工作系数和静强度条件下的工作安全系数，并取两种状态下较小安全工作系数值代入计算。

解：(1) 查表确定阶梯轴的有关系数。

$$\frac{r}{d}=\frac{2}{40}=0.05,\ \frac{D}{d}=\frac{50}{40}=1.25<2$$

$$K_{f\sigma}=1.9,\ \xi=0.875,\ K_\sigma=1+\xi(K_{f\sigma}-1)=1.79,\ \varepsilon_\sigma=0.88,\ \beta=1$$

$$K_{f\tau}=1.45,\ \xi=0.8,\ K_\tau=1+\xi(K_{f\tau}-1)=1.36,\ \varepsilon_\tau=0.81,\ \beta=1$$

(2) 计算阶梯轴的最大、最小弯曲正应力，最大、最小扭转切应力，平均切应力及切应力幅。

$$\sigma_{\max}=\frac{M_{\max}}{W}=\frac{200}{\frac{1}{32}\pi\times(0.04)^3}\text{Pa}=31.85\text{MPa}$$

$$\sigma_{\min}=\frac{M_{\min}}{W}=\frac{-200}{\frac{1}{32}\pi\times(0.04)^3}\text{Pa}=-31.85\text{MPa}$$

$$r_\sigma=-1$$

$$\tau_{\max}=\frac{T_{\max}}{W_p}=\frac{500}{\frac{1}{16}\pi\times(0.04)^3}\text{Pa}=39.8\text{MPa}$$

$$T_{\max}=\frac{T_{\min}}{W_p}=\frac{250}{\frac{1}{16}\pi\times(0.04)^3}\text{Pa}=19.9\text{MPa}$$

$$r_\tau>0$$

$$\tau_m=\frac{\tau_{\max}+\tau_{\min}}{2}=29.85\text{MPa},\ \tau_a=\frac{\tau_{\max}-\tau_{\min}}{2}=9.95\text{MPa}$$

(3) 分别计算阶梯轴在弯曲对称循环正应力下及扭转非对称循环切应力下的工作安全系数

$$n'_{\sigma}=\frac{\sigma_{-1}}{\frac{K_{\sigma}}{\varepsilon_{\sigma}\beta}\sigma_{\max}}=\frac{220}{\frac{1.79}{0.88\times1}\times31.85}=3.4$$

$$n'_{\tau}=\frac{\tau_{-1}}{\frac{K_{\tau}}{\varepsilon_{\tau}\beta}\tau_{a}+\psi_{\tau}\tau_{m}}=\frac{120}{\frac{1.36}{0.81\times1}\times9.95}=7.2$$

（4）按由静强度条件分别计算阶梯轴的工作安全系数。

$$n''_{\sigma}=\frac{\sigma_{s}}{\sigma_{\max}}=\frac{300}{31.85}=9.4$$

$$n''_{\tau}=\frac{\tau_{s}}{\tau_{\max}}=\frac{180}{39.8}=4.5$$

（5）校核阶梯轴的疲劳强度。

比较（3）（4）的计算结果，取安全系数较小值。即 $n_{\sigma}=3.4$，$n_{\tau}=4.5$，于是有

$$n_{\sigma_{\tau}}=\frac{n_{\sigma}n_{\tau}}{\sqrt{n_{\sigma}^{2}+n_{\tau}^{2}}}=\frac{3.4\times4.5}{\sqrt{3.4^{2}+4.5^{2}}}=2.7>n=1.8$$

即该阶梯轴满足疲劳强度条件。

5.（教材习题 13-7）　图 13-7 所示圆杆表面未经加工，且因径向圆孔而削弱。杆受由 0 到 F_{Pmax} 的交变轴向力作用。已知材料为普通碳钢，$\sigma_{b}=600\mathrm{MPa}$，$\sigma_{s}=340\mathrm{MPa}$，$\sigma_{-1}=200\mathrm{MPa}$，取 $\psi_{\sigma}=0.1$，疲劳安全系数 $n=1.7$，$n_{s}=1.5$，试求最大荷载。

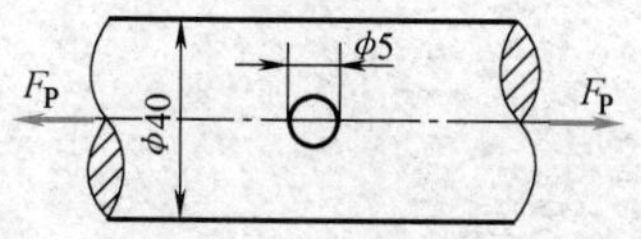

图 13-7　习题 5 图

考点：非对称循环问题。

解题思路：①查表确定圆杆的有关系数；②根据最大正应力和最小正应力确定循环类型；③根据非对称循环下的疲劳强度条件，计算最大荷载值；④根据静强度条件，计算最大荷载值；⑤从两个不同强度条件计算的最大荷载值中取最小值。

提示：最大荷载值的确定要考虑疲劳强度条件和静强度条件。

解：（1）查表确定圆杆的有关系数。

$$\frac{d_{0}}{d}=\frac{5}{40}=0.125$$

$$K_{\sigma}=2.0,\ \varepsilon_{\sigma}=0.88,\ \beta=0.7$$

（2）写出圆杆的最大正应力、正应力幅及平均正应力的表达式。

$$\sigma_{\max}=\frac{F_{\mathrm{Pmax}}}{\frac{1}{4}\pi d^{2}-dd_{0}},\ \sigma_{\min}=0,\ \sigma_{a}=\frac{\sigma_{\max}}{2},\ \sigma_{m}=\frac{\sigma_{\max}}{2}$$

（3）根据非对称循环下的疲劳强度条件，计算最大荷载值 F_{Pmax}。

$$n_{\sigma}=\frac{\sigma_{-1}}{\frac{K_{\sigma}}{\varepsilon_{\sigma}\beta}\sigma_{a}+\psi_{\sigma}\sigma_{m}}\geqslant n$$

$$\frac{200}{\dfrac{2.0}{0.88\times0.7}\times\dfrac{\sigma_{max}}{2}+0.1\times\dfrac{\sigma_{max}}{2}}\geqslant1.7$$

$$\sigma_{max}\leqslant70.45\text{MPa}$$

$$[F_{Pmax}]=\sigma_{max}\left(\frac{1}{4}\pi d^2-dd_0\right)=74.4\text{kN}$$

（4）根据静强度条件，计算最大荷载值 F_{Pmax}。

$$\sigma_{max}=\frac{F_{Pmax}}{\dfrac{1}{4}\pi d^2-dd_0}\leqslant\frac{\sigma_s}{n}$$

$$[F_{Pmax}]=\left[\frac{340}{1.5}\times\left(\frac{1}{4}\pi\times40^2-40\times5\right)\right]\text{N}=239.4\text{kN}$$

综上，圆杆的最大荷载为 74.4kN。

附　录

■ 附录 A　平面图形的几何性质

A.1　重点内容提要

A.1.1　平面图形几何量的定义

1. 平面图形形心的坐标记为

$$x_C = \frac{\int_A x\mathrm{d}A}{A},\ y_C = \frac{\int_A y\mathrm{d}A}{A} \tag{A-1}$$

2. 平面图形的静矩是指该图形对平面内某轴的一次矩，记为

$$S_x = \int_A y\mathrm{d}A,\ S_y = \int_A x\mathrm{d}A \tag{A-2}$$

3. 平面图形的极惯性矩是指该图形对某一极点的二次矩，记为

$$I_\mathrm{p} = \int_A \rho^2\mathrm{d}A \tag{A-3}$$

4. 平面图形的惯性矩是指该图形对平面内某轴的二次矩，记为

$$I_x = \int_A y^2\mathrm{d}A,\ I_y = \int_A x^2\mathrm{d}A \tag{A-4}$$

5. 平面图形的惯性积则记为

$$I_{xy} = \int_A xy\mathrm{d}A \tag{A-5}$$

6. 平面图形的惯性半径是指物体微分质量假设的集中点到转动轴间的距离，记为

$$i_x = \sqrt{\frac{I_x}{A}},\ i_y = \sqrt{\frac{I_y}{A}} \tag{A-6}$$

A.1.2　平面图形几何量之间的关系

1. 平面图形的静矩与形心坐标的关系：

$$S_y = x_C A,\ S_x = y_C A \tag{A-7}$$

2. 平面图形的极惯性矩与惯性矩的关系：

$$I_\mathrm{p} = I_x + I_y \tag{A-8}$$

A.1.3 平行移轴公式

$$I_{x'}=I_{x_C}+d_y^2A,\ I_{y'}=I_{y_C}+d_x^2A,\ I_{x'y'}=I_{x_Cy_C}+d_xd_yA \tag{A-9}$$

A.1.4 转轴公式

$$\begin{aligned}I_{x'}&=\frac{1}{2}(I_x+I_y)+\frac{\cos2\alpha}{2}(I_x-I_y)-\sin2\alpha I_{xy}\\I_{y'}&=\frac{1}{2}(I_x+I_y)-\frac{\cos2\alpha}{2}(I_x-I_y)+\sin2\alpha I_{xy}\\I_{x'y'}&=\frac{\sin2\alpha}{2}(I_x-I_y)+\cos2\alpha I_{xy}\end{aligned} \tag{A-10}$$

A.1.5 主惯性轴和形心主惯性轴

平面图形的惯性积为零可定义一对正交的主惯性轴，其方位记为 α_0，相应的惯性矩即为主惯性矩。

$$\alpha_0=\frac{1}{2}\arctan\frac{2I_{xy}}{I_y-I_x} \tag{A-11}$$

若一对主惯性轴的交点与平面图形的形心重合，则它们即为平面图形的形心主惯性轴。

A.2 复习指导

本章知识点：静矩、极惯性矩、惯性矩、惯性积、惯性半径、平行移轴公式、转轴公式、主惯性轴、形心主惯性轴。

本章重点：极惯性矩、惯性矩、平行移轴公式。

本章难点：转轴公式、主惯性轴、形心主惯性轴。

考点：静矩、极惯性矩、惯性矩、惯性积、惯性半径、平行移轴公式、转轴公式、主惯性轴、形心主惯性轴。

A.3 概念题及解答

A.3.1 判断题

判断下列说法是否正确。

1. 平面图形对某轴静矩为零，则该轴必过此平面图形的形心。

答：对。

考点：形心、静矩。

提示：无。

2. 组合图形对某一轴的静矩不为各组成图形对同一轴静矩的代数和。

答：错。

考点：静矩。

提示：组合面积法适用于计算静矩。

3. 静矩是衡量图形形心位置的几何参数之一，是该图形对平面内某轴的一次矩。

答：对。

考点：静矩。

提示：无。

4. 计算平面图形形心时，可采用组合面积法。

答：对。

考点：形心。

提示：无。

5. 图形对任意一对正交轴的惯性矩之和，恒等于图形对两轴交点的极惯性矩。

答：对。

考点：惯性矩、极惯性矩。

提示：无。

6. 有一定面积的图形对任一轴的轴惯性矩可为零。

答：错。

考点：惯性矩。

提示：有一定面积的图形对任一轴的轴惯性矩必不为零。

7. 图形对过某一点的主轴的惯性矩为图形对过该点所有轴的惯性矩中的极值。

答：对。

考点：平行移轴公式。

提示：无。

8. 如果一对正交轴均为图形的对称轴，则这一对轴才是图形主惯性轴。

答：错。

考点：主惯性轴。

提示：如果一对正交轴中有一根是图形的对称轴，则这一对称轴为图形主惯性轴。

9. 图形在任一点只有一对主惯性轴。

答：错。

考点：主惯性轴。

提示：只要满足惯性积为零的正交轴均为主惯性轴，且不唯一。

10. 过图形的形心且图形对其惯性积等于零的一对轴为图形的形心主惯性轴。

答：对。

考点：形心主惯性轴。

提示：无。

A. 3. 2　选择题

请将正确答案填入括号内。

1. 若平面图形对某一轴的静矩为零，则该轴必通过图形的（　　）。

（A）形心　　（B）质心　　（C）中心　　（D）任意一点

答：正确答案是（A）。

考点：形心、静矩。

提示：无。

2. 在平面图形的一系列平行轴中，图形对（　　）的惯性矩为最小。

（A）对称轴　　（B）形心轴　　（C）水平轴　　（D）任意轴

答：正确答案是（B）。

考点：平行移轴公式。

提示：无。

3. 平面图形对任意正交坐标轴 Oyz 的惯性积（　　）。

（A）大于零　（B）小于或等于零　（C）等于零　（D）可为任意值

答：正确答案是（D）。

考点：惯性积。

提示：无。

4. 在平面图形的几何性质中，（　　）的值可正、可负，也可为零。

（A）静矩和惯性矩　（B）极惯性矩和惯性矩

（C）惯性矩和惯性积　（D）静矩和惯性积

答：正确答案是（D）。

考点：静矩、极惯性矩、惯性矩、惯性积。

提示：无。

5. 任意图形对某一对正交坐标轴的惯性积为零，则这一对坐标轴一定是该图形的（　　）。

（A）形心轴　（B）主惯性轴

（C）形心主惯性轴　（D）对称轴

答：正确答案是（B）。

考点：主惯性轴。

提示：无。

6. 若图形对通过形心的某一对正交坐标轴的惯性积为零，则该对称轴为图形的（　　）。

（A）形心轴　（B）主惯性轴

（C）形心主惯性轴　（D）对称轴

答：正确答案是（C）。

考点：形心主惯性轴。

提示：无。

7. 内、外直径分别为 d、D 的一空心圆形对其形心的极惯性矩为（　　）。

（A）$\dfrac{\pi(D^4-d^4)}{64}$　（B）$\dfrac{\pi(D^4+d^4)}{64}$

（C）$\dfrac{\pi(D^4-d^4)}{32}$　（D）$\dfrac{\pi(D^4+d^4)}{32}$

答：正确答案是（C）。

考点：极惯性矩。

提示：无。

8. 一直径为 d 的圆形对其形心轴的惯性半径为（　　）。

（A）$\dfrac{d}{2}$　（B）$\dfrac{d}{3}$　（C）$\dfrac{d}{4}$　（D）$\dfrac{d}{16}$

答：正确答案是（C）。

考点：惯性半径。

提示：无。

9. 直径为 d 的圆形平面图形，挖去边长为 b 的正方形，圆形和正方形的形心重合，该图形关于其对称轴的惯性矩是（　　）。

（A）$\dfrac{\pi d^3}{64}-\dfrac{b^3}{12}$　（B）$\dfrac{\pi d^3}{64}+\dfrac{b^3}{12}$　（C）$\dfrac{\pi d^4}{64}-\dfrac{b^4}{12}$　（D）$\dfrac{\pi d^4}{64}+\dfrac{b^4}{12}$

答：正确答案是（C）。

考点：惯性矩。

提示：组合面积法。

10. 上题平面图形关于 z_1 轴的惯性矩是（　　）。

（A）$\left(\frac{\pi d^4}{64}-\frac{b^4}{12}\right)+\frac{d}{2}^2\left(\frac{\pi d^2}{4}-b^2\right)$　　（B）$\left(\frac{\pi d^4}{64}-\frac{b^4}{12}\right)+\left(\frac{d}{2}\right)^2\left(\frac{\pi d^2}{4}-b^2\right)$

（C）$\left(\frac{\pi d^4}{64}-\frac{b^4}{12}\right)+\frac{d}{2}\left(\frac{\pi d^2}{4}-b^2\right)$　　（D）$\left(\frac{\pi d^4}{64}-\frac{b^4}{12}\right)+\frac{d}{2}\left(\frac{\pi d^2}{4}-b^2\right)^2$

答：正确答案是（B）。

考点：平行移轴公式。

提示：套用平行移轴公式计算。

A.4　典型习题及解答

1.（教材习题 A-1）　L 形平面图形如图 A-1 所示，置于坐标系 Oxy 中，求该图形的形心位置坐标。

考点：形心。

解题思路：组合面积法。

提示：无。

解：形心坐标为

$$x_C=\frac{120\times12\times6+68\times12\times\left(\frac{68}{2}+12\right)}{120\times12+68\times12}\text{mm}=20.47\text{mm},$$

$$y_C=\frac{120\times12\times60+68\times12\times6}{120\times12+68\times12}\text{mm}=40.47\text{mm}$$

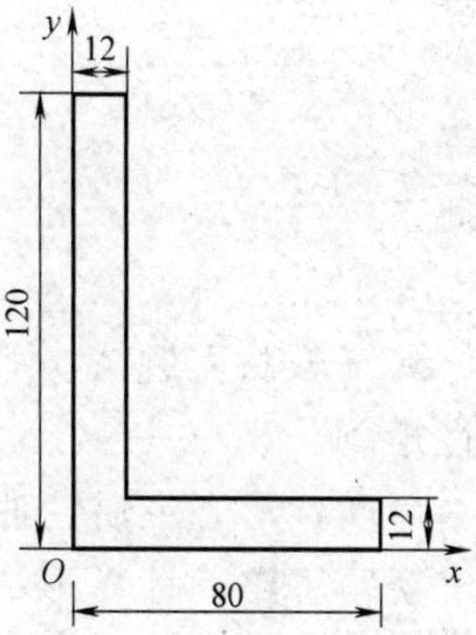

图 A-1　习题 1 图

2.（教材习题 A-2）　图 A-2 中 C 为正方形的形心，正方形边长为 a 且其上存在一阴影面积，高为 $a/4$，试求该阴影面积对形心轴 z_C 的静矩。

考点：静矩。

解题思路：平面图形形心与静矩之间的关系。

提示：无。

解：静矩为

$$S^*=\frac{a}{4}a\left(\frac{a}{2}-\frac{a}{8}\right)=\frac{3}{32}a^3$$

3.（教材习题 A-3）　求图 A-3 所示截面对 z 轴的惯性矩 I_z。

考点：惯性矩。

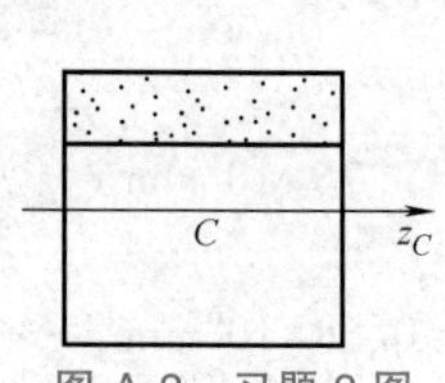

图 A-2　习题 2 图

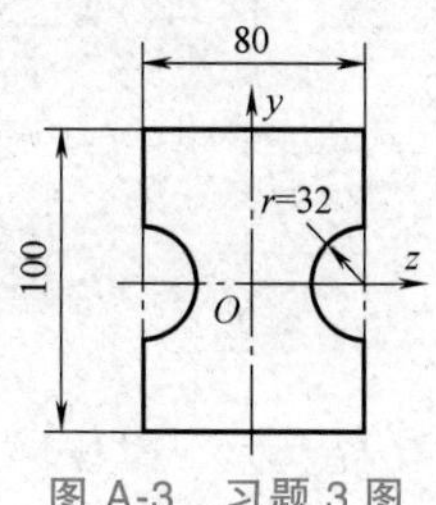

图 A-3　习题 3 图

解题思路：组合面积法。

提示：无。

解：由题意得

$$I_z=\frac{bh^3}{12}-\frac{\pi d^4}{64}=\left(\frac{80\times100^3}{12}-\frac{\pi}{64}\times64^4\right)\text{mm}^4=(6.67\times10^6-\pi\times64^3)\text{mm}^4=5.85\times10^6\text{mm}^4$$

4.（教材习题 A-5） 由 4 个圆组成的截面，各圆的直径均为 D，如图 A-4 所示。试计算截面对 z_1 轴的惯性矩 I_{z_1}，并排列 I_{z_1}、I_{z_2}、I_{z_3} 的大小。

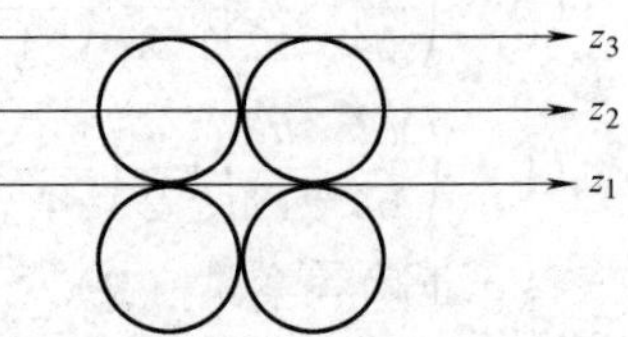

图 A-4 习题 4 图

考点：平行移轴公式。

解题思路：惯性矩的平行移轴公式，如式（A-9）。

提示：无。

解：由题意得

$$I_{z_1}=\left[\frac{\pi}{64}d^4+\left(\frac{d}{2}\right)^2\times\frac{\pi d^2}{4}\right]\times4=\frac{5}{16}\pi d^4$$

同理

$$I_{z_2}=\frac{9}{16}\pi d^4,I_{z_3}=\frac{21}{16}\pi d^4$$

因此

$$I_{z_1}<I_{z_2}<I_{z_3}$$

5.（教材习题 A-7） 试确定图 A-5 中 L 形平面图形主惯性轴的方位，并计算其形心主惯性矩。

考点：形心主惯性轴。

解题思路：计算形心轴的惯性矩和惯性积，再利用转轴后的惯性积为零，定义主轴方位。

提示：惯性矩和惯性积的转轴公式、主惯性矩的概念。

解：以教材习题 A-1 求解得到的形心为原点，建立如图 A-5 所示的坐标系，横轴为 X 轴，竖轴为 Y 轴，图形的惯性矩和惯性积分别为

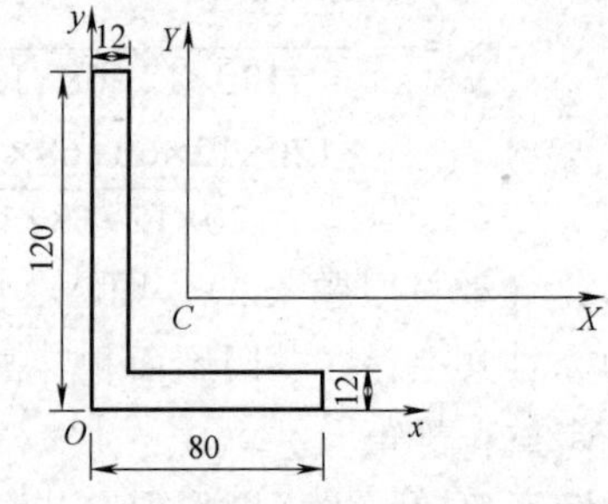

图 A-5 习题 5 图

$$I_Y=\left[\frac{120\times12^3}{12}+120\times12\times(-14.47)^2\right]\text{mm}^4+\left[\frac{12\times68^3}{12}+68\times12\times25.53^2\right]\text{mm}^4=1.17\times10^6\text{mm}^4$$

$$I_X=\left[\frac{12\times120^3}{12}+120\times12\times19.53^2\right]\text{mm}^4+\left[\frac{68\times12^3}{12}+68\times12\times(-34.47)^2\right]\text{mm}^4=3.26\times10^6\text{mm}^4$$

$$I_{XY}=[120\times12\times(-14.47\times19.53)+68\times12\times(-34.47\times25.53)]\text{mm}^4=-1.13\times10^6\text{mm}^4$$

由 $I_{X'Y'}=\frac{\sin2\alpha}{2}(I_X-I_Y)+\cos2\alpha I_{XY}=0$，解得 $\alpha=-23.62°$

$$I_{X'}=\frac{1}{2}(I_X+I_Y)+\frac{\cos2\alpha}{2}(I_X-I_Y)-\sin2\alpha I_{XY}=3.75\times10^6\text{mm}^4$$

$$I_{Y'}=\frac{1}{2}(I_X+I_Y)-\frac{\cos2\alpha}{2}(I_X-I_Y)+\sin2\alpha I_{XY}=0.68\times10^6\text{mm}^4$$

■ 附录 B　型钢表

B.1　工字钢

工字钢截面尺寸及标注如图 B-1 所示，工字钢型号及各项参数见表 B-1。

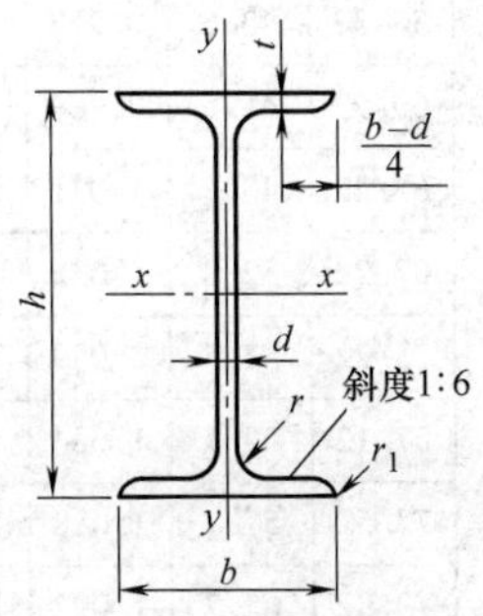

图 B-1　工字钢截面尺寸及标注

h—高度　b—腿宽度　d—腰厚度　t—腿中间厚度　r—内圆弧半径　r_1—腿端圆弧半径

表 B-1　工字钢型号及各项参数

型号	截面尺寸/mm						截面面积/cm^2	理论质量/(kg/m)	外表面积/(m^2/m)	惯性矩/cm^4		惯性半径/cm		截面系数/cm^3	
	h	b	d	t	r	r_1				I_x	I_y	i_x	i_y	W_x	W_y
10	100	68	4.5	7.6	6.5	3.3	14.33	11.3	0.432	245	33.0	4.14	1.52	49.0	9.72
12	120	74	5.0	8.4	7.0	3.5	17.80	14.0	0.493	436	46.9	4.95	1.62	72.7	12.7
12.6	126	74	5.0	8.4	7.0	3.5	18.10	14.2	0.505	488	46.9	5.20	1.61	77.5	12.7
14	140	80	5.5	9.1	7.5	3.8	21.50	16.9	0.553	712	64.4	5.76	1.73	102	16.1
16	160	88	6.0	9.9	8.0	4.0	26.11	20.5	0.621	1130	93.1	6.58	1.89	141	21.2
18	180	94	6.5	10.7	8.5	4.3	30.74	24.1	0.681	1660	122	7.36	2.00	185	26
20a	200	100	7.0	11.4	9.0	4.5	35.55	27.9	0.742	2370	158	8.15	2.12	237	32.5
20b		102	9.0				39.55	31.1	0.746	2500	169	7.96	2.06	250	33.1
22a	220	110	7.5	12.3	9.5	4.8	42.10	33.1	0.817	3400	225	8.99	2.31	309	40.9
22b		112	9.5				46.20	36.5	0.821	3570	239	8.78	2.27	325	42.7
24a	240	116	8.0	13.0	10.0	5.0	47.71	37.5	0.878	4570	280	9.77	2.42	381	48.4
24b		118	10.0				52.51	41.2	0.882	4800	297	9.57	2.38	400	50.4
25a	250	116	8.0				48.51	38.1	0.898	5020	280	10.2	2.40	402	48.3
25b		118	10.0				53.51	42.0	0.902	5280	309	9.94	2.40	423	52.4

（续）

型号	截面尺寸/mm						截面面积/cm^2	理论质量/(kg/m)	外表面积/(m^2/m)	惯性矩/cm^4		惯性半径/cm		截面系数/cm^3	
	h	b	d	t	r	r_1				I_x	I_y	i_x	i_y	W_x	W_y
27a	270	122	8.5	13.7	10.5	5.3	54.52	42.8	0.958	6550	345	10.9	2.51	485	56.6
27b		124	10.5				59.92	47.0	0.962	6870	366	10.7	2.47	509	58.9
28a	280	122	8.5				55.37	43.5	0.978	7110	345	11.3	2.50	508	56.6
28b		124	10.5				60.97	47.9	0.982	7480	379	11.1	2.49	534	61.2
30a	300	126	9.0	14.4	11.0	5.5	61.22	48.1	1.031	8950	400	12.1	2.55	597	63.5
30b		128	11.0				67.22	52.8	1.035	9400	422	11.8	2.50	627	65.9
30c		130	13.0				73.22	57.5	1.039	9850	445	11.6	2.46	657	68.5
32a	320	130	9.5	15.0	11.5	5.8	67.12	52.7	1.084	11100	460	12.8	2.62	692	70.8
32b		132	11.5				73.52	57.7	1.088	11600	502	12.6	2.61	726	76
32c		134	13.5				79.92	62.7	1.092	12200	544	12.3	2.61	760	81.2
36a	360	136	10.0	15.8	12.0	6.0	76.44	60.0	1.185	15800	552	14.4	2.69	875	81.2
36b		138	12.0				83.64	65.7	1.189	16500	582	14.1	2.64	919	84.3
36c		140	14.0				90.84	71.3	1.193	17300	612	13.8	2.60	962	87.4
40a	400	142	10.5	16.5	12.5	6.3	86.07	67.6	1.285	21700	660	15.9	2.77	1090	93.2
40b		144	12.5				94.07	73.8	1.289	22800	692	15.6	2.71	1140	96.2
40c		146	14.5				102.1	80.1	1.293	23900	727	15.2	2.65	1190	99.6
45a	450	150	11.5	18.0	13.5	6.8	102.4	80.4	1.411	32200	855	17.7	2.89	1430	114
45b		152	13.5				111.4	87.4	1.415	33800	894	17.4	2.84	1500	118
45c		154	15.5				120.4	94.5	1.419	35300	938	17.1	2.79	1570	122
50a	500	158	12.0	20.0	14.0	7.0	119.2	93.6	1.539	46500	1120	19.7	3.07	1860	142
50b		160	14.0				129.2	101	1.543	48600	1170	19.4	3.01	1940	146
50c		162	16.0				139.2	109	1.547	50600	1220	19.0	2.96	2080	151
55a	550	166	12.5	21.0	14.5	7.3	134.1	105	1.667	62900	1370	21.6	3.19	2290	164
55b		168	14.5				145.1	114	1.671	65600	1420	21.2	3.14	2390	170
55c		170	16.5				156.1	123	1.675	68400	1480	20.9	3.08	2490	185
56a	560	166	12.5				135.4	106	1.687	65600	1370	22.0	3.18	2340	165
56b		168	14.5				146.6	115	1.691	68500	1490	21.6	3.16	2450	174
56c		170	16.5				157.8	124	1.695	71400	1560	21.3	3.16	2550	183
63a	630	176	13.0	22.0	15.0	7.5	154.6	121	1.862	93900	1700	24.5	3.31	2980	193
63b		178	15.0				167.2	131	1.866	98100	1810	24.2	3.29	3160	204
63c		180	17.0				179.8	141	1.870	102000	1920	23.8	3.27	3300	214

B. 2 槽钢

槽钢截面尺寸及标注如图 B-2 所示，槽钢型号及各项参数见表 B-2。

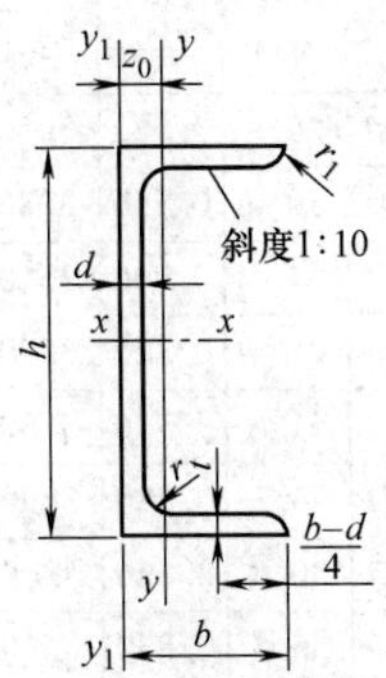

图 B-2 槽钢截面尺寸及标注

h—高度 b—腿宽度 d—腰厚度 t—腿中间厚度 r—内圆弧半径

r_1—腿端圆弧半径 z_0—重心距离

表 B-2 槽钢型号及各项参数

型号	截面尺寸/mm						截面面积/cm^2	理论质量/(kg/m)	外表面积/(m^2/m)	惯性矩/cm^4			惯性半径/cm		截面系数/cm^3		重心距离/cm
	h	b	d	t	r	r_1				I_x	I_y	I_{y1}	i_x	i_y	W_x	W_y	z_0
5	50	37	4.5	7.0	7.0	3.5	6.925	5.44	0.226	26.0	8.30	20.9	1.94	1.10	10.4	3.55	1.35
6.3	63	40	4.8	7.5	7.5	3.8	8.446	6.63	0.262	50.8	11.9	28.4	2.45	1.19	16.1	4.5	1.36
6.5	65	40	4.3	7.5	7.5	3.8	8.292	6.51	0.267	55.2	12.0	28.3	2.54	1.19	17.0	4.59	1.38
8	80	43	5.0	8.0	8.0	4.0	10.24	8.04	0.307	101	16.6	37.4	3.15	1.27	25.3	5.79	1.43
10	100	48	5.3	8.5	8.5	4.2	12.74	10.0	0.365	198	25.6	54.9	3.95	1.41	39.7	7.80	1.52
12	120	53	5.5	9.0	9.0	4.5	15.36	12.1	0.423	346	37.4	77.7	4.75	1.56	57.7	10.2	1.62
12.6	126	53	5.5	9.0	9.0	4.5	15.69	12.3	0.435	391	38.0	77.1	4.95	1.57	62.1	10.2	1.59
14a	140	58	6.0	9.5	9.5	4.8	18.51	14.5	0.480	564	53.2	107.0	5.52	1.70	80.5	13.0	1.71
14b		60	8.0				21.31	16.7	0.484	609	61.1	121.0	5.35	1.69	87.1	14.1	1.67
16a	160	63	6.5	10.0	10.0	5.0	21.95	17.2	0.538	866	73.3	144.0	6.28	1.83	108	16.3	1.80
16b		65	8.5				25.15	19.8	0.542	935	83.4	161.0	6.10	1.82	117	17.6	1.75
18a	180	68	7.0	10.5	10.5	5.2	25.69	20.2	0.596	1270	98.6	190.0	7.04	1.96	141	20.0	1.88
18b		70	9.0				29.29	23.0	0.600	1370	111	210	6.84	1.95	152	21.5	1.84
20a	200	73	7.0	11.0	11.0	5.5	28.83	22.6	0.654	1780	128	244	7.86	2.11	178	24.2	2.01
20b		75	9.0				32.83	25.8	0.658	1910	144	268	7.64	2.09	191	25.9	1.95
22a	220	77	7.0	11.5	11.5	5.8	31.83	25.0	0.709	2390	158	298	8.67	2.23	218	28.2	2.10
22b		79	9.0				36.23	28.5	0.713	2570	176	326	8.42	2.21	234	20.1	2.03

（续）

型号	截面尺寸/mm						截面面积/cm²	理论质量/(kg/m)	外表面积/(m²/m)	惯性矩/cm⁴			惯性半径/cm		截面系数/cm³		重心距离/cm
	h	b	d	t	r	r_1				I_x	I_y	I_{y1}	i_x	i_y	W_x	W_y	z_0
24a		78	7.0				34.21	26.9	0.752	3050	174	325	9.45	2.25	254	30.5	2.10
24b	240	80	9.0				39.01	30.6	0.756	3280	194	355	9.17	2.23	274	32.5	2.03
24c		82	11.0	12.0	12.0	6.0	43.81	34.4	0.760	3510	213	388	8.96	2.21	293	34.4	2.00
25a		78	7.0				34.91	27.4	0.722	3370	176	322	9.82	2.24	270	30.6	2.07
25b	250	80	9.0				39.91	31.3	0.776	3530	196	353	9.41	2.22	282	32.7	1.98
25c		82	7.5				44.91	35.3	0.780	3690	218	384	9.07	2.21	295	35.9	1.92
27a		82	9.5				39.27	30.8	0.826	4360	216	393	10.5	2.34	323	35.5	2.13
27b	270	84	11.5				44.67	35.1	0.830	4690	239	5428	10.3	2.31	347	37.7	2.06
27c		86	7.5	12.5	12.5	6.2	50.07	39.3	0.834	5020	261	467	10.1	2.28	372	39.8	2.03
28a		82	9.5				40.02	31.4	0.846	4760	218	388	10.9	2.33	340	35.7	2.10
28b	280	84	11.5				45.62	35.8	0.850	5130	242	428	10.6	2.30	366	37.9	2.02
28c		86	7.5				51.22	40.2	0.854	5500	268	463	10.4	2.29	393	40.3	1.95
30a		85	7.5				43.89	34.5	0.897	6050	260	467	11.7	2.43	403	41.1	2.17
30b	300	87	9.5	13.5	13.5	6.8	49.89	39.2	0.901	6500	289	515	11.4	2.41	433	44.0	2.13
30c		89	11.5				55.89	43.9	0.905	6950	316	560	11.2	2.38	463	46.4	2.09
32a		88	8.0				48.50	38.1	0.947	7600	305	552	12.5	2.50	475	46.5	2.24
32b	320	90	10.0	14.0	14.0	7.0	54.90	43.1	0.951	8140	336	593	12.2	2.47	509	49.2	2.16
32c		92	12.0				61.30	48.1	0.955	8690	374	643	11.9	2.47	543	52.6	2.09
36a		96	9.0				60.89	47.8	1.053	11900	455	818	14.0	2.73	660	63.5	2.44
36b	360	98	11.0	16.0	16.0	8.0	68.09	53.5	1.057	12700	497	880	13.6	2.70	703	66.9	2.37
36c		100	13.0				75.29	59.1	1.061	13400	536	948	13.4	2.67	746	70.0	2.34
40a		100	10.5				75.04	58.9	1.144	17600	592	1070	15.3	2.81	879	78.8	2.49
40b	400	102	12.5	18.0	18.0	9.0	83.04	65.2	1.148	18600	640	1140	15.0	2.78	932	82.5	2.44
40c		104	14.5				91.04	71.5	1.152	19700	688	1120	14.7	2.75	986	86.2	2.42

B.3 等边角钢

等边角钢截面尺寸及标注如图 B-3 所示，等边角钢型号及各项参数见表 B-3。

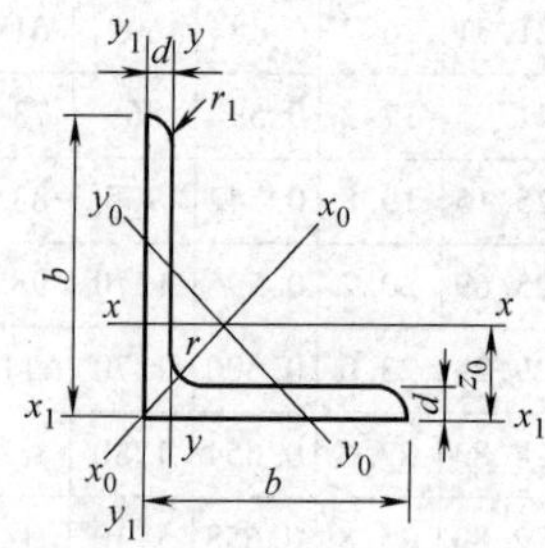

图 B-3 等边角钢截面尺寸及标注

b—边宽度 d—边厚度 r—内圆弧半径 r_1—边端圆弧半径 z_0—重心距离

表 B-3　等边角钢型号及各项参数

型号	截面尺寸/mm			截面面积/cm^2	理论质量/(kg/m)	外表面积/(m^2/m)	惯性矩/cm^4				惯性半径/cm			截面系数/cm^3			重心距离/cm
	b	d	r				I_x	I_{x_1}	I_{x_0}	I_{y_0}	i_x	i_{x_0}	i_{y_0}	W_x	W_{x_0}	W_{y_0}	z_0
2	20	3	3.5	1.132	0.89	0.078	0.40	0.81	0.63	0.17	0.59	0.75	0.39	0.29	0.45	0.20	0.60
		4		1.459	1.15	0.077	0.50	1.09	0.78	0.22	0.58	0.73	0.38	0.36	0.55	0.24	0.64
2.5	25	3		1.432	1.12	0.098	0.82	1.57	1.29	0.34	0.76	0.95	0.49	0.46	0.73	0.33	0.73
		4		1.859	1.46	0.097	1.03	2.11	1.62	0.43	0.74	0.93	0.48	0.59	0.92	0.40	0.76
3	30	3	4.5	1.749	1.37	0.117	1.46	2.71	2.31	0.61	0.91	1.15	0.59	0.68	1.09	0.51	0.85
		4		2.276	1.79	0.117	1.84	3.63	2.92	0.77	0.90	1.13	0.58	0.87	1.37	0.62	0.89
3.6	36	3		2.109	1.66	0.141	2.58	4.68	4.09	1.07	1.11	1.39	0.71	0.99	1.61	0.76	1.00
		4		2.756	2.16	0.141	3.29	6.25	5.22	1.37	1.09	1.38	0.70	1.28	2.05	0.93	1.04
		5		3.382	2.65	0.141	3.95	7.84	6.24	1.65	1.08	1.36	0.70	1.56	2.45	1.00	1.07
4	40	3	5	2.359	1.85	0.157	3.59	6.41	5.69	1.49	1.23	1.55	0.79	1.23	2.01	0.96	1.09
		4		3.086	2.42	0.157	4.60	8.56	7.29	1.91	1.22	1.54	0.79	1.60	2.58	1.19	1.13
		5		3.792	1.98	0.156	5.53	10.7	8.76	2.3	1.21	1.52	0.78	1.96	3.10	1.39	1.17
4.5	45	3		2.659	2.09	0.177	5.17	9.12	8.2	2.14	1.40	1.76	0.89	1.58	2.58	1.24	1.22
		4		3.486	2.74	0.177	6.65	12.2	10.6	1.75	1.38	1.74	0.89	2.05	3.32	1.54	1.26
		5		4.292	3.37	0.176	8.04	15.2	12.7	3.33	1.37	1.72	0.88	2.51	4.00	1.81	1.30
		6		5.077	3.99	0.176	9.33	18.4	14.8	3.89	1.36	1.70	0.80	0.80	4.64	2.06	1.33
5	50	3	5.5	2.971	2.33	0.197	7.18	12.5	11.4	2.98	1.55	1.96	1.00	3.22	3.22	1.57	1.34
		4		3.897	3.06	0.197	9.26	16.7	14.7	3.82	1.54	1.94	0.99	4.16	4.16	1.96	1.38
		5		4.803	3.77	0.196	11.2	20.9	17.8	4.64	1.53	1.92	0.98	5.03	5.03	2.31	1.42
		6		5.688	4.46	0.196	13.1	25.1	20.7	5.42	1.52	1.91	0.98	5.85	5.85	2.63	1.46
5.6	56	3	6	3.343	2.62	0.221	10.2	17.6	16.1	4.24	1.75	2.20	2.48	4.08	4.08	2.02	1.48
		4		4.39	3.45	0.220	13.2	23.4	20.9	5.46	1.73	2.18	3.24	5.28	5.28	2.52	1.53
		5		5.415	4.25	0.220	16.0	29.3	25.4	6.61	1.72	2.17	3.97	6.42	6.42	2.98	1.57
		6		6.42	5.04	0.220	18.7	35.3	29.7	7.73	1.71	2.15	4.68	7.49	7.49	3.40	1.61
		7		7.404	5.81	0.219	21.2	41.2	33.6	8.82	1.69	2.13	5.36	8.49	8.49	3.80	1.64
		8		8.367	6.57	0.219	23.6	47.2	37.4	9.89	1.68	2.11	6.03	9.44	9.44	4.16	1.68
6	60	5	6.5	5.829	4.58	0.236	19.9	36.1	36.1	8.21	1.85	2.33	4.59	7.44	7.44	3.48	1.67
		6		6.914	5.43	0.235	23.4	43.3	36.9	9.60	1.83	2.31	5.41	8.70	8.70	3.98	1.70
		7		7.977	6.26	0.235	26.4	50.7	41.9	11.0	1.82	2.29	6.21	9.88	9.88	4.45	1.74
		8		9.02	7.08	0.235	29.5	58.0	46.7	12.3	1.81	2.27	6.98	11.0	11.0	4.88	1.78
6.3	63	4	7	4.978	3.91	0.248	19.0	33.4	30.2	7.89	1.96	2.46	4.13	6.78	6.78	3.29	1.70
		5		6.143	4.82	0.248	23.2	41.7	36.8	9.57	1.94	2.45	5.08	8.25	8.25	3.90	1.74
		6		7.288	5.72	0.247	27.1	50.1	43.0	11.2	1.93	2.43	6.00	9.66	9.66	4.46	1.78
		7		8.412	6.6	0.247	30.9	58.6	49.0	12.8	1.92	2.41	6.88	11.0	11.0	4.98	1.82
		8		9.515	7.47	0.247	34.5	67.1	54.6	14.3	1.90	2.40	7.75	12.3	12.3	5.47	1.85
		10		11.66	9.15	0.246	41.1	84.3	64.9	17.3	1.88	2.36	9.39	14.6	14.6	6.36	1.93

（续）

型号	截面尺寸/mm			截面面积/cm^2	理论质量/(kg/m)	外表面积/(m^2/m)	惯性矩/cm^4				惯性半径/cm			截面系数/cm^3			重心距离/cm
	b	d	r				I_x	I_{x1}	I_{x0}	I_{y0}	i_x	i_{x0}	i_{y0}	W_x	W_{x0}	W_{y0}	z_0
7	70	4	8	5.570	4.37	0.275	26.4	45.7	41.8	11.0	2.18	1.40	5.14	8.44	8.44	4.17	1.86
		5		6.876	5.4	0.275	32.2	57.2	51.1	13.3	2.16	1.39	6.32	10.3	10.3	4.95	1.91
		6		8.160	6.41	0.275	37.8	68.7	59.9	15.6	2.15	1.38	7.48	12.1	12.1	5.67	1.95
		7		9.424	7.4	0.275	43.1	80.3	68.4	17.8	2.14	1.38	8.56	13.8	13.8	6.34	1.99
		8		10.67	8.37	0.274	48.2	91.9	76.4	20.0	2.12	1.37	9.68	15.4	15.4	6.98	2.03
7.5	75	5	9	7.412	5.82	0.295	40.0	70.6	63.3	16.6	2.33	1.50	7.32	11.9	11.9	5.77	2.04
		6		8.797	6.91	0.294	47.0	84.6	74.4	19.5	2.31	1.49	8.64	14.0	14.0	5.67	2.07
		7		10.16	7.98	0.294	53.6	98.7	85.0	22.2	2.30	1.48	9.93	16.0	16.0	7.44	2.11
		8		11.500	9.03	0.294	60.0	113	95.1	24.9	2.28	1.47	11.2	17.9	17.9	8.19	2.15
		9		12.83	10.1	0.294	66.1	127	105	27.5	2.27	1.46	12.4	19.8	19.8	8.89	2.18
		10		14.13	11.1	0.293	72.0	142	114	30.1	2.26	1.46	13.6	21.5	21.5	9.56	2.22
8	80	5		7.912	6.21	0.315	48.8	85.4	77.3	20.3	2.48	1.60	8.34	13.7	13.7	6.66	2.15
		6		9.397	7.38	0.314	57.4	103	91.0	23.7	2.47	1.59	9.87	16.1	16.1	7.65	2.19
		7		10.86	8.53	0.314	65.6	120	104	27.1	2.46	1.58	11.4	18.4	18.4	8.58	2.23
		8		12.300	9.66	0.314	73.5	137	117	30.4	2.44	1.57	12.8	20.6	20.6	9.46	2.27
		9		13.73	10.8	0.314	81.1	154	129	33.6	2.43	1.56	14.3	22.7	22.7	10.3	2.31
		10		15.13	11.9	0.313	88.4	172	140	36.8	2.42	1.56	15.6	11.1	24.8	11.1	2.35
9	90	6	12	10.64	8.35	0.354	82.8	146	131	34.3	2.79	3.51	1.80	12.6	20.6	9.95	2.44
		7		12.30	9.66	0.354	94.8	170	150	39.2	2.78	3.50	1.78	14.5	23.6	11.2	2.48
		8		13.94	10.9	0.353	106	195	169	44	2.76	3.48	1.78	16.4	26.6	12.4	2.52
		9		15.57	12.2	0.353	118	219	187	48.7	2.75	3.46	1.77	18.3	29.4	13.5	2.56
		10		17.17	13.5	0.353	129	244	204	53.3	2.74	3.45	1.76	20.1	32.0	14.5	2.59
		12		20.31	15.9	0.352	149	294	236	62.2	2.71	3.41	1.75	23.6	37.1	16.5	2.67
10	100	6		11.93	9.37	0.393	115	200	182	47.9	3.10	3.90	2.00	15.7	25.7	12.7	2.67
		7		13.80	10.8	0.393	132	234	209	54.7	3.09	3.89	1.99	18.1	29.6	14.3	2.71
		8		15.64	12.3	0.393	148	267	235	61.4	3.08	3.88	1.98	20.5	33.2	15.8	2.76
		9		17.46	13.7	0.392	164	300	260	68	3.07	3.86	1.97	22.8	36.8	17.2	2.80
		10		19.26	15.1	0.392	180	334	285	74.4	3.05	3.84	1.96	25.1	40.3	18.5	2.84
		12		22.80	17.9	0.391	209	402	331	86.8	3.03	3.81	1.95	29.5	46.8	21.1	2.91
		14		26.26	20.6	0.391	237	471	374	99	3.00	3.77	1.94	33.7	52.9	23.4	2.99
		16		29.63	23.3	0.390	263	540	414	111	2.98	3.74	1.94	37.8	58.6	25.6	3.06

（续）

型号	截面尺寸/mm			截面面积/cm^2	理论质量/(kg/m)	外表面积/(m^2/m)	惯性矩/cm^4				惯性半径/cm			截面系数/cm^3			重心距离/cm
	b	d	r				I_x	I_{x1}	I_{x0}	I_{y0}	i_x	i_{x0}	i_{y0}	W_x	W_{x0}	W_{y0}	z_0
		7		15.20	11.9	0.433	177	311	281	73.4	3.41	4.30	2.20	22.1	36.1	17.5	2.96
		8		17.24	13.5	0.433	199	355	316	82.4	3.40	4.28	2.19	25.0	40.7	19.4	3.01
11	110	10	12	21.26	16.7	0.432	242	445	384	100	3.38	4.25	2.17	30.6	49.4	22.9	3.09
		12		25.20	19.8	0.431	283	535	448	117	3.35	4.22	2.15	36.1	57.6	26.2	3.16
		14		29.06	22.1	0.431	321	625	508	133	3.32	4.18	2.14	41.3	65.3	29.1	3.24
		8		19.75	15.5	0.492	297	521	471	123	3.88	4.88	2.50	32.5	53.3	25.9	3.37
		10		24.37	19.1	0.491	362	652	574	149	3.85	4.85	2.48	40.0	64.9	30.6	3.45
12.5	125	12		28.91	22.7	0.491	423	783	671	175	3.83	4.82	2.46	41.2	76.0	35.0	3.53
		14		33.37	26.2	0.490	482	916	764	200	3.80	4.78	2.45	54.2	86.4	39.1	3.61
		16		37.74	29.6	0.489	537	1050	851	224	3.77	4.75	2.43	60.9	96.3	43.0	3.68
		10		27.37	21.5	0.551	515	915	817	212	4.34	5.46	2.78	50.6	82.6	39.2	3.82
14	140	12		32.51	25.5	0.551	604	1100	959	249	4.31	5.43	2.76	59.8	96.9	45.0	3.90
		14	14	37.57	29.5	0.550	689	1280	1090	284	4.28	5.40	2.75	68.8	110.0	50.5	3.98
		16		42.54	33.4	0.549	770	1470	1220	319	4.26	5.36	2.74	77.5	123.0	55.6	4.06
		8		23.75	18.6	0.592	521	900	827	215	4.69	5.90	3.01	47.4	78.0	38.1	3.99
		10		29.37	23.1	0.591	638	1130	1010	262	4.66	5.87	2.99	58.4	95.5	45.5	4.08
15	150	12		34.91	27.4	0.591	749	1350	1190	308	4.63	5.84	2.97	69.0	112	52.4	4.15
		14		40.37	31.7	0.590	856	1580	1360	352	4.60	5.80	2.95	79.5	128	58.8	4.23
		15		43.06	33.8	0.590	907	1690	1440	374	4.59	5.78	2.95	84.6	136	61.9	4.27
		16		45.74	35.9	0.589	958	1810	1520	395	4.58	5.77	2.94	89.6	144	64.9	4.31
		10		31.5	24.7	0.630	780	1370	1240	322	4.98	6.27	3.20	66.7	109	52.8	4.31
16	160	12		37.44	29.4	0.630	917	1640	1460	377	4.95	6.24	3.18	79.0	129	60.7	4.39
		14		43.30	34.0	0.629	1050	1910	1670	432	4.92	6.20	3.16	91.0	147	68.2	4.47
		16	16	49.07	38.5	0.629	1180	2190	1870	485	4.89	6.17	3.14	103	165	75.3	4.55
		12		42.24	33.2	0.710	1320	2330	2100	543	5.59	7.05	3.58	101	165	78.4	4.89
18	180	14		48.90	38.4	0.709	1510	2720	2410	622	5.56	7.02	3.56	116	189	88.4	4.97
		16		55.47	43.5	0.709	1700	3120	2700	699	5.54	6.98	3.55	131	212	97.8	5.05
		18		61.96	48.6	0.708	1880	3500	2990	762	5.50	6.94	3.51	146	235	105	5.13
		14		54.64	42.9	0.788	2100	3730	3340	864	620	7.82	3.98	145	236	112	5.46
		16		62.01	48.7	0.788	2370	4270	3760	971	6.18	7.79	3.96	161	266	124	5.54
20	200	18	18	69.30	54.4	0.787	2620	4810	4160	1080	6.15	7.75	3.94	182	294	136	5.62
		20		76.51	60.1	0.787	2870	5350	4550	1180	6.12	7.72	3.93	200	322	147	5.69
		24		90.66	71.2	0.785	3340	6460	5290	1380	6.07	7.61	3.90	236	374	167	5.87

（续）

型号	截面尺寸/mm			截面面积/cm²	理论质量/(kg/m)	外表面积/(m²/m)	惯性矩/cm⁴				惯性半径/cm			截面系数/cm³			重心距离/cm
	b	d	r				I_x	I_{x1}	I_{x0}	I_{y0}	i_x	i_{x0}	i_{y0}	W_x	W_{x0}	W_{y0}	z_0
22	220	16	21	68. 67	53. 9	0. 866	3190	5680	5050	1310	6. 81	8. 59	4. 37	200	326	154	6. 03
		18		76. 75	60. 3	0. 866	3540	6400	5620	1450	6. 79	8. 55	4. 35	223	361	168	6. 11
		20		84. 76	66. 5	0. 865	3870	7110	6150	1590	6. 76	8. 52	4. 34	245	395	182	6. 18
		22		92. 68	72. 8	0. 865	4200	7830	6670	1730	6. 73	8. 48	4. 32	267	429	195	6. 26
		24		100. 5	78. 9	0. 864	4520	8550	7170	1870	6. 71	8. 45	4. 31	289	461	208	6. 33
		26		108. 3	85. 0	0. 864	4830	9280	7690	2000	6. 68	8. 41	4. 30	310	492	221	6. 41
25	250	18	24	87. 84	69. 0	0. 985	5270	9380	8370	2170	7. 75	9. 76	4. 97	290	473	224	6. 84
		20		97. 05	76. 2	0. 984	5780	10400	9180	2380	7. 72	9. 73	4. 95	320	519	243	6. 92
		22		106. 2	83. 3	0. 983	6230	11500	9. 9700	2580	7. 69	9. 69	4. 93	349	564	261	7. 00
		24		115. 2	90. 4	0. 983	6770	12500	10700	2790	7. 67	9. 66	4. 92	378	608	278	7. 07
		26		124. 2	97. 5	0. 982	7240	13600	11500	2980	7. 64	9. 62	4. 90	406	650	295	7. 15
		28		133. 0	104	0. 982	7700	14600	12200	3180	7. 61	9. 58	4. 89	433	691	311	7. 22
		30		141. 8	111	0. 981	8160	15700	12900	3380	7. 58	9. 55	4. 88	461	731	327	7. 30
		32		150. 5	118	0. 981	8600	16800	13600	3570	7. 56	9. 51	4. 87	488	770	342	7. 37
		35		163. 4	128	0. 080	9240	18400	14600	3850	7. 52	9. 46	4. 86	527	827	364	7. 48

B. 4　不等边角钢

不等边角钢截面尺寸及标注如图 B-4 所示，不等边角钢型号及各项参数见表 B-4。

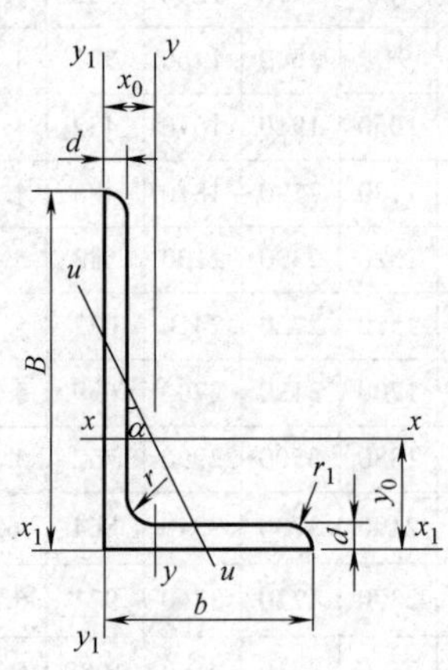

图 B-4　不等边角钢截面尺寸及标注

B—长边宽度　b—短边宽度　d—边厚度　r—内圆弧半径

r_1—边端圆弧半径　x_0—重心距离　y_0—重心距离

表 B-4　不等边角钢型号及各项参数

型号	截面尺寸/mm				截面面积/cm²	理论质量/(kg/m)	外表面积/(m²/m)	惯性矩/cm⁴					惯性半径/cm			截面系数/cm³			tanα	重心距离/cm	
	B	b	d	r				I_x	I_{x1}	I_y	I_{y1}	I_z	i_x	i_y	i_z	W_x	W_y	W_z		x_0	y_0
2.5/1.6	25	16	3	4	1.162	0.910	0.080	0.70	1.56	0.22	0.43	0.14	0.78	0.44	0.34	0.4	0.19	0.16	0.392	0.42	0.86
			4		1.499	1.180	0.079	0.88	2.09	0.27	0.59	0.17	0.77	0.43	0.34	0.6	0.24	0.20	0.381	0.46	0.90
3.2/2	32	20	3		1.492	1.170	0.102	1.53	3.27	0.46	0.82	0.28	1.01	0.55	0.43	0.7	0.30	0.25	0.382	0.49	1.08
			4		1.939	1.520	0.101	1.93	4.37	0.57	1.12	0.35	1.00	0.54	0.42	0.9	0.39	0.32	0.374	0.53	1.12
4/2.5	40	25	3	4	1.890	1.480	0.127	3.08	5.39	0.93	1.59	0.56	1.28	0.70	0.54	1.2	0.49	0.40	0.385	0.59	1.32
			4		2.467	1.940	0.127	3.93	8.53	1.18	2.14	0.71	1.36	0.69	0.54	1.5	0.63	0.52	0.381	0.63	1.37
4.5/2.8	45	28	3	5	2.149	1.690	0.143	4.45	9.1	1.34	2.23	0.80	1.44	0.79	0.61	1.5	0.62	0.51	0.383	0.64	1.47
			4		2.806	2.200	0.143	5.69	12.1	1.70	3.00	1.02	1.42	0.78	0.60	1.9	0.80	0.66	0.380	0.68	1.51
5/3.2	50	32	2	6	2.431	1.910	0.161	6.24	12.5	2.02	3.31	1.20	1.60	0.91	0.70	1.8	0.82	0.68	0.404	0.73	1.60
			4		3.177	2.490	0.160	8.02	16.7	2.58	4.45	1.53	1.59	0.90	0.69	2.4	1.06	0.87	0.402	0.77	1.65
5.6/3.6	56	36	3	6	2.743	2.150	0.181	8.88	17.5	2.92	4.7	1.73	1.80	1.03	0.79	2.3	1.05	0.87	0.408	0.80	1.78
			4		3.590	2.820	0.180	11.5	23.4	3.76	6.33	2.23	1.79	1.02	0.79	3.0	1.37	1.13	0.408	0.85	1.82
			5		4.415	3.470	0.180	13.9	29.3	4.49	7.94	2.67	1.77	1.01	0.78	3.7	1.65	1.36	0.404	0.88	1.87
6.3/4	63	40	4	7	4.058	3.190	0.202	16.5	33.3	5.23	9.63	3.12	2.02	1.14	0.88	9.9	1.70	1.40	0.398	0.92	2.04
			5		4.993	3.920	0.202	20.0	41.6	6.31	10.9	3.76	2.00	1.12	0.87	4.7	2.07	1.71	0.396	0.95	0.21
			6		5.908	4.640	0.201	23.4	50.0	7.29	13.1	4.34	1.96	1.11	0.86	5.6	2.43	1.99	0.393	0.99	2.12
			7		6.808	5.340	0.201	26.5	58.1	8.24	15.5	4.97	1.98	1.10	0.86	6.4	2.78	2.29	0.389	1.03	2.15
7/4.5	70	45	4	8	4.553	3.57	0.226	23.2	45.9	7.55	12.3	4.40	2.26	1.29	0.98	4.9	2.17	1.77	0.410	1.02	2.24
			5		5.609	4.40	0.225	28.0	57.1	9.13	15.4	5.40	2.23	1.28	0.98	5.9	2.65	2.19	0.407	1.06	2.28
			6		6.644	5.22	0.225	32.5	68.4	10.6	18.6	6.35	2.21	1.26	0.98	7.0	3.12	2.59	0.404	1.09	2.32
			7		7.658	6.01	0.225	37.2	80.0	12.0	21.8	7.16	2.20	1.25	0.97	8.0	3.57	2.94	0.402	1.13	2.36
7.5/5	75	5	5	8	6.126	4.81	0.245	34.9	70	12.6	21.0	7.41	2.39	1.44	1.10	6.8	3.30	2.74	0.435	1.17	2.40
			6		7.260	5.70	0.245	41.1	84.3	14.7	25.4	8.54	2.38	1.42	1.08	8.1	3.88	3.19	0.435	1.21	2.44
			8		9.467	7.43	0.244	52.4	113	18.5	34.2	10.9	2.35	1.40	1.07	10.5	4.99	4.10	0.429	1.29	2.52
			10		11.59	9.10	0.244	62.7	141	22.0	43.4	13.1	2.33	1.38	1.06	12.8	3.04	4.99	0.423	1.04	2.60
8/5	80	50	5		6.376	5.00	0.255	42.0	85.2	12.8	21.1	7.66	2.56	1.42	1.10	7.8	3.32	2.74	0.388	1.14	2.60
			6		7.560	5.93	0.255	49.5	103	15.0	25.4	8.85	2.56	1.41	1.08	9.3	3.91	3.20	0.387	1.18	2.65
			7		8.724	6.85	0.255	56.2	119	17.0	29.8	10.2	2.54	1.39	1.08	10.6	4.48	3.70	0.384	1.21	2.69
			8		9.867	7.75	0.254	62.8	136	18.9	34.3	11.4	2.52	1.38	1.07	11.9	5.03	4.16	0.381	1.25	2.73
9/5.6	90	56	5	9	7.212	5.66	0.287	60.5	121	18.3	29.5	11.0	2.90	1.59	1.23	9.9	4.21	3.49	0.385	1.25	2.91
			6		8.557	6.72	0.285	71.0	146	21.4	35.6	12.9	2.88	1.58	1.23	11.7	4.96	4.13	0.384	1.29	2.95
			7		9.880	7.76	0.286	81.0	170	24.4	41.7	14.7	2.86	1.57	1.22	13.5	5.70	4.72	0.382	1.33	3.00
			8		11.18	8.78	0.286	91.0	194	27.2	47.9	16.3	2.85	1.56	1.21	15.3	6.41	5.29	0.380	1.36	3.04

（续）

型号	截面尺寸/mm				截面面积/cm^2	理论质量/(kg/m)	外表面积/(m^2/m)	惯性矩/cm^4					惯性半径/cm			截面系数/cm^3			tanα	重心距离/cm	
	B	b	d	r				I_x	I_{x1}	I_y	I_{y1}	I_z	i_x	i_y	i_z	W_x	W_y	W_z		x_0	y_0
10/6.3	100	63	6	10	9.62	7.55	0.320	99.1	200	30.5	60.5	18.4	3.21	1.79	1.38	14.6	6.35	5.25	0.394	1.43	3.24
			7		11.11	8.72	0.320	113	233	35.3	59.1	21.0	3.20	1.78	1.38	16.9	7.29	6.02	0.394	1.47	3.28
			8		12.58	9.88	0.319	127	265	39.4	67.9	23.5	3.13	1.77	1.37	19.1	8.21	6.78	0.391	1.50	3.32
			10		15.47	12.10	0.319	154	333	47.1	85.7	28.3	3.15	1.74	1.35	23.3	9.98	8.24	0.387	1.58	3.40
10/8	100	80	6	10	10.64	8.35	0.354	107	200	61.2	103.0	31.7	3.17	2.40	1.72	15.2	10.2	8.37	0.627	1.97	2.95
			7		12.30	9.66	0.354	123	233	70.1	120.0	36.2	3.16	2.39	1.72	17.5	11.7	9.60	0.626	2.01	3.00
			8		13.94	10.90	0.353	138	267	78.6	137.0	40.6	3.14	2.37	1.71	19.8	13.2	10.80	0.625	2.05	3.04
			10		17.17	13.50	0.353	167	334	94.7	172.0	49.1	3.12	2.35	1.69	24.2	16.1	13.10	0.622	2.13	3.12
11/7	110	70	6	10	10.64	8.35	0.354	133	266	42.9	69.1	25.4	3.54	2.01	1.54	17.9	7.90	6.53	0.403	1.57	3.53
			7		12.30	9.66	0.354	153	310	49.0	80.8	29.0	3.53	2.00	1.53	20.6	9.09	7.50	0.402	1.61	3.57
			8		13.94	10.9	0.353	172	354	54.9	92.7	32.5	3.51	1.98	1.53	23.3	10.3	8.45	0.401	1.65	3.62
			10		17.17	13.5	0.353	208	443	65.9	117	39.2	3.48	1.96	1.51	28.5	12.5	10.30	0.397	1.72	3.70
12.5/8	125	80	7	11	14.10	11.1	0.403	228	455	74.4	120	43.8	4.02	2.30	1.76	26.9	12.0	9.92	0.408	1.80	4.01
			8		15.99	12.6	0.403	257	520	83.5	138	49.2	4.01	2.28	1.75	30.4	13.6	11.20	0.407	1.84	4.06
			10		19.71	15.5	0.402	312	650	101	173	59.5	3.98	2.26	1.74	37.3	16.6	13.60	0.404	1.92	4.14
			12		23.35	18.3	0.402	364	780	117	210	69.4	3.95	2.24	1.72	44.0	19.4	16.00	0.400	2.00	4.22
14/9	140	90	8	12	18.04	14.2	0.453	366	731	121	196	70.8	4.50	2.59	1.98	38.5	17.3	14.30	0.411	2.04	4.50
			10		22.26	17.5	0.452	446	913	140	246	85.8	4.47	2.56	1.96	47.3	21.2	17.50	0.409	2.12	4.58
			12		26.40	20.7	0.451	522	1100	170	297	100	4.44	2.54	1.95	55.9	25.0	20.50	0.406	2.19	4.66
			14		30.46	23.9	0.451	594	1280	192	349	114	4.42	2.51	1.94	64.2	28.5	23.50	0.403	2.27	4.74
15/9	150	90	8		18.84	14.8	0.473	442	898	123	196	74.1	4.84	2.55	1.98	43.9	17.5	14.50	0.364	1.97	4.92
			10		23.26	18.3	0.472	539	1120	149	246	89.9	4.81	2.53	1.97	54.0	21.4	17.70	0.362	2.05	5.01
			12		27.60	21.6	0.471	632	1350	173	297	105	4.79	2.50	1.95	63.8	25.1	20.80	0.358	2.12	5.09
			14		31.86	25.0	0.471	721	1570	196	350	120	4.76	2.48	1.94	73.3	28.8	23.80	0.356	2.20	5.17
			15		33.95	26.7	0.471	764	1680	207	376	127	4.74	2.47	1.93	78.0	30.5	25.30	0.354	2.24	5.21
			16		36.03	28.3	0.470	806	1800	217	403	134	4.73	2.45	1.93	82.6	32.3	26.80	0.352	2.27	5.25
16/10	160	100	10	13	25.32	19.9	0.512	669	1360	205	337	122	5.14	2.85	2.19	62.1	26.6	21.90	0.390	2.28	5.24
			12		30.05	23.6	0.511	785	1640	239	406	142	5.11	2.82	2.17	73.5	31.3	25.80	0.388	2.36	5.32
			14		34.71	27.2	0.510	896	1910	271	476	162	5.08	2.80	2.16	84.6	35.8	29.60	0.385	2.43	5.40
			16		39.28	30.8	0.510	1000	2180	302	548	183	5.05	2.77	2.16	95.3	40.2	33.40	0.382	2.51	5.48

（续）

型号	截面尺寸/mm				截面面积/cm²	理论质量/(kg/m)	外表面积/(m²/m)	惯性矩/cm⁴					惯性半径/cm			截面系数/cm³			tanα	重心距离/cm	
	B	b	d	r				I_x	I_{x1}	I_y	I_{y1}	I_z	i_x	i_y	i_z	W_x	W_y	W_z		x_0	y_0
18/22	180	110	10	14	28.37	22.3	0.571	956	1940	278	447	167	5.80	3.13	2.42	79.0	32.5	26.90	0.376	2.44	5.89
			12		33.71	26.5	0.571	1120	2330	325	539	195	5.78	3.10	2.40	93.5	38.3	31.70	0.374	2.52	5.98
			14		38.97	30.6	0.570	1290	2720	370	632	222	5.75	3.08	2.39	108	44.0	36.30	0.372	2.59	6.06
			16		44.14	34.6	0.569	1440	3110	412	726	249	5.72	3.06	2.38	122	49.4	40.90	0.369	2.67	6.14
20/12.5	200	125	12		37.91	29.8	0.641	1570	3190	483	788	286	6.44	3.57	2.74	117	50.0	41.20	0.392	2.83	6.54
			14		43.87	34.4	0.640	1800	3730	551	922	327	6.41	3.54	2.73	135	57.4	47.30	0.390	2.91	6.62
			16		49.74	39.0	0.639	2020	4260	615	1060	366	6.38	3.52	2.71	152	64.9	53.30	0.388	2.99	6.70
			18		55.53	43.6	0.639	2240	4790	677	1200	405	6.35	3.49	2.70	169	71.1	59.20	0.385	3.06	6.78

参考文献

[1] 刘海燕，韩斌，水小平. 材料力学学习指导与题解 [M]. 北京：电子工业出版社，2014.

[2] 单辉祖. 材料力学问题与范例分析 [M]. 2 版. 北京：高等教育出版社，2016.

[3] 胡益平. 材料力学典型例题及难题详解 [M]. 成都：四川大学出版社，2014.

[4] 黄小清，陆丽芳，何庭蕙. 材料力学 [M]. 2 版. 广州：华南理工大学出版社，2011.

[5] 马红艳. 材料力学解题指导 [M]. 北京：科学出版社，2014.

[6] 蔡乾煌，任文敏，崔玉玺，等. 材料力学精要与典型例题讲解 [M]. 北京：清华大学出版社，2004.

[7] 孙苏亚. 材料力学全程导学及习题全解 [M]. 4 版. 北京：中国时代经济出版社，2007.

[8] 江晓禹，龚辉. 材料力学 [M]. 5 版. 成都：西南交通大学出版社，2017.

[9] 郭维林，刘东星. 材料力学Ⅰ（第五版）同步辅导及习题全解 [M]. 北京：中国水利水电出版社，2010.